U0229990

建筑施工现场专业人员技能与实操丛书

造 价 员

张明慧　主编

中国计划出版社

图书在版编目（CIP）数据

造价员 / 张明慧主编. -- 北京 ：中国计划出版社，
2016.5
 （建筑施工现场专业人员技能与实操丛书）
 ISBN 978-7-5182-0377-2

Ⅰ. ①造… Ⅱ. ①张… Ⅲ. ①建筑造价管理 Ⅳ.
①TU723.3

中国版本图书馆CIP数据核字(2016)第048134号

建筑施工现场专业人员技能与实操丛书
造价员
张明慧　主编

中国计划出版社出版
网址：www.jhpress.com
地址：北京市西城区木樨地北里甲 11 号国宏大厦 C 座 3 层
邮政编码：100038　电话：（010）63906433（发行部）
新华书店北京发行所发行
北京天宇星印刷厂印刷

787mm×1092mm　1/16　22.5 印张　543 千字
2016 年 5 月第 1 版　2016 年 5 月第 1 次印刷
印数 1—3000 册

ISBN 978-7-5182-0377-2
定价：58.00 元

《造价员》编委会

主　编：张明慧

参　编：牟瑛娜　　周　永　　沈　璐　　周东旭

　　　　苏　建　　隋红军　　马广东　　杨　杰

　　　　蒋传龙　　王　帅　　张　进　　褚丽丽

　　　　周　默　　杨　柳　　孙德弟　　元心仪

　　　　宋立音　　刘美玲　　赵子仪　　刘凯旋

前　言

我国工程造价专业随着我国社会主义市场经济体制的建立而建立。在项目投资多元化，提倡建设项目全过程造价管理的今天，无疑造价员的作用和地位日趋重要。随着我国建筑市场的快速发展和造价咨询、项目管理等相关市场的不断扩大，社会各行业如房地产公司、建筑安装企业、咨询公司等对造价人员的需求不断增加，造价行业的发展十分迅速。随着咨询业的兴起，工程预决算等建筑行业的咨询服务人员也成为土建业内新的就业增长点。但是我国工程造价专业在面临发展机遇的同时，也面临巨大的挑战。为了提高造价员专业技术水平，加强科学施工与工程管理，确保工程质量和安全生产，我们组织编写了这本书。

本书根据《建筑与市政工程施工现场专业人员职业标准》JGJ/T 250—2011、《建设工程工程量清单计价规范》GB 50500—2013、《房屋建筑与装饰工程工程量计算规范》GB 50854—2013、《通用安装工程工程量计算规范》GB 50856—2013、《建筑工程建筑面积计算规范》GB/T 50353—2013、《房屋建筑制图统一标准》GB/T 50001—2010、《建筑结构制图标准》GB/T 50105—2010 等标准编写，主要包括工程造价基础、施工图的识读、建筑工程定额计价理论、建筑工程清单计价理论、建筑工程工程量计算、装饰装修工程工程量计算、安装工程工程量计算、工程施工图预算的编制与审查、工程竣工结算与竣工决算。本书内容丰富、通俗易懂；针对性、实用性强；既可供造价人员及相关工程技术和管理人员参考使用，也可作为建筑施工企业造价员岗位培训教材。

由于作者的学识和经验所限，虽经编者尽心尽力但书中仍难免存在疏漏或未尽之处，敬请有关专家和读者予以批评指正。

编　者
2015 年 11 月

目　　录

1 工程造价基础

1.1 基本建设程序

基本建设是一种多行业与多部门密切配合的、综合性比较强的经济活动，涉及的范围广、环节多，因此必须遵循基本建设程序来进行。基本建设程序即某一建设项目在整个建设过程中的各项工作必须遵循的先后次序。

1. 项目建议书阶段

根据国民经济发展的长远规划，提出项目建议书。项目建议书是进行各项准备工作的依据。对建设项目提出包括目标、要求、原料、资金来源等的设想说明，作为进行可行性研究的依据。

2. 可行性研究阶段

建设项目的可行性研究，是在投资决策前，对与拟建项目有关的社会、经济、技术等各方面因素进行深入细致的调查研究，对各种可能采用的技术方案和建设方案进行认真的技术经济分析和比较论证，对项目建成后的经济效益进行科学的预测和评价。在此基础上，对拟建项目的技术先进性和适用性，经济合理性和有效性，以及建设必要性和可行性进行全面分析、系统论证、多方案比较和综合评价，由此得出该项目是否应该投资和如何投资等结论性意见，为项目投资决策提供可靠的科学依据。由于基础资料的占有程度、研究深度与可靠程度要求不同，可行性研究的各个工作阶段的研究性质、工作目标、工作要求、工作时间与费用各不相同，详见表1-1。

表1-1 可行性研究各工作阶段的要求

工作阶段	机会研究	初步可行性研究	详细可行性研究	评价与决策阶段
研究性质	项目设想	项目初选	项目准备	项目评估
研究要求	编制项目建议书	编制初步可行性研究报告	编制可行性研究报告	提出项目评估报告
投资估算精度	±30%	±20%	±10%	±10%
研究费用（占总投资的比例）	0.2%~1%	0.25%~1.25%	大项目为0.2%~1%小项目为1%~3%	—
需要时间（月）	1~3	4~6	8~12	—

3. 设计阶段

设计文件是安排建设项目、控制投资、编制招标文件、组织施工和竣工验收的重要依据。设计文件的编制必须精心设计，认真贯彻国家有关方针政策，严格执行基本建设程序的规定。设计阶段具体包括初步设计阶段、技术设计阶段及施工图设计阶段。

初步设计应根据批准的可行性研究的要求和相关技术资料（包括自然条件、基础设施、业主的要求等），拟定设计原则，选定设计方案，计算主要工程数量，提出施工方案的意见，编制设计概算，提供文字说明及图表资料。初步设计文件经审查批准后，是国家控制建设项目投资及编制施工图设计文件或技术设计文件（采用三阶段设计时）的依据，并且为订购和调拨主要材料、机具、设备，安排重大科研试验项目，征用土地等的筹划提供资料。

技术设计是初步设计的具体化，也是各种技术问题的定案阶段。技术设计所研究和决定的问题，与初步设计大致相同。对重大、复杂的技术问题通过科学试验、专题研究，加深勘探调查及分析比较，解决初步设计中未能解决的问题，落实技术方案，计算工程数量，提出修正的施工方案，编制修正设计概算。经批准后作为编制施工图设计的依据。

施工图设计主要是通过图纸，把设计者的意图和全部设计结果表达出来，作为工人施工制作的依据。它是设计工作和施工工作的桥梁，具体包括建设项目各部分工程的详图和零部件、结构件明细表，以及验收标准、方法等。施工图设计的深度应能满足设备材料的选择和确定、非标准设备的设计与加工制作、施工图预算的编制、工程施工和安装的要求。

4. 施工准备阶段

为了保证施工的顺利进行，在施工准备阶段，建设主管部门应根据计划要求的建设进度，指定一个企业或事业单位组织基建管理机构（即业主）办理登记及拆迁，做好与施工沿线有关单位和部门的协调工作，抓紧配套工程项目的落实，组织分工范围内的技术资料、材料、设备的供应。勘测设计单位应按照技术资料供应协议，按时提供各种图纸资料，做好施工图纸的会审及移交工作。业主通过工程招投标确定施工单位，施工单位接到中标通知后，应尽早组织劳动力、材料、施工机具进场，进行施工测量，搭设临时设施，熟悉图纸要求，编制实施性施工组织设计和施工预算，提交开工报告，按投资隶属关系报请交通部或省（市、自治区）基建主管部门核准。建设银行应会同建设、设计、施工单位做好图纸的会审，严格按计划要求进行财政拨款或贷款。

5. 建设实施阶段

施工单位要遵照施工程序合理组织施工，施工过程中应严格按照设计要求和施工规范，确保工程质量，安全施工，推广应用新工艺、新技术，努力缩短工期，降低造价，同时应注意做好施工记录，建立技术档案。

6. 竣工验收、交付使用阶段

建设项目的竣工验收是基本建设全过程的最后一个程序。工程验收是一项十分细致而又严肃的工作，必须从国家和人民的利益出发，按照原建设部颁发的《关于基本建设项目竣工验收暂行规定》和交通部颁发的《公路工程竣工验收办法》的要求，认真负责地对全部基本建设工程进行总验收。竣工验收包括对工程质量、数量、期限、生产能力、建设规模、使用条件的审查，对建设单位和施工企业编报的固定资产移交清单、隐蔽工程说明和竣工决算等进行细致检查。特别是竣工决算，它是反映整个基本建设工作所消耗的建设资金的综合性文件，也是通过货币指标对全部基本建设工作的全面总结。

1.2 工程造价的分类

1.2.1 按用途分类

建筑工程造价按用途分为标底价格、投标价格、中标价格、直接发包价格、合同价格和竣工结算价格。

1. 标底价格

它是招标人的期望价格，不是交易价格。招标人以此作为衡量投标人投标价格的一个尺度，也是招标人的一种控制投资的手段。

编制标底价可由招标人自行操作，也可委托招标代理机构操作，由招标人作出决策。

2. 投标价格

投标人为了得到工程施工承包的资格，按照招标人在招标文件中的要求进行估价，然后依据投标策略确定投标价格，以争取中标并且通过工程实施取得经济效益。所以投标报价是卖方的要价，若中标，这个价格就是合同谈判和签订合同确定工程价格的基础。

若设有标底，投标报价时要研究招标文件中评标时如何使用标底。

（1）以靠近标底者得分最高，这时报价就勿需追求最低标价。

（2）标底价只作为招标人的期望，但是仍要求低价中标，这时，投标人就要努力采取措施，既使标价最具竞争力（最低价），又使报价不低于成本，即能获得理想的利润。由于"既能中标，又能获利"是投标报价的原则，故投标人的报价必须以雄厚的技术和管理实力作后盾，编制出既有竞争力，又能盈利的投标报价。

3. 中标价格

《招标投标法》第四十条规定："评标委员会应当按照招标文件确定的评标标准和方法，对投标文件进行评审和比较；设有标底的，应当参考标底。"所以评标的依据一是招标文件，二是标底（设有标底时）。

《招标投标法》第四十一条规定，中标人的投标应符合下列两个条件之一：一是"能最大限度地满足招标文件中规定的各项综合评价标准"；二是"能够满足招标文件的实质性要求，并且经评审的投标价格最低，但是投标价低于成本的除外"。第二项条件主要说的是投标报价。

4. 直接发包价格

它是由发包人与指定的承包人直接接触，通过谈判达成协议签订施工合同，而不需要像招标承包定价方式那样，通过竞争定价。直接发包方式计价只适用于不宜进行招标的工程，例如军事工程、保密技术工程、专利技术工程及发包人认为不宜招标而又不违反《招标投标法》第三条（招标范围）规定的其他工程。

直接发包方式计价首先提出协商价格意见的可能是发包人或其委托的中介机构，也可能是承包人提出价格意见交发包人或其委托的中介组织进行审核。无论由哪方提出协商价格意见，都要通过谈判协商，签订承包合同，确定为合同价。

直接发包价格是以审定的施工图预算为基础，由发包人与承包人商定增减价的方式定价。

5．合同价格

（1）固定合同价。它可分为固定合同总价和固定合同单价两种。

1）固定合同总价。它是指承包整个工程的合同价款总额已经确定，在工程实施中不再因物价上涨而变化，所以，固定合同总价应考虑价格风险因素，也需在合同中明确规定合同总价包括的范围。这类合同价可以使发包人对工程总开支做到大体心中有数，在施工过程中可以更有效地控制资金的使用。但是对承包人来说，要承担较大的风险，例如物价波动、气候条件恶劣、地质地基条件及其他意外困难等，所以合同价款一般会高些。

2）固定合同单价。它是指合同中确定的各项单价在工程实施期间不因价格变化而调整，而在每月（或每阶段）工程结算时，根据实际完成的工程量结算，在工程全部完成时以竣工图的工程量最终结算工程总价款。

（2）可调合同价。它可分为可调总价和可调单价两种。

1）可调总价。合同中确定的工程合同总价在实施期间可随价格变化而调整。发包人和承包人在商订合同时，以招标文件的要求及当时的物价计算出合同总价。若在执行合同期间，由于通货膨胀引起成本增加达到某一限度时，合同总价则作相应调整。可调合同价使发包人承担了通货膨胀的风险，承包人则承担其他风险。一般适合于工期较长（例如1年以上）的项目。

2）可调单价。合同单价可调，通常在工程招标文件中规定。在合同中签订的单价，根据合同约定的条款，若在工程实施过程中物价发生变化，可作调整。有的工程在招标或签约时，因某些不确定因素而在合同中暂定某些分部分项工程的单价，在工程结算时，再根据实际情况和合同约定对合同单价进行调整，确定实际结算单价。

关于可调价格的调整方法，常用的有以下几种：

①按主材计算价差。发包人在招标文件中列出需要调整价差的主要材料表及其基期价格（一般采用当时当地工程造价管理机构公布的信息价或结算价），工程竣工结算时按竣工当时当地工程造价管理机构公布的材料信息价或结算价，与招标文件中列出的基期价比较计算材料差价。

②主要材料按抽料法计算价差，其他材料按系数计算价差。主要材料按施工图预算计算的用量和竣工当月当地工程造价管理机构公布的材料结算价或信息价与基价对比计算差价。其他材料按当地工程造价管理机构公布的竣工调价系数计算方法计算差价。

③按工程造价管理机构公布的竣工调价系数及调价计算方法计算差价。

此外，还有调值公式法和实际价格结算法。

调值公式一般包括固定部分、材料部分和人工部分三项。当工程规模和复杂性增大时，公式也会变得复杂。调值公式如下：

$$P = P_0\left(a_0 + a_1\frac{A}{A_0} + a_2\frac{B}{B_0} + a_3\frac{C}{C_0} + \cdots\right) \tag{1-1}$$

式中：　　　　P——调值后的工程价格；

P_0——合同价款中工程预算进度款；

a_0——固定要素的费用在合同总价中所占比重，这部分费用在合同支付中不能调整；

a_1、a_2、a_3…——各项变动要素的费用（例如人工费、钢材费用、水泥费用、运输费用等）在合同总价中所占比重，$a_0 + a_1 + a_2 + a_3 + \cdots = 1$；

A_0、B_0、C_0…——签订合同时与 a_1、a_2、a_3…对应的各种费用的基期价格指数或价格；

A、B、C…——在工程结算月份与 a_1、a_2、a_3…对应的各种费用的现行价格指数或价格。

各部分费用在合同总价中所占比重在许多标书中要求承包人在投标时提出，并在价格分析中予以论证。也有的由发包人在招标文件中规定一个允许范围，由投标人在此范围内选定。

实际价格结算法。有些地区规定对钢材、木材、水泥等三大材的价格按实际价格结算的方法，工程承包人可凭发票按实报销。此法操作方便，但是也导致承包人忽视降低成本。为避免副作用，地方建设主管部门要定期公布最高结算限价，同时合同文件中应规定发包人有权要求承包人选择更廉价的供应来源。

采用哪种方法，应按工程价格管理机构的规定，经双方协商后在合同的专用条款中约定。

（3）成本加酬金确定的合同价。合同中确定的工程合同价，其工程成本部分按现行计价依据计算，酬金部分则按工程成本乘以通过竞争确定的费率计算，将两者相加，确定出合同价。一般分为以下几种形式。

1）成本加固定百分比酬金确定的合同价。这种合同价是发包人对承包人支付的人工、材料和施工机械使用费、措施费、施工管理费等按实际直接成本全部据实补偿，同时按照实际直接成本的固定百分比付给承包人一笔酬金，作为承包方的利润。其计算方法如下：

$$C = C_a(1 + P) \tag{1-2}$$

式中：C——总造价；

C_a——实际发生的工程成本；

P——固定的百分数。

从式（1-2）中可以看出，总造价 C 将随工程成本 C_a 而水涨船高，不能鼓励承包商关心缩短工期和降低成本，对建设单位是不利的。现在已很少采用这种承包方式。

2）成本加固定酬金确定的合同价。工程成本实报实销，但是酬金是事先商定的一个固定数目。计算公式如下：

$$C = C_a + F \tag{1-3}$$

式中 F 代表酬金，通常按估算的工程成本的一定百分比确定，数额是固定不变的。这种承包方式虽然不能鼓励承包商关心降低成本，但是从尽快取得酬金出发，承包商将会关心缩短工期。为了鼓励承包单位更好地工作，也有在固定酬金之外，再根据工程质量、工期和降低成本情况另加奖金的。奖金所占比例的上限可大于固定酬金，以充分发挥奖励的积极作用。

3）成本加浮动酬金确定的合同价。这种承包方式要事先商定工程成本和酬金的预期水平。若实际成本恰好等于预期水平，工程造价就是成本加固定酬金；若实际成本低于预期水平，则增加酬金；若实际成本高于预期水平，则减少酬金。这三种情况可用算式表示如下：

$$C_a = C_0，则\ C = C_a + F$$
$$C_a < C_0，则\ C = C_a + F + \triangle F \qquad\qquad (1-4)$$
$$C_a > C_0，则\ C = C_a + F - \triangle F$$

式中：C_0——预期成本；

　　　$\triangle F$——酬金增减部分，可以是一个百分数，也可以是一个固定的绝对数。

采用这种承包方式，当实际成本超支而减少酬金时，以原定的固定酬金数额为减少的最高限度。也就是在最坏的情况下，承包人将得不到任何酬金，但是不必承担赔偿超支的责任。

从理论上讲，这种承包方式既对承发包双方都没有太多风险，又能促使承包商关心降低成本和缩短工期；但是在实践中准确地估算预期成本比较困难，所以要求当事双方具有丰富的承发包经验并掌握充分的信息。

4）目标成本加奖罚确定的合同价。在仅有初步设计和工程说明书即迫切要求开工的情况下，可根据粗略估算的工程量和适当的单价表编制概算，作为目标成本；随着详细设计逐步具体化，工程量和目标成本可加以调整，另外规定一个百分数作为酬金；最后结算时，若实际成本高于目标成本并超过事先商定的界限（例如5%），则减少酬金；若实际成本低于目标成本（也有一个幅度界限），则加给酬金。计算公式如下所示：

$$C = C_a + P_1 C_0 + P_2（C_0 - C_a） \qquad\qquad (1-5)$$

式中：C_0——目标成本；

　　　P_1——基本酬金百分数；

　　　P_2——奖罚百分数。

此外，还可另加工期奖罚。

这种承包方式可以促使承包商关心降低成本和缩短工期，而且目标成本是随设计的进展而加以调整才确定下来的，故建设单位和承包商双方都不会承担多大风险，这是其可取之处。当然也要求承包商和建设单位的代表都须具有比较丰富的经验和充分的信息。

在工程实践中，采用哪一种合同计价方式，是固定价还是可调价方式，应根据建设工程的特点，业主对筹建工作的设想，对工程费用、工期和质量的要求等，综合考虑后进行确定。

1.2.2　按计价方法分类

建筑工程造价按计价方法可分为估算造价、概算造价和施工图预算造价等。

1.3　工程造价的构成与计算

1.3.1　设备及工、器具购置费用的构成

1. 设备购置费的构成及计算

设备购置费由设备原价和设备运杂费构成。

$$设备购置费 = 设备原价 + 设备运杂费 \qquad (1-6)$$

设备原价是国产设备或进口设备的原价，设备运杂费是指除设备原价之外的关于设备采购、运输、途中包装及仓库保管等方面支出费用的总和。

（1）国产设备原价的构成及计算。国产设备原价通常指的是设备制造厂的交货价或订货合同价。它通常根据生产厂或供应商的询价、报价、合同价确定，或采用一定的方法计算确定。国产设备原价包括国产标准设备原价和国产非标准设备原价。

1）国产标准设备原价。国产标准设备是按照主管部门颁布的标准图纸及技术要求，由我国设备生产厂批量生产的、符合国家质量检测标准的设备。国产标准设备原价有带有备件的原价和不带备件的原价两种。在计算时，通常采用带有备件的原价。国产标准设备通常有完善的设备交易市场，所以可通过查询相关交易市场价格或向设备生产厂家询价得到国产标准设备原价。

2）国产非标准设备原价。国产非标准设备是国家尚无定型标准，各设备生产厂不能在工艺过程中采用批量生产，只能按订货要求并根据具体的设计图纸制造的设备。非标准设备因为单件生产、无定型标准，所以无法获取市场交易价格，只能按其成本构成或者相关技术参数估算其价格。非标准设备原价有多种不同的计算方法，例如成本计算估价法、系列设备插入估价法、分部组合估价法、定额估价法等。无论采用哪种方法都应该使非标准设备计价接近实际出厂价，并且计算方法要简单方便。估算非标准设备原价常用的方法是成本计算估价法。按成本计算估价法，非标准设备的原价由以下各项组成：

①材料费。其计算公式如下：

$$材料费 = 材料净重 \times (1 + 加工损耗系数) \times 每吨材料综合价 \qquad (1-7)$$

②加工费。加工费包括生产工人工资和工资附加费、燃料动力费、设备折旧费、车间经费等。其计算公式如下：

$$加工费 = 设备总重量 (t) \times 设备每吨加工费 \qquad (1-8)$$

③辅助材料费（简称辅材费）。辅材费包括焊条、焊丝、氧气、氩气、氮气、油漆、电石等费用。其计算公式如下：

$$辅助材料费 = 设备总重量 \times 辅助材料费指标 \qquad (1-9)$$

④专用工具费。按①～③项之和乘以一定百分比计算。

⑤废品损失费。按①～④项之和乘以一定百分比计算。

⑥外购配套件费。按设备设计图纸所列的外购配套件的名称、型号、规格、数量、重量，根据相应的价格加运杂费计算。

⑦包装费。按以上①～⑥项之和乘以一定百分比计算。

⑧利润。按①～⑤项加第⑦项之和乘以一定利润率计算。

⑨税金。主要指增值税，计算公式为：

$$增值税 = 当期销项税额 - 进项税额 \quad\quad (1-10)$$

$$当期销项税额 = 销售额 \times 适用增值税率（\%） \quad\quad (1-11)$$

式中，销售额为①～⑧项之和。

⑩非标准设备设计费。按国家规定的设计费收费标准计算。

综上所述，单台非标准设备原价可用下列的公式表达：

$$\begin{aligned}
单台非标准设备原价 = &\{[（材料费 + 加工费 + 辅助材料费）\times（1+专用工具费率）\\
&\times（1+废品损失费率）+外购配套件费] \times（1+包装费率）\\
&-外购配套件费\} \times（1+利润率）+销项税额\\
&+非标准设备设计费 + 外购配套件费
\end{aligned} \quad (1-12)$$

（2）进口设备原价的构成及计算。进口设备的原价是进口设备的抵岸价，一般是由进口设备到岸价（CIF）及进口从属费构成。进口设备的到岸价，即抵达买方边境港口或者边境车站的价格。在国际贸易中，交易双方所使用的交货类别不同，则交易价格的构成内容也有所不同。进口从属费用包括银行财务费、外贸手续费、进口关税、消费税、进口环节增值税等，进口车辆还需缴纳车辆购置税。

1）进口设备到岸价的构成及计算。

$$\begin{aligned}
进口设备到岸价（CIF） &= 离岸价格（FOB）+国际运费 + 运输保险费\\
&= 运费在内价（CFR）+运输保险费
\end{aligned} \quad (1-13)$$

①货价。货价是装运港船上交货价（FOB）。设备货价分为原币货价和人民币货价，原币货价一律折算成美元表示，人民币货价按原币货价乘以外汇市场美元兑换人民币汇率中间价来确定。进口设备货价按有关生产厂商询价、报价、订货合同价计算。

②国际运费。国际运费是从装运港（站）到达我国目的港（站）的运费。我国进口设备大部分采用海洋运输，小部分采用铁路运输，个别采用航空运输。进口设备国际运费计算公式为：

$$国际运费（海、陆、空） = 原币货价（FOB）\times 运费率（\%） \quad (1-14)$$

$$国际运费（海、陆、空） = 单位运价 \times 运量 \quad\quad (1-15)$$

其中，运费率或单位运价按照有关部门或进出口公司的规定执行。

③运输保险费。对外贸易货物运输保险是由保险人（保险公司）与被保险人（出口人或进口人）订立保险契约，在被保险人交付一定的保险费后，保险人根据保险契约的规定对货物在运输过程中发生的承保责任范围内的损失给予经济上的补偿。这是一种财产保险。计算公式为：

$$运输保险费 = \frac{原币货价（FOB）+国外运费}{1-保险费率（\%）} \times 保险费率（\%） \quad (1-16)$$

其中，保险费率按照保险公司规定的进口货物保险费率计算。

2）进口从属费的构成及计算。

$$\begin{aligned}
进口从属费 = &银行财务费 + 外贸手续费 + 关税 + 消费税 +\\
&进口环节增值税 + 车辆购置税
\end{aligned} \quad (1-17)$$

①银行财务费。银行财务费是在国际贸易结算中，中国银行为进出口商提供金融结算服务所收取的费用，可按下式简化计算：

$$银行财务费 = 离岸价格（FOB）\times 人民币外汇汇率 \times 银行财务费率 \qquad (1-18)$$

②外贸手续费。外贸手续费是按对外经济贸易部规定的外贸手续费率计取的费用，外贸手续费率一般取 1.5%。计算公式为：

$$外贸手续费 = 到岸价格（CIF）\times 人民币外汇汇率 \times 外贸手续费率 \qquad (1-19)$$

③关税。关税是由海关对进出国境或关境的货物和物品征收的一种税。计算公式为：

$$关税 = 到岸价格（CIF）\times 人民币外汇汇率 \times 进口关税税率 \qquad (1-20)$$

到岸价格作为关税的计征基数时，通常又可称为关税完税价格。进口关税税率分为优惠和普通两种。优惠税率适用于和我国签订关税互惠条款的贸易条约或协定的国家的进口设备；普通税率适用于和我国未签订关税互惠条款的贸易条约或协定的国家的进口设备。进口关税税率按照我国海关总署发布的进口关税税率计算。

④消费税。消费税仅对部分进口设备（例如轿车、摩托车等）征收，一般计算公式为：

$$应纳消费税税额 = \frac{到岸价格（CIF）\times 人民币外汇汇率 + 关税}{1 - 消费税税率（\%）} \times 消费税税率（\%）$$

$$(1-21)$$

其中，消费税税率根据规定的税率计算。

⑤ 进口环节增值税。进口环节增值税是对从事进口贸易的单位和个人，在进口商品报关进口后征收的税种。我国增值税条例规定，进口应税产品均按组成计税价格和增值税税率直接计算应纳税额。即：

$$进口环节增值税额 = 组成计税价格 \times 增值税税率（\%）\qquad (1-22)$$

$$组成计税价格 = 关税完税价格 + 关税 + 消费税 \qquad (1-23)$$

增值税税率根据规定的税率计算。

⑥车辆购置税。进口车辆需缴进口车辆购置税。其公式如下：

$$进口车辆购置税 = （关税完税价格 + 关税 + 消费税）\times 车辆购置税率（\%）$$

$$(1-24)$$

（3）设备运杂费的构成及计算。

1）设备运杂费的构成。

①运费和装卸费。国产设备由设备制造厂交货地点起至工地仓库（或施工组织设计指定的需要安装设备的堆放地点）止所发生的运费和装卸费，进口设备则由我国到岸港口或边境车站起至工地仓库（或施工组织设计指定的需安装设备的堆放地点）止所发生的运费和装卸费。

②包装费。在设备原价中没有包含的，为运输而进行的包装支出的各种费用。

③设备供销部门的手续费。按有关部门规定的统一费率计算。

④采购与仓库保管费。采购与仓库保管费是指采购、验收、保管和收发设备所发生的各种费用，包括设备采购人员、保管人员和管理人员的工资、工资附加费、办公费、差旅

交通费，设备供应部门办公和仓库所占固定资产使用费、工具用具使用费、劳动保护费、检验试验费等。这些费用可按照主管部门规定的采购与保管费费率计算。

2）设备运杂费的计算。设备运杂费的计算公式为：

$$设备运杂费 = 设备原价 \times 设备运杂费率（\%）\tag{1-25}$$

2. 工具、器具及生产家具购置费的构成及计算

通常以设备购置费为计算基数，按照部门或行业规定的工具、器具及生产家具费率计算。计算公式为：

$$工具、器具及生产家具购置费 = 设备购置费 \times 定额费率 \tag{1-26}$$

1.3.2　建筑安装工程费用构成

建筑安装工程费按照费用构成要素划分：由人工费、材料（包含工程设备，下同）费、施工机具使用费、企业管理费、利润、规费和税金组成。其中人工费、材料费、施工机具使用费、企业管理费和利润包含在分部分项工程费、措施项目费、其他项目费中。

1. 人工费

人工费指按工资总额构成规定，支付给从事建筑安装工程施工的生产工人和附属生产单位工人的各项费用。人工费按下列公式进行计算：

$$人工费 = \sum（工日消耗量 \times 日工资单价）\tag{1-27}$$

$$日工资单价 = \frac{生产工人平均月工资（计时计件）+ 平均月\left(奖金 + 津贴补贴 + \frac{特殊情况下}{支付的工资}\right)}{年平均每月法定工作日}$$

$$\tag{1-28}$$

注：公式（1-28）主要适用于施工企业投标报价时自主确定人工费，也是工程造价管理机构编制计价定额确定定额人工单价或发布人工成本信息的参考依据。

日工资单价是指施工企业平均技术熟练程度的生产工人在每个工作日（国家法定工作时间内）按规定从事施工作业应得的日工资总额。

人工费内容包括：

（1）计时工资（计件工资），是指按计时工资标准和工作时间或对已做工作按计件单价支付给个人的劳动报酬。

（2）奖金，是指对超额劳动和增收节支支付给个人的劳动报酬。如节约奖、劳动竞赛奖等。

（3）津贴补贴，是指为了补偿职工特殊或额外的劳动消耗和因其他特殊原因支付给个人的津贴，以及为了保证职工工资水平不受物价影响支付给个人的物价补贴。如流动施工津贴、特殊地区施工津贴、高温（寒）作业临时津贴、高空津贴等。

（4）加班加点工资，是指按规定支付的在法定节假日工作的加班工资和在法定日工作时间外延时工作的加点工资。

（5）特殊情况下支付的工资，是指根据国家法律、法规和政策规定，因病、工伤、计划生育假、产假、婚丧假、事假、定期休假、探亲假、停工学习、执行国家或社会义务等原因按计时工资标准或计时工资标准的一定比例支付的工资。

2. 材料费

材料费是指施工过程中耗费的原材料、辅助材料、零件、构配件、半成品或成品、工程设备的费用。材料费按下式计算：

$$材料费 = \sum （材料消耗量 \times 材料单价） \tag{1-29}$$

$$材料单价 = \{（材料原价 + 运杂费） \times [1 + 运输损耗率（\%）]\} \times [1 + 采购保管费率（\%）] \tag{1-30}$$

材料费内容包括：

（1）材料原价，是指材料、工程设备的出厂价格或商家供应价格。

（2）运杂费，是指材料、工程设备自来源地运至工地仓库或指定堆放地点所发生的全部费用。

（3）运输损耗费，是指材料在运输装卸过程中不可避免的损耗构成的费用。

（4）采购及保管费，是指为组织采购、供应和保管材料、工程设备的过程中所需要的各项费用。包括采购费、仓储费、工地保管费、仓储损耗费。

（5）工程设备是指构成或计划构成永久工程一部分的机电设备、金属结构设备、仪器装置及其他类似的设备和装置。

3. 施工机具使用费

施工机具使用费指施工作业所发生的施工机械、仪器仪表使用费或其租赁费。

（1）施工机械使用费。以施工机械台班耗用量乘以施工机械台班单价表示，施工机械台班单价应由下列七项费用组成：

1）折旧费，是指施工机械在规定的使用年限内，陆续收回其原值的费用。

2）大修理费，是指施工机械按规定的大修理间隔台班进行必要的大修理，以恢复其正常功能所需的费用。

3）经常修理费，是指施工机械除大修理以外的各级保养和临时故障排除所需的费用。包括为保障机械正常运转所需替换设备与随机配备工具附具的摊销和维护费用，机械运转中日常保养所需润滑与擦拭的材料费用及机械停滞期间的维护和保养费用等。

4）安拆费及场外运费，是指施工机械（大型机械除外）在现场进行安装与拆卸所需的人工、材料、机械和试运转费用以及机械辅助设施的折旧、搭设、拆除等费用；场外运费指施工机械整体或分体自停放地点运至施工现场或由一施工地点运至另一施工地点的运输、装卸、辅助材料及架线等费用。

5）人工费，是指机上司机（司炉）和其他操作人员的人工费。

6）燃料动力费，是指施工机械在运转作业中所消耗的各种燃料及水、电等消耗费用。

7）税费，是指施工机械按照国家规定应缴纳的车船使用税、保险费及年检费等。

施工机械使用费按下列公式计算：

$$施工机械使用费 = \sum （施工机械台班消耗量 \times 机械台班单价） \tag{1-31}$$

$$机械台班单价 = 台班折旧费 + 台班大修费 + 台班经常修理费 + 台班安拆费及场外运费 + 台班人工费 + 台班燃料动力费 + 台班车船税费 \tag{1-32}$$

（2）仪器仪表使用费。仪器仪表使用费是指工程施工所需使用的仪器仪表的摊销及维修费用，按下式计算：

$$仪器仪表使用费 = 工程使用的仪器仪表摊销费 + 维修费 \qquad (1-33)$$

4. 企业管理费

企业管理费是指建筑安装企业组织施工生产和经营管理所需的费用。企业管理费内容包括：

（1）管理人员工资。管理人员工资是指按规定支付给管理人员的计时工资、津贴补贴、奖金、加班加点工资及特殊情况下支付的工资等。

（2）办公费。办公费是指企业管理办公用的文具、账表、印刷、纸张、邮电、书报、办公软件、现场监控、水电、会议、烧水和集体取暖降温（包括现场临时宿舍取暖降温）等费用。

（3）差旅交通费。差旅交通费是指职工因公出差、调动工作的住勤补助费、差旅费，市内交通费和误餐补助费，劳动力招募费，职工探亲路费，职工退休、退职一次性路费，工伤人员就医路费，工地转移费以及管理部门使用的交通工具的油料、燃料等费用。

（4）固定资产使用费。固定资产使用费是指管理和试验部门及附属生产单位使用的属于固定资产的房屋、设备、仪器等的折旧、维修、大修或租赁费。

（5）工具用具使用费。工具用具使用费是指企业施工生产和管理使用的不属于固定资产的工具、家具、器具、交通工具和检验、试验、测绘、消防用具等的购置、维修和摊销费。

（6）劳动保险和职工福利费。劳动保险和职工福利费是指由企业支付的职工退职金、按规定支付给离休干部的经费，集体福利费、冬季取暖补贴、夏季防暑降温、上下班交通补贴等。

（7）劳动保护费。劳动保护费是企业按规定发放的劳动保护用品的支出。如工作服、手套、防暑降温饮料以及在有碍身体健康的环境中施工的保健费用等。

（8）检验试验费。检验试验费是指施工企业按照有关标准规定，对建筑以及材料、构件和建筑安装物进行一般鉴定、检查时所发生的费用，其中包括自设试验室进行试验所耗用的材料等费用。不包括新结构、新材料的试验费，对构件做破坏性试验及其他特殊要求检验试验的费用和建设单位委托检测机构进行检测的费用，对此类检测发生的费用，由建设单位在工程建设其他费用中列支。但对施工企业提供的具有合格证明的材料进行检测不合格的，该检测费用由施工企业进行支付。

（9）工会经费。工会经费是指企业按《工会法》规定的全部职工工资总额比例计提的工会经费。

（10）职工教育经费。职工教育经费是指按职工工资总额的规定比例计提，企业为职工进行专业技术和职业技能培训，职工职业技能鉴定、专业技术人员继续教育、职业资格认定以及根据需要对职工进行各类文化教育所发生的费用。

（11）财产保险费。财产保险费是指施工管理用财产、车辆等的保险费用。

（12）财务费。财务费是指企业为施工生产筹集资金或提供预付款担保、履约担保、职工工资支付担保等所发生的费用。

（13）税金。税金是指企业按规定缴纳的房产税、土地使用税、车船使用税、印花税等。

(14) 其他。包括技术转让费、技术开发费、业务招待费、投标费、广告费、绿化费、公证费、法律顾问费、咨询费、审计费、保险费等。

企业管理费费率按下列计算：

1) 以分部分项工程费为计算基础：

$$\text{企业管理费费率（\%）} = \frac{\text{生产工人年平均管理费}}{\text{年有效施工天数} \times \text{人工单价}} \times \frac{\text{人工费占分部}}{\text{分项目工程费比例（\%）}} \quad (1-34)$$

2) 以人工费和机械费合计为计算基础：

$$\text{企业管理费费率（\%）} = \frac{\text{生产工人年平均管理费}}{\text{年有效施工天数} \times （\text{人工单价} + \text{每一工日机械使用费}）} \times 100\% \quad (1-35)$$

3) 以人工费为计算基础：

$$\text{企业管理费费率（\%）} = \frac{\text{生产工人年平均管理费}}{\text{年有效施工天数} \times \text{人工单价}} \times 100\% \quad (1-36)$$

注：上述公式适用于施工企业投标报价时自主确定管理费，是工程造价管理机构编制计价定额确定企业管理费的参考依据。

5. 利润

利润指施工企业完成所承包工程获得的盈利。利润的计算因计算基础的不同而不同。

(1) 以直接费为计算基础：

$$\text{利润} = （\text{直接费} + \text{间接费}） \times \text{相应利润率（\%）} \quad (1-37)$$

(2) 以人工费和机械费为计算基础：

$$\text{利润} = \text{直接费中的人工费和机械费合计} \times \text{相应利润率（\%）} \quad (1-38)$$

(3) 人工费为计算基础：

$$\text{利润} = \text{直接费中的人工费合计} \times \text{相应利润率（\%）} \quad (1-39)$$

6. 规费

规费指按国家法律、法规规定，由省级政府和省级有关权力部门规定必须缴纳或计取的费用。包括：

(1) 社会保险费。

1) 养老保险费是指企业按照规定标准为职工缴纳的基本养老保险费。

2) 失业保险费是指企业按照规定标准为职工缴纳的失业保险费。

3) 医疗保险费是指企业按照规定标准为职工缴纳的基本医疗保险费。

4) 生育保险费是指企业按照规定标准为职工缴纳的生育保险费。

5) 工伤保险费是指企业按照规定标准为职工缴纳的工伤保险费。

(2) 住房公积金。住房公积金是指企业按规定标准为职工缴纳的住房公积金。

(3) 工程排污费。工程排污费是指按规定缴纳的施工现场工程排污费。

其他应列而未列入的规费，按实际发生计取。

规费按下列规定计算：

1) 社会保险费和住房公积金应以定额人工费为计算基础，根据工程所在地省、自治区、直辖市或行业建设主管部门规定费率计算。

$$社会保险费和住房公积金 = \sum （工程定额人工费$$
$$\times 社会保险费和住房公积金费率） \qquad (1-40)$$

式中：社会保险费和住房公积金费率可以每万元发承包价的生产工人人工费和管理人员工资含量与工程所在地规定的缴纳标准综合分析取定。

2）工程排污费等其他应列而未列入的规费应按工程所在地环境保护等部门规定的标准缴纳，按实计取列入。

7．税金

税金是指国家税法规定的应计入建筑安装工程造价内的营业税、城市维护建设税、教育费附加以及地方教育附加。

税金计算公式：

$$税金 = 税前造价 \times 综合税率 （\%） \qquad (1-41)$$

综合税率：

（1）纳税地点在市区的企业：

$$综合税率（\%） = \frac{1}{1-3\% - （3\% \times 7\%） - （3\% \times 3\%） - （3\% \times 2\%）} - 1 \qquad (1-42)$$

（2）纳税地点在县城、镇的企业：

$$综合税率（\%） = \frac{1}{1-3\% - （3\% \times 5\%） - （3\% \times 3\%） - （3\% \times 2\%）} - 1 \qquad (1-43)$$

（3）纳税地点不在市区、县城、镇的企业：

$$综合税率（\%） = \frac{1}{1-3\% - （3\% \times 1\%） - （3\% \times 3\%） - （3\% \times 2\%）} - 1 \qquad (1-44)$$

（4）实行营业税改增值税的，按纳税地点现行税率计算。

1.3.3　工程建设其他费用组成

1．固定资产其他费用

固定资产其他费用是固定资产费用的一部分。固定资产费用是项目投产时将直接形成固定资产的建设投资，包括工程费用以及在工程建设其他费用中按规定将形成固定资产的费用，后者被称为固定资产其他费用。

（1）建设管理费。建设管理费是建设单位从项目筹建开始直至工程竣工验收合格或交付使用为止发生的项目建设管理费用。

1）建设管理费的内容。

①建设单位管理费。它是建设单位发生的管理性质的开支。包括：工作人员工资、工资性补贴、施工现场津贴、职工福利费、住房基金、基本养老保险费、基本医疗保险费、失业保险费、工伤保险费、办公费、差旅交通费、劳动保护费、工具用具使用费、固定资产使用费、必要的办公及生活用品购置费、必要的通信设备及交通工具购置费、零星固定资产购置费、招募生产工人费、技术图书资料费、业务招待费、设计审查费、工程招标费、合同契约公证费、法律顾问费、咨询费、完工清理费、竣工验收费、印花税和其他管理性质开支。

②工程监理费。它是建设单位委托工程监理单位实施工程监理的费用。此项费用按有

关规定计算。依法必须实行监理的建设工程施工阶段的监理收费实行政府指导价，其他建设工程施工阶段的监理收费和其他阶段的监理与相关服务收费实行市场调节价。

2）建设单位管理费的计算。建设单位管理费按照工程费用之和（包括设备工器具购置费和建筑安装工程费用）乘以建设单位管理费费率计算。

$$建设单位管理费 = 工程费用 × 建设单位管理费费率 \quad\quad (1-45)$$

建设单位管理费费率按照建设项目的不同性质、不同规模来确定。有的建设项目按照建设工期和规定的金额计算建设单位管理费。例如采用监理，建设单位部分管理工作量可转移至监理单位。监理费应根据委托的监理工作范围及监理深度在监理合同中商定或是按当地或所属行业部门有关规定计算；如建设单位采用工程总承包方式，其总包管理费由建设单位与总包单位根据总包工作范围在合同中商定，从建设管理费中支出。

（2）建设用地费。任何一个建设项目都固定在一定地点与地面相连接，必须占用一定量的土地，也就必然会发生为获得建设用地而支付的费用，即土地使用费。它是指通过划拨方式取得土地使用权而支付的土地征用及迁移补偿费，或者通过土地使用权出让方式取得土地使用权而支付的土地使用权出让金。

1）土地征用及迁移补偿费指建设项目通过划拨方式取得无限期的土地使用权，依照《中华人民共和国土地管理法》等规定所支付的费用。其总和一般不得超过被征土地年产值的 30 倍，土地年产值则按该地被征用前三年的平均产量和国家规定的价格计算。其内容包括：土地补偿费，青苗补偿费和被征用土地上的房屋、水井、树木等附着物补偿费，安置补助费，缴纳的耕地占用税或城镇土地使用税、土地登记费和征地管理费，征地动迁费，水利水电工程水库淹没处理补偿费。

2）土地使用权出让金。它是建设项目通过土地使用权出让方式，取得有限期的土地使用权，依照《中华人民共和国城镇国有土地使用权出让和转让暂行条例》规定支付的土地使用权出让金。

①明确国家是城市土地的唯一所有者，并分层次、有偿、有限期地出让、转让城市土地。第一层次是城市政府将国有土地使用权出让给用地者，该层次是由城市政府垄断经营。出让对象可以是有法人资格的企事业单位，也可以是外商。第二层次及以下层次的转让则发生在使用者之间。

②城市土地的出让和转让可采用协议、招标、公开拍卖等方式。

③在有偿出让和转让土地时，政府对地价不作统一规定，但是应坚持的原则有：地价对目前的投资环境不产生大的影响，地价与当地的社会经济承受能力相适应，地价要考虑已投入的土地开发费用、土地市场供求关系、土地用途和使用年限。

④关于政府有偿出让土地使用权的年限，各地可根据时间、区位等各种条件作不同的规定。根据《中华人民共和国城镇国有土地使用权出让和转让暂行条例》，土地使用权出让最高年限按以下用途确定：居住用地 70 年，工业用地 50 年，教育、科技、文化、卫生、体育用地 50 年，商业、旅游、娱乐用地 40 年，综合或者其他用地 50 年。

⑤土地有偿出让和转让，土地使用者和所有者都要签约，明确使用者对土地享有的权利和对土地所有者应承担的义务。

a. 有偿出让和转让使用权，但要向土地受让者征收契税。

b. 转让土地若有增值，要向转让者征收土地增值税。

c. 在土地转让期间，国家要区别不同地段、不同用途向土地使用者收取土地占用费。

（3）可行性研究费。可行性研究费是在建设项目前期工作中，编制和评估项目建议书（或预可行性研究报告）、可行性研究报告所需的费用。此项费用应依据前期研究委托合同，或参照有关规定计算。

（4）研究试验费。研究试验费是为建设项目提供和验证设计参数、数据、资料等所进行的必要的试验费用以及设计规定在施工中必须进行试验、验证所需的费用。包括自行或者委托其他部门研究试验所需人工费、材料费、试验设备及仪器使用费等。这项费用按照设计单位依据本工程项目的需要提出的研究试验内容和要求计算。

（5）勘察设计费。勘察设计费是委托勘察设计单位进行工程水文地质勘察、工程设计所发生的各项费用。包括：工程勘察费、初步设计费（基础设计费）、施工图设计费（详细设计费）、设计模型制作费。此项费用应按有关规定计算。

（6）环境影响评价费。环境影响评价费是指按照《中华人民共和国环境保护法》、《中华人民共和国环境影响评价法》等规定，为全面、详细评价本建设项目对环境可能产生的污染或造成的重大影响所需的费用。包括编制环境影响报告书（含大纲）、环境影响报告表以及对环境影响报告书（含大纲）、环境影响报告表进行评估等所需的费用。此项费用可参照有关规定计算。

（7）场地准备及临时设施费。建设项目场地准备费是建设项目为达到工程开工条件进行的场地平整和对建设场地余留的有碍于施工建设的设施进行拆除清理的费用。建设单位临时设施费是为满足施工建设需要而供给到场地界区的、未列入工程费用的临时水、电、路、气、通信等其他工程费用和建设单位的现场临时建（构）筑物的搭设、维修、拆除、摊销或建设期间租赁费用，以及施工期间专用公路或桥梁的加固、养护、维修等费用。

场地准备及临时设施费的相关计算内容如下：

1）场地准备和临时设施应尽量与永久性工程统一考虑。建设场地的大型土石方工程应进入工程费用中的总图运输费用中。

2）新建项目的场地准备和临时设施费应依据实际工程量估算，或按工程费用的比例计算。改扩建项目通常只计拆除清理费。

$$场地准备和临时设施费 = 工程费用 × 费率 + 拆除清理费 \qquad (1-46)$$

3）发生拆除清理费时可按新建同类工程造价或主材费、设备费的比例计算。凡可回收材料的拆除工程采用以料抵工方式冲抵拆除清理费。

4）该项费用不包括已列入建筑安装工程费用中的施工单位临时设施费用。

（8）引进技术和引进设备其他费。

1）引进项目图纸资料翻译复制费、备品备件测绘费，可根据引进项目的具体情况计列或按引进货价（FOB）的比例估列；引进项目发生备品备件测绘费时按具体情况估列。

2）出国人员费用，包括买方人员出国设计联络、出国考察、联合设计、培训等所发生的旅费、生活费等。根据合同或协议规定的出国人次、期限以及相应的费用标准计算。生活费按照财政部、外交部规定的现行标准计算，旅费按中国民航公布的票价计算。

3）来华人员费用，包括卖方来华工程技术人员的现场办公费用、往返现场交通费用、接待费用等。根据引进合同或协议有关条款及来华技术人员派遣计划进行计算。来华人员接待费用可按每人次费用指标计算。引进合同价款中已包括的费用内容不得重复计算。

4）银行担保及承诺费是引进项目由国内外金融机构出面承担风险和责任担保所发生的费用，以及支付贷款机构的承诺费用。应按担保或承诺协议计取。投资估算和概算编制时可以担保金额或承诺金额为基数乘以费率计算。

（9）工程保险费。工程保险费是建设项目在建设期间根据需要对建筑工程、安装工程、机器设备和人身安全进行投保而发生的保险费用。包括建筑安装工程一切险、引进设备财产保险和人身意外伤害险等。

根据不同的工程类别，分别以其建筑、安装工程费乘以建筑、安装工程保险费率计算。民用建筑（例如住宅楼、综合性大楼、商场、旅馆、医院、学校）占建筑工程费的2‰～4‰；其他建筑（例如工业厂房、仓库、道路、码头、水坝、隧道、桥梁、管道等）占建筑工程费的3‰～6‰；安装工程（例如农业、工业、机械、电子、电器、纺织、矿山、石油、化学及钢铁工业、钢结构桥梁等）占建筑工程费的3‰～6‰。

（10）联合试运转费。联合试运转费是新建项目或新增加生产能力的工程，在交付生产前按照批准的设计文件所规定的工程质量标准和技术要求，进行整个生产线或装置的负荷联合试运转或局部联动试车所发生的费用净支出（试运转支出大于收入的差额部分费用）。试运转支出包括试运转所需原材料、燃料及动力消耗、低值易耗品、其他物料消耗、工具用具使用费、机械使用费、保险金、施工单位参加试运转人员工资，以及专家指导费等；试运转收入包括试运转期间的产品销售收入和其他收入。联合试运转费不包括应由设备安装工程费用开支的调试及试车费用，以及在试运转中暴露出来的因施工原因或设备缺陷等发生的处理费用。

（11）特殊设备安全监督检验费。特殊设备安全监督检验费是在施工现场组装的锅炉及压力容器、压力管道、消防设备、燃气设备、电梯等特殊设备和设施，由安全监察部门按照有关安全监察条例和实施细则以及设计技术要求进行安全检验，应由建设项目支付的、向安全监察部门缴纳的费用。该项费用按照建设项目所在省（自治区、直辖市）安全监察部门的规定标准计算。没有具体规定的，在编制投资估算和概算时可按受检设备现场安装费的比例估算。

（12）市政公用设施费。市政公用设施费是使用市政公用设施的建设项目，按照项目所在地省一级人民政府有关规定建设或缴纳的市政公用设施建设配套费用，以及绿化工程补偿费用。该项费用按工程所在地人民政府规定标准计列。

2. 无形资产费用

无形资产费用是直接形成无形资产的建设投资，主要是指专利及专有技术使用费。

专利及专有技术使用费的主要内容包括国外设计和技术资料费，引进有效专利、专有技术使用费和技术保密费；国内有效专利、专有技术使用费；商标权、商誉和特许经营权费用等。

在专利及专有技术使用费计算时应注意以下问题：

（1）按专利使用许可协议和专有技术使用合同的规定计列。

（2）专有技术的界定应以省、部级鉴定批准为依据。

（3）项目投资中只计需要在建设期支付的专利及专有技术使用费。协议或合同规定在生产期支付的使用费应在生产成本中核算。

（4）一次性支付的商标权、商誉及特许经营权费按协议或合同规定计列。协议或合同规定在生产期支付的商标权或特许经营权费应在生产成本中核算。

（5）为项目配套的专用设施投资，包括专用铁路线、专用公路、专用通信设施、送变电站、地下管道、专用码头等，如果由项目建设单位负责投资但产权不归属本单位的，应作无形资产处理。

3．其他资产费用

其他资产费用是建设投资中除形成固定资产和无形资产以外的部分，主要包括生产准备及开办费等。

生产准备及开办费是建设项目为保证正常生产（或营业、使用）而发生的人员培训费、提前进厂费以及投产使用必备的生产办公、生活家具用具及工器具等购置费用，其主要包括：

（1）人员培训费及提前进厂费，包括自行组织培训或委托其他单位培训的人员工资、工资性补贴、职工福利费、差旅交通费、劳动保护费、学习资料费等。

（2）为了保证初期正常生产（或营业、使用）所必需的生产办公、生活家具用具购置费。

（3）为了保证初期正常生产（或营业、使用）必需的第一套不够固定资产标准的生产工具、器具、用具购置费。不包括备品备件费。

生产准备及开办费的相关计算内容如下：

（1）新建项目按设计定员为基数计算，改扩建项目按新增设计定员为基数计算：

$$生产准备费 = 设计定员 \times 生产准备费指标（元/人） \qquad (1-47)$$

（2）可采用综合的生产准备费指标进行计算，也可以按费用内容的分类指标计算。

1.3.4 预备费和建设期贷款利息

1．预备费的构成与计算

（1）基本预备费。

1）基本预备费是针对在项目实施过程中可能发生难以预料的支出，需要事先预留的费用，又称工程建设不可预见费。主要指设计变更及施工过程中可能增加工程量的费用。基本预备费通常由以下三部分构成：

①在批准的初步设计范围内，技术设计、施工图设计及施工过程中所增加的工程费用，设计变更、工程变更、材料代用、局部地基处理等增加的费用。

②一般自然灾害造成的损失和预防自然灾害所采取的措施费用。实行工程保险的工程项目，该费用应适当降低。

③竣工验收时为鉴定工程质量对隐蔽工程进行必要的挖掘和修复费用。

2）基本预备费的计算：

$$基本预备费 = （工程费用 + 工程建设其他费用） \times 基本预备费费率 \qquad (1-48)$$

基本预备费费率的取值应执行国家及有关部门的规定。

（2）涨价预备费。

1）涨价预备费是针对建设项目在建设期间内由于材料、人工、设备等价格可能发生变化引起工程造价变化而事先预留的费用，亦称为价格变动不可预见费。涨价预备费的内容包括：人工、设备、材料、施工机械的价差费，建筑安装工程费及工程建设其他费用调整，利率、汇率调整等增加的费用。

2）涨价预备费的测算方法。涨价预备费通常根据国家规定的投资综合价格指数，以估算年份价格水平的投资额为基数，采用复利方法计算。计算公式如下：

$$PF = \sum_{t=1}^{n} I_t \left[(1+f)^m (1+f)^{0.5} (1+f)^{t-1} - 1 \right] \tag{1-49}$$

式中：　PF——涨价预备费；

　　　　n——建设期年份数；

　　　　I_t——建设期中第 t 年的投资计划额，包括工程费用、工程建设其他费用及基本
　　　　　　预备费，即第 t 年的静态投资；

　　　　f——年均投资价格上涨率；

　　　　m——建设前期年限（从编制估算到开工建设，单位：年）。

2．建设期利息的构成与计算

若总贷款是分年均衡发放，建设期利息的计算可按当年借款在年中支用考虑，即当年贷款按半年计息，上年贷款按全年计息。计算公式为：

$$q_j = \left(P_{j-1} + \frac{1}{2} A_j \right) \times i \tag{1-50}$$

式中：　q_j——建设期第 j 年应计利息；

　　　P_{j-1}——建设期第（$j-1$）年末累计贷款本金与利息之和；

　　　　A_j——建设期第 j 年贷款金额；

　　　　i——年利率。

在国外贷款利息的计算中，还应包括国外贷款银行根据贷款协议向贷款方以年利率的方式收取的手续费、管理费、承诺费，以及国内代理机构经国家主管部门批准的以年利率的方式向贷款单位收取的转贷费、担保费、管理费等。

2 施工图的识读

2.1 建筑制图的基本规定

2.1.1 图纸幅面

（1）幅面及图框尺寸应符合表 2 – 1 的规定及图 2 – 1、图 2 – 2 的格式。

表 2 – 1　幅面及图框尺寸（mm）

幅面代号 尺寸代号	A0	A1	A2	A3	A4
$b \times l$	841×1189	594×841	420×594	297×420	210×297
c	10			5	
a	25				

注：表中 b 为幅面短边尺寸，l 为幅面长边尺寸，c 为图框线与幅面线间宽度，a 为图框线与装订边间宽度。

（2）需要微缩复制的图纸，其一个边上应附有一段准确米制尺度，四个边上均附有对中标志，米制尺度的总长应为 100mm，分格应为 10mm。对中标志应画在图纸内框各边长的中点处，线宽为 0.35mm，并应伸入内框边，在框外为 5mm。对中标志的线段，于 l_1 和 b_1 范围取中。

（3）图纸的短边尺寸不应加长，A0 ~ A3 幅面长边尺寸可加长，但应符合表 2 – 2 的规定。

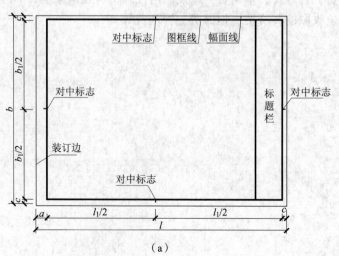

（a）

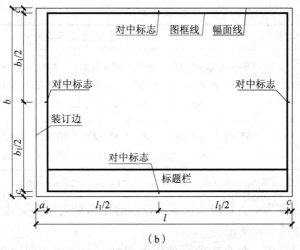

（b）

图 2-1　A0～A3 横式幅面

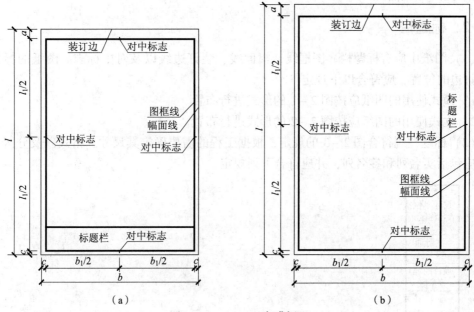

（a）　　　　　　　　　　　　　　　　（b）

图 2-2　A0～A4 立式幅面

表 2-2　图纸长边加长尺寸（mm）

幅面代号	长边尺寸	长边加长后的尺寸		
A0	1189	1486（A0 + 1/4l）　　1635（A0 + 3/8l）　　1783（A0 + 1/2l） 1932（A0 + 5/8l）　　2080（A0 + 3/4l）　　2230（A0 + 7/8l） 2378（A0 + l）		
A1	841	1051（A1 + 1/4l）　　1261（A1 + 1/2l）　　1471（A1 + 3/4l） 1682（A1 + l）　　1892（A1 + 5/4l）　　2102（A1 + 3/2l）		

续表 2 – 2

幅面代号	长边尺寸	长边加长后的尺寸
A2	594	743（A2 + 1/4*l*）　891（A2 + 1/2*l*）　1041（A2 + 3/4*l*）　1189（A2 + *l*） 1338（A2 + 5/4*l*）　1486（A2 + 3/2*l*）　1635（A2 + 7/4*l*） 1783（A2 + 2*l*）　1932（A2 + 9/4*l*）　2080（A2 + 5/2*l*）
A3	420	630（A3 + 1/2*l*）　841（A3 + *l*）　1051（A3 + 3/2*l*）　1261（A3 + 2*l*） 1471（A3 + 5/2*l*）　1682（A3 + 3*l*）　1892（A3 + 7/2*l*）

注：有特殊需要的图纸，可采用 *b* × *l* 为 841mm × 891mm 与 1189mm × 1261mm 的幅面。

（4）图纸以短边作为垂直边应为横式，以短边作水平边应为立式。A0 ~ A3 图纸宜横式使用，必要时，也可立式使用。

（5）一个工程设计中，每个专业所使用的图纸，不宜多于两种幅面，不含目录及表格所采用的 A4 幅面。

2.1.2　标题栏

（1）图纸中应有标题栏、图框线、幅面线、装订边线以及对中标志。图纸的标题栏及装订边的位置，应符合以下规定：

1）横式使用的图纸应按图 2 – 1 的形式进行布置。

2）立式使用的图纸应按图 2 – 2 的形式进行布置。

（2）标题栏应符合图 2 – 3 的规定，根据工程的需要确定其尺寸、格式以及分区。签字栏应包括实名列和签名列，并应符合下列规定：

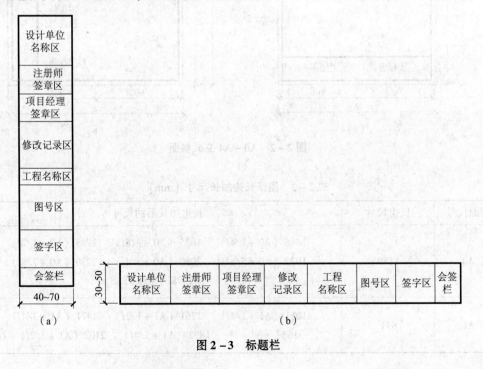

图 2 – 3　标题栏

1）涉外工程的标题栏内，各项主要内容的中文下方应附有译文，设计单位的上方或左方，应加"中华人民共和国"字样。

2）在计算机制图文件中使用电子签名与认证时，应符合国家有关电子签名法的规定。

2.1.3　图线

（1）图线的宽度 b，宜从 1.4mm、1.0mm、0.7mm、0.5mm、0.35mm、0.25 mm、0.18mm、0.13mm 线宽系列中选取。图线宽度不应小于0.1mm。每个图样，应根据复杂程序与比例大小，先选定基本线宽 b，再选用表 2-3 中相应的线宽组。

表 2-3　线宽组（mm）

线宽比	线 宽 组			
b	1.4	1.0	0.7	0.5
$0.7b$	1.0	0.7	0.5	0.35
$0.5b$	0.7	0.5	0.35	0.25
$0.25b$	0.35	0.25	0.18	0.13

注：1. 需要缩微的图纸，不宜采用0.18mm及更细的线宽。

2. 同一张图纸内，各不同线宽中的细线，可统一采用较细的线宽组的细线。

（2）工程建设制图应当选用的图线见表 2-4。

表 2-4　工程建设制图应选用的图线

名　称		线　型	线宽	一　般　用　途
实线	粗	———	b	主要可见轮廓线
	中粗	———	$0.7b$	可见轮廓线
	中	———	$0.5b$	可见轮廓线、尺寸线、变更云线
	细	———	$0.25b$	图例填充线、家具线
虚线	粗	- - -	b	见各有关专业制图标准
	中粗	- - -	$0.7b$	不可见轮廓线
	中	- - -	$0.5b$	不可见轮廓线、图例线
	细	- - -	$0.25b$	图例填充线、家具线
单点长画线	粗	—·—	b	见各有关专业制图标准
	中	—·—	$0.5b$	见各有关专业制图标准
	细	—·—	$0.25b$	中心线、对称线、轴线等
双点长画线	粗	—··—	b	见各有关专业制图标准
	中	—··—	$0.5b$	见各有关专业制图标准
	细	—··—	$0.25b$	假象轮廓线、成型前原始轮廓线

续表 2 – 4

名 称	线 型	线宽	一 般 用 途
折断线	⌇	0.25b	断开界线
波浪线	～～～	0.25b	断开界线

（3）同一张图纸内，相同比例的各图样应选用相同的线宽组。

（4）图纸的图框和标题栏线可采用表 2 – 5 的线宽。

表 2 – 5　图框和标题栏线的宽度（mm）

幅面代号	图框线	标题栏外框线	标题栏分格线
A0、A1	b	0.5b	0.25b
A2、A3、A4	b	0.7b	0.35b

（5）相互平行的图例线，其净间隙或线中间隙不宜小于 0.2mm。

（6）虚线、单点长画线或双点长画线的线段长度和间隔，宜各自相等。

（7）单点长画线或双点长画线，当在较小图形中绘制有困难时，可用实线代替。

（8）单点长画线或双点长画线的两端，不应是点。点画线与点画线交接点或点画线与其他图线交接时，应是线段交接。

（9）虚线与虚线交接或虚线与其他图线交接时，应是线段交接。虚线为实线的延长线时，不得与实线相接。

（10）图线不得与文字、数字或符号重叠、混淆，不可避免时，应首先保证文字的清晰。

2.1.4　字体

（1）图纸上所需书写的文字、数字或者符号等，均应笔画清晰、字体端正、排列整齐；标点符号应清楚正确。

（2）文字的字高应从表 2 – 6 中选用。字高大于 10mm 的文字宜采用 True type 字体，当需书写更大的字时，其高度应按表 2 – 6 所列字高的数值递增。

表 2 – 6　文字的字高（mm）

字体种类	中文矢量字体	True type 字体及非中文矢量字体
字高	3.5、5、7、10、14、20	3、4、6、8、10、14、20

（3）图样以及说明中的汉字，宜采用长仿宋体或者黑体，同一图纸字体种类不应超过两种。长仿宋体的高宽关系应符合表 2 – 7 的规定，黑体字的宽度与高度应相同。大标题、图册封面、地形图等的汉字，也可书写成其他字体，但是应易于辨认。

表 2-7　长仿宋字高宽关系（mm）

字高	20	14	10	7	5	3.5
字宽	14	10	7	5	3.5	2.5

（4）汉字的简化字书写应符合国家有关汉字简化方案的规定。

（5）图样及说明中的拉丁字母、阿拉伯数字与罗马数字，宜采用单线简体或者 RO-MAN 字体。拉丁字母、阿拉伯数字与罗马数字的书写规则，应符合表 2-8 规定。

表 2-8　拉丁字母、阿拉伯数字与罗马数字的书写规则

书写格式	字　体	窄字体
大写字母高度	h	h
小写字母高度（上下均无延伸）	$7/10h$	$10/14h$
小写字母伸出的头部或尾部	$3/10h$	$4/14h$
笔画宽度	$1/10h$	$1/14h$
字母间距	$2/10h$	$2/14h$
上下行基准线的最小间距	$15/10h$	$21/14h$
词间距	$6/10h$	$6/14h$

（6）拉丁字母、阿拉伯数字与罗马数字，当需写成斜体字时，其斜度应是从字的底线逆时针向上倾斜 75°斜体字的高度和宽度应与相应的直体字相等。

（7）拉丁字母、阿拉伯数字与罗马数字的字高，不应小于 2.5mm。

（8）数量的数值注写，应采用正体阿拉伯数字。各种计量单位凡前面有量值的，均应采用国家颁布的单位符号注写。单位符号应采用正体字母。

（9）分数、百分数和比例数的注写，应采用阿拉伯数字和数学符号。

（10）当注写的数字小于 1 时，应写出各位的"0"；小数点应采用圆点，齐基准线书写。

（11）长仿宋汉字、拉丁字母、阿拉伯数字与罗马数字示例应符合现行国家标准《技术制图　字体》GB/T 14691—1993 的有关规定。

2.1.5　比例

（1）图样的比例，应为图形与实物相对应的线性尺寸之比。

（2）比例的符号应为"："，比例应以阿拉伯数字表示。

（3）比例宜注写在图名的右侧，字的基准线应取平；比例的字高宜比图名的字高小一号或二号（图 2-4）。

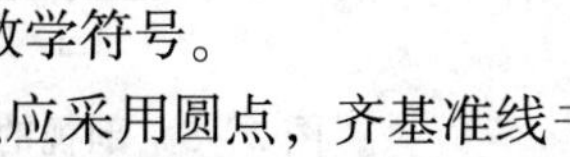

平面图 1 : 100　⑥ 1 : 20

图 2-4　比例的注写

（4）绘图所用的比例应根据图样的用途与被绘对象的复杂程度，从表2-9中选用，并应优先采用表中常用比例。

表2-9   绘图所用的比例

常用比例	1:1、1:2、1:5、1:10、1:20、1:30、1:50、1:100、1:150、1:200、1:500、1:1000、1:2000
可用比例	1:3、1:4、1:6、1:15、1:25、1:40、1:60、1:80、1:250、1:300、1:400、1:600、1:5000、1:10000、1:20000、1:50000、1:100000、1:200000

（5）一般情况下，一个图样应选用一种比例。根据专业制图需要，同一图样可选用两种比例。

（6）特殊情况下也可自选比例，这时除应注出绘图比例外，还应在适当位置绘制出相应的比例尺。

2.1.6 符号

1. 剖切符号

（1）剖视的剖切符号应由剖切位置线及剖视方向线组成，均应以粗实线绘制。剖视的剖切符号应符合下列规定：

1）剖切位置线的长度宜为6~10mm；剖视方向线应垂直于剖切位置线，长度应短于剖切位置线，宜为4~6mm（图2-5），也可采用国际统一和常用的剖视方法，如图2-6所示。绘制时，剖视剖切符号不应与其他图线相接触。

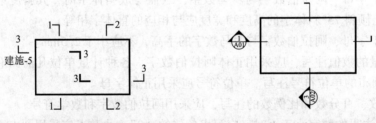

图2-5   剖视的剖切符号（一）   图2-6   剖视的剖切符号（二）

2）剖视剖切符号的编号宜采用粗阿拉伯数字，按剖切顺序由左至右、由下向上连续编排，并应注写在剖视方向线的端部。

3）需要转折的剖切位置线，应在转角的外侧加注与该符号相同的编号。

4）建（构）筑物剖面图的剖切符号应注在±0.000标高的平面图或首层平面图上。

5）局部剖面图（不含首层）的剖切符号应注在包含剖切部位的最下面一层的平面图上。

（2）断面的剖切符号应符合下列规定：

1）断面的剖切符号应只用剖切位置线表示，并应以粗实线绘制，长度宜为6~10mm。

2）断面剖切符号的编号宜采用阿拉伯数字，按顺序连续编排，并应注写在剖切位置线的一侧；编号所在的一侧应为该断面的剖视方向（图2-7）。

（3）剖面图或断面图，当与被剖切图样不在同一张图内，应在剖切位置线的另一侧注明其所在图纸的编号，也可以在图上集中说明。

图2-7 断面的剖切符号

2. 索引符号与详图符号

（1）图样中的某一局部或构件，如需另见详图，应以索引符号索引，如图2-8（a）所示。索引符号是由直径为8～10mm的圆和水平直径组成，圆及水平直径应以细实线绘制。索引符号应按下列规定编写：

1）索引出的详图，如与被索引的详图同在一张图纸内，应在索引符号的上半圆中用阿拉伯数字注明该详图的编号，并在下半圆中间画一段水平细实线，如图2-8（b）所示。

2）索引出的详图，如与被索引的详图不在同一张图纸内，应在索引符号的上半圆中用阿拉伯数字注明该详图的编号，在索引符号的下半圆用阿拉伯数字注明该详图所在图纸的编号，如图2-8（c）所示。数字较多时，可加文字标注。

3）索引出的详图，如采用标准图，应在索引符号水平直径的延长线上加注该标准图集的编号，如图2-8（d）所示。需要标注比例时，文字在索引符合右侧或延长线下方，与符号下对齐。

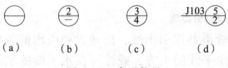

（a）　　　（b）　　　（c）　　　（d）

图2-8 索引符号

（2）索引符号用于索引剖视详图时，应在被剖切的部位绘制剖切位置线，并以引出线引出索引符号，引出线所在的一侧应为剖视方向，索引符号的编号同上，如图2-9所示。

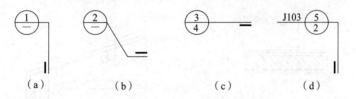

（a）　　　（b）　　　（c）　　　（d）

图2-9 用于索引剖面详图的索引符号

（3）零件、钢筋、杆件、设备等的编号宜以直径为5～6mm的细实线圆表示，同一图样应保持一致，其编号应用阿拉伯数字按顺序编写，如图2-10所示。消火栓、配电箱、管井等的索引符号，直径宜为4～6mm。

（4）详图的位置和编号应以详图符号表示。详图符号的圆应以直径为14mm的粗实线绘制。详图编号应符合下列规定：

1）详图与被索引的图样同在一张图纸内时，应在详图符号内用阿拉伯数字注明该详图的编号，如图2-11所示。

2）详图与被索引的图样不在同一张图纸内时，应用细实线在详图符号内画一水平直径，在上半圆中注明详图编号，在下半圆中注明被索引的图纸的编号，如图 2 - 12 所示。

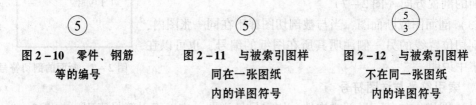

图 2 - 10　零件、钢筋　　　　图 2 - 11　与被索引图样　　　图 2 - 12　与被索引图样

等的编号　　　　　　　同在一张图纸　　　　　　不在同一张图纸

内的详图符号　　　　　　内的详图符号

3. 引出线

（1）引出线应以细实线绘制，宜采用水平方向的直线、与水平方向呈 30°、45°、60°、90°的直线，或经上述角度再折为水平线。文字说明宜注写在水平线的上方，如图 2 - 13（a）所示，也可注写在水平线的端部，如图 2 - 13（b）所示。索引详图的引出线应与水平直径线相连接，如图 2 - 13（c）所示。

（2）同时引出的几个相同部分的引出线，宜互相平行，如图 2 - 14（a）所示，也可画成集中于一点的放射线，如图 2 - 14（b）所示。

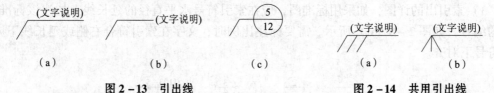

图 2 - 13　引出线　　　　　　　　　图 2 - 14　共用引出线

（3）多层构造或多层管道共用引出线，应通过被引出的各层，并用圆点示意对应各层次。文字说明宜注写在水平线的上方，或注写在水平线的端部；说明的顺序应由上至下，并应与被说明的层次对应一致；如层次为横向排序，则由上至下的说明顺序应与由左至右的层次对应一致，如图 2 - 15 所示。

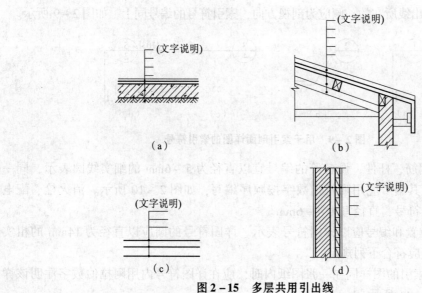

图 2 - 15　多层共用引出线

4．其他符号

（1）对称符号由对称线和两端的两对平行线组成。对称线用细单点长画线绘制；平行线用细实线绘制，其长度宜为6～10mm，每对的间距宜为2～3mm；对称线垂直平分于两对平行线，两端超出平行线宜为2～3mm，如图2-16所示。

（2）连接符号应以折断线表示需连接的部位。两部位相距过远时，折断线两端靠图样一侧应标注大写拉丁字母表示连接编号。两个被连接的图样应用相同的字母编号，如图2-17所示。

图2-16　对称符号　　　　图2-17　连接符号

（3）指北针的形状应符合图2-18的规定，其圆的直径宜为24mm，用细实线绘制；指针尾部的宽度宜为3mm，指针头部应注"北"或"N"字。需用较大直径绘制指北针时，指针尾部的宽度宜为直径的1/8。

（4）对图纸中局部变更部分宜采用云线，并宜注明修改版次，如图2-19所示。

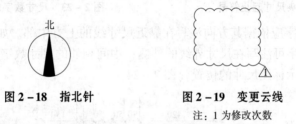

图2-18　指北针　　　　图2-19　变更云线

注：1为修改次数

2.1.7　尺寸标注

1．尺寸界线、尺寸线及尺寸起止符号

（1）图样上的尺寸，应包括尺寸界线、尺寸线、尺寸起止符号和尺寸数字（图2-20）。

（2）尺寸界线应用细实线绘制，应与被注长度垂直，其一端应离开图样轮廓线不应小于2mm，另一端宜超出尺寸线2～3mm。图样轮廓线可用作尺寸界线（图2-21）。

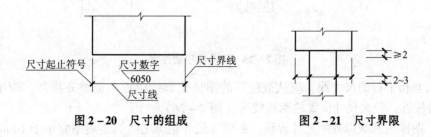

图2-20　尺寸的组成　　　　图2-21　尺寸界限

（3）尺寸线应用细实线绘制，应与被注长度平行。图样本身的任何图线均不得用作尺寸线。

（4）尺寸起止符号用中粗斜短线绘制，其倾斜方向应与尺寸界线呈顺时针45°，长度宜为2~3mm。半径、直径、角度与弧长的尺寸起止符号宜用箭头表示（图2-22）。

2．尺寸数字

（1）图样上的尺寸，应以尺寸数字为准，不得从图上直接量取。

（2）图样上的尺寸单位，除标高及总平面以米为单位外，其他必须以毫米为单位。

（3）尺寸数字的方向，应按图2-23（a）的规定注写。若尺寸数字在30°斜线区内，也可按图2-23（b）的形式注写。

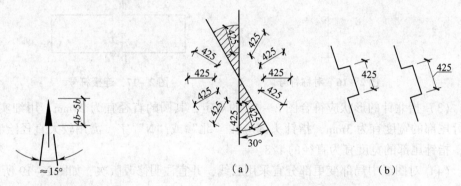

图2-22　箭头尺寸起止符号　　　　图2-23　尺寸数字的注写方向

（4）尺寸数字应依据其方向注写在靠近尺寸线的上方中部。如没有足够的注写位置，最外边的尺寸数字可注写在尺寸界线的外侧，中间相邻的尺寸数字可上下错开注写，引出线端部用圆点表示标注尺寸的位置（图2-24）。

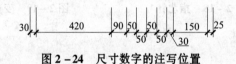

图2-24　尺寸数字的注写位置

3．尺寸的排列与布置

（1）尺寸宜标注在图样轮廓以外，不宜与图线、文字及符号等相交（图2-25）。

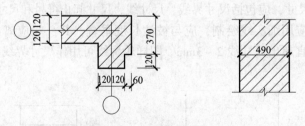

图2-25　尺寸数字的注写

（2）互相平行的尺寸线，应从被注写的图样轮廓线由近向远整齐排列，较小尺寸应离轮廓线较近，较大尺寸应离轮廓线较远（图2-26）。

（3）图样轮廓线以外的尺寸线，距图样最外轮廓之间的距离不宜小于10mm。平行排列的尺寸线的间距，宜为7~10mm，并应保持一致（图2-26）。

（4）总尺寸的尺寸界线应靠近所指部位，中间的分尺寸的尺寸界线可稍短，但其长度应相等（图2-26）。

4. 半径、直径、球的尺寸标注

（1）半径的尺寸线应一端从圆心开始，另一端画箭头指向圆弧。半径数字前应加注半径符号"*R*"（图2-27）。

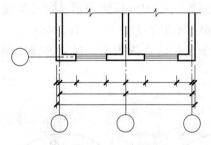

图2-26 尺寸的排列

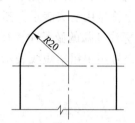

图2-27 半径标注方法

（2）较小圆弧的半径，可按图2-28的形式标注。

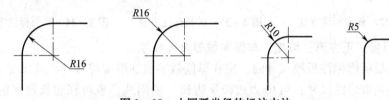

图2-28 小圆弧半径的标注方法

（3）较大圆弧的半径，可按图2-29的形式标注。

（4）标注圆的直径尺寸时，直径数字前应加直径符号"*φ*"。在圆内标注的尺寸线应通过圆心，两端画箭头指至圆弧（图2-30）。

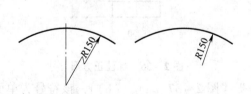

图2-29 大圆弧半径的标注方法

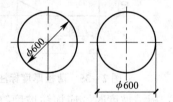

图2-30 圆直径的标注方法

（5）较小圆的直径尺寸，可标注在圆外（图2-31）。

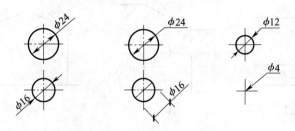

图2-31 小圆直径的标注方法

（6）标注球的半径尺寸时，应在尺寸前加注符号"SR"。标注球的直径尺寸时，应在尺寸数字前加注符号"Sφ"。注写方法与圆弧半径和圆直径的尺寸标注方法相同。

5．角度、弧度、弧长的标注

（1）角度的尺寸线应以圆弧表示。该圆弧的圆心应是该角的顶点，角的两条边为尺寸界线。起止符号应以箭头表示，如没有足够位置画箭头，可用圆点代替，角度数字应沿尺寸线方向注写（图2-32）。

（2）标注圆弧的弧长时，尺寸线应以与该圆弧同心的圆弧线表示，尺寸界线应指向圆心，起止符号用箭头表示，弧长数字上方应加注圆弧符号"⌒"（图2-33）。

（3）标注圆弧的弦长时，尺寸线应以平行于该弦的直线表示，尺寸界线应垂直于该弦，起止符号用中粗斜短线表示（图2-34）。

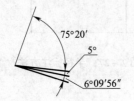   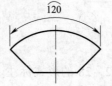   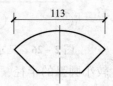

图2-32　角度标注方法　　　图2-33　弧长标注方法　　　图2-34　弦长标注方法

6．薄板厚度、正方形、坡度、非圆曲线等尺寸标注

（1）在薄板板面标注板厚尺寸时，应在厚度数字前加厚度符号"t"（图2-35）。

（2）标注正方形的尺寸，可用"边长×边长"的形式，也可在边长数字前加正方形符号"□"（图2-36）。

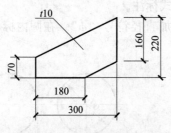   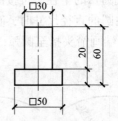

图2-35　薄板厚度标注方法　　　　图2-36　标注正方形尺寸

（3）标注坡度时，应加注坡度符号"←"［图2-37（a）、（b）］，该符号为单面箭头，箭头应指向下坡方向。坡度也可用直角三角形形式标注［图2-37（c）］。

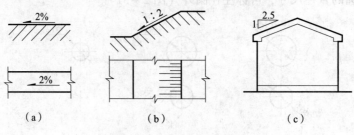

图2-37　坡度标注方法

（4）外形为非圆曲线的构件，可用坐标形式标注尺寸（图2-38）。

（5）复杂的图形，可用网格形式标注尺寸（图2-39）。

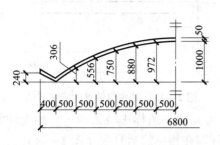

图2-38 坐标法标注曲线尺寸

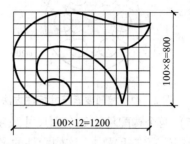

图2-39 网格法标注曲线尺寸

7. 尺寸的简化标注

（1）杆件或管线的长度，在单线图（桁架简图、钢筋简图、管线简图）上，可直接将尺寸数字沿杆件或管线的一侧注写（图2-40）。

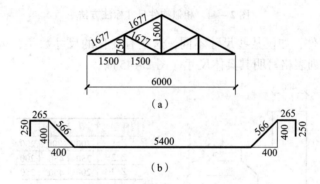

图2-40 单线图尺寸标注方法

（2）连续排列的等长尺寸，可用"等长尺寸×个数＝总长"［图2-41（a）］或"等分×个数＝总长"［图2-41（b）］的形式标注。

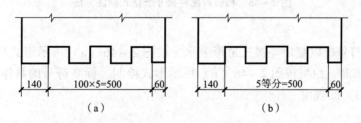

图2-41 等长尺寸简化标注方法

（3）构配件内的构造因素（如孔、槽等）如相同，可仅标注其中一个要素的尺寸（图2-42）。

（4）对称构配件采用对称省略画法时，该对称构配件的尺寸线应略超过对称符号，仅在尺寸线的一端画尺寸起止符号，尺寸数字应按整体全尺寸注写，其注写位置宜与对称符号对齐（图2-43）。

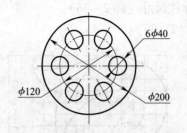

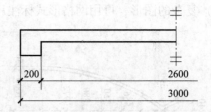

图 2 - 42　相同要素尺寸标注方法　　　**图 2 - 43　对称构件尺寸标注方法**

（5）两个构配件，如个别尺寸数字不同，可在同一图样中将其中一个构配件的不同尺寸数字注写在括号内，该构配件的名称也应注写在相应的括号内（图 2 - 44）。

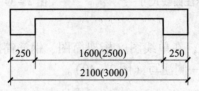

图 2 - 44　相似构件尺寸标注方法

（6）数个构配件，如仅某些尺寸不同，这些有变化的尺寸数字，可用拉丁字母注写在同一图样中，另列表格写明其具体尺寸（图 2 - 45）。

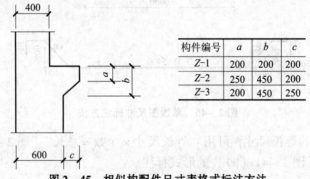

构件编号	a	b	c
Z-1	200	200	200
Z-2	250	450	200
Z-3	200	450	250

图 2 - 45　相似构配件尺寸表格式标注方法

8. 标高

（1）标高符号应以直角等腰三角形表示，按图 2 - 46（a）所示形式用细实线绘制；当标注位置不够时，也可按图 2 - 46（b）所示形式绘制。标高符号的具体画法应符合图 2 - 46（c）、（d）的规定。

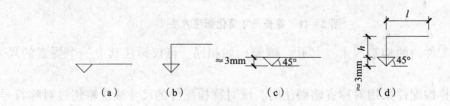

图 2 - 46　标高符号

l—取适当长度注写标高数字；*h*—根据需要取适当高度

（2）总平面图室外地坪标高符号，宜用涂黑的三角形表示，具体画法应符合图 2 - 47 的规定。

（3）标高符号的尖端应指至被注高度的位置。尖端宜向下，也可向上。标高数字应注写在标高符号的上侧或下侧，如图 2 - 48 所示。

图 2 - 47　总平面图室外地坪标高符号　　　图 2 - 48　标高的指向

（4）标高数字应以米为单位，注写到小数点以后第三位。在总平面图中，可注写到小数字点以后第二位。

（5）零点标高应注写成 ± 0.000，正数标高不注 " + "，负数标高应注 " - "，例如 3.000、- 0.600。

（6）在图样的同一位置需表示几个不同标高时，标高数字可按图 2 - 49 的形式注写。

图 2 - 49　同一位置注写多个标高数字

2.2　施工图常用图例

2.2.1　总平面图图例

总平面图图例见表 2 - 10。

表 2 - 10　总平面图图例

序号	名称	图　　例	备　　注
1	新建建筑物	$\frac{X=}{Y=}$　① 12F/2D　H=59.00m	新建建筑物以粗实线表示与室外地坪相接处 ±0.00 外墙定位轮廓线； 建筑物一般以 ±0.00 高度处的外墙定位轴线交叉点坐标定位。轴线用细实线表示，并标明轴线号； 根据不同设计阶段标注建筑编号，地上、地下层数，建筑高度，建筑出入口位置（两种表示方法均可，但同一图纸采用一种表示方法）； 地下建筑物以粗虚线表示其轮廓； 建筑上部（ ±0.00 以上）外挑建筑用细实线表示； 建筑物上部连廊用细虚线表示并标注位置

续表 2－10

序号	名称	图　　例	备　　注
2	原有建筑物		用细实线表示
3	计划扩建的预留地或建筑物		用中粗虚线表示
4	拆除的建筑物		用细实线表示
5	建筑物下面的通道		—
6	散状材料露天堆场		需要时可注明材料名称
7	其他材料露天堆场或露天作业场		需要时可注明材料名称
8	铺砌场地		—
9	敞棚或敞廊		—
10	高架式料仓		—

续表 2 – 10

序号	名称	图　例	备　　注
11	漏斗式贮仓		左、右图为底卸式； 中图为侧卸式
12	冷却塔（池）	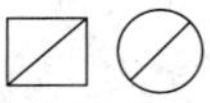	应注明冷却塔或冷却池
13	水塔、贮罐	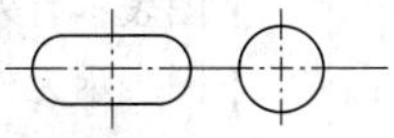	左图为卧式贮罐； 右图为水塔或立式贮罐
14	水池、坑槽		也可以不涂黑
15	明溜矿槽（井）	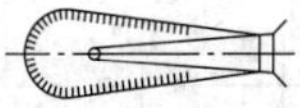	—
16	斜井或平硐	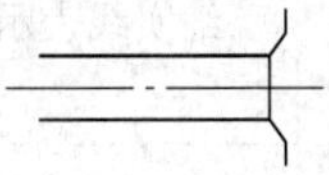	
17	烟囱	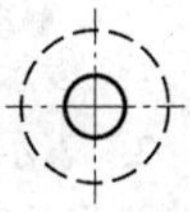	实线为烟囱下部直径，虚线为基础，必要时可注写烟囱高度和上、下口直径
18	围墙及大门	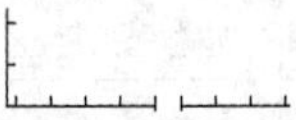	—
19	挡土墙	 5.00 1.50	挡土墙根据不同设计阶段的需要标注 墙顶标高 墙底标高
20	挡土墙上设围墙		—
21	台阶及无障碍坡道	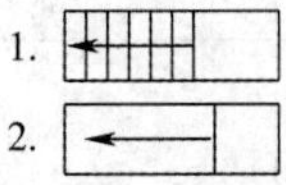 1. 2.	1. 表示台阶（级数仅为示意）； 2. 表示无障碍坡道
22	露天桥式起重机	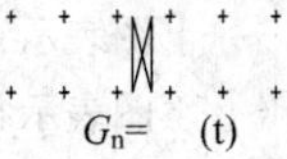 $G_n=$ (t)	起重机起重量 G_n，以吨计算； "＋"为柱子位置

续表 2-10

序号	名称	图 例	备 注
23	露天电动葫芦	$G_n=$ (t)	起重机起重量 G_n，以吨计算； "+"为支架位置
24	门式起重机	$G_n=$ (t) $G_n=$ (t)	起重机起重量 G_n，以吨计算； 上图表示有外伸臂； 下图表示无外伸臂
25	架空索道		"I"为支架位置
26	斜坡卷扬机道		—
27	斜坡栈桥 （皮带廊等）		细实线表示支架中心线位置
28	坐标	1. $X=105.00$ $Y=425.00$ 2. $A=105.00$ $B=425.00$	1. 表示地形测量坐标系； 2. 表示自设坐标系； 坐标数字平行于建筑标注
29	方格网交叉点标高	-0.50 | 77.85 78.35	"78.35"为原地面标高； "77.85"为设计标高； "-0.50"为施工高度； "-"表示挖方（"+"表示填方）
30	填方区、挖方区、未整平区及零线	+ / − + / −	"+"表示填方区； "-"表示挖方区； 中间为未整平区； 点划线为零点线
31	填挖边坡		—
32	分水脊线与谷线		上图表示脊线； 下图表示谷线

续表 2－10

序号	名称	图 例	备 注
33	洪水淹没线	-------	洪水最高水位以文字标注
34	地表排水方向		—
35	截水沟	 40.00	"1"表示1%的沟底纵向坡度，"40.00"表示变坡点间距离，箭头表示水流方向
36	排水明沟	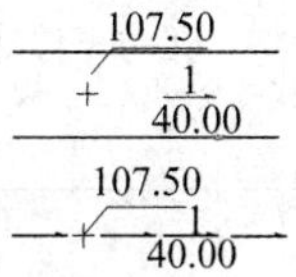 107.50 + 1/40.00 107.50 1/40.00	上图用于比例较大的图面；下图用于比例较小的图面；"1"表示1%的沟底纵向坡度，"40.00"表示变坡点间距离，箭头表示水流方向；"107.50"表示沟底变坡点标高（变坡点以"＋"表示）
37	有盖板的排水沟	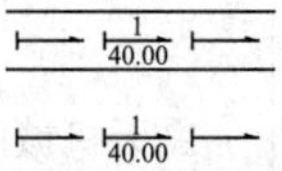 1/40.00 1/40.00	—
38	雨水口	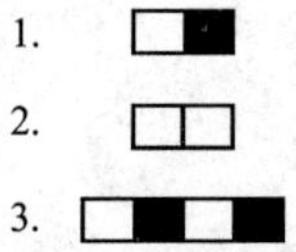 1. 2. 3.	1. 雨水口；2. 原有雨水口；3. 双落式雨水口
39	消火栓井		—
40	急流槽	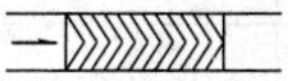	箭头表示水流方向
41	跌水	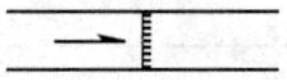	
42	拦水（闸）坝	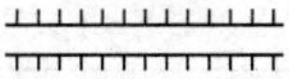	—
43	透水路堤	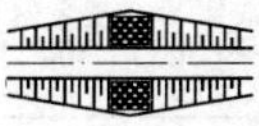	边坡较长时，可在一端或两端局部表示
44	过水路面	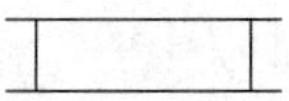	—

续表 2 – 10

序号	名称	图　例	备　注
45	室内地坪标高	151.00 ▽(±0.00)	数字平行于建筑物书写
46	室外地坪标高	▼ 143.00	室外标高也可采用等高线
47	盲道		—
48	地下车库入口		机动车停车场
49	地面露天停车场		—
50	露天机械停车场		露天机械停车场

2.2.2　常用建筑材料图例

常用建筑材料图例见表 2 – 11。

表 2 – 11　常用建筑材料图例

序号	名称	图　例	备　注
1	自然土壤		包括各种自然土壤
2	夯实土壤		—
3	砂、灰土		—
4	砂砾石、碎砖三合土		—

续表 2-11

序号	名称	图　例	备　注
5	石材		—
6	毛石		—
7	普通砖		包括实心砖、多孔砖、砌块等砌体。断面较窄不易绘出图例线时，可涂红，并在图纸备注中加注说明，画出该材料图例
8	耐火砖		包括耐酸砖等砌体
9	空心砖		指非承重砖砌体
10	饰面砖		包括铺地砖、马赛克、陶瓷锦砖、人造大理石等
11	焦渣、矿渣		包括与水泥、石灰等混合而成的材料
12	混凝土		1. 本图例指能承重的混凝土及钢筋混凝土； 2. 包括各种强度等级、骨料、添加剂的混凝土； 3. 在剖面图上画出钢筋时，不画图例线； 4. 断面图形小，不易画出图例线时，可涂黑
13	钢筋混凝土		
14	多孔材料		包括水泥珍珠岩、沥青珍珠岩、泡沫混凝土、非承重加气混凝土、软木、蛭石制品等
15	纤维材料		包括矿棉、岩棉、玻璃棉、麻丝、木丝板、纤维板等
16	泡沫塑料材料		包括聚苯乙烯、聚乙烯、聚氨酯等多孔聚合物类材料

续表 2 – 11

序号	名称	图　例	备　注
17	木材		1. 上图为横断面，左上图为垫木、木砖或木龙骨； 2. 下图为纵断面
18	胶合板		应注明为×层胶合板
19	石膏板		包括圆孔、方孔石膏板、防水石膏板、硅钙板、防火板等
20	金属		1. 包括各种金属； 2. 图形小时，可涂黑
21	网状材料		1. 包括金属、塑料网状材料； 2. 应注明具体材料名称
22	液体		应注明具体液体名称
23	玻璃		包括平板玻璃、磨砂玻璃、夹丝玻璃、钢化玻璃、中空玻璃、夹层玻璃、镀膜玻璃等
24	橡胶		—
25	塑料		包括各种软、硬塑料及有机玻璃等
26	防水材料		构造层次多或比例大时，采用上图例
27	粉刷		本图例采用较稀的点

注：序号1、2、5、7、8、13、14、16、17、18 图例中的斜线、短斜线、交叉斜线等均为45°。

2.2.3 建筑构造及配件图例

建筑构造及配件图例见表 2－12。

表 2－12 建筑构造及配件图例

序号	名称	图 例	备 注
1	墙体		1. 上图为外墙，下图为内墙； 2. 外墙细线表示有保温层或有幕墙； 3. 应加注文字或涂色或图案填充表示各种材料的墙体； 4. 在各层平面图中防火墙宜着重以特殊图案填充表示
2	隔断		1. 加注文字或涂色或图案填充表示各种材料的轻质隔断； 2. 适用于到顶与不到顶隔断
3	玻璃幕墙		幕墙龙骨是否表示由项目设计决定
4	栏杆		—
5	楼梯		1. 上图为顶层楼梯平面，中图为中间层楼梯平面，下图为底层楼梯平面； 2. 需设置靠墙扶手或中间扶手时，应在图中表示
6	坡道		长坡道

续表 2－12

序号	名称	图　　例	备　　注
6	坡道	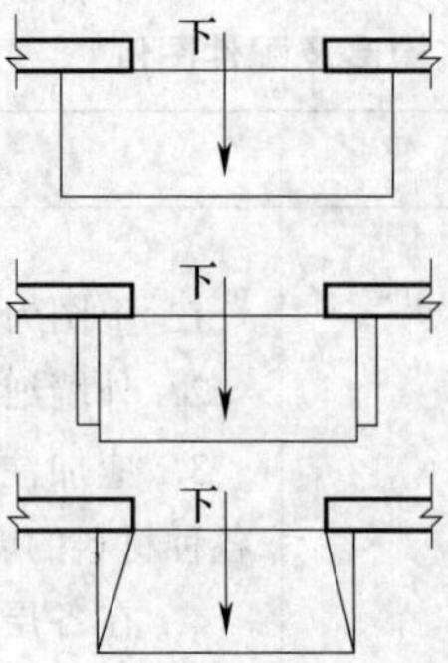	上图为两侧垂直的门口坡道，中图为有挡墙的门口坡道，下图为两侧找坡的门口坡道
7	台阶	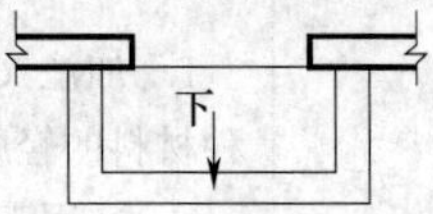	—
8	平面高差	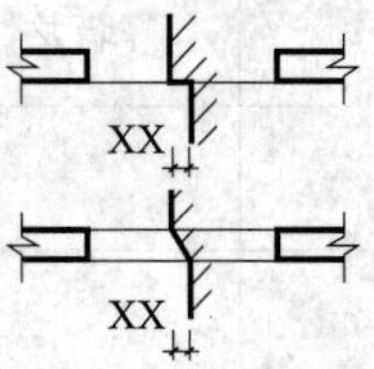	用于高差小的地面或楼面交接处，并应与门的开启方向协调
9	检查口		左图为可见检查口，右图为不可见检查口
10	孔洞		阴影部分亦可填充灰度或涂色代替
11	坑槽		—
12	墙预留洞、槽	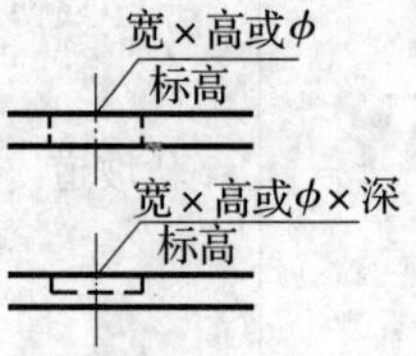	1. 上图为预留洞，下图为预留槽； 2. 平面以洞（槽）中心定位； 3. 标高以洞（槽）底或中心定位； 4. 宜以涂色区别墙体和预留洞（槽）

续表 2-12

序号	名称	图例	备注
13	地沟	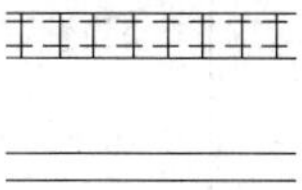	上图为有盖板地沟，下图为无盖板明沟
14	烟道	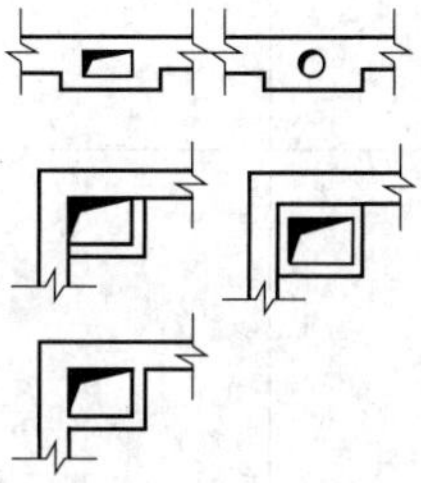	1. 阴影部分亦可填充灰度或涂色代替； 2. 烟道、风道与墙体为相同材料，其相接处墙身线应连通； 3. 烟道、风道根据需要增加不同材料的内衬
15	风道	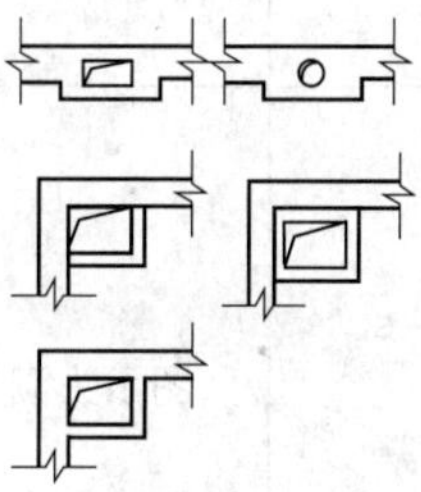	
16	新建的墙和窗	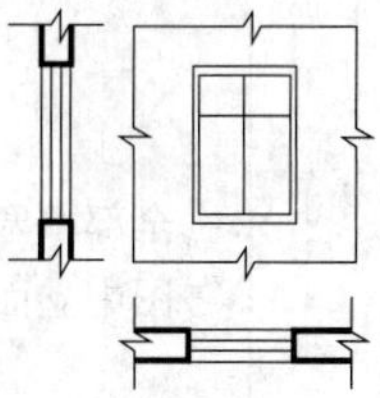	—
17	改建时保留的墙和窗	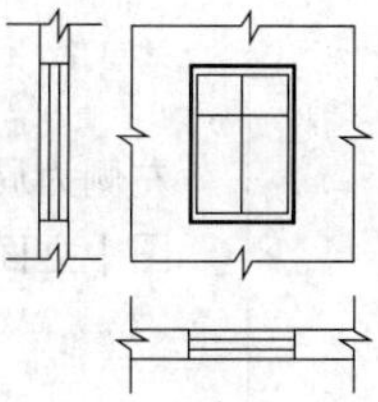	只更换窗，应加粗窗的轮廓线

续表 2−12

序号	名称	图　　例	备　　注
18	拆除的墙	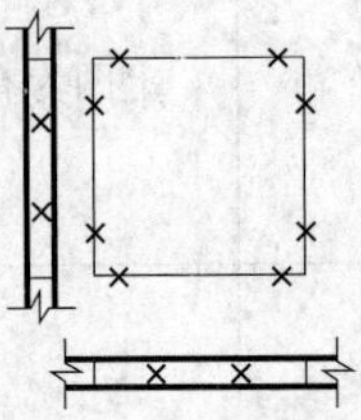	—
19	改建时在原有墙或楼板新开的洞	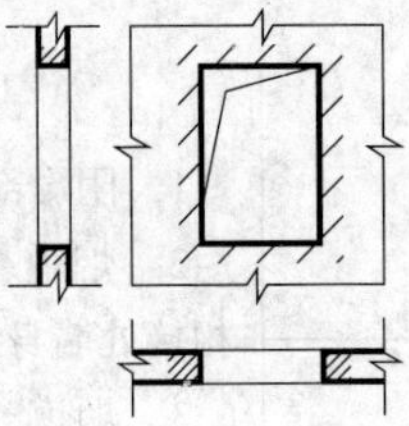	—
20	在原有墙或楼板洞旁扩大的洞	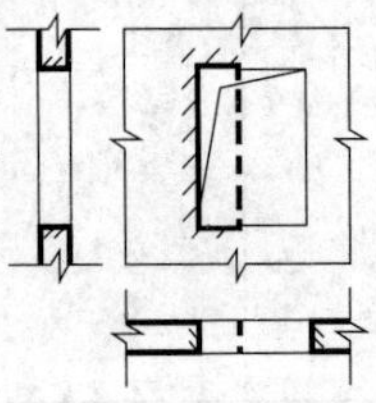	图示为洞口向左边扩大
21	在原有墙或楼板上全部填塞的洞	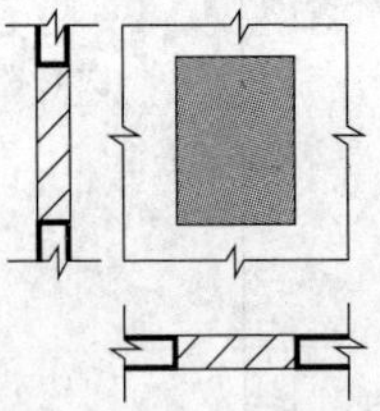	全部填塞的洞； 图中立面填充灰度或涂色
22	在原有墙或楼板上局部填塞的洞	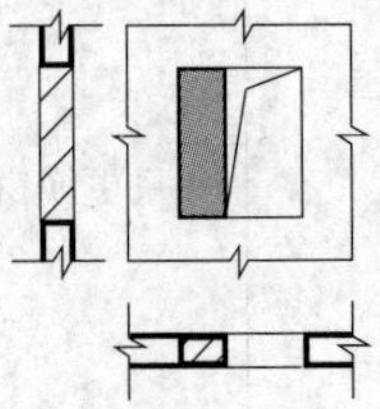	左侧为局部填塞的洞； 图中立面填充灰度或涂色

续表 2−12

序号	名称	图 例	备 注
23	空门洞	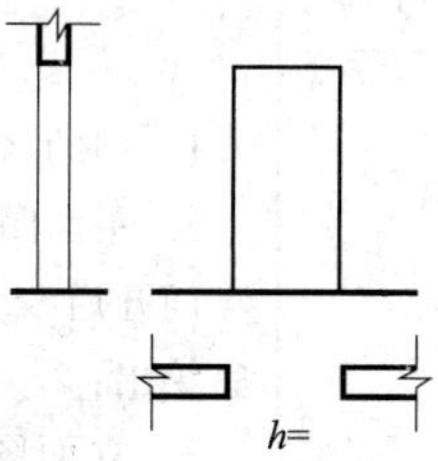	h 为门洞高度
24	单面开启单扇门（包括平开或单面弹簧）	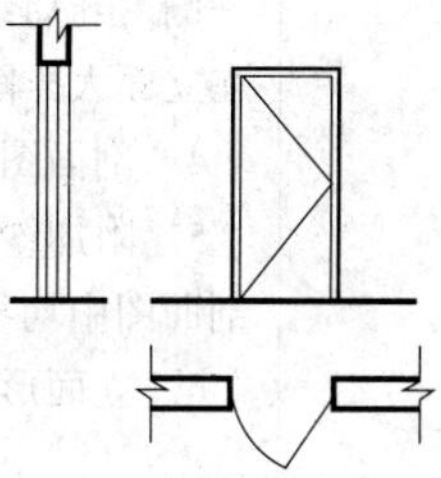	
	双面开启单扇门（包括双面平开或双面弹簧）	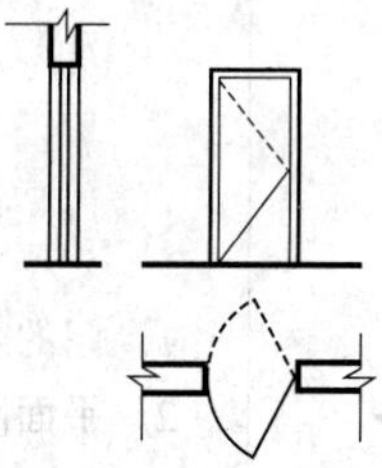	1. 门的名称代号用 M 表示； 2. 平面图中，下为外，上为内；门开启线为 90°、60° 或 45°，开启弧线宜绘出； 3. 立面图中，开启线实线为外开，虚线为内开。开启线交角的一侧为安装合页一侧。开启线在建筑立面图中可不表示，在立面大样图中可根据需要绘出； 4. 剖面图中，左为外，右为内； 5. 附加纱扇应以文字说明，在平、立、剖面图中均不表示； 6. 立面形式应按实际情况绘制
	双层单扇平开门	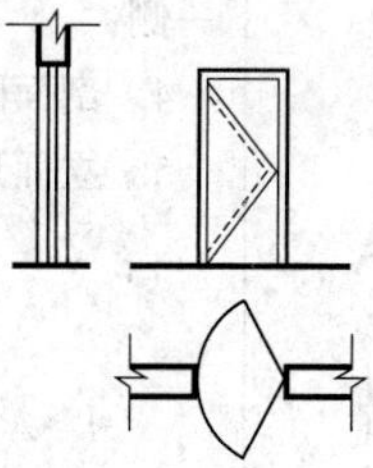	
25	单面开启双扇门（包括平开或单面弹簧）	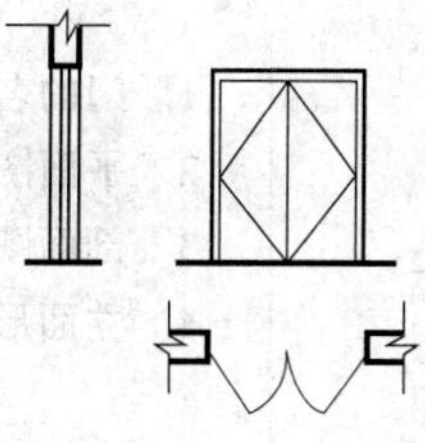	

续表 2-12

序号	名称	图例	备注
25	双面开启双扇门（包括双面平开或双面弹簧）		1. 门的名称代号用 M 表示； 2. 平面图中，下为外，上为内；门开启线为 90°、60° 或 45°，开启弧线宜绘出； 3. 立面图中，开启线实线为外开，虚线为内开。开启线交角的一侧为安装合页一侧。开启线在建筑立面图中可不表示，在立面大样图中可根据需要绘出； 4. 剖面图中，左为外，右为内； 5. 附加纱扇应以文字说明，在平、立、剖面图中均不表示； 6. 立面形式应按实际情况绘制
	双层双扇平开门		
26	折叠门		1. 门的名称代号用 M 表示； 2. 平面图中，下为外，上为内； 3. 立面图中，开启线实线为外开，虚线为内开，开启线交角的一侧为安装合页一侧； 4. 剖面图中，左为外，右为内； 5. 立面形式应按实际情况绘制
	推拉折叠门		
27	墙洞外单扇推拉门		1. 门的名称代号用 M 表示； 2. 平面图中，下为外，上为内； 3. 剖面图中，左为外，右为内； 4. 立面形式应按实际情况绘制

续表 2－12

序号	名 称	图 例	备 注
	墙洞外双扇推拉门	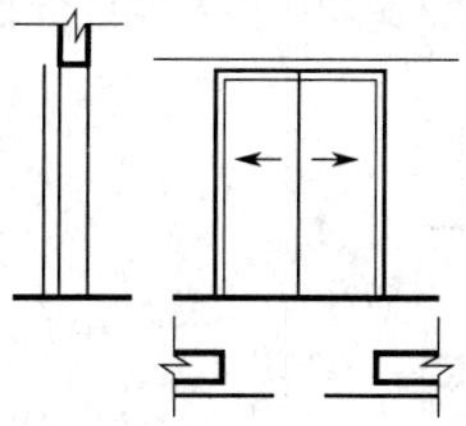	1. 门的名称代号用 M 表示； 2. 平面图中，下为外，上为内； 3. 剖面图中，左为外，右为内； 4. 立面形式应按实际情况绘制
27	墙中单扇推拉门	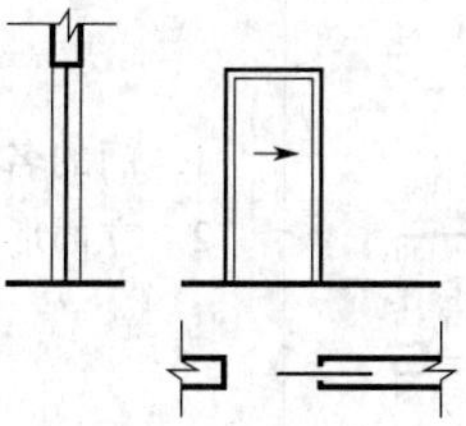	
	墙中双扇推拉门	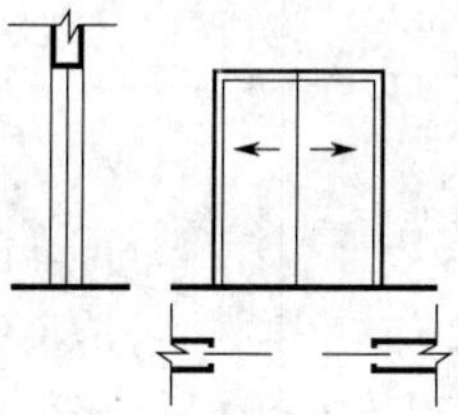	1. 门的名称代号用 M 表示； 2. 立面形式应按实际情况绘制
28	推杠门	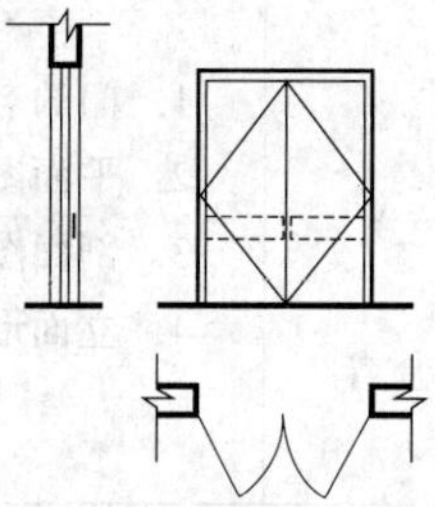	1. 门的名称代号用 M 表示； 2. 平面图中，下为外，上为内 门开启线为90°、60°或45°； 3. 立面图中，开启线实线为外开，虚线为内开，开启线交角的一侧为安装合页一侧。开启线在建筑立面图中可不表示，在室内设计门窗立面大样图中需绘出； 4. 剖面图中，左为外，右为内； 5. 立面形式应按实际情况绘制
29	门连窗	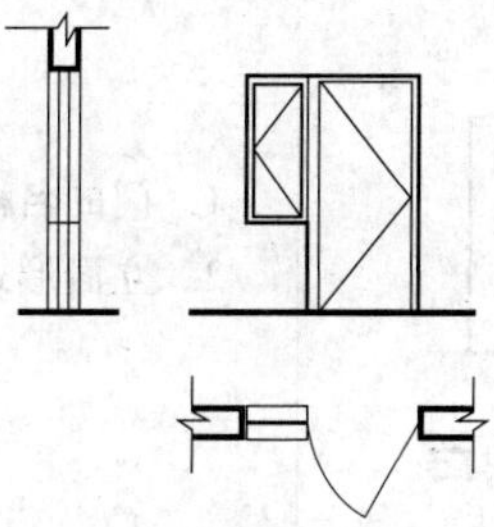	

续表 2－12

序号	名称	图　例	备　注
30	旋转门	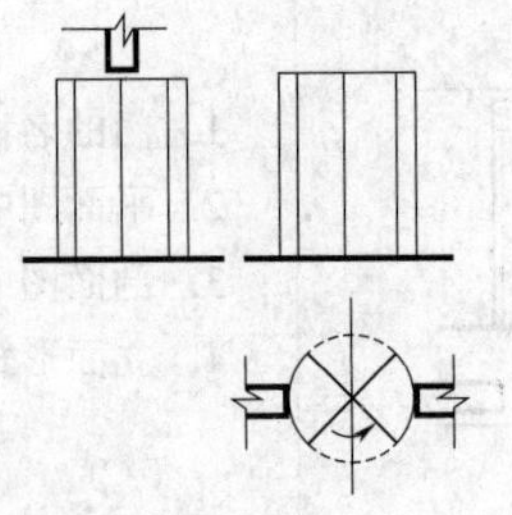	
	两翼智能旋转门	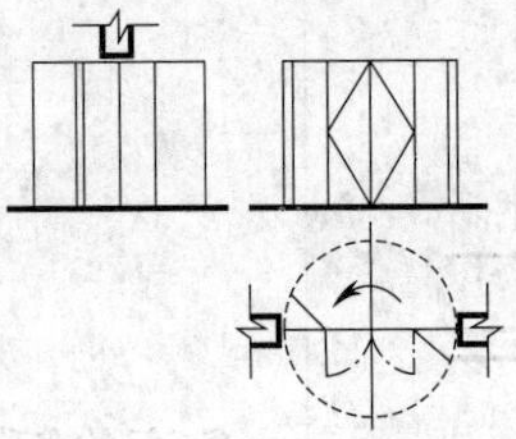	1. 门的名称代号用 M 表示； 2. 立面形式应按实际情况绘制
31	自动门	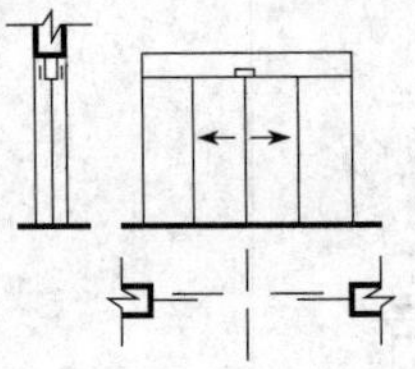	
32	折叠上翻门	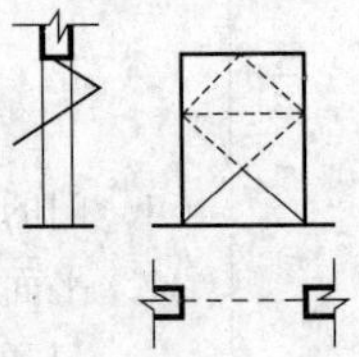	1. 门的名称代号用 M 表示； 2. 平面图中，下为外，上为内； 3. 剖面图中，左为外，右为内； 4. 立面形式应按实际情况绘制
33	提升门	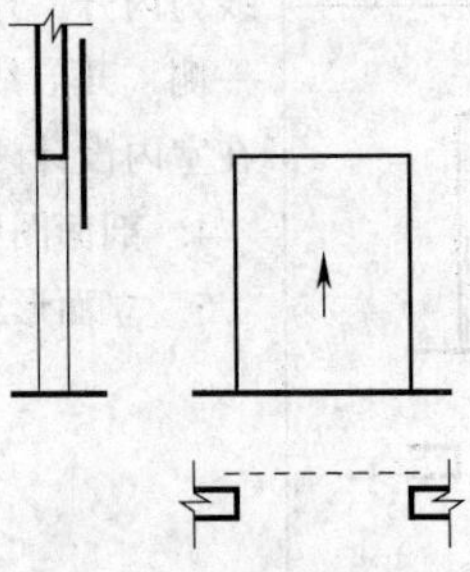	1. 门的名称代号用 M 表示； 2. 立面形式应按实际情况绘制

续表 2 – 12

序号	名称	图　例	备　注
34	分节提升门		1. 门的名称代号用 M 表示； 2. 立面形式应按实际情况绘制
35	人防单扇防护密闭门		
	人防单扇密闭门		1. 门的名称代号按人防要求表示； 2. 立面形式应按实际情况绘制
36	人防双扇防护密闭门		
	人防双扇密闭门		

续表 2 – 12

序号	名称	图　例	备　　注
37	横向卷帘门	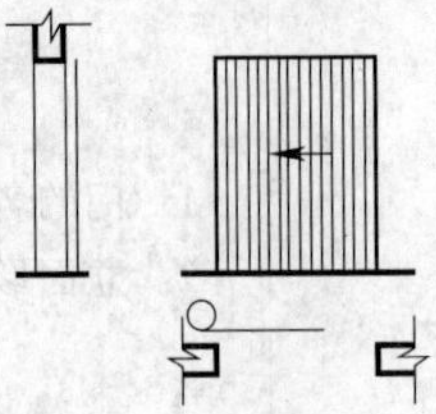	—
	竖向卷帘门	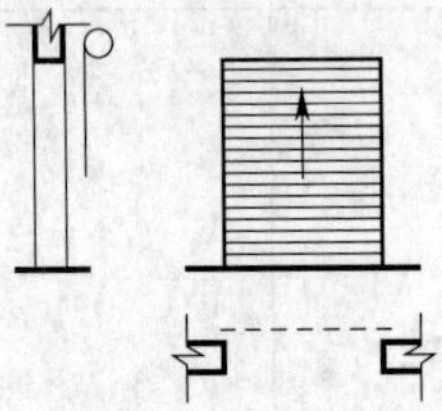	
	单侧双层卷帘门	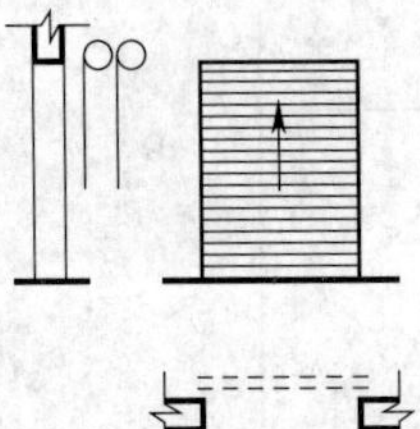	
	双侧单层卷帘门	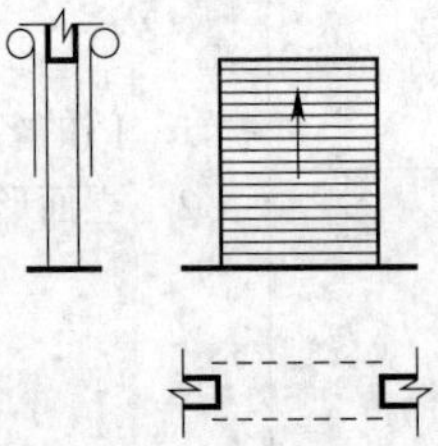	
38	固定窗	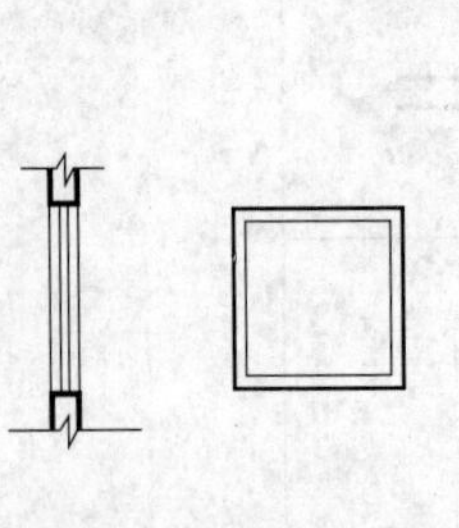	1. 窗的名称代号用 C 表示； 2. 平面图中，下为外，上为内； 3. 立面图中，开启线实线为外开，虚线为内开，开启线交角的一侧为安装合页一侧。开启线在建筑立面图中可不表示，在门窗立面大样图中需绘出； 4. 剖面图中，左为外，右为内。虚线仅表示开启方向，项目设计不表示； 5. 附加纱窗应以文字说明，在平、立、剖面图中均不表示； 6. 立面形式应按实际情况绘制

续表 2-12

序号	名称	图 例	备 注
39	上悬窗		
40	下悬窗		1. 窗的名称代号用 C 表示； 2. 平面图中，下为外，上为内； 3. 立面图中，开启线实线为外开，虚线为内开，开启线交角的一侧为安装合页一侧。开启线在建筑立面图中可不表示，在门窗立面大样图中需绘出； 4. 剖面图中，左为外，右为内。虚线仅表示开启方向，项目设计不表示； 5. 附加纱窗应以文字说明，在平、立、剖面图中均不表示； 6. 立面形式应按实际情况绘制
41	立转窗	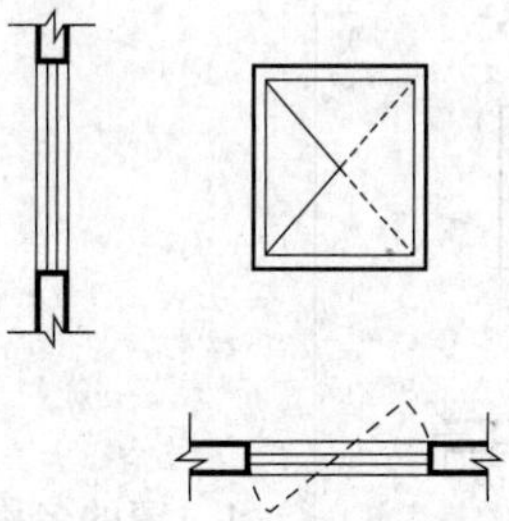	
42	内开平开内倾窗	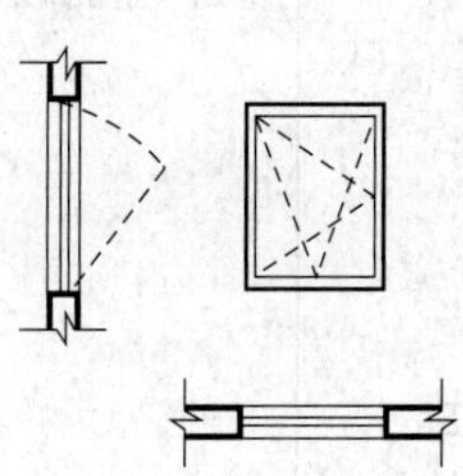	

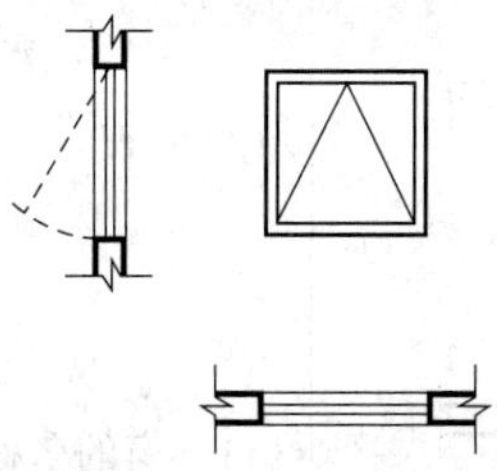

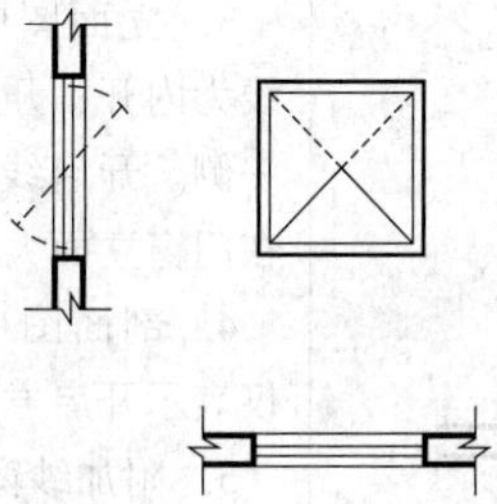

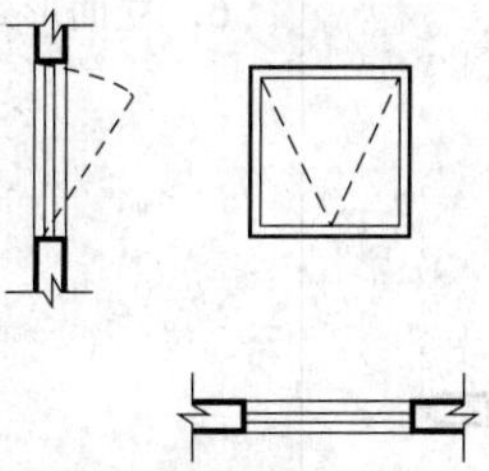

续表 2 – 12

序号	名称	图　例	备　注
43	单层外开平开窗	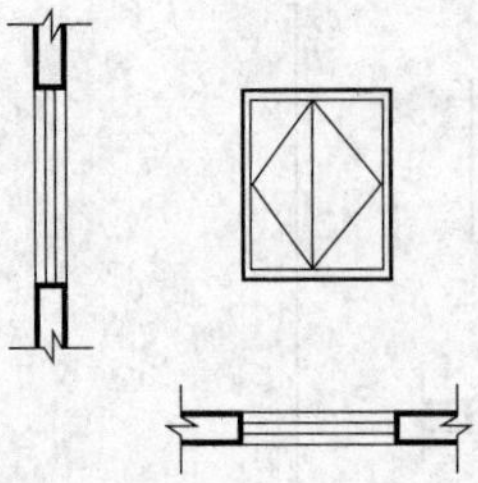	1. 窗的名称代号用 C 表示； 2. 平面图中，下为外，上为内； 3. 立面图中，开启线实线为外开，虚线为内开，开启线交角的一侧为安装合页一侧。开启线在建筑立面图中可不表示，在门窗立面大样图中需绘出； 4. 剖面图中，左为外，右为内。虚线仅表示开启方向，项目设计不表示； 5. 附加纱窗应以文字说明，在平、立、剖面图中均不表示； 6. 立面形式应按实际情况绘制
	单层内开平开窗		
	双层内外开平开窗		
44	单层推拉窗	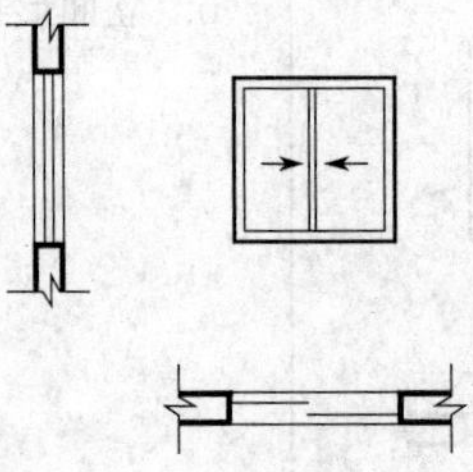	1. 窗的名称代号用 C 表示； 2. 立面形式应按实际情况绘制
	双层推拉窗		

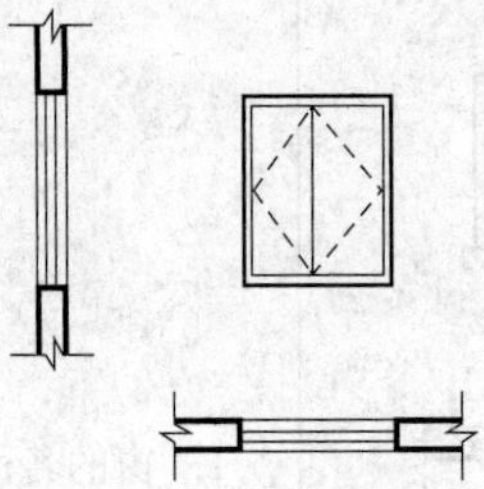

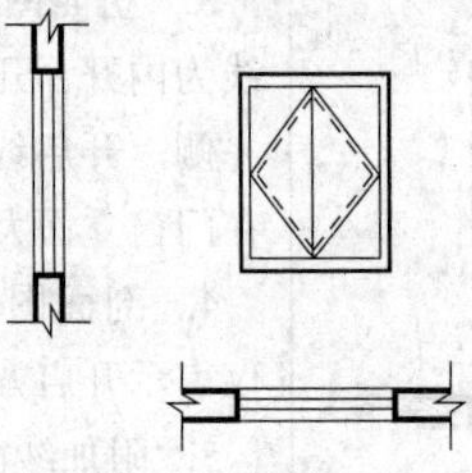

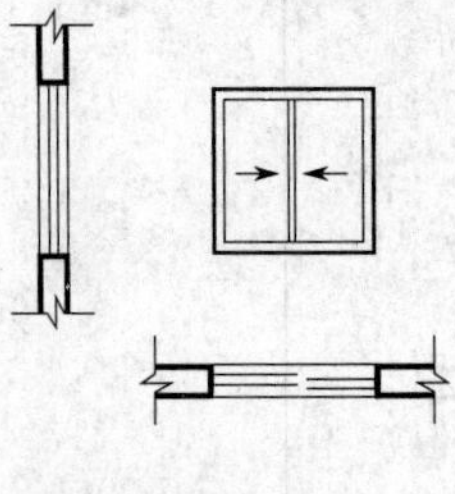

序号	名称	图　例	备　注
45	上推窗		1. 窗的名称代号用 C 表示； 2. 立面形式应按实际情况绘制
46	百叶窗		
47	高窗	h=	1. 窗的名称代号用 C 表示； 2. 立面图中，开启线实线为外开，虚线为内开，开启线交角的一侧为安装合页一侧。开启线在建筑立面图中可不表示，在门窗立面大样图中需绘出； 3. 剖面图中，左为外，右为内； 4. 立面形式应按实际情况绘制； 5. h 表示高窗底距本层地面高度； 6. 高窗开启方式参考其他窗型
48	平推窗		1. 窗的名称代号用 C 表示； 2. 立面形式应按实际情况绘制

2.3　建筑工程施工图识读

2.3.1　总平面图的识读

　　建筑总平面图是指将拟建工程四周一定范围内的新建、拟建、原有和拆除的建筑物、构筑物连同其周围的地形地物状况，用水平投影的方式和相应的图例所画出的图样。

1．总平面图的用途

总平面图表示新建房屋所在基地范围内的平面布置、具体位置及周围情况。总平面图通常画在具有等高线的地形图上，是一个建设项目的总体布局。

2．总平面图的基本内容

（1）表明建筑物首层地面的绝对标高，室外地坪、道路的绝对标高；说明土方填挖情况、地面坡度及雨水排除方向。

（2）表明新建区域的地形、地貌、平面布置，包括红线位置，各建（构）筑物、道路、河流、绿化等的位置及其相互间的位置关系。

（3）确定新建房屋的平面位置。通常依据原有建筑物或道路定位，标注定位尺寸；修建成片住宅、较大的公共建筑物、工厂或地形复杂时，用坐标确定房屋及道路转折点的位置。

（4）用指北针和风向频率玫瑰图来表示建筑物的朝向。

3．总平面图识读要点

（1）熟悉总平面图的图例，查阅图标及文字说明，了解工程的性质、位置、规模及图纸比例。

（2）查看建设基地的地形、地貌、用地范围及周边环境等，了解新建房屋、道路和绿化布置情况。

（3）了解新建房屋的具体位置及定位依据。

（4）了解新建房屋的室内、外高差，道路标高，坡度及地表水排流情况。

2.3.2　建筑平面图的识读

建筑平面图简称平面图，实际上是指一幢房屋的水平剖面图。即假想用一水平剖面将房屋沿门窗洞口剖开，移去上部分，剖面以下部分的水平投影图就是平面图。

一般情况下，多层房屋应画出各层平面图。沿底层门窗洞口切开后得到的平面图，称为底层平面图。沿二层门窗洞口切开后得到的平面图，称为二层平面图。依次为三层、四层平面图。如果某些楼层平面相同，可以只画出其中一个平面图，称为标准层平面图（或中间层平面图）。

为表明屋面构造，通常还要画出屋顶平面图。它是俯视屋顶时的水平投影图，主要表示屋面的形状及排水情况和突出屋面的构造位置，不是剖面图。

1．建筑平面图的基本内容

（1）表明建筑物平面形状，内部各房间包括楼梯、走廊、出入口的布置及朝向。

（2）表明地面及各层楼面标高。

（3）表明建筑物及其各部分的平面尺寸。在建筑平面图中，必须详细标注尺寸。平面图中的尺寸分为外部尺寸和内部尺寸。外部尺寸有三道，通常沿横向、竖向分别标注在图形的下方和左方。

（4）表明各种门、窗位置，代号和编号，以及门的开启方向。门的代号用 M 表示，窗的代号用 C 表示，编号数用阿拉伯数字表示。

（5）表示剖面图剖切符号、详图索引符号的位置及编号。

（6）综合反映其他各工种（工艺、水、电、暖）对土建的要求；各工程要求的台、坑、水池、地沟、消火栓、电闸箱、雨水管等及其在墙或楼板上的预留洞，应在图中表明其位置及尺寸。

（7）表明室内装修做法包括：室内地面、墙面、顶棚等处的材料及做法。通常简单的装修，在平面图内直接用文字说明；较复杂的工程则另列房间明细表和材料做法表，或另画建筑装修图。

（8）文字说明。平面图中不易表明的内容，例如砖及灰浆的强度等级、施工要求等需用文字说明。

2．平面图识读要点

（1）熟悉建筑配件图例、图号、图名、比例及文字说明。

（2）定位轴线。定位轴线是表示建筑物主要结构或构件位置的点划线。凡是承重墙、梁、柱、屋架等主要承重构件都应画上轴线，并编上轴线号，以确定其位置；对于次要的墙、柱等承重构件，则编附加轴线号确定其位置。

（3）房屋平面布置，包括平面形状、出入口、朝向、房间、门厅、走廊、楼梯间等的布置组合情况。

（4）阅读各类尺寸。图中标注房屋总长及总宽尺寸，各房间开间、进深、细部尺寸和室内外地面标高。阅读时，应依次查阅总长和总宽尺寸，轴线间尺寸，门窗洞口和窗间墙尺寸，外部及内部局（细）部尺寸和高度尺寸（标高）。

（5）门窗的数量、类型、位置及开启方向。

（6）墙体、柱的材料、尺寸。涂黑的小方块表示构造柱的位置。

（7）阅读剖切符号和索引符号的位置和数量。

2.3.3 建筑立面图的识读

建筑立面图简称立面图，是指房屋的前后左右各个方向所作的正投影图。对于简单的对称式房屋，立面图可只绘一半，但是应画出对称轴线和对称符号。

1．建筑立面图的主要图示内容

（1）图名，比例。立面图的比例通常与平面图一致。

（2）标注建筑物两端的定位轴线及其编号。在立面图中一般只画出两端的定位轴线及其编号，以便与平面图进行对照。

（3）表示门窗在外立面的分布、外形、开启方向。在立面图上，门窗应按标准规定的图例画出。门、窗立面图中的斜细线是开启方向符号。向外开为细实线，向内开为细虚线。通常无需把所有的窗都画上开启符号。窗的型号相同的，只画出其中一、二个即可。

（4）画出室内外地面线，房屋的勒脚，外部装饰及墙面分格线。表示出屋顶、阳台、雨篷、台阶、雨水管、水斗等细部结构的形状和做法。为了使立面图外形清晰，通常把房屋立面的最外轮廓线画成粗实线，室外地面用特粗线表示，门窗洞口、檐口、雨篷、阳台、台阶等用中实线表示；其余的，例如门窗格子、墙面分隔线、雨水管以及引出线等均用细实线表示。

（5）标注各部位的标高及必须标注的局部尺寸。在立面图上，高度尺寸主要用于标高表示。通常要注出室内外地坪，一层楼地面，窗顶、窗台、阳台面、檐口、女儿墙压顶面，进口平台面及雨篷底面等的标高。

（6）标注出详图索引符号。

（7）文字说明外墙装修做法。根据设计要求，外墙面可选用不同的材料及做法。用文字在立面图上说明。

2．立面图识读要点

（1）了解立面图的朝向、外貌特征。例如房屋层数，阳台、门窗的位置和形式，水箱、雨水管的位置以及屋顶隔热层的形式等。

（2）各部位标高尺寸。找出图中标示室外地坪、勒脚、窗台、门窗顶及檐口等处的标高。

（3）外墙面装饰做法。

2.3.4　建筑剖面图的识读

建筑剖面图简称剖面图，一般是指建筑物的垂直剖面图，并且多为横向剖切形式。

1．建筑剖面图的主要内容

（1）图名、比例及定位轴线。剖面图的图名与底层平面图所标注的剖切位置符号的编号是一致的。在剖面图中，应标出被剖切的各承重墙的定位轴线及与平面图一致的轴线编号。

（2）表示出室内底层地面到屋顶的结构形式及分层情况。在剖面图中，断面的表示方法与平面图相同。断面轮廓线用粗实线来表示，钢筋混凝土构件的断面可涂黑表示。其他没被剖切到的可见轮廓线用中实线表示。

（3）标注各部分结构的标高和高度方向尺寸。剖面图中应标注出室内外地面、楼梯平台、各层楼面、檐口、女儿墙顶面等处的标高。其他结构则应标注高度尺寸。

（4）文字说明某些用料及楼、地面的做法等。

（5）详图索引符号。

2．剖面图识读要点

（1）熟悉建筑材料图例。

（2）掌握分层、楼梯分段与分级情况。

（3）了解剖切位置、投影方向和比例。注意图名及轴线编号应与底层平面图相对应。

（4）标高及竖向尺寸。图中的主要标高包括室内外地坪、各楼层、入口处、楼梯休息平台、窗台、檐口、雨篷底等；主要尺寸包括房屋进深、窗高度，上下窗间墙高度，阳台高度等。

（5）主要构件之间的关系，图中各楼板、屋面板及平台板均搁置在砖墙上，并设有圈梁和过梁。

（6）楼面、屋顶、地面的构造层次和做法。

2.3.5　建筑详图的识读

建筑详图是将房屋的某些细部构造及构配件用较大的比例（例如 1∶20、1∶10、1∶5

等）将其大小、形状、材料和做法详细表达出来的图样，简称详图或大样图、节点图。常用的详图一般包括墙身详图、门窗详图、楼梯详图，厨房、浴室、卫生间、壁橱及装修详图（吊顶、墙裙、贴面）等。

1. 外墙身详图识读

外墙身详图实际上是建筑剖面图的局部放大图。它主要表示房屋的屋顶、楼层、檐口、地面、门窗顶、窗台、勒脚、散水等处的构造，楼板与墙的连接关系。

外墙身详图的主要内容包括以下几方面：

（1）标注墙身轴线编号和详图符号。

（2）采用分层文字说明的方法表示屋面、楼面、地面的构造。

（3）表示檐口部分，例如女儿墙的构造、防水及排水构造。

（4）表示各层梁、楼板的位置及与墙身的关系。

（5）表示窗台、窗过梁（或圈梁）的构造情况。

（6）表示勒脚部分，例如房屋外墙的防水、防潮和排水的做法。外墙身的防潮层，一般在室内底层地面下 60mm 左右处。外墙面下部有 30mm 厚 1:3 水泥砂浆，面层为褐色水刷石的勒脚。墙根处有坡度为 5% 的散水。

（7）标注各部位的标高及高度方向和墙身细部的大小尺寸。

（8）文字说明各装饰内、外表面的厚度及所用的材料。

2. 楼梯详图识读

楼梯详图一般包括平面图、剖面图及踏步栏杆详图等。它们表示出楼梯的形式，踏步、平台、栏杆的尺寸、构造、材料和做法。楼梯详图分为建筑详图与结构详图，并分别绘制。对于比较简单的楼梯，建筑详图和结构详图可合并绘制，编入建筑施工图和结构施工图。

（1）楼梯平面图。一般每一层楼都要画一张楼梯平面图。三层以上的房屋，若中间各层的楼梯位置及其梯段数、踏步数和大小相同时，一般只画底层、中间层和顶层三个平面图。

楼梯平面图实际是各层楼梯的水平剖面图，水平剖切位置应在每层上行第一梯段及门窗洞口的任一位置处。各层（除顶层外）被剖到的梯段，按《房屋建筑制图统一标准》GB/T 50001—2010 规定，均在平面图中以一根 45°折断线表示。

在各层楼梯平面图中应标注该楼梯间的轴线及编号，以确定其在建筑平面图中的位置。底层楼梯平面图还应注明楼梯剖面图的剖切符号。

平面图中要注出楼梯间的开间和进深尺寸、楼地面和平台面的标高及各细部的详细尺寸。通常把梯段长度尺寸与踏面数、踏面宽的尺寸写在一起。

（2）楼梯剖面图。假想用一铅垂平面通过各层的一个梯段和门窗洞将楼梯剖开，向另一未剖到的梯段方向投影，所得到的剖面图即为楼梯剖面图。

楼梯剖面图表达出房屋的层数，楼梯梯段数，步级数和楼梯形式，楼地面、平台的构造及与墙身的连接等。如果楼梯间的屋面没有特殊之处，一般可不画。

楼梯剖面图中还应标注地面、平台面、楼面等处的标高、梯段、楼层及门窗洞口的高度尺寸。楼梯高度尺寸注法与平面图梯段长度注法相同。

例如 15×150=2250，15 为步级数，表示该梯段为 15 级，150 为踏步高度（mm）。

楼梯剖面图中也应标注承重结构的定位轴线及其编号。对需画详图的部位注出详图索引符号。

（3）点详图。楼梯节点详图主要表示栏杆、扶手和踏步的细部构造。

2.4　装饰装修工程施工图识读

2.4.1　装饰装修平面图识读

1. 装饰平面布置图

（1）装饰平面的布置图表明了装修工程空间的平面形状和尺寸。建筑物在装饰装修平面图中的平面尺寸可分为以下三个层次：

1）工程所涉及的主体结构或建筑空间的外包尺寸。

2）各房间或建筑装修分隔空间的设计平面尺寸。

3）装修局部及工程增设装修的相应设计平面尺寸。

为了与主体结构明确对照以利于审图和识读，对于较大规模的装修工程平面图，还需标出建筑物的轴线编号及其尺寸关系以及建筑柱位编号。

（2）装饰平面布置图表明装修工程项目在建筑空间内的平面位置，及其与建筑结构的相互尺寸关系。

（3）装饰平面布置图表明各种装修设置和固定式家具的安装位置，表明它们与建筑结构的相互关系尺寸，并说明其数量、材质和制造（或商品成品）要求。

（4）装饰平面布置图表明建筑楼地面装修材料、拼花图案、装修做法和工艺要求。

（5）装饰平面布置图表明与该平面图密切相关的各立面图的视图投影关系和视图的位置及标号。

（6）装饰平面布置图表明各种房间或装修分隔空间的平面形式、位置和使用功能。

（7）装饰平面布置图表明各剖面图的剖切位置、详图及通用配件等的位置和编号。

（8）装饰平面布置图表明门、窗的位置尺寸和开启方向。

（9）装饰平面布置图表明台阶、水池、组景、踏步、雨篷、阳台及绿化等设施和装饰小品的平面轮廓与位置尺寸。

（10）装饰平面布置图表明装饰装修工程项目的具体平面轮廓和设计尺寸。

（11）装饰平面布置图表明走道、楼梯、防火通道、安全门、防火门或其他流动空间的位置和尺寸。

2. 顶棚装修平面图

（1）顶棚装修平面图表明顶棚装饰装修平面及其造型的布置形式和各部位的尺寸关系。

（2）顶棚装修平面图表明灯具的种类、布置形式和安装位置。

（3）顶棚装修平面图表明顶棚装饰装修所用的材料种类及其规格。

（4）顶棚装修平面图表明空调送风、消防自动报警和喷淋灭火系统以及与吊顶有关的音响等设施的布置形式和安装位置。

（5）对于需要另设剖视图或构造详图的顶棚装修平面图，应表明剖切位置、剖切符号和剖切面编号。

3. 识读要点

（1）看装饰平面布置图首先应看图名、比例和标题栏，判定该图是什么平面图。再看建筑平面基本结构及其尺寸，将各房间名称、面积以及走廊、门窗和楼梯等的主要位置和尺寸了解清楚，然后看建筑平面结构内的装饰结构和设置的平面布置等内容。

（2）通过了解各房间和其他空间的主要功能，明确为满足功能要求所设置的设备及设施的种类、规格和数量，以制订相关的购买计划。

（3）通过图中对装饰面的文字说明，了解各装饰面对材料品种、规格、色彩和工艺制作的要求，明确各装饰面的结构材料与饰面材料的衔接关系与固定方式，并结合面积作材料计划和施工安排计划。

（4）面对众多的尺寸，要注意区分建筑尺寸和装饰尺寸。在装饰尺寸中，又要能分清定位尺寸、外形尺寸和结构尺寸。

1）定位尺寸是确定装饰面或装饰物在平面布置图上的位置尺寸。在平面图上需两个定位尺寸才能确定一个装饰物的平面位置，其基准常常是建筑结构面。

2）外形尺寸是装饰面或装饰物的外轮廓尺寸，由此可确定装饰面或装饰物的平面形状与大小。

3）结构尺寸是组成装饰面和装饰物各构件及其相互关系的尺寸。由此可确定各种装饰材料的规格，以及材料之间、材料与主体结构之间的连接固定方法。

为了避免重复，平面布置图上同样的尺寸往往只代表性地标注一个，读图时要注意将相同的构件或部件归类。

（5）通过平面布置图上的投影符号，明确投影面编号及投影方向，并进一步查阅各投影方向的立面图。

（6）通过平面布置图上的索引符号，明确被索引部位及详图所在位置。

（7）通过平面布置图上的剖切符号，明确剖切位置及其剖视方向，进一步查阅相应的剖面图。

总而言之，阅读装饰平面布置图应抓住五个要点，即面积、功能、装饰面、设施以及与建筑结构的关系。

2.4.2 装饰装修剖面图识读

1. 建筑装饰剖面图的基本内容

（1）表明剖切空间内可见实物的形状、大小及位置。

（2）表明装饰结构与建筑主体结构之间的衔接尺寸与连接方式。

（3）表明装饰结构和装饰面上的设备安装方式或固定方法。

（4）表明节点详图和构配件详图的所示部位与详图所在位置。

（5）表明装饰结构的剖面形状、构造形式、材料组成及固定与支承构件的相互关系。

（6）表明某些装饰构件、配件的尺寸，工艺做法与施工要求，另有详图的可概括表明。

（7）表明图名、比例和被剖切墙体的定位轴线及其编号，以便与平面布置图和顶棚平面图对照阅读。

（8）表明建筑的剖面基本结构和剖切空间的基本形状，并标注出所需的建筑主体结构的有关尺寸和标高。

（9）如果是建筑内部某一装饰空间的剖面图，还要表明剖切空间内与剖切平面平行的墙面装饰形式、装饰尺寸、饰面材料及工艺要求。

2．建筑装饰剖面图的识读要点

（1）在阅读建筑装饰剖面图时，首先要对照平面布置图，了解该剖面的剖切位置和剖视方向，检查剖切面的编号是否相同。

（2）在众多图像和尺寸中，应分清哪些是装饰结构的图像和尺寸，哪些是建筑主体结构的图像和尺寸。当装饰结构与建筑结构所用材料相同时，它们的剖断面表示方法应一致。

（3）通过对剖面图中所示内容的阅读和研究，明确装饰工程各部位的构造方法、构造尺寸、材料要求及工艺要求。

（4）建筑装饰形式变化多，程式化的做法少。作为基本图的装饰剖面图只能表明原则性的技术构成问题，具体细节还需要详图进行补充表明。因此，在阅读建筑装饰剖面图时，还应注意按图中索引符号所示方向，找出各部位节点详图不断对照仔细阅读，弄清楚各连接点或装饰面之间的衔接方式，以及盖缝、包边、收口等细部的材料、尺寸和详细做法。

（5）阅读建筑装饰剖面图要结合平面布置图和顶棚平面图进行，某些室外装饰剖面图还应结合装饰立面图来综合阅读，才能全方位地理解剖面图示内容。

2.4.3　装饰装修详图识读

建筑装饰装修工程详图是补充平、立、剖面图的最为具体的图式手段。为了更深化、详细地了解图示的具体内容，就必须掌握装饰装修详图的识读。

1．局部放大图

放大图就是把原图放大，加以充实。

（1）室内装饰平面局部放大图以建筑平面图为依据，按放大的比例画出厅室的平面结构形式和形状大小及门窗设置等，对卫生设备、电器设备、家具、织物、摆设、绿化等平面布置表达清楚，同时还要标注有关尺寸和文字说明等。

（2）室内装饰立面局部放大图重点表现墙面的设计，先图示出厅室围护结构的构造形式，再对墙面上的附加物以及靠墙的家具都详细地表现出来，同时标注有关详细尺寸、图示符号和文字说明等。

2．建筑装饰件详图

建筑装饰件项目诸多，如暖气罩、壁灯、吸顶灯、吊灯、送风口、空调箱孔、回风口等。这些装饰件都可能要依据设计意图画出详图。其内容主要是表明它在建筑物上的准确位置，与建筑物其他构配件的衔接关系，装饰件自身构造及所用材料等内容。

建筑装饰件的详图要根据其细部构造的繁简程度和表达范围而定。有的只要一个剖面详图即可，有的则需要另加平面详图或立面详图，有的还需要同时用平、立、剖面详图来表现。对于复杂的装饰件，除本身的平、立、剖面图外，还需增加节点详图才能表达清楚。

3. 节点详图

节点详图是将两个或多个装饰面的交汇点，按垂直或水平方向切开，并加以放大而绘出的视图。节点详图主要表明某些构件、配件局部的详细尺寸、做法及施工要求，表明装饰结构与建筑结构之间详细的衔接尺寸与连接形式，表明装饰面之间的对接方式及装饰面上的设备安装方式及固定方法。识读节点详图一定要弄清楚该图从何处剖切而来，而且要注意剖切方向和视图的投影方向，同时还要清楚节点图中各种材料的结合方式和工艺要求。

2.5　安装工程施工图识读

2.5.1　电气设备安装工程施工图的识读

1. 建筑变配电工程图

（1）建筑电气工程图的特点。建筑电气工程图是建筑电气工程造价和安装施工的主要依据之一，其特点可概括为以下几点：

1）建筑电气工程图大多是采用统一的图形符号并加注文字符号绘制出来的，属于简图之列。

2）任何电路都必须构成闭合回路。电路的组成包括四个基本要素，即：电源、用电设备、导线和开关控制设备。电气设备、元件彼此之间都是通过导线连接起开关来构成一个整体，导线可长可短，有时电气设备安装位置在 A 处，控制设备的信号装置、操作开关则可能在较远的 B 处，而两者又不在同一张图样上。了解这一特点，就可将各有关的图样联系起来，很快读懂图。

一般而言，应通过系统图、电路图找联系；通过平面布置图、接线图找位置；交错阅读，这样读图的效率可以得到提高。

3）建筑电气工程施工是与主体工程（土建工程）及其他安装工程（给水排水管道、供热管道、采暖通风的空调管道、通信线路、消防系统及机械设备等安装工程）施工相互配合进行的，所以建筑电气工程图与建筑结构图及其他安装工程图不能发生冲突。

4）建筑电气工程图对于设备的安装方法、质量要求以及使用、维修方面的技术要求等往往不能完全反映出来，此时会在设计说明中写明"参照××规范或图集"，因此在阅读图样时，有关安装方法、技术要求等问题，要注意参照有关标准图集和有关规范执行，以满足进行工程造价和安装施工的要求。

5）建筑电气工程的平面布置图是用投影和图形符号来代表电气设备或装置绘制的，阅读图样时，比其他工程的透视图难度大。投影在平面的图无法反映空间高度，只能通过文字标注或说明来解释。因此，读图时首先要建立空间立体概念。图形符号也无法反映设备的尺寸，只能通过阅读设备手册或设备说明书获得。图形符号所绘制的位置也不一定按比例给定，它仅代表设备出线端口的位置，在安装设备时，要根据实际情况来准确定位。

（2）建筑电气工程图的识读方法。阅读建筑电气工程图必须熟悉电气图基本知识（表达形式、通用画法、图形符号、文字符号）和建筑电气工程图的特点，同时掌握一定的阅读方法，才能比较迅速全面地读懂图样。

读图的方法没有统一规定，通常可按下列方法去做，即：了解情况先浏览，重点内容反复看，安装方法找大样，技术要求查规范。具体的可按以下顺序读图：

1）读标题栏及图纸目录。了解工程名称、项目内容、设计日期及图样数量和内容等。

2）读总说明。了解工程总体概况及设计依据，了解图样中未能表达清楚的各有关事项，如供电电源的来源、电压等级、线路敷设方法、设备安装高度及安装方式、补充使用的非国标图形符号、施工时应注意的事项等。有些分项的局部问题是在分项工程图样上说明的，看分项工程图样时，也要先看设计说明。

3）读系统图。各分项工程的图样中都包含有系统图，如变配电工程的供电系统图、电力工程的电力系统图、照明工程的照明系统图以及电视系统图、电话系统图等。读系统图的目的是了解系统的基本组成，主要电气设备、元件等连接关系及它们的规格、型号、参数等，掌握该系统的组成概况。读系统图时，一般可按电能量或信号的输送方向，从始端看到末端，对于变配电系统图就按进线→高压配电→变压器→低压配电→低压出线→各低压用电点的顺序读图。

4）读平面布置。平面布置图是建筑电气工程图样中的重要图样之一，如变配电所的电气设备安装平面图（还应有剖面图）、电力平面图、照明平面图、防雷和接地平面图等，都是用来表示设备安装位置、线路敷设部位、敷设方法及所用导线型号、规格、数量、电线管的管径大小等。在读系统图、了解系统组成概况之后，就可依据平面图编制工程预算和施工方案，具体组织施工了，所以对平面图必须熟读。阅读照明平面图时，一般可按此顺序：进线→总配电箱→干线→支干线→分配电箱→支线→用电设备。

5）读电路图（原理图）。了解各系统中用电设备的电气自动控制原理，用来指导设备的安装和控制系统的调试工作。因电路图多是采用功能布局法绘制的，读图时应依据功能关系从上至下或从左至右逐个回路识读。熟悉电路中各电器的性能和特点，对读懂图样将有极大的帮助。

6）读安装接线图。了解设备或电器的布置与接线，与电路图对应识读，进行控制系统的配线和调校工作。

7）读安装大样图。安装大样图是用来详细表示设备安装方法的图样，是依据施工平面图进行安装施工和编制工程材料计划时的重要参考图样。特别是对于初学安装的人更显重要，甚至可以说是不可缺少的。

8）读设备材料表。设备材料表提供了该工程所使用的设备、材料的型号、规格和数量，是编制购置设备、材料计划的重要依据之一。

识读图样的顺序没有统一的规定，可以根据需要，自己灵活掌握，并应有所侧重。为更好地利用图样指导施工，使安装施工质量符合要求，还应查阅有关施工及验收规范、质量检验评定标准，以详细了解安装技术要求，保证施工质量。

2. 动力工程图

（1）动力工程图的内容。电气动力工程图包括基本图和详图两大部分，主要有以下内容：

1）设计说明。包括供电方式、电压等级、主要线路敷设方式、防雷、接地及图中未能表达的各种电气动力安装高度、工程主要技术数据、施工和验收要求以及有关事项等。

2）主要材料设备表。包括工程所需的各种设备、管材、导线等名称、型号、规格、数量等。

3）配电系统图。包括整个配电系统的连结方式，从主干线至各分支回路的回路数；主要配电设备的名称、型号、规格及数量；主干线路及主要分支线路的敷设方式、型号、规格。

4）电气动力平面图。内容包括建筑物的平面布置、轴线分布、尺寸以及图纸比例；各种配电设备的编号、名称、型号以及在平面图上的位置；各种配电线路的起点、敷设方式、型号、规格、根数，以及在建筑物中的走向、平面和垂直位置；动力设备接地的安装方式以及在平面图上的位置；控制原理图。

5）详图：

①动力工程详图是指柜、盘的布置图和某些电气部件的安装大样图，对安装部件的各部位注有详细尺寸，一般是在没有标准图可选用并有特殊要求的情况下才绘制的图。

②标准图。是通用性详图，表示一组设备或部件的具体图形和详细尺寸，便于制作安装。

（2）动力工程图的识读方法。只有读懂电气动力工程图，才能对整个电气动力工程有全面的了解，以利于在预埋、施工安装中能全面计划、有条不紊地进行施工，以确保工程圆满地完成。

为了读懂电气动力工程图，读图时应抓住以下要领：

1）熟悉图例符号，搞清图例符号所代表的内容，图例中常采用某些非标准图形符号。这些内容对正确识读平面图是十分重要的。

2）尽可能结合该电气动力工程的所有施工图和资料（包括施工工艺）一起识读，尤其要读懂配电系统图和电气平面图。只有这样才能了解设计意图和工程全貌。识读时，首先要识读设计说明，以了解设计意图和施工要求等；然后识读配电系统图，以初步了解工程全貌；再识读电气平面图，以了解电气工程的全貌和局部细节；最后识读电气工程详图、加工图及主要材料设备表等。

3）为避免建筑电气设备及电气线路与其他建筑设备及管路在安装时发生位置冲突，在识读动力配电平面图时要对照该建筑的其他专业的设备安装施工图样，综合识读。同时要了解相关设计规范要求。

总之在读图时，一般按进线→变、配电所→开关柜、配电屏→各配电线路→车间或住宅配电箱（盘）→室内干线→支线及各路用电设备这个顺序来识读。

3. 建筑电气照明工程图

（1）电气照明工程图的内容。电气照明工程图包括图样目录、设计说明、系统图、平面图、安装详图、大样图（多采用图集）、主要设备材料表及标注。

（2）电气照明工程图的识读方法。阅读建筑电气照明工程图必须熟悉电气图基本知识（表达形式、通用画法、图形符号、文字符号）和建筑电气工程图的特点，同时掌握一定的阅读方法，才能比较迅速全面地读懂图样。

阅读工程图的方法没有统一规定，通常可按下列方法去做，即：了解情况先浏览，重点内容反复看，安装方法找大样，技术要求查规范。具体的可按以下顺序读图：

1）看标题栏及图纸目录。了解工程名称、项目内容、设计日期及图样数量和内容等。

2）看总说明：

①了解电源提供形式、电源电压等级、进户线敷设方法、保护措施等。

②了解通用照明设备安装高度、安装方式及线路敷设方法。

③了解施工时的注意事项、施工验收执行的规范。

④了解工程图中无法表达清楚的内容。

3）看系统图：

①了解供电电源种类及进户线标注，应表明本照明工程是由单相供电还是由三相供电，并应有电源的电压、频率及进户线的标注。

②了解总配电箱、分配电箱的编号、型号、控制计量保护设备的型号及规格。

③了解干线、支线的导线型号、截面、穿管管径、管材、敷设部位及敷设方式。

4）看平面图：

①了解进户线的位置，总配电箱及分配电箱的平面位置。

②了解进户线、干线、支线的走向，导线的根数，支线回路的划分。

③了解用电设备的平面位置及灯具的标注。

4．建筑物防雷接地工程图的内容

在施工图设计阶段，建筑物防雷接地工程图应包括以下内容：

（1）小型建筑物应绘制屋顶防雷平面图，形状复杂的大型建筑物除绘制屋顶防雷平面图外，还应绘制立面图。平面图中应有主要轴线号、尺寸、标高，标注接闪针、接闪带、引下线位置，注明材料型号、规格，所涉及的标准图编号、页次，图样应标注比例。

（2）绘制接地平面图（可与屋顶防雷平面图重合），绘制接地线、接地极、测试点、断接卡等的平面位置，标明材料型号、规格、相对尺寸及涉及的标准图编号、页次，图样应标注比例。

（3）当利用建筑物（或构筑物）钢筋混凝土内的钢筋作为防雷接闪器、引下线、接地装置时，应标注连接点、接地电阻测试点、预埋件位置及敷设方式，注明所涉及的标准图编号、页次。

（4）随图说明可包括：防雷类别和采取的防雷措施（包括防侧击雷、防雷击电磁脉冲、防高电位引入），接地装置形式，接地材料要求、敷设要求，接地电阻值要求；当利用桩基、基础内钢筋作接地极时，应采取牢固的连接措施。

（5）除防雷接地外的其他电气系统的工作或安全接地的要求（如电源接地形式、直流接地、局部等电位、总等电位接地等），如果采用共用接地装置，应在接地平面图中叙述清楚，交待不清楚的应绘制相应图样（如局部等电位平面图等）。

2.5.2 给水排水工程施工图的识读

1. 识读内容

（1）室内给水排水管道平面布置图的内容。管道平面布置图表明建筑物内给水排水管道、用水设备、卫生器具、污水处理构筑物等的各层平面布置，内容主要包括：

1）建筑物内用水房间的平面分布情况。

2）卫生器具、热交换器、贮水罐、水箱、水泵、水加热器等建筑设备的类型、平面布置、定位尺寸。

3）污水局部构筑物的种类和平面位置。

4）给水和排水系统中的引入管、排出管、干管、立管、支管的平面位置、走向、管径规格、系统编号、立管编号以及室内外管道的连接方式等。

5）管道附件的平面布置、规格、型号、种类以及敷设方式。

6）给水管道上水表的位置、类型、型号以及水表前后阀门的设置情况。

（2）室内给水排水管道系统轴测图的内容。室内给水和排水管道系统轴测图通常采用斜等轴测图形式，主要表明管道的立体走向，其内容主要包括：

1）表明自引入管、干管、立管、支管至用水设备或卫生器具的给水管道的空间走向和布置情况。

2）表明自卫生器具至污水排出管的空间走向和布置情况。

3）管道的规格、标高、坡度，以及系统编号和立管编号。

4）水箱、加热器、热交换器、水泵等设备的接管情况、设置标高、连接方式。

5）管道附近的设置情况。

6）排水系统通气管设置方式，与排水管道之间的连接方式，伸顶通气管上的通气帽的设置及标高。

7）室内雨水管道系统的雨水斗与管道连接形式，雨水斗的分布情况，以及室内地下检查井设置情况。

（3）室外给水排水平面布置图的内容。室外给水排水平面布置图的内容主要包括：

1）比例。室外给水排水平面布置图的比例一般与建筑总平面图相同，常用1:500、1:200、1:100，范围较大的小区也可采用1:1000、1:2000。

2）建筑物及道路、围墙等设施。在平面图中，原有房屋以及道路、围墙等设施，基本上按建筑总平面图的图例绘制。新建房屋的轮廓采用中粗实线绘制。

3）管道及附属设备。一般把各种管道，如给水管、排水管、雨水管，以及水表（流量计）、检查井、化粪池等附属设备，都画在同一张平面图上。新建管道均采用单条粗实线表示，管径直接标注在相应的管线旁边；给水管一般采用铸铁管，以公称直径 DN 表示；雨水管、污水管一般采用混凝土管，则以内径 d 表示。水表、检查井、化粪池等附属设备则按图例绘制，应标注绝对标高。

4）标高。给水管道宜标注管中心标高，由于给水管道是压力管，且无坡度，往往沿地面敷设，如敷设时统一埋深，可以在说明中列出给水管的中心标高。

5）排水管道。排水管道应注出起止点、转角点、连接点、交叉点、变坡点的标高。排水管应标注管内底标高。

6）指北针、图例和施工说明。为便于读图和按图施工，室外给水排水平面布置图中，应画出指北针，标明所使用的图例，书写必要的说明。

（4）室外给水排水纵剖面图的内容。室外给水排水纵剖面图的内容主要包括：

1）查明管道、检查井的纵断面情况，有关数据均列在图纸下面的表格中，一般应标明设计地面标高、管底标高、管道埋深、坡度、检查井编号、检查井间距等内容。

2）由于管道的尺寸长度方向比直径方向大得多，绘制纵剖面图时，纵横向采用不同的比例尺，水平距离比例尺一般为：城市或居民区为1:5000或1:10000，工厂为1:1000或1:2000，垂直距离比例尺一般为1:100或1:200。

（5）室外给水管网平面施工图的内容。管网平面施工图的内容主要包括：

1）图纸所用的比例尺以及风向图。

2）供水区的地形、地貌、等高线、河流、高地、洼地等。

3）铁路布置、街区布置、主要工业企业平面位置。

4）主干管管网布置，管径和长度，消火栓、排气阀门、排水阀门和干管阀门布置。

（6）热水供应系统平面图的内容。热水供应系统平面图的内容主要包括：

1）热水器具的平面位置、规格、数量及敷设方式。

2）热水管道系统的干管、立管、支管的平面位置、走向，立管编号。

3）热水管管上阀门、固定支架、补偿器等的平面位置。

4）与热水系统有关的设备的平面位置、规格、型号及设备连接管的平面布置。

5）热水引入管、入口地沟情况，热媒的来源、流向与室外热水管网的连接。

6）管道及设备安装所需的预留洞、预埋件、管沟等，搞清与土建施工的关系和要求。

（7）热水供应系统图的内容。热水供应系统图的内容主要包括：

1）热水引入管的标高、管径及走向。

2）管道附件安装的位置、标高、数量、规格等。

3）热水管道的横干管、横支管的空间走向、管径、坡度等。

4）热水立管当超过1根时，应进行编号，并应与平面图编号相对应。

5）管道设备安装预留洞及管沟尺寸、规格等。

（8）小区给水管道平面图的内容。管道平面图是小区给水管道系统最基本的图形，通常采用1:500～1:1000比例绘制。在给水管道平面图上应能表达出以下内容：

1）现状道路或规划道路的中心线及折点坐标。

2）管道代号、管道与道路中心线，或永久性固定物间的距离、节点号、间距、管径、管道转角处坐标及管道中心线的方位角，穿越障碍物的坐标等。

3）与管道相交或相近平行的其他管道的状况及相对关系。

4）主要材料明细表及图样说明。

（9）小区给水管道纵剖面图的内容。小区给水管道纵剖面图表明小区给水管道的纵向（地面线）管道的坡度、管道的技术井等构筑物的连接和埋设深度，以及与给水管道相关的各种地下管道、地沟等相对位置和标高。

小区给水管道纵剖面图是反映管道埋设情况的主要技术资料，一般管道纵剖面图主要表达以下内容：

1) 管道的管径、管材、管长和坡度、管道代号。

2) 管道所处地面标高、管道的埋深。

3) 与管道交叉的地下管线、沟槽的截面位置、标高等。

（10）小区排水系统总平面布置图的内容。小区排水系统总平面布置图，主要表示小区排水系统的组成和管道布置情况，其内容主要包括：

1) 小区建筑总平面。图中应标明室外地形标高，道路、桥梁及建筑物底层室内地坪标高等。

2) 小区排水管网干管布置位置等。

3) 各段排水管道的管径、管长、检查井编号及标高、化粪池位置等。

2．识读方法

（1）建筑给水排水平面图的识读方法。

1) 给水排水平面图主要表示给水立管的位置、支管的布置；热水立管的位置、支管的布置；排水立管的位置、排出管的位置及标高、排水支管的布置，管道直径等。

2) 给水引入管和污水排出管都是用编号注写的，编号和管道种类分别写在直径均为 8 ~ 10mm 的圆内，圆内过圆心划一水平线，线上标注管道种类，线下标注该系统编号，用阿拉伯数字写。如给水管写"给"或汉语拼音字母"J"，排水管写"排"或汉语拼音字母"P"。

3) 平面图只表示出管道平面位置，立面位置可在系统图中找到。

4) 排水系统的横管一般设在地面以下，即下一层的屋顶，绘平面图时，将排水横管画在本层。

5) 如设 3 为首层平面，其排水横管的位置应在首层地面以下，即地下一层的屋顶，但这些管道均在首层平面图上表示，不画在地下一层平面。

（2）建筑给水立管及系统图的识读方法。

1) 看清楚给水引入管的平面位置、走向、定位尺寸、管径及敷设方式等。

2) 看清给水立管的平面位置与走向、管径尺寸及立管编号。

3) 应结合给水平面图、详图进行识读，详细识读各个立管接出的具体位置尺寸。

4) 各支管管径、标高都应在图中表示出来。

（3）建筑排水立管及系统图的识读方法。

1) 排水立管图的绘制方法与给水、热水立管图相同。

2) 排水立管图的阅读顺序与热水立管不同，应根据水流方向，从用水设备开始，顺序阅读。

3) 看清楚污水排出管的平面位置、走向、定位尺寸、与室外给水排水管网的连接形式、管径及坡度等。

4) 看清立管、支管的平面位置与走向、管径尺寸及立管编号。

（4）给水管道防水管套安装图的识读方法。

1）防水管套的尺寸、安装形式、适用范围。

2）防水管套的保温层材料、施工要求。

3）不同形式的防水管套安装要求。

（5）热水供应系统图的识读方法。

1）首先粗看图纸封面，了解热水供应建筑的名称、设计单位和设计日期。

2）从图纸目录中了解施工图纸的设计张数、设计内容。

3）了解设计说明上的内容，掌握建筑高度、层数、室外热源的位置和距离等内容，特别要了解图样中所选用的管材、管件、阀门等的质量要求和连接方式。

4）识读平面图。在平面图中观察热水干管、循环回水干管的布置，热水用具和连接热水器的立管、横支管。然后从底层平面图上看热水的引入管位置，室外、室内地沟的位置与连接。

5）识读系统图。一般和平面图对照看，从水加热器开始，到热水干管、立管、用水器具，对热水供应系统给水方式和循环方式，循环管网的空间走向，横干管、立管的位置走向及管道连接，热水附件的安装位置及标高、管径、坡度等进行了解。

6）根据设计图样或标准图样，详查卫生器具的安装，管道穿墙、穿楼板的做法。查看设计图样上所表示的管道防腐绝热的施工方法和所选用的材料等。

（6）消火栓给水施工图的识读方法。建筑消火栓给水平面图是表明消火栓管道系统及室内消防设备平面布置的图样。

看平面图时，先按水流方向粗看（水池→水泵→水箱→横干管→立管→消火栓），再细看沿水流方向的管道中其他附件装置。详细了解所用管材、管径、规格，水池、水泵、水箱的规格型号及消火栓、水龙带、水枪的规格尺寸。对与建筑交叉的管线、消防设备应细看。即先粗后细，先全面后局部。

2.5.3　暖通空调工程施工图的识读

1.识读内容

（1）室内采暖管道平面图的内容。室内采暖管道平面图表明管道、附件及散热器在建筑物内的平面位置及相互关系。可分为底层平面图、楼层平面图及顶层平面图。其内容主要包括：

1）散热器或热风机的平面位置、散热器种类、片数及安装方式，即散热器是明装、暗装或半暗装。

2）立管的位置及编号，立管与支管和散热器的连接方式。

3）蒸汽采暖系统表明疏水器的类型、规格及平面布置。

4）顶层平面图表明上分式系统干管位置、管径、坡度、阀门位置、固定支架及其他构件的位置。热水采暖系统还要表明膨胀水箱、集气罐等设备的位置及其接管的布置、规格。

5）底层平面图要表明热力入口的位置及管道布置。

（2）室内采暖管道系统图的内容。系统图是表示采暖系统空间布置情况和散热器连接形式的立体轴测图，反映系统的空间形式。其内容主要包括：

1）从热力入口至系统出口的管道总立管、供水（汽）干管、立管、散热器支管、回（凝结）水干管之间的连接方式、管径，水平管道的标高、坡度及坡向。

2）散热器、膨胀水箱、集气罐等设备的位置、规格、型号及接管的管径、阀门的设置。

3）与管道安装相关的建筑物的尺寸，如各楼层的标高、地沟位置及标高等也要表示出来。

（3）室外供热管道平面图的内容。室外供热管道平面图是在城市或厂区地形测量平面图的基础上，将采暖管道的线路表示出来的平面布置图，其内容主要包括：

1）管网上所有的阀门、补偿器、固定支架，检查室等与管线的标注。

2）采暖管道的布置形式、敷设方式及规模。

3）管道的规格和平面尺寸，管道上附件和设备的规格、型号和数量，检查室的位置和数量等。

（4）室外采暖管道纵断面图的内容。室外采暖管道纵断面图是依据管道平面图所确定的管道线路，它反映出管线的纵向断面变化情况，不能反映出管线的平面变化情况，其内容主要包括：

1）自然地面和设计地面的高程、管道的高程。

2）管道的敷设方式。

3）管道的坡向、坡度。

4）检查室、排水井和放气井的位置和高程。

5）与管线交叉的公路、铁路、桥涵、水沟等。

6）与管线交叉的设施、电缆及其他管道等。

（5）通风系统平面图的内容。通风系统平面图主要表达通风管道、设备的平面布置情况和有关尺寸，内容主要包括：

1）以双线绘出的风道、异径管、弯头、静压箱、检查口、测定孔、调节阀、防火阀、送排风口等的位置。

2）水式空调系统中，用粗实线表示的冷热媒管道的平面位置、形状等。

3）送、回风系统编号，送、回风口的空气流动方向等。

4）空气处理设备（室）的外形尺寸、各种设备定位尺寸等。

5）风道及风口尺寸（圆管注管径、矩形管注宽×高）。

6）各部件的名称、规格、型号、外形尺寸、定位尺寸等。

（6）通风系统剖面图的内容。通风系统剖面图表示通风管道、通风设备及各种部件竖向的连接情况和有关尺寸，内容主要包括：

1）用双线表示的风道、设备、各种零部件的竖向位置尺寸和有关工艺设备的位置尺寸，相应的编号尺寸应与平面图对应。

2）注明风道直径（或截面尺寸），风管标高（圆管标中心，矩形管标管底边），送、排风口的形式、尺寸、标高和空气流向等。

（7）通风系统图的内容。通风系统图是采用轴测图的形式将通风系统的全部管道、设备和各种部件在空间的连接及纵横交错、高低变化等情况表示出来，内容主要包括：

1）通风系统的编号、通风设备及各种部件的编号，应与平面图一致。

2）各管道的管径（或截面尺寸）、标高、坡度、坡向等，系统图中的管道一般用单线表示。

3）出风口、调节阀、检查口、测量孔、风帽及各异形部件的位置尺寸等。

4）各设备的名称及规格型号等。

2．识读方法

（1）建筑室内采暖平面图的识读方法。

1）了解建筑物的总长、总宽及建筑轴线情况。

2）了解建筑物朝向、出入及分间情况。

3）了解供暖的整体概况，明确供暖管道布置形式、热媒入口、立管数目及管道布置的大致范围。

4）查明建筑物内散热器的平面位置、种类、片数及散热器的安装形式、方式，即散热器是明装、暗装或半暗装的。通常散热器是安装在靠外墙的窗台下，散热器的规格和数量应注写在本组散热器所靠外墙的外侧，如果散热器远离房屋的外墙，可就近标注。

5）查明水平干管的布置方式，干管上的阀门、固定支架、补偿器等的平面位置及型号。识读时需注意干管敷设在最高层、中间层还是底层，以此判断是上分式系统、中分式系统或下分式系统，在底层平面图上还需查明回水干管或者凝结水干管（虚线）的位置以及固定支架等的位置。回水干管敷设在地沟内时，则需要查明地沟的尺寸。

6）通过立管编号查清系统立管数量和平面布置。

7）查明热媒入口。

8）在热水采暖系统平面图中查明膨胀水箱、自动排气阀或集气罐的位置、型号、配管管径及布置。对车间蒸汽采暖管道，应查明疏水器的平面位置、规格尺寸、疏水装置组成等。

9）查明热媒入口及入口地沟情况。

①热媒入口无节点详图时，平面图上一般将入口组成的设备如减压阀、疏水器、分水器、分汽缸、除污器、控制阀、温度计、压力表、热量表等表示清楚，并标注管径、热媒来源、流向、热工参数等。

②如果热媒入口主要配件与国家标准图相同，平面图则注明规格、标准图号，按给定标准图号查阅。

③热媒入口有节点详图时，平面图则注明节点图的编号以备查阅。

（2）建筑室外采暖平面图的识读方法。

1）查明供水管路的布置形式。

2）查明管道的平面布置位置。

3）查明热水引出支管的走向。

4）查明供暖热水管路的节点、距离、标高、管路转向等。

（3）建筑室内采暖系统图的识读方法。

1）查明管道系统中干管与立管之间及支管与散热器之间的连接方式。

2）查明阀门安装位置及数量。

3）查明各管段管径、坡度坡向、水平干管的标高、立管编号、管道的连接方式。

4）查明散热器的规格型号、类型、安装形式、方式及片数（中片和足片）、标高、散热器进场形式（现场组对或成品）。

5）查明各种阀件、附件及设备在管道系统中的位置，凡是注有规格型号者，应与平面图和材料明细表进行校对。

6）查明热媒入口装置中各种阀件、附件、仪表之间相对关系及热媒的来源、流向、坡向、标高、管径等。有节点详图时，应查明详图编号及内容。

7）查明支架及辅助设备的设置情况。支架、辅助设备具体位置在平面图上已表示出来了，立、支管上的支架在施工图中不画出来的，应按规范规定进行选用和设置。

8）采暖管道施工图有些画法是示意性的，有些局部构造和作法在平面图和系统图中无法表示清楚，因此在看平面图和系统图的同时，根据需要查看部分标准图。

（4）建筑室内采暖立面图的识读方法。

1）查明采暖系统各立管空间位置及详细布置。

2）查明散热器的规格型号、类型、安装形式、方式及片数等。

3）查明各种阀件、附件及设备在管道系统中的位置。

（5）通风系统平面图的识读方法。

1）查找系统的编号与数量。对复杂的通风系统需对其中的风道系统进行编号，简单的通风系统可不进行编号。

2）查找通风管道的平面位置、形状、尺寸。弄清通风管道的作用，相对于建筑物墙体的平面位置及风管的形状、尺寸。风管有圆形和矩形两种。通风系统一般采用圆形风管，空调系统一般采用矩形风管，因为矩形风管易于布置，弯头、三通尺寸比圆形风管小，可明装或暗装于吊顶内。

3）查找水式空调系统中水管的平面布置情况。弄清水管的作用以及与建筑物墙面的距离。水管一般沿墙、柱敷设。

4）查找空气处理各种设备（室）的平面布置位置、外形尺寸、定位尺寸。

5）查找系统中各部件的名称、规格、型号、外形尺寸、定位尺寸。

（6）通风系统剖面图的识读方法。

1）查找水系统水平水管、风系统水平风管，设备、部件在竖直方向的布置尺寸与标高，管道的坡度与坡向，以及该建筑房屋地面和楼面的标高，设备、管道距该层楼地面的尺寸。

2）查找设备的规格型号及其与水管、风管之间在高度方向上的连接情况。

3）查找水管、风管及末端装置的规格型号。

（7）通风系统图的识读方法。阅读通风系统图查明各通风系统的编号、设备部件的编号、风管的截面尺寸、设备名称及规格型号、风管的标高等。

3 建筑工程定额计价理论

3.1 施工定额

3.1.1 施工定额的组成和作用

1. 施工定额的组成

施工定额由劳动定额、材料消耗定额和机械台班消耗定额三个相对独立的部分组成。

为了适应组织施工生产和管理的需要，施工定额的项目划分很细，定额子目更多，包括的范围更大，是建筑安装工程定额中的基础定额之一。

2. 施工定额的作用

施工定额的作用主要是合理组织施工生产、加强企业管理和坚持按劳分配等方面。认真执行施工定额，有利于促进建筑企业的发展。其作用具体表现在以下几个方面：

（1）施工定额是编制施工预算的依据。

（2）施工定额是编制施工组织设计和施工作业计划的依据。

（3）施工定额是企业内部定包、签发施工任务单和限额领料的基本依据。

（4）施工定额是计划劳动报酬、坚持按劳分配的依据。

（5）施工定额是施工企业加强成本控制、实现施工投标承包制的基础。

（6）施工定额是编制预算定额和单位估价表的基础。

3.1.2 劳动定额

1. 劳动定额的概念与作用

（1）劳动定额的概念。劳动定额又称人工定额，是建筑安装工人在正常的施工（生产）条件下、在一定的生产技术和生产组织条件下、在平均先进水平的基础上制订的。它表明每个建筑安装工人生产单位合格产品所必须消耗的劳动时间，或在单位时间所生产的合格产品的数量。

（2）劳动定额的作用。主要表现在组织生产和按劳分配两个方面。在一般情况下，两者是相辅相成的，即生产决定分配，分配促进生产。当前对企业基层推行的各种形式的经济责任制的分配形式，无一不是以劳动定额作为核算基础的。

2. 劳动定额的编制

（1）分析基础资料，拟定编制方案。

1）影响工时消耗因素的确定。

①技术因素：包括完成产品的类别，材料、构配件的种类和型号等级，机械和机具的种类、型号和尺寸，产品质量等。

②组织因素：包括操作方法和施工的管理与组织，工作地点的组织，人员组成和分工，工资与奖励制度，原材料和构配件的质量及供应的组织，气候条件等。

2）计时观察资料的整理。对每次计时观察的资料进行整理之后，要对整个施工过程的观察资料进行系统的分析、研究和整理。

整理观察资料的方法大多采用平均修正法。它是一种在对测时数列进行修正的基础上，求出平均值的方法。修正测时数列，就是剔除或修正那些偏高、偏低的可疑数值。目的是保证不受那些偶然性因素的影响。

若测时数列受到产品数量的影响时，采用加权平均值则是比较适当的。因为采用加权平均值可在计算单位产品工时消耗时，考虑到每次观察中产品数量变化的影响，从而使我们也能获得可靠的值。

3）日常积累资料的整理和分析。日常积累的资料主要有四类：

①现行定额的执行情况及存在问题的资料。

②企业和现场补充定额资料，例如因现行定额漏项而编制的补充定额资料，因解决采用新技术、新结构、新材料和新机械而产生的定额缺项所编制的补充定额资料。

③已采用的新工艺和新的操作方法的资料。

④现行的施工技术规范、操作规程、安全规程和质量标准等。

4）拟定定额的编制方案。编制方案的内容包括以下几项。

①提出对拟编定额的定额水平总的设想。

②拟定定额分章、分节、分项的目录。

③选择产品和人工、材料、机械的计量单位。

④设计定额表格的形式和内容。

（2）确定正常的施工条件。

1）拟定工作地点的组织。拟定工作地点的组织时，要特别注意使人在操作时不受妨碍，所使用的工具和材料应按使用顺序放置于工人最便于取用的地方，以减少疲劳和提高工作效率，工作地点应保持清洁和秩序井然。

2）拟定工作组成。拟定工作组成就是将工作过程按照劳动分工的可能划分为若干工序，以达到合理使用技术工人。可以采用两种基本方法：一种是把工作过程中简单的工序，划分给技术熟练程度较低的工人去完成；一种是分出若干个技术程度较低的工人，去帮助技术程度较高的工人工作。采用后一种方法就把个人完成的工作过程，变成小组完成的工作过程。

3）拟定施工人员编制。拟定施工人员编制即确定小组人数、技术工人的配备，以及劳动的分工和协作。原则是使每个工人都能充分发挥作用，均衡地担负工作。

（3）确定劳动定额消耗量的方法。时间定额是在拟定基本工作时间、辅助工作时间、不可避免中断时间、准备与结束的工作时间以及休息时间的基础上制订的。

1）拟定基本工作时间。基本工作时间在必需消耗的工作时间中占的比重最大。在确定基本工作时间时，必须细致、精确。基本工作时间消耗一般应根据计时观察资料来确定。其做法是，首先确定工作过程每一组成部分的工时消耗，然后再综合出工作过程的工时消耗。如果组成部分的产品计量单位和工作过程的产品计量单位不符，就需先求出不同计量单位的换算系数，进行产品计量单位的换算，然后再相加，求得工作过程的工时消耗。

2）拟定辅助工作时间和准备与结束工作时间。辅助工作和准备与结束工作时间的确定方法与基本工作时间相同。但是，若这两项工作时间在整个工作班工作时间消耗中所占比重不超过5%~6%，则可归纳为一项，以工作过程的计量单位表示，确定出工作过程的工时消耗。

若在计时观察时不能取得足够的资料，也可采用工时规范或经验数据来确定。若具有现行的工时规范，可以直接利用工时规范中规定的辅助和准备与结束工作时间的百分比来计算。

3）拟定不可避免的中断时间。在确定不可避免中断时间的定额时，必须注意由工艺特点所引起的不可避免中断才可列入工作过程的时间定额。

不可避免中断时间也需要根据测时资料通过整理分析获得，也可以根据经验数据或工时规范，以占工作日的百分比表示此项工时消耗的时间定额。

4）拟定休息时间。休息时间应根据工作班作息制度、经验资料、计时观察资料，以及对工作的疲劳程度作全面分析来确定。同时，应考虑尽可能利用不可避免中断时间作为休息时间。

从事不同工作的工人，疲劳程度有很大差别。为了合理确定休息时间，往往要对从事各种工作的工人进行观察、测定，以及进行生理和心理方面的测试，以便确定其疲劳程度。国内外往往按工作轻重和工作条件好坏，将各种工作划分为不同的级别。例如我国某地区工时规范将体力劳动分为六类：最沉重、沉重、较重、中等、较轻、轻便，见表3-1。

表3-1 休息时间占工作日的比重

疲劳程度	轻便	较轻	中等	较重	沉重	最沉重
等级	1	2	3	4	5	6
占工作日比重（%）	4.16	6.25	8.33	11.45	16.7	22.9

划分出疲劳程度的等级，就可以合理规定休息需要的时间。

5）拟定定额时间。确定的基本工作时间、辅助工作时间、准备与结束工作时间、不可避免中断时间和休息时间之和，就是劳动定额的时间定额。根据时间定额可计算出产量定额，时间定额和产量定额互成倒数。

利用工时规范，可以计算劳动定额的时间定额。计算公式是：

$$作业时间 = 基本工作时间 + 辅助工作时间 \tag{3-1}$$

$$规范时间 = 准备与结束工作时间 + 不可避免的中断时间 + 休息时间 \tag{3-2}$$

$$工序作业时间 = 基本工作时间 + 辅助工作时间 = 基本工作时间 / [1 - 辅助时间(\%)] \tag{3-3}$$

$$定额时间 = \frac{作业时间}{1 - 规范时间(\%)} \tag{3-4}$$

3.1.3 机械台班使用定额

1. 机械台班使用定额的概念和表现形式

（1）机械台班使用定额的概念。机械台班使用定额是在正常施工条件下，合理的劳动组合和使用机械，完成单位合格产品或某项工作所必需的机械工作时间，包括准备与结束时间、基本工作时间、辅助工作时间、不可避免的中断时间以及使用机械的工人生理需要与休息时间。

（2）机械台班使用定额的表现形式。机械台班使用定额的形式按其表现形式不同，可分为时间定额和产量定额。

1）机械时间定额：是指在合理劳动组织与合理使用机械条件下，完成单位合格产品所必需的工作时间，包括有效工作时间（正常负荷下的工作时间和降低负荷下的工作时间）、不可避免的中断时间、不可避免的无负荷工作时间。机械时间定额以"台班"表示，即一台机械工作一个作业班时间。一个作业班时间为 8h。

$$单位产品机械时间定额（台班） = \frac{1}{台班产量} \qquad (3-5)$$

由于机械必须由工人小组配合，所以完成单位合格产品的时间定额，同时列出人工时间定额。即

$$单位产品人工时间定额（工日） = \frac{小组成员总人数}{台班产量} \qquad (3-6)$$

2）机械产量定额：是指在合理劳动组织与合理使用机械条件下，机械在每个台班时间内应完成合格产品的数量。机械时间定额和机械产量定额互为倒数关系。

复式表示法有如下形式：

$$\frac{人工时间定额}{机械台班产量} 或 \frac{人工时间定额}{机械台班产量} \bigg| 台班车次 \qquad (3-7)$$

2. 机械台班使用定额的编制

（1）确定正常的施工条件。拟定机械工作正常条件，主要是拟定工作地点的合理组织和合理的工人编制。

工作地点的合理组织，就是对施工地点机械和材料的放置位置、工人从事操作的场所，作出科学合理的平面布置和空间安排。它要求施工机械和操纵机械的工人在最小范围内移动，但是又不阻碍机械运转和工人操作；应使机械的开关和操纵装置尽可能集中地装置在操纵工人的近旁，以节省工作时间和减轻劳动强度；应最大限度发挥机械的效能，减少工人的手工操作。

拟定合理的工人编制，就是根据施工机械的性能和设计能力，工人的专业分工和劳动工效，合理确定操纵机械的工人和直接参加机械化施工过程的工人的编制人数。它应要求保持机械的正常生产率和工人正常的劳动工效。

（2）确定机械 1h 纯工作正常生产率。确定机械正常生产率时，必须首先确定出机械纯工作 1h 的正常生产率。

机械纯工作时间是机械的必需消耗时间。机械 1h 纯工作正常生产率，是在正常施工组织条件下，具有必需的知识和技能的技术工人操纵机械 1h 的生产率。

　　根据机械工作特点的不同，机械 1h 纯工作正常生产率的确定方法，也有所不同。对于循环动作机械，确定机械纯工作 1h 正常生产率的计算公式如下：

$$\begin{matrix}\text{机械一次循环的}\\\text{正常延续时间}\end{matrix} = \sum\left(\begin{matrix}\text{循环各组成部分}\\\text{正常延续时间}\end{matrix}\right) - \text{交叠时间} \qquad (3-8)$$

$$\begin{matrix}\text{机械纯工作 1h}\\\text{循环次数}\end{matrix} = \frac{60 \times 60 \text{（s）}}{\text{一次循环的正常延续时间}} \qquad (3-9)$$

$$\begin{matrix}\text{机械纯工作 1h}\\\text{正常生产率}\end{matrix} = \begin{matrix}\text{机械纯工作 1h}\\\text{正常循环次数}\end{matrix} \times \begin{matrix}\text{一次循环生产}\\\text{的产品数量}\end{matrix} \qquad (3-10)$$

　　对于连续动作机械，确定机械纯工作 1h 正常生产率要根据机械的类型和结构特征，以及工作过程的特点来进行。计算公式如下：

$$\text{连续动作机械纯工作 1h 正常生产率} = \frac{\text{工作时间内生产的产品数量}}{\text{工作时间（h）}} \qquad (3-11)$$

　　工作时间内的产品数量和工作时间的消耗，要通过多次现场观察和机械说明书来取得数据。

　　对于同一机械进行作业属于不同的工作过程，例如挖掘机所挖土壤的类别不同，碎石机所破碎的石块硬度和粒径不同，均需分别确定其纯工作 1h 的正常生产率。

　　（3）确定施工机械的正常利用系数。它是机械在工作班内对工作时间的利用率。机械的利用系数和机械在工作班内的工作状况有着密切的关系。所以，要确定机械的正常利用系数。首先要拟定机械工作班的正常工作状况，保证合理利用工时。

　　确定机械正常利用系数，要计算工作班正常状况下准备与结束工作，机械启动、机械维护等工作所必须消耗的时间，以及机械有效工作的开始与结束时间。从而进一步计算出机械在工作班内的纯工作时间和机械正常利用系数。机械正常利用系数的计算公式如下：

$$\text{机械正常利用系数} = \frac{\text{机械在一个工作班内纯工作时间}}{\text{一个工作班延续时间（8h）}} \qquad (3-12)$$

　　（4）计算施工机械台班定额。它是编制机械定额工作的最后一步。在确定了机械工作正常条件、机械 1 小时纯工作正常生产率和机械正常利用系数之后，采用下列公式计算施工机械的产量定额：

$$\text{施工机械台班产量定额} = \text{机械 1h 纯工作正常生产率} \times \text{工作班纯工作时间} \quad (3-13)$$

或者

$$\begin{matrix}\text{施工机械台班产量定额} = \text{机械 1h 纯工作正常生产率} \times \text{工作班}\\\text{延续时间} \times \text{机械正常利用系数}\end{matrix} \qquad (3-14)$$

$$\text{施工机械时间定额} = \frac{1}{\text{机械台班产量定额指标}} \qquad (3-15)$$

3.1.4　材料消耗定额

1. 材料消耗定额的概念与组成

　　（1）材料消耗定额的概念。材料消耗定额是在正常的施工（生产）条件下，在节约和合理使用材料的情况下，生产单位合格产品所必须消耗的一定品种、规格的材料、半成

品、配件等的数量标准。

材料消耗定额是编制材料需要量计划、运输计划、供应计划、计算仓库面积、签发限额领料单和经济核算的根据。制订合理的材料消耗定额，是组织材料的正常供应，保证生产顺利进行，以及合理利用资源，减少积压、浪费的必要前提。

（2）施工中材料消耗的组成。施工中材料的消耗，可分为必需的材料消耗和损失的材料两类性质。

必需消耗的材料，是在合理用料的条件下，生产合格产品所需消耗的材料。它包括：直接用于建筑和安装工程的材料；不可避免的施工废料；不可避免的材料损耗。

必需消耗的材料属于施工正常消耗，是确定材料消耗定额的基本数据。其中：直接用于建筑和安装工程的材料，编制材料净用量定额；不可避免的施工废料和材料损耗，编制材料损耗定额。

材料各种类型的损耗量之和称为材料损耗量，除去损耗量之后净用于工程实体上的数量称为材料净用量，材料净用量与材料损耗量之和称为材料总消耗量，损耗量与总消耗量之比称为材料损耗率，总消耗量亦可用下式计算：

$$总消耗量 = \frac{净用量}{1 - 损耗率} \qquad (3-16)$$

为了简便，通常将损耗量与净用量之比，作为损耗率。即：

$$损耗率 = \frac{损耗量}{净用量} \times 100\% \qquad (3-17)$$

$$总消耗量 = 净用量 \times (1 + 损耗率) \qquad (3-18)$$

2. 材料消耗定额的制订方法

材料消耗定额必须在充分研究材料消耗规律的基础上制订。科学的材料消耗定额应当是材料消耗规律的正确反映。材料消耗定额是通过施工生产过程中对材料消耗进行观测、试验以及根据技术资料的统计与计算等方法制定的。

（1）观测法。观测法也称现场测定法，是在合理使用材料的条件下，在施工现场按一定程序对完成合格产品的材料耗用量进行测定，通过分析、整理，最后得出一定的施工过程单位产品的材料消耗定额。

利用现场测定法主要是编制材料损耗定额，也可以提供编制材料净用量定额的数据。其优点是能通过现场观察、测定，取得产品产量和材料消耗的情况，为编制材料定额提供技术根据。

观测法的首要任务是选择典型的工程项目，其施工技术、组织及产品质量，均要符合技术规范的要求；材料的品种、型号、质量也应符合设计要求；产品检验合格，操作工人能合理使用材料和保证产品质量。

在观测前要充分做好准备工作，例如选用标准的运输工具和衡量工具，采取减少材料损耗措施等。

观测的结果，要取得材料消耗的数量和产品数量的数据资料。

观测法是在现场实际施工中进行的。观测法的优点是真实可靠，能发现一些问题，也能消除一部分消耗材料不合理的浪费因素。但是，用这种方法制订材料消耗定额，由于受到一定的生产技术条件和观测人员的水平等限制，仍然不能把所消耗材料不合理的因素全部揭露出来。同时，也有可能把生产和管理工作中的某些与消耗材料有关的缺点保存下来。

对观测取得的数据资料要进行分析研究，区分哪些是合理的，哪些是不合理的，哪些是不可避免的，以制订出在一般情况下都可以达到的材料消耗定额。

（2）试验法。试验法是在材料试验室中进行试验和测定数据。例如，以各种原材料为变量因素，求得不同强度等级混凝土的配合比，从而计算出每立方米混凝土的各种材料耗用量。

利用试验法，主要是编制材料净用量定额。通过试验，能够对材料的结构、化学成分和物理性能以及按强度等级控制的混凝土、砂浆配比作出科学的结论，为编制材料消耗定额提供有技术根据的、比较精确的计算数据。

但是，试验法不能取得在施工现场实际条件下，由于各种客观因素对材料耗用量影响的实际数据。

试验室试验必须符合国家有关标准规范，计量要使用标准容器和称量设备，质量要符合施工与验收规范要求，以保证获得可靠的定额编制依据。

（3）统计法。统计法是通过对现场进料、用料的大量统计资料进行分析计算，获得材料消耗的数据。该方法由于不能分清材料消耗的性质，因而不能作为确定材料净用量定额和材料损耗定额的精确依据。

对积累的各分部分项工程结算的产品所耗用材料的统计分析，是根据各分部分项工程拨付材料数量、剩余材料数量及总共完成产品数量来进行计算。

采用统计法，必须要保证统计和测算的耗用材料和相应产品一致。在施工现场中的某些材料，往往难以区分用在各个不同部位上的准确数量。所以，要有意识地加以区分，才能得到有效的统计数据。

用统计法制订材料消耗定额一般采取以下两种方法。

1）经验估算法：指以有关人员的经验或以往同类产品的材料实耗统计资料为依据，通过研究分析并考虑有关影响因素的基础上制定材料消耗定额的方法。

2）统计法：是对某一确定的单位工程拨付一定的材料，待工程完工后，根据已完产品数量和领退材料的数量，进行统计和计算的一种方法。该方法的优点是不需要专门人员测定和实验。由统计得到的定额有一定的参考价值，但其准确程度较差，应对其分析研究后才能采用。

（4）理论计算法。理论计算法是根据施工图，运用一定的数学公式，直接计算材料耗用量。计算法只能计算出单位产品的材料净用量，材料的损耗量仍要在现场通过实测取得。采用这种方法必须对工程结构、图纸要求、材料特性和规格、施工及验收规范、施工方法等先进行了解和研究。计算法适宜于不易产生损耗，且容易确定废料的材料，例如木材、钢材、砖瓦、预制构件等材料。因为这些材料根据施工图纸和技术资料从理论上都可以计算出来，不可避免的损耗也有一定的规律可寻。

理论计算法是材料消耗定额制定方法中比较先进的方法。但是，用该方法制订材料消耗定额，要求掌握一定的技术资料和各方面的知识，以及有较丰富的现场施工经验。

3. 周转性材料消耗量的计算

在编制材料消耗定额时，某些工序定额、单项定额和综合定额中涉及周转材料的确定和计算。例如劳动定额中的架子工程、模板工程等。

周转性材料在施工过程中不属于通常的一次性消耗材料，而是可多次周转使用，经过修理、补充才逐渐消耗尽的材料。例如模板、钢板桩、脚手架等，实际上它也是作为一种施工工具和措施。在编制材料消耗定额时，应按多次使用、分次摊销的办法确定。

周转性材料消耗的定额量是每使用一次摊销的数量，其计算必须考虑一次使用量、周转使用量、回收价值和摊销量之间的关系。

3.2　预　算　定　额

3.2.1　预算定额的内容

预算定额主要由总说明、建筑面积计算规则、分册（章）说明、定额项目表和附录、附件五部分组成。

1. 总说明

总说明主要介绍定额的编制依据、编制原则、适用范围及定额的作用等。同时说明编制定额时已考虑和没有考虑的因素、使用方法及有关规定等。

2. 建筑面积计算规则

建筑面积计算规则规定了计算建筑面积的范围、计算方法，不应计算建筑面积的范围等。建筑面积是分析建筑工程技术经济指标的重要数据，现行建筑面积计算规则，是由国家统一作出的规定。

3. 分册（章）说明

分册（章）说明主要介绍定额项目内容、子目的数量、定额的换算方法及各分项工程的工程量计算规则等。

4. 定额项目表

定额项目表是预算定额的主要构成部分，内容包括工程内容、计量单位、项目表等。

定额项目表中，各子目的预算价值、人工费、材料费、机械费及人工、材料、机械台班消耗量指标之间的关系，可用下列公式表示：

$$预算价值 = 人工费 + 材料费 + 机械费 \qquad (3-19)$$

其中
$$人工费 = 合计工日 \times 每工日单价 \qquad (3-20)$$

$$材料费 = \sum（定额材料用量 \times 材料预算价格）+ 其他材料费 \qquad (3-21)$$

$$机械费 = 定额机械台班用量 \times 机械台班使用费 \qquad (3-22)$$

5. 附录、附件

附录和附件列在预算定额的最后，包括砂浆、混凝土配合比表，各种材料、机械台班单价表等有关资料，供定额换算、编制施工作业计划等使用。

3.2.2　预算定额的编制原则

1.　平均合理的原则

平均合理是指在定额适用区域现阶段的社会正常生产条件下，在社会的平均劳动熟练程度和劳动强度下，确定建筑工程预算定额的定额水平。预算定额的定额水平属于平均一般水平，是大多数企业和地区能够达到和超过的水平，稍低于施工定额的平均先进水平。

预算定额是在施工定额的基础上编制的，但不是简单的套用和复制，预算定额的工作内容比施工定额的工作内容有了综合扩大，包含了更多的可变因素，增加了合理的幅度差、等量差，例如人工幅度差、机械幅度差、辅助用工及材料堆放、运输、操作损耗等，使之达到平均合理的原则。

2.　简明适用的原则

简明适用一是指在编制预算定额时对于那些主要的、常用的、价值量大的项目，分项工程划分宜细；对于那些次要的、不常用的、价值量相对较小的项目可以划分粗一些。二是指预算定额要项目齐全。要注意补充那些因采用新技术、新结构、新材料而出现的新的定额项目。如果项目不全，缺项多，就会使计价工作缺少充足可靠的依据。三是要求合理确定预算定额的计算单位，简化工程量的计算，尽可能地避免同一种材料用不同的计量单位和一量多用，尽量减少定额附注和换算系数。

3.　坚持统一性和差别性相结合原则

统一性是从培育全国统一市场规范计价行为出发，计价定额的制订规划和组织实施由国务院建设行政主管部门归口管理，由负责任全国统一定额制订或修订，颁发有关工程造价管理的规章制度办法等。差别性是在统一性的基础上，各部门和省、自治区、直辖市主管部门可以在自己的管辖范围内，根据本部门和地区的具体情况，制订部门和地区性定额、补充性制度和管理办法，以适应我国幅员辽阔，地区间部门发展不平衡和差异大的实际情况。

3.2.3　预算定额的编制依据

编制预算定额要以施工定额为基础，并且和现行的各种规范、技术水平、管理方法相匹配，主要的编制依据有：

（1）现行的劳动定额和施工定额。预算定额以现行的劳动定额和施工定额为基础编制。预算定额中人工、材料和机械台班的消耗水平需要根据劳动定额或施工定额取定。预算定额计量单位的选择，也要以施工定额为参考，从而保证两者的协调性和可比性。

（2）现行设计规范、施工及验收规范、质量评定标准和安全操作规程。在确定预算定额的人工、材料和机械台班消耗时，必须考虑上述法规的要求和影响。

（3）具有代表性的典型工程施工图及有关标准图。通过对这些图纸的分析研究和工程量的计算，作为定额编制时选择施工方法，确定消耗的依据。

（4）新技术、新结构、新材料和先进的施工方法等。

这些资料用来调整定额水平和增加新的定额项目。

（5）有关试验、技术测定和统计、经验资料。

（6）现行预算定额、材料预算价格及有关文件规定等，也包括过去定额编制过程中积累的基础资料。

3.2.4 预算定额的编制步骤

预算定额的编制可分为准备工作、收集资料、编制定额、报批和修改定稿五个阶段。各阶段的工作互有交叉，某些工作还有多次反复。

1．准备工作阶段

（1）拟定编制方案。提出编制定额的目的和任务、定额编制范围和内容，明确编制原则、要求、项目划分和编制依据，拟定编制单位和编制人员，做出工作计划、时间、地点安排和经费预算。

（2）成立编制小组。抽调人员，按需要成立各编制小组。如土建定额组、设备定额组、费用定额组、综合组等。

2．收集资料阶段

收集编制依据中的各种资料，并进行专项的测定和试验。

3．定额编制阶段

（1）确定编制细则。该项工作主要包括：统一编制表格和统一编制方法；统一计算口径、计量单位和小数点位数的要求；有关统一性的规定，即用字、专业用语、符号代码的统一以及简化字的规范化和文字的简练明确；人工、材料、机械单价的统一。

（2）确定定额的项目划分和工程量计算规则。

（3）人工、材料、机械台班消耗量的计算、复核和测算。

4．定额报批阶段

本阶段包括审核定稿和定额水平测算两项工作。

（1）审核定稿。定额初稿的审核工作是定额编制工作的法定程序，是保证定额编制质量的措施之一。应由责任心强、经验丰富的专业技术人员承担审核的主要内容，包括文字表达是否简明易懂，数字是否准确无误，章节、项目之间有无矛盾。

（2）预算定额水平测算。新定额编制成稿向主管机关报告之前，必须与原定额进行对比测算，分析水平升降原因。新编定额的水平一般应不低于历史上已经达到过的水平，并略有提高。有如下测算方法：

1）单项定额比较测算。对主要分项工程的新旧定额水平进行逐行逐项比较测算。

2）单项工程比较测算。对同一典型工程用新旧两种定额编制两份预算进行比较，考察定额水平的升降，分析原因。

5．修改定稿阶段

修改定稿阶段工作主要包括：

（1）征求意见。定额初稿完成后征求各有关方面的意见，并深入分析研究，在统一意见书的基础上制定修改方案。

（2）修改整理报批。根据确定的修改方案，按定额的顺序对初稿进行修改，并经审核无误后形成报批稿，经批准后交付印刷。

（3）撰写编制说明。为贯彻定额，方便使用，需要撰写新定额编写说明，内容主要包括：项目、子目数量；人工、材料、机械消耗的内容范围；资料的依据和综合取定情况；定额中允许换算和不允许换算的规定；人工、材料、机械单价的计算和资料；施工方法、工艺的选择及材料运距的考虑；各种材料损耗率的取定资料；调整系数的使用；其他应说明的事项与计算数据、资料。

（4）立档成卷保存。定额编制资料既是贯彻执行定额需查对资料的依据，也为修编定额提供历史资料数据，应将其分类立卷归档，作为技术档案永久保存。

3.2.5　预算定额消耗量指标的确定

1．定额计算单位的确定

预算定额计算单位的选择，与预算定额的准确性、简明适用性及预算编制工作的繁简程度有着密切关系。因此，在计算预算定额各种消耗量之前，应首先确定其计算单位。

在确定预算定额计量单位时，首先应考虑选定的单位能否确切反映单位产品的工、料消耗量，保证预算定额的准确性；其次，要有利于减少定额项目，提高定额的综合性；最后，要有利于简化工程量计算和整个预算的编制工作，保证预算编制的准确性和及时性。

由于各分项工程的形状不同，定额的计量单位应根据上述原则和要求，按照各分项工程的形状特征和变化规律来确定。

凡物体的长、宽、高三个度量都在变化时，应采用 m^3 为计量单位。例如，土方、石方、砖石、混凝土构件等项目。

当物体有一相对固定的厚度，而它的长和宽两个度量决定的面积不固定时，宜采用 m^2 为计量单位。如楼地面面层、屋面防水层、装饰抹灰、木地板等分项工程。

如果物体截面形状大小固定，但长度不固定时，应以延长米为计量单位。例如，木装饰线、给水排水管道、导线敷设等分项工程。

有的分项工程的体积、面积基本相同，但质量和价格差异很大（如金属结构的项目等），应当以质量单位"kg"或"t"计算。有的分项工程还可以按个、组、座、套等自然计量单位计算。例如，屋面排水用的水斗、弯头以及给水排水中的管道阀门、水龙头安装等均以"个"为计量单位；电照工程中的各种灯具安装则以"套"为计量单位。

定额单位确定以后，在定额项目表中，常用所取单位的"10倍"、"100倍"等倍数的计量单位来标示。

2．预算定额消耗指标的确定

（1）按选定的典型工程施工图及有关资料计算工程量。计算工程量目的是为了综合组成分项工程各实物消耗量的比重，以便采用劳动定额、材料消耗定额计算出综合消耗量。

（2）确定人工消耗指标。预算定额中的人工消耗指标是指完成该分项工程必须消耗的各种用工。包括基本用工、材料超运距用工、辅助用工和人工幅度差。

1）基本用工。指完成该分项工程的主要用工。例如，砌砖工程中的砌砖、调制砂浆、运砂浆等的用工。用劳动定额来编制预算定额时，还要增加计算附墙烟囱、垃圾道砌筑等用工。

2）材料超运距用工。预算定额中的材料、半成品的平均运距要比劳动定额的平均运距远。因此，要计算超运距运输用工。

3）辅助用工。指施工现场发生的加工材料等的用工。如筛砂子、淋石灰膏的用工等。

4）人工幅度差。主要指在正常施工条件下，劳动定额中没有包含的用工因素和劳动定额与预算定额的水平差。例如，各工种交叉作业配合工作的停歇时间，工程质量检查和工程隐蔽、验收等所占用的时间。目前，预算定额人工幅度差系数一般为 10% ~ 15% 左右。

人工幅度差的计算公式为：

人工幅度差 = （基本用工 + 超运距用工 + 辅助用工）× 人工幅度差系数　（3 - 23）

（3）材料消耗指标的确定。材料消耗量计算方法主要有：

1）凡有标准规格的材料，按规范要求计算定额计量单位的耗用量，如砖、防水卷材、块料面层等。

2）凡设计图纸标注尺寸及下料要求的按设计图纸尺寸计算材料净用量，如门窗制作用材料、方、板料等。

3）换算法。各种胶结、涂料等材料的配合比用料，可以根据要求条件换算，得出材料用量。

4）测定法。包括实验室试验法和现场观察法。各种强度等级的混凝土及砌筑砂浆配合比的耗用原材料数量的计算，须按照规范要求试配，经试压合格并经过必要的调整后得出水泥、砂子、石子、水的用量。对新材料、新结构又不能用其他方法计算定额消耗用量时，须用现场测定方法来确定，根据不同条件可以采用写实记录法和观察法，得出定额的消耗量。

（4）施工机械台班定额消耗指标的确定。预算定额中的机械台班消耗量是指在正常施工条件下，生产单位合格产品（分部分项工程或结构构件）必需消耗的某种型号施工机械的台班数量。

预算定额的机械台班消耗量按下式计算：

预算定额机械耗用台班 = 施工定额机械耗用台班 × （1 +
机械幅度差系数）　（3 - 24）

3.3　企 业 定 额

3.3.1　企业定额的概念、用途与作用

1. 企业定额的概念及用途

（1）企业定额的概念。企业定额是指建筑安装企业根据本企业的技术水平和管理水平，并结合有关工程造价资料编制完成单位合格产品所必需的人工、材料和施工机械台班

的消耗量，以及其他生产经营要素消耗的数量标准。它反映企业的施工生产和生产消费之间的数量关系，是施工企业生产力水平的体现，每个企业都应拥有反映自己企业能力的企业定额。企业的技术和管理水平不同，企业定额的定额水平也就不同。因此，企业定额是施工企业进行施工管理和投标报价的基础和依据，从一定意义上讲，它是企业的商业秘密，是企业参与市场竞争的核心竞争能力的具体表现。

（2）企业定额的用途。目前大部分施工企业均以国家或行业制订的预算定额作为进行施工管理、工料分析和计算施工成本的依据。随着市场化改革的不断深入和发展，施工企业可以预算定额和基础定额为参照，逐步地建立起反映企业自身施工管理水平和技术装备程度的企业定额。

企业定额按其功能作用的不同，通常包括劳动消耗量定额、材料消耗量定额和施工机械台班使用定额和这几种定额的单位估价表等。

2. 企业定额的作用

（1）它是企业计划管理的依据。

（2）它是计算工人劳动报酬的依据。

（3）它是组织和指挥施工生产的有效工具。

（4）它是施工企业进行工程投标、编制工程投标报价的基础和主要依据。

（5）它有利于推广先进技术。

（6）它是编制施工预算，加强企业成本管理的基础。

（7）它是企业激励工人的条件。

3.3.2　企业定额的性质与特点

企业定额是仅供一个建筑安装企业内部经营管理使用的定额。它的影响范围涉及企业内部管理的诸多方面，包括企业生产经营管理活动的人力、物力、财力计划安排、组织协调和调控指挥等各个环节。

企业定额是根据本企业的现有条件和可能挖掘的潜力、建筑市场的需求和竞争环境，根据国家有关法律、法规和规范、政策，自行编制的适用于本企业实际情况的定额。所以，可以说企业定额是适应社会主义市场经济竞争和市场竞争形成建筑产品价格，并且具有突出个性特点的定额。企业定额个性特点主要表现在以下几个方面：

（1）其各项平均消耗水平比社会平均水平要低，与同类企业和同一地区的企业之间存在着突出的先进性。

（2）在某些方面突出表现了企业的装备优势、技术优势和经营管理优势。

（3）所匹配的单价都是动态的，具有突出的市场性。

（4）与施工方案能全面接轨。

3.3.3　企业定额的编制

编制企业定额最为关键的工作是确定人工、材料和机械台班的消费量，计算分项工程单价或综合单价。

1. 人工消耗量的确定

人工消耗量的确定，首先是根据企业的环境，拟定正常的施工作业条件，分别计算测定基本用工和其他用工的工日数，进而拟定施工作业的定额时间。

2．材料消耗量的确定

材料消耗量的确定是通过对企业历史数据的理论计算、统计分析、实验试验和实地考察等方法计算确定材料包括周转材料的净用量和损耗量，进而拟定材料消耗的定额指标。

3．机械台班消耗量确定

机械台班消耗量的确定，同样需要依据企业的环境，拟定机械工作的正常施工条件，确定机械工作效率和利用系数，进而拟定施工机械作业的定额台班与机械作业相关的工人小组的定额时间。

4 | 建筑工程清单计价理论

4.1 工程量清单的编制

4.1.1 一般规定

（1）招标工程量清单应由具有编制能力的招标人或受其委托、具有相应资质的工程造价咨询人或招标代理人编制。

（2）招标工程量清单必须作为招标文件的组成部分，其准确性和完整性由招标人负责。

（3）招标工程量清单是工程量清单计价的基础，应作为编制招标控制价、投标报价、计算工程量、工程索赔等的依据之一。

（4）招标工程量清单应以单位（项）工程为单位编制，应由分部分项工程量清单、措施项目清单、其他项目清单、规费和税金项目清单组成。

（5）编制招标工程量清单应依据：

1）《建设工程工程量清单计价规范》GB 50500—2013 和相关工程的国家计量规范。

2）国家或省级、行业建设主管部门颁发的计价定额和办法。

3）建设工程设计文件及相关资料。

4）与建设工程项目有关的标准、规范、技术资料。

5）拟定的招标文件。

6）施工现场情况、地质勘察水文资料、工程特点及常规施工方案。

7）其他相关资料。

4.1.2 分部分项工程项目

（1）分部分项工程项目清单必须载明项目编码、项目名称、项目特征、计量单位和工程量。这是构成分部分项工程项目清单的五个要件，在分部分项工程项目清单的组成中缺一不可。

（2）分部分项工程项目清单必须根据相关工程现行国家计量规范规定的项目编码、项目名称、项目特征、计量单位和工程量计算规则进行编制。

（3）工程量清单的项目编码应采用十二位阿拉伯数字表示。其中一、二位为专业工程代码，房屋建筑与装饰工程为01，仿古建筑工程为02，通用安装工程为03，市政工程为04，园林绿化工程为05，矿山工程为06，构筑物工程为07，城市轨道交通工程为08，爆破工程为09，以后进入国家标准的专业工程代码依此类推；三、四位为附录分类顺序码；五、六位为分部工程顺序码；七、八、九位为分项工程项目名称顺序码；十至十二位为清单项目名称顺序码，应根据拟建工程的工程量清单项目名称和项目特征设置，同一招标工程的项目编码不得有重码。

在编制工程量清单时应注意对项目编码的设置不得有重码，特别是当同一标段（或合同段）的一份工程量清单中含有多个单位工程且工程量清单是以单位工程为编制对象时，应注意项目编码中的十至十二位的设置不得重码。例如一个标段（或合同段）的工程量清单中含有三个单位工程，每一单位工程中都有项目特征相同的实心砖墙砌体，在工程量清单中又需反映三个不同单位工程的实心砖墙砌体工程量时，此时工程量清单应以单位工程为编制对象，则第一个单位工程的实心砖墙的项目编码应为 010401003001，第二个单位工程的实心砖墙的项目编码应为 010401003002，第三个单位工程的实心砖墙的项目编码应为 010401003003，并分别列出各单位工程实心砖墙的工程量。

（4）工程量清单的项目名称应按各相关工程量计算规范附录的项目名称结合拟建工程的实际确定。

（5）分部分项工程工程量清单中所列工程量应按各相关工程量计算规范附录中规定的工程量计算规则计算。工程量的有效位数应遵守下列规定：

1）以"t"为单位，应保留小数点后三位数字，第四位小数四舍五入。

2）以"m^3"、"m^2"、"m"和"kg"为单位，应保留小数点后两位数字，第三位小数四舍五入。

3）以"个"、"件"等为单位，应取整数。

（6）分部分项工程工程量清单的计量单位应按各相关工程量计算规范附录中规定的计量单位确定，当计量单位有两个或两个以上时，应根据拟建工程项目的实际，选择最适宜表现该项目特征并方便计量的单位。

（7）分部分项工程工程量清单项目特征应按各相关工程量计算规范附录中规定的项目特征，结合拟建工程项目的实际予以描述。

工程量清单的项目特征是确定一个清单项目综合单价不可缺少的主要依据。在编制工程量清单时，必须对项目特征进行准确而且全面的描述。

但有的项目特征用文字往往又难以准确、全面的描述清楚。因此为达到规范、简捷、准确、全面描述项目特征的要求，在描述工程量清单项目特征时应按以下原则进行：

1）项目特征描述的内容应按各相关工程量计算规范附录中的规定，结合拟建工程的实际，满足确定综合单价的需要。

2）对采用标准图集或施工图纸能够全部或部分满足项目特征描述要求的，项目特征描述可直接采用详见××图集或××图号的方式。对不能满足项目特征描述要求的部分，仍应用文字描述。

4.1.3 措施项目

（1）由于现行国家计量规范已将措施项目纳入规范中，因此，措施项目清单必须根据相关工程现行国家计量规范的规定编制。

（2）措施项目清单的编制需考虑多种因素，除工程本身的因素外，还涉及水文、气象、环境、安全等因素。由于影响措施项目设置的因素太多，计量规范不可能将施工中可能出现的措施项目一一列出。在编制措施项目清单时，因工程情况不同，出现计量规范附录中未列的措施项目，可根据工程的具体情况对措施项目清单作补充。

计量规范将措施项目划分为两类：一类是不能计算工程量的项目，如文明施工和安全防护、临时设施等，就以"项"计价，称为"总价项目"；另一类是可以计算工程量的项目，如脚手架、降水工程等，就以"量"计价，更有利于措施费的确定和调整，称为"单价项目"。

4.1.4　其他项目

（1）其他项目清单宜按照下列内容列项：

1）暂列金额。暂列金额是招标人在工程量清单中暂定并包括在合同价款中的一笔款项。用于工程合同签订时尚未确定或者不可预见的所需材料、工程设备、服务的采购，施工中可能发生的工程变更、合同约定调整因素出现时的合同价款调整以及发生的索赔、现场签证确认等的费用。

不管采用何种合同形式，其理想的标准是，一份合同的价格就是其最终的竣工结算价格，或者至少两者应尽可能接近。按有关部门的规定，经项目审批部门批复的设计概算是工程投资控制的刚性指标，即使是商业性开发项目也有成本的预先控制问题，否则，无法相对准确预测投资的收益和科学合理地进行投资控制。而工程建设自身的特性决定了工程的设计需要根据工程进展不断地进行优化和调整，业主需求可能会随工程建设进展出现变化，工程建设过程还存在其他诸多不确定性因素。消化这些因素必然会影响合同价格的调整，暂列金额正是因为这类不可避免的价格调整而设立，以便达到合理确定和有效控制工程造价的目标。

另外，暂列金额列入合同价格不等于就属于承包人（中标人）所有了，事实上，即便是总价包干合同，也不是列入合同价格的任何金额都属于中标人的，是否属于中标人应得金额取决于具体的合同约定，只有按照合同约定程序实际发生后，才能成为中标人的应得金额，纳入合同结算价款中。扣除实际发生金额后的暂列金额余额仍属于招标人所有。设立暂列金额并不能保证合同结算价格就不会再出现超过合同价格的情况，是否超出合同价格完全取决于工程量清单编制人对暂列金额预测的准确性，以及工程建设过程是否出现了其他事先未预测到的事件。

2）暂估价。暂估价是指招标阶段直至签定合同协议时，招标人在招标文件中提供的用于支付必然要发生但暂时不能确定价格的材料以及专业工程的金额。暂估价类似于FIDIC合同条款中的Prime Cost Items，在招标阶段预见肯定要发生，只是因为标准不明确或者需要由专业承包人完成，暂时无法确定价格。暂估价数量和拟用项目应当结合工程量清单中的"暂估价表"予以补充说明。

为方便合同管理，需要纳入分部分项工程项目清单综合单价中的暂估价应只是材料、工程设备费，以方便投标人组价。

专业工程的暂估价应是综合暂估价，包括除规费和税金以外的管理费、利润等。总承包招标时，专业工程设计深度往往是不够的，一般需要交由专业设计人设计。出于提高可建造性考虑，国际上惯例，一般由专业承包人负责设计，以发挥其专业技能和专业施工经验的优势。这类专业工程交由专业分包人完成是国际工程的良好实践，目前在我国工程建设领域也已经比较普遍。公开透明、合理地确定这类暂估价的实际开支金额的最佳途径，就是通过施工总承包人与工程建设项目招标人共同组织的招标。

3）计日工。计日工是为了解决现场发生的零星工作的计价而设立的，其为额外工作和变更的计价提供了一个方便快捷的途径。计日工适用的所谓零星工作一般是指合同约定之外的或者因变更而产生的、工程量清单中没有相应项目的额外工作，尤其是那些时间不允许事先商定价格的额外工作。计日工对完成零星工作所消耗的人工工时、材料数量、施工机械台班进行计量，并按照计日工表中填报的适用项目的单价进行计价支付。

国际上常见的标准合同条款中，大多数都设立了计日工（Daywork）计价机制。但在我国以往的工程量清单计价实践中，由于计日工项目的单价水平一般要高于工程量清单项目的单价水平，因而经常被忽略。从理论上讲，由于计日工往往是用于一些突发性的额外工作，缺少计划性，承包人在调动施工生产资源方面难免不影响已经计划好的工作，生产资源的使用效率也有一定的降低，客观上造成超出常规的额外投入。另外，其他项目清单中计日工往往是一个暂定的数量，其无法纳入有效的竞争。所以合理的计日工单价水平一定是要高于工程量清单的价格水平的。为获得合理的计日工单价，发包人在其他项目清单中对计日工一定要给出暂定数量，并且需要根据经验，尽可能估算一个比较贴近实际的数量。

4）总承包服务费。总承包服务费是为了解决招标人在法律、法规允许的条件下进行专业工程发包，以及自行供应材料、工程设备，并需要总承包人对发包的专业工程提供协调和配合服务，对甲供材料、设备提供收、发和保管服务以及进行施工现场管理时发生，并向总承包人支付的费用。招标人应预计该项费用并按投标人的投标报价向投标人支付该项费用。

（2）当工程实际中出现上述第1）条中未列出的其他项目清单项目时，可根据工程实际情况进行补充。如工程竣工结算时出现的索赔和现场签证等。

4.1.5　规费

规费是根据国家法律、法规规定，由省级政府或省级有关权力部门规定施工企业必须缴纳的，并应计入建筑安装工程造价的费用。根据建设部、财政部印发的《建筑安装工程费用项目组成》的规定，规费包括工程排污费、社会保险费（养老保险、失业保险、医疗保险、工伤保险、生育保险）、住房公积金。清单编制人对《建筑安装工程费用项目组成》未包括的规费项目，在编制规费项目清单时应根据省级政府或省级有关权力部门的规定进行补充。

规费项目清单应按下列内容列项：

（1）社会保障费：包括养老保险费、失业保险费、医疗保险费、工伤保险费、生育保险费。

（2）住房公积金。

（3）工程排污费。

4.1.6　税金

根据住建部、财政部印发的《建筑安装工程费用项目组成》的规定，目前我国税法规定应计入建筑安装工程造价的税种包括营业税、城市建设维护税、教育费附加和地方教育附加。如国家税法发生变化，税务部门依据职权增加了税种，应对税金项目清单进行补充。

税金项目清单应包括下列内容：

（1）营业税。

（2）城市维护建设税。

（3）教育费附加。

（4）地方教育附加。

4.2　工程量清单计价的编制

4.2.1　招标控制价

招标控制价是招标人根据国家或省级、行业建设主管部门颁发的有关计价依据和办法，以及拟定的招标文件和招标工程量清单，结合工程具体情况编制的招标工程的最高投标限价。国有资金投资的建设工程招标，招标人必须编制招标控制价。

1. 招标控制价的作用

（1）我国对国有资金投资项目的投资控制实行的是投资概算审批制度，国有资金投资的工程原则上不能超过批准的投资概算。因此，在工程招标发包时，当编制的招标控制价超过批准的概算，招标人应当将其报原概算审批部门重新审核。

（2）国有资金投资的工程实行工程量清单招标，为了客观、合理地评审投标报价和避免哄抬标价，避免造成国有资产流失，招标人必须编制招标控制价，规定最高投标限价。

（3）招标控制价的作用决定了招标控制价不同于标底，无需保密。为体现招标的公平、公正性，防止招标人有意抬高或压低工程造价，招标人应在招标文件中如实公布招标控制价，不得对所编制的招标控制价进行上浮或下调。招标人在招标文件中公布招标控制价时，应公布招标控制价各组成部分的详细内容，不得只公布招标控制价总价。同时，招标人应将招标控制价报工程所在地或有该工程管辖权的行业管理部门的工程造价管理机构备查。

2. 招标控制价的编制人员

招标控制价应由具有编制能力的招标人编制。当招标人不具有编制招标控制价的能力时，可委托具有相应资质的工程造价咨询人编制和复核。工程造价咨询人接受招标人委托编制招标控制价，不得再就同一工程接受投标人委托编制投标报价。

所谓具有相应工程造价咨询资质的工程造价咨询人是指根据《工程造价咨询企业管理办法》（建设部令第149号）的规定，依法取得工程造价咨询企业资质，并在其资质许可的范围内接受招标人的委托，编制招标控制价的工程造价咨询企业。即取得甲级工程造价咨询资质的咨询人可承担各类建设项目的招标控制价编制，取得乙级（包括乙级暂定）工程造价咨询资质的咨询人，则只能承担5000万元以下的招标控制价的编制。

3. 招标控制价编制依据

招标控制价的编制应根据下列依据进行：

（1）《建设工程工程量清单计价规范》GB 50500—2013。

（2）国家或省级、行业建设主管部门颁发的计价定额和计价办法。

（3）建设工程设计文件及相关资料。

（4）拟定的招标文件及招标工程量清单。

（5）与建设项目相关的标准、规范、技术资料。

（6）施工现场情况、工程特点及常规施工方案。

（7）工程造价管理机构发布的工程造价信息，工程造价信息没有发布时参照市场价。

（8）其他的相关资料。

按上述依据进行招标控制价编制，应注意以下事项：

（1）使用的计价标准、计价政策应是国家或省级、行业建设主管部门颁布的计价定额和相关政策规定。

（2）采用的材料价格应是工程造价管理机构通过工程造价信息发布的材料单价，工程造价信息未发布材料单价的材料，其价格应通过市场调查确定。

（3）国家或省级、行业建设主管部门对工程造价计价中费用或费用标准有规定的，应按规定执行。

4．招标控制价的编制

（1）分部分项工程和措施项目中的单价项目，应根据拟定的招标文件和招标工程量清单项目中的特征描述及有关要求确定综合单价计算。综合单价中应包括招标文件中划分的应由投标人承担的风险范围及其费用。招标文件中没有明确的，如是工程造价咨询人编制，应提请招标人明确；如是招标人编制，应予明确。

（2）措施项目中的总价项目应根据拟定的招标文件和常规施工方案采用综合单价计价。措施项目中的安全文明施工费必须按国家或省级、行业建设主管部门的规定计算，不得作为竞争性费用。

（3）其他项目费应按下列规定计价：

1）暂列金额。暂列金额由招标人根据工程特点、工期长短，按有关计价规定进行估算确定。为保证工程施工建设的顺利实施，在编制招标控制价时应对施工过程中可能出现的各种不确定因素对工程造价的影响进行估算，列出一笔暂列金额。暂列金额可根据工程的复杂程度、设计深度、工程环境条件（包括地质、水文、气候条件等）进行估算，一般可按分部分项工程费的 10% ~ 15% 作为参考。

2）暂估价。暂估价包括材料暂估单价、工程设备暂估单价、专业工程暂估价。暂估价中的材料单价应按照工程造价管理机构发布的工程造价信息或参考市场价格确定；暂估价中的专业工程暂估价应分不同专业，按有关计价规定估算。

3）计日工。计日工包括计日工人工、材料和施工机械。在编制招标控制价时，对计日工中的人工单价和施工机械台班单价应按省级、行业建设主管部门或其授权的工程造价管理机构公布的单价计算；材料应按工程造价管理机构发布的工程造价信息中的材料单价计算，工程造价信息未发布材料单价的材料，其价格应按市场调查确定的单价计算。

4）总承包服务费。招标人应根据招标文件中列出的内容和向总承包人提出的要求，参照下列标准计算：

①招标人仅要求对分包的专业工程进行总承包管理和协调时，按分包的专业工程估算造价的 1.5% 计算。

②招标人要求对分包的专业工程进行总承包管理和协调，并同时要求提供配合服务时，根据招标文件中列出的配合服务内容和提出的要求，按分包的专业工程估算造价的 3% ~5% 计算。

③招标人自行供应材料的，按招标人供应材料价值的 1% 计算。

（4）招标控制价的规费和税金必须按国家或省级、行业建设主管部门的规定计算。

5．投诉与处理

（1）投标人经复核认为招标人公布的招标控制价未按照《建设工程工程量清单计价规范》GB 50500—2013 的规定进行编制的，应在招标控制价发布后 5 天内向招投标监督机构和工程造价管理机构投诉。

（2）投诉人投诉时，应当提交由单位盖章和法定代表人或其委托人签名或盖章的书面投诉书。投诉书应包括下列内容：

1）投诉人与被投诉人的名称、地址及有效联系方式。

2）投诉的招标工程名称、具体事项及理由。

3）投诉依据及有关证明材料。

4）相关的请求及主张。

（3）投诉人不得进行虚假、恶意投诉，阻碍招投标活动的正常进行。

（4）工程造价管理机构在接到投诉书后应在 2 个工作日内进行审查，对有下列情况之一的，不予受理：

1）投诉人不是所投诉招标工程招标文件的收受人。

2）投诉书提交的时间不符合（1）规定的。

3）投诉书不符合（2）规定的。

4）投诉事项已进入行政复议或行政诉讼程序的。

（5）工程造价管理机构应在不迟于结束审查的次日将是否受理投诉的决定书面通知投诉人、被投诉人以及负责该工程招投标监督的招投标管理机构。

（6）工程造价管理机构受理投诉后，应立即对招标控制价进行复查，组织投诉人、被投诉人或其委托的招标控制价编制人等单位人员对投诉问题逐一核对。有关当事人应当予以配合，并应保证所提供资料的真实性。

（7）工程造价管理机构应当在受理投诉的 10 天内完成复查，特殊情况下可适当延长，并作出书面结论通知投诉人、被投诉人及负责该工程招投标监督的招投标管理机构。

（8）当招标控制价复查结论与原公布的招标控制价误差大于 ±3% 时，应当责成招标人改正。

（9）招标人根据招标控制价复查结论需要重新公布招标控制价的，其最终公布的时间至招标文件要求提交投标文件截止时间不足 15 天的，应相应延长投标文件的截止时间。

4.2.2　投标报价

1．投标报价编制的一般规定

（1）投标价应由投标人或受其委托具有相应资质的工程造价咨询人编制。

（2）投标人应依据《建设工程工程量清单计价规范》GB 50500—2013 的规定自主确定投标报价。

（3）投标人的投标报价不得低于成本。《中华人民共和国反不正当竞争法》第十一条规定："经营者不得以排挤竞争对手为目的，以低于成本的价格销售商品。"《中华人民共和国招标投标法》第四十一规定："中标人的投标应当符合下列条件……（二）能够满足招标文件的实质性要求，并且经评审的投标价格最低；但是投标价格低于成本的除外。"《评标委员会和评标方法暂行规定》（国家发展计划委员会等七部委第 12 号令）第二十一条规定："在评标过程中，评标委员会发现投标人的报价明显低于其他投标报价或者在设有标底时明显低于标底的，使得其投标报价可能低于其个别成本的，应当要求该投标人作出书面说明并提供相关证明材料。投标人不能合理说明或者不能提供相关证明材料的，由评标委员会认定该投标人以低于成本报价竞标，其投标应作废标处理。"

（4）实行工程量清单招标，招标人在招标文件中提供工程量清单，其目的是使各投标人在投标报价中具有共同的竞争平台。因此，要求投标人在投标报价中填写的工程量清单的项目编码、项目名称、项目特征、计量单位、工程数量必须与招标人招标文件中提供的一致。

（5）投标人的投标报价高于招标控制价的应予废标。国有资金投资的工程，招标人编制并公布的招标控制价相当于招标人的采购预算，同时要求其不能超过批准的概算，因此，招标控制价是招标人在工程招标时能接受投标人报价的最高限价。国有资金中的财政性资金投资的工程在招标时还应符合《中华人民共和国政府采购法》相关条款的规定，该法第三十六条规定："在招标采购中，出现下列情形之一的，应予废标……（三）投标人的报价均超过了采购预算，采购人不能支付的。"

2．投标报价编制的依据

投标报价应根据下列依据编制和复核：

（1）《建设工程工程量清单计价规范》GB 50500—2013。

（2）国家或省级、行业建设主管部门颁发的计价办法。

（3）企业定额，国家或省级、行业建设主管部门颁发的计价定额和计价办法。

（4）招标文件、招标工程量清单及其补充通知、答疑纪要。

（5）建设工程设计文件及相关资料。

（6）施工现场情况、工程特点及投标时拟定的施工组织设计或施工方案。

（7）与建设项目相关的标准、规范等技术资料。

（8）市场价格信息或工程造价管理机构发布的工程造价信息。

（9）其他的相关资料。

3．投标价的编制

（1）单价项目。分部分项工程和措施项目中的单价项目，应根据招标文件和招标工程量清单项目中的特征描述确定综合单价计算。综合单价中应考虑招标文件中要求投标人承担的风险内容及其范围（幅度）产生的风险费用。在施工过程中，当出现的风险内容及其范围（幅度）在合同约定的范围内时，合同价款不作调整。

（2）总价项目。投标人对措施项目中的总价项目投标报价的原则如下：

1）措施项目的内容应依据招标人提供的措施项目清单和投标人投标时拟定的施工组织设计或施工方案。

2）措施项目费由投标人自主确定，但其中安全文明施工费必须按国家或省级、行业建设主管部门的规定确定，且不得作为竞争性费用。

（3）其他项目。投标人对其他项目投标报价应按以下原则进行：

1）暂列金额应按照其他项目清单中列出的金额填写，不得变动。

2）暂估价不得变动和更改。暂估价中的材料、工程设备必须按照暂估单价计入综合单价，专业工程暂估价必须按照其他项目清单中列出的金额填写。

3）计日工应按照其他项目清单列出的项目和估算的数量，自主确定各项综合单价并计算费用。

4）总承包服务费应依据招标人在招标文件中列出的分包专业工程内容和供应材料、设备情况，按照招标人提出协调、配合与服务要求和施工现场管理需要自主确定。

（4）规费和税金。规费和税金必须按国家或省级、行业建设主管部门的规定计算，不得作为竞争性费用。规费和税金的计取标准是依据有关法律、法规和政策规定制订的，具有强制性。投标人是法律、法规和政策的执行者，不能改变，更不能制订，而必须按照法律、法规、政策的有关规定执行。

（5）招标工程量清单与计价表中列明的所有需要填写单价和合价的项目，投标人均应填写且只允许有一个报价。未填写单价和合价的项目，可视为此项费用已包含在已标价工程量清单中其他项目的单价和合价之中。当竣工结算时，此项目不得重新组价予以调整。

（6）投标总价。实行工程量清单招标，投标人的投标总价应当与组成工程量清单的分部分项工程费、措施项目费、其他项目费和规费、税金的合计金额相一致，即投标人在投标报价时，不能进行投标总价优惠（或降价、让利），投标人对招标人的任何优惠（或降价、让利）均应反映在相应清单项目的综合单价中。

4.2.3　合同价款约定

（1）实行招标的工程，合同约定不得违背招标、投标文件中关于工期、造价、质量等方面的实质性内容。所谓合同实质性内容，按照《中华人民共和国合同法》第三十条规定："有关合同标的、数量、质量、价款或者报酬、履行期限、履行地点和方式、违约责任和解决争议方法等的变更，是对要约内容的实质性变更"。

在工程招标投标及建设工程合同签订过程中，招标文件应视为要约邀请，投标文件为要约，中标通知书为承诺。因此，在签订建设工程合同时，若招标文件与中标人的投标文件有不一致的地方，应以投标文件为准。

（2）工程合同价款的约定是建设工程合同的主要内容。根据有关法律条款的规定，实行招标的工程合同价款应在中标通知书发出之日起 30 天内，由发包、承包双方依据招标文件和中标人的投标文件在书面合同中约定。

不实行招标的工程合同价款，在发包、承包双方认可的工程价款基础上，由发包、承包双方在合同中约定。

工程合同价款的约定应满足以下几个方面的要求：

1）约定的依据要求：招标人向中标的投标人发出的中标通知书。

2）约定的时间要求：自招标人发出中标通知书之日起 30 天内。

3）约定的内容要求：招标文件和中标人的投标文件。

4）合同的形式要求：书面合同。

（3）合同形式。工程建设合同的形式主要有单价合同和总价合同两种。合同的形式对工程量清单计价的适用性不构成影响，无论是单价合同还是总价合同均可以采用工程量清单计价。区别仅在于工程量清单中所填写的工程量的合同约束力。采用单价合同形式时，工程量清单是合同文件必不可少的组成内容，其中的工程量一般具备合同约束力（量可调），工程款结算时按照合同中约定应予计量并按实际完成的工程量计算进行调整，由招标人提供统一的工程量清单则彰显了工程量清单计价的主要优点。而对总价合同形式，工程量清单中的工程量不具备合同的约束力（量不可调），工程量以合同图纸的标示内容为准，工程量以外的其他内容一般均赋予合同约束力，以方便合同变更的计量和计价。

《建设工程工程量清单计价规范》GB 50500—2013 规定："实行工程量清单计价的工程，应采用单价合同方式。"即合同约定的工程价款中所包含的工程量清单项目综合单价在约定条件内是固定的，不予调整，工程量允许调整。工程量清单项目综合单价在约定的条件外，允许调整。但调整方式、方法应在合同中约定。

清单计价规范规定实行工程量清单计价的工程宜采用单价合同，并不表示排斥总价合同。总价合同适用规模不大、工序相对成熟、工期较短、施工图纸完备的工程施工项目。

（4）合同价款的约定事项。发包、承包双方应在合同条款中对下列事项进行约定：合同中没有约定或约定不明的，若发承包双方在合同履行中发生争议由双方协商确定；当协商不能达到一致的，按《建设工程工程量清单计价规范》GB 50500—2013 执行。

1）预付工程款的数额、支付时间及抵扣方式。预付款是发包人为解决承包人在施工准备阶段资金周转问题提供的协助。如使用大宗材料，可根据工程具体情况设置工程材料预付款。

2）安全文明施工费的支付计划、使用要求等。

3）工程计量与支付工程进度款的方式、数额及时间。

4）工程价款的调整因素、方法、程序、支付及时间。

5）施工索赔与现场签证的程序、金额确认与支付时间。

6）承担计价风险的内容、范围以及超出约定内容、范围的调整办法。

7）工程竣工价款结算编制与核对、支付及时间。

8）工程质量保证金的数额、预留方式及时间。

9）违约责任以及发生合同价款争议的解决方法及时间。

10）与履行合同、支付价款有关的其他事项等。

4.2.4 工程计量

1. 一般规定

(1) 正确的计量是发包人向承包人支付合同价款的前提和依据。不论何种计价方式,其工程量必须按照相关工程的现行国家计量规范规定的工程量计算规则计算。

(2) 工程计量可选择按月或按工程形象进度分段计量,当采用分段结算方式时,应在合同中约定具体的工程分段划分界限。

(3) 因承包人原因造成的超出合同工程范围施工或返工的工程量,发包人不予计量。

(4) 成本加酬金合同应按 2. 的规定计量。

2. 单价合同的计量

(1) 招标工程量清单所列的工程量是一个预计工程量,一方面是各投标人进行投标报价的共同基础,另一方面也是对各投标人的投标报价进行评审的共同平台,体现了招投标活动中的公开、公平、公正和诚实信用原则。发承包双方竣工结算的工程量应以承包人按照现行国家计量规范规定的工程量计算规则计算的实际完成应予计量的工程量确定,而非招标工程量清单所列的工程量。

(2) 施工中进行工程计量,当发现招标工程量清单中出现缺项、工程量偏差,或因工程变更引起工程量增减时,应按承包人在履行合同义务中完成的工程量计算。

(3) 承包人应当按照合同约定的计量周期和时间向发包人提交当期已完工程量报告。发包人应在收到报告后 7 天内核实,并将核实计量结果通知承包人。发包人未在约定时间内进行核实的,承包人提交的计量报告中所列的工程量应视为承包人实际完成的工程量。

(4) 发包人认为需要进行现场计量核实时,应在计量前 24 小时通知承包人,承包人应为计量提供便利条件并派人参加。当双方均同意核实结果时,双方应在上述记录上签字确认。承包人收到通知后不派人参加计量,视为认可发包人的计量核实结果。发包人不按照约定时间通知承包人,致使承包人未能派人参加计量,计量核实结果无效。

(5) 当承包人认为发包人核实后的计量结果有误时,应在收到计量结果通知后的 7 天内向发包人提出书面意见,并应附上其认为正确的计量结果和详细的计算资料。发包人收到书面意见后,应在 7 天内对承包人的计量结果进行复核后通知承包人。承包人对复核计量结果仍有异议的,按照合同约定的争议解决办法处理。

(6) 承包人完成已标价工程量清单中每个项目的工程量并经发包人核实无误后,发承包双方应对每个项目的历次计量报表进行汇总,以核实最终结算工程量,并应在汇总表上签字确认。

3. 总价合同的计量

(1) 采用工程量清单方式招标形成的总价合同,其工程量应按"单价合同的计量"的规定计算。

(2) 采用经审定批准的施工图纸及其预算方式发包形成的总价合同,由于承包人自行对施工图纸进行计量,因此,除按照工程变更规定的工程量增减外,总价合同各项目的工程量应为承包人用于结算的最终工程量。这是与单价合同的最本质区别。

(3) 总价合同约定的项目计量应以合同工程经审定批准的施工图纸为依据,发承包

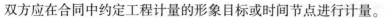

双方应在合同中约定工程计量的形象目标或时间节点进行计量。

（4）承包人应在合同约定的每个计量周期内对已完成的工程进行计量，并向发包人提交达到工程形象目标完成的工程量和有关计量资料的报告。

（5）发包人应在收到报告后 7 天内对承包人提交的上述资料进行复核，以确定实际完成的工程量和工程形象目标。对其有异议的，应通知承包人进行共同复核。

4.2.5　合同价款调整

1. 一般规定

（1）发承包双方应当按照合同约定调整合同价款的若干事项，大致包括五大类：

1）法律法规变化。

2）工程变更类（工程变更、项目特征不符、工程量清单缺项、工程量偏差、计日工）。

3）物价变化类（物价变化、暂估价）。

4）工程索赔类［不可抗力、提前竣工（赶工补偿）、误期赔偿、索赔］。

5）其他类（现场签证以及发承包双方约定的其他调整事项），现场签证根据签证内容，有的可归于工程变更类，有的可归于索赔类，有的可能不涉及合同价款调整。

（2）出现合同价款调增事项（不含工程量偏差、计日工、现场签证、索赔）后的 14 天内，承包人应向发包人提交合同价款调增报告并附上相关资料；承包人在 14 天内未提交合同价款调增报告的，应视为承包人对该事项不存在调整价款请求。

（3）出现合同价款调减事项（不含工程量偏差、索赔）后的 14 天内，发包人应向承包人提交合同价款调减报告并附相关资料；发包人在 14 天内未提交合同价款调减报告的，应视为发包人对该事项不存在调整价款请求。

（4）发（承）包人应在收到承（发）包人合同价款调增（减）报告及相关资料之日起 14 天内对其核实，予以确认的应书面通知承（发）包人。当有疑问时，应向承（发）包人提出协商意见。发（承）包人在收到合同价款调增（减）报告之日起 14 天内未确认也未提出协商意见的，应视为承（发）包人提交的合同价款调增（减）报告已被发（承）包人认可。发（承）包人提出协商意见的，承（发）包人应在收到协商意见后的 14 天内对其核实，予以确认的应书面通知发（承）包人。承（发）包人在收到发（承）包人的协商意见后 14 天内既不确认也未提出不同意见的，应视为发（承）包人提出的意见已被承（发）包人认可。

（5）发包人与承包人对合同价款调整的不同意见不能达成一致的，只要对发承包双方履约不产生实质影响，双方应继续履行合同义务，直到其按照合同约定的争议解决方式得到处理。

（6）经发承包双方确认调整的合同价款，作为追加（减）合同价款与工程进度款同期支付，如在工程结算期间发生的，应在竣工结算款支付。

2. 法律法规变化

（1）招标工程以投标截止日前 28 天、非招标工程以合同签订前 28 天为基准日，其后因国家的法律、法规、规章和政策发生变化引起工程造价增减变化的，发承包双方应按照省级或行业建设主管部门或其授权的工程造价管理机构据此发布的规定调整合同价款。

（2）因承包人原因导致工期延误的，按（1）规定的调整时间，在合同工程原定竣工时间之后，合同价款调增的不予调整，合同价款调减的予以调整。

3．工程变更类

（1）工程变更。

1）因工程变更引起已标价工程量清单项目或其工程数量发生变化时，应按照下列规定调整：

①已标价工程量清单中有适用于变更工程项目的，应采用该项目的单价；但当工程变更导致该清单项目的工程数量发生变化，且工程量偏差超过 15% 时，该项目单价应按照"工程量偏差"的规定调整。

②已标价工程量清单中没有适用但有类似于变更工程项目的，可在合理范围内参照类似项目的单价。

③已标价工程量清单中没有适用也没有类似于变更工程项目的，应由承包人根据变更工程资料、计量规则和计价办法、工程造价管理机构发布的信息价格和承包人报价浮动率提出变更工程项目的单价，并应报发包人确认后调整。承包人报价浮动率可按下列公式计算：

招标工程：

$$承包人报价浮动率 L = （1 - 中标价/招标控制价）\times 100\% \qquad (4-1)$$

非招标工程：

$$承包人报价浮动率 L = （1 - 报价/施工图预算）\times 100\% \qquad (4-2)$$

④已标价工程量清单中没有适用也没有类似于变更工程项目，且工程造价管理机构发布的信息价格缺价的，应由承包人根据变更工程资料、计量规则、计价办法和通过市场调查等取得有合法依据的市场价格提出变更工程项目的单价，并应报发包人确认后调整。

2）工程变更引起施工方案改变并使措施项目发生变化时，承包人提出调整措施项目费的，应事先将拟实施的方案提交发包人确认，并应详细说明与原方案措施项目相比的变化情况。拟实施的方案经发承包双方确认后执行，并应按照下列规定调整措施项目费：

①安全文明施工费必须按国家或省级、行业建设主管部门的规定计算，不得作为竞争性费用。

②采用单价计算的措施项目费，应按照实际发生变化的措施项目，按1）的规定确定单价。

③按总价（或系数）计算的措施项目费，按照实际发生变化的措施项目调整，但应考虑承包人报价浮动因素，即调整金额按照实际调整金额乘以1）规定的承包人报价浮动率计算。

如果承包人未事先将拟实施的方案提交给发包人确认，则应视为工程变更不引起措施项目费的调整或承包人放弃调整措施项目费的权利。

3）当发包人提出的工程变更因非承包人原因删减了合同中的某项原定工作或工程，致使承包人发生的费用或（和）得到的收益不能被包括在其他已支付或应支付的项目中，也未被包含在任何替代的工作或工程中时，承包人有权提出并应得到合理的费用及利润补偿。

（2）项目特征不符。

1）项目特征是构成清单项目价值的本质特征，单价的高低与其具有必然联系。因此，发包人在招标工程量清单中对项目特征的描述，应被认为是准确的和全面的，并且与实际施工要求相符合，否则，承包人无法报价。承包人应按照发包人提供的招标工程量清单，根据项目特征描述的内容及有关要求实施合同工程，直到项目被改变为止。

2）承包人应按照发包人提供的设计图纸实施合同工程，若在合同履行期间出现设计图纸（含设计变更）与招标工程量清单任一项目的特征描述不符，且该变化引起该项目工程造价增减变化的，应按照实际施工的项目特征，按"工程变更"相关条款的规定重新确定相应工程量清单项目的综合单价，并调整合同价款。

（3）工程量清单缺项。

1）合同履行期间，由于招标工程量清单中缺项，新增分部分项工程清单项目的，应按照（1）中1）的规定确定单价，并调整合同价款。

2）新增分部分项工程清单项目后，引起措施项目发生变化的，应按照（1）中2）的规定，在承包人提交的实施方案被发包人批准后计算调整合同价款。

3）由于招标工程量清单中措施项目缺项，承包人应将新增措施项目实施方案提交发包人批准后，按照（1）中1）、2）的规定调整合同价款。

（4）工程量偏差。施工过程中，由于施工条件、地质水文、工程变更等变化以及招标工程量清单编制人专业水平的差异，往往会造成实际工程量与招标工程量清单出现偏差，工程量偏差过大，对综合成本的分摊带来影响。如突然增加太多，仍按原综合单价计价，对发包人不公平；如突然减少太多，仍按原综合单价计价，对承包人不公平。并且，这给有经验的承包人的不平衡报价打开了大门。因此，为保证合同的公平，作了以下规定：

对于任一招标工程量清单项目，当因工程量偏差和"工程变更"等原因导致工程量偏差超过15%时，可进行调整。当工程量增加15%以上时，增加部分的工程量的综合单价应予调低；当工程量减少15%以上时，减少后剩余部分的工程量的综合单价应予调高。可按下列公式调整：

1）当 $Q_1 > 1.15Q_0$ 时：

$$S = 1.15Q_0 \times P_0 + (Q_1 - 1.15Q_0) \times P_1 \tag{4-3}$$

2）当 $Q_1 < 0.85Q_0$ 时：

$$S = Q_1 \times P_1 \tag{4-4}$$

式中：S——调整后的某一分部分项工程费结算价；

　Q_1——最终完成的工程量；

　Q_0——招标工程量清单中列出的工程量；

　P_1——按照最终完成工程量重新调整后的综合单价；

　P_0——承包人在工程量清单中填报的综合单价。

如果工程量变化引起相关措施项目相应发生变化，如按系数或单一总价方式计价的，工程量增加的措施项目费调增，工程量减少的措施项目费调减。

（5）计日工。

1）发包人通知承包人以计日工方式实施的零星工作，承包人应予执行。

2）采用计日工计价的任何一项变更工作，在该项变更的实施过程中，承包人应按合同约定提交下列报表和有关凭证送发包人复核：

①工作名称、内容和数量。

②投入该工作所有人员的姓名、工种、级别和耗用工时。

③投入该工作的材料名称、类别和数量。

④投入该工作的施工设备型号、台数和耗用台时。

⑤发包人要求提交的其他资料和凭证。

3）任一计日工项目持续进行时，承包人应在该项工作实施结束后的24小时内向发包人提交有计日工记录汇总的现场签证报告一式三份。发包人在收到承包人提交现场签证报告后的2天内予以确认并将其中一份返还给承包人，作为计日工计价和支付的依据。发包人逾期未确认也未提出修改意见的，应视为承包人提交的现场签证报告已被发包人认可。

4）任一计日工项目实施结束后，承包人应按照确认的计日工现场签证报告核实该类项目的工程数量，并应根据核实的工程数量和承包人已标价工程量清单中的计日工单价计算，提出应付价款；已标价工程量清单中没有该类计日工单价的，由发承包双方按"工程变更"的规定商定计日工单价计算。

5）每个支付期末，承包人应按照"进度款"的规定向发包人提交本期间所有计日工记录的签证汇总表，并应说明本期间自己认为有权得到的计日工金额，调整合同价款，列入进度款支付。

4. 物价变化类

（1）物价变化。

1）合同履行期间，因人工、材料、工程设备、机械台班价格波动影响合同价款时，应根据合同约定，按下列方法之一调整合同价款。

①价格指数调整价格差额。

a. 价格调整公式。因人工、材料和工程设备、施工机械台班等价格波动影响合同价格时，根据招标人提供的"工程计价表格"，并由投标人在投标函附录中的价格指数和权重表约定的数据，应按下式计算差额并调整合同价款：

$$\Delta P = P_0 \left[A + \left(B_1 \times \frac{F_{t1}}{F_{01}} + B_2 \times \frac{F_{t2}}{F_{02}} + B_3 \times \frac{F_{t3}}{F_{03}} + \cdots + B_n \times \frac{F_{tn}}{F_{0n}} \right) - 1 \right] \qquad (4-5)$$

式中：　　　　　　ΔP——需调整的价格差额；

P_0——约定的付款证书中承包人应得到的已完成工程量的金额。此项金额应不包括价格调整、不计质量保证金的扣留和支付、预付款的支付和扣回。约定的变更及其他金额已按现行价格计价的，也不计在内；

A——定值权重（即不调部分的权重）；

B_1、B_2、B_3、$\cdots$、B_n——各可调因子的变值权重（即可调部分的权重），为各可调因子在投标函投标总报价中所占的比例；

F_{t1}、F_{t2}、F_{t3}、…、F_{tn}——各可调因子的现行价格指数，指约定的付款证书相关周期
最后一天的前42天的各可调因子的价格指数；

F_{01}、F_{02}、F_{03}、…、F_{0n}——各可调因子的基本价格指数，指基准日期的各可调因子的
价格指数。

以上价格调整公式中的各可调因子、定值和变值权重，以及基本价格指数及其来源在
投标函附录价格指数和权重表中约定。价格指数应首先采用工程造价管理机构提供的价格
指数，缺乏上述价格指数时，可采用工程造价管理机构提供的价格代替。

b. 暂时确定调整差额。在计算调整差额时得不到现行价格指数的，可暂用上一次价
格指数计算，并在以后的付款中再按实际价格指数进行调整。

c. 权重的调整。约定的变更导致原定合同中的权重不合理时，由承包人和发包人协
商后进行调整。

d. 承包人工期延误后的价格调整。由于承包人原因未在约定的工期内竣工的，对原
约定竣工日期后继续施工的工程，在使用"价格调整公式"时，应采用原约定竣工日期
与实际竣工日期的两个价格指数中较低的一个作为现行价格指数。

e. 若可调因子包括了人工在内，则不适用《建设工程工程量清单计价规范》
GB 50500—2013 第3.4.2条第2款的规定。

②造价信息调整价格差额。

a. 施工期内，因人工、材料和工程设备、施工机械台班价格波动影响合同价格时，
人工、机械使用费按照国家或省、自治区、直辖市建设行政管理部门、行业建设管理部门
或其授权的工程造价管理机构发布的人工成本信息、机械台班单价或机械使用费系数进行
调整；需要进行价格调整的材料，其单价和采购数应由发包人复核，发包人确认需调整的
材料单价及数量，作为调整合同价款差额的依据。

b. 人工单价发生变化且符合《建设工程工程量清单计价规范》GB 50500—2013 第
3.4.2条第2款规定的条件时，发承包双方应按省级或行业建设主管部门或其授权的工程
造价管理机构发布的人工成本文件调整合同价款。

c. 材料、工程设备价格变化按照发包人提供的"工程计价表格"，由发承包双方约
定的风险范围按下列规定调整合同价款：

（a）承包人投标报价中材料单价低于基准单价：施工期间材料单价涨幅以基准单价
为基础超过合同约定的风险幅度值，或材料单价跌幅以投标报价为基础超过合同约定的风
险幅度值时，其超过部分按实调整。

（b）承包人投标报价中材料单价高于基准单价：施工期间材料单价跌幅以基准单价
为基础超过合同约定的风险幅度值，或材料单价涨幅以投标报价为基础超过合同约定的风
险幅度值时，其超过部分按实调整。

（c）承包人投标报价中材料单价等于基准单价：施工期间材料单价涨、跌幅以基准
单价为基础超过合同约定的风险幅度值时，其超过部分按实调整。

（d）承包人应在采购材料前将采购数量和新的材料单价报送发包人核对，确认用于
本合同工程时，发包人应确认采购材料的数量和单价。发包人在收到承包人报送的确认资
料后3个工作日不予答复的视为已经认可，作为调整合同价款的依据。如果承包人未报经

发包人核对即自行采购材料，再报发包人确认调整合同价款的，如发包人不同意，则不作调整。

d. 施工机械台班单价或施工机械使用费发生变化超过省级或行业建设主管部门或其授权的工程造价管理机构规定的范围时，按其规定调整合同价款。

2）承包人采购材料和工程设备的，应在合同中约定主要材料、工程设备价格变化的范围或幅度；当没有约定，且材料、工程设备单价变化超过 5% 时，超过部分的价格应按照 1）中①、②的方法计算调整材料、工程设备费。

3）发生合同工程工期延误的，应按照下列规定确定合同履行期的价格调整：

①因非承包人原因导致工期延误的，计划进度日期后续工程的价格，应采用计划进度日期与实际进度日期两者的较高者。

②因承包人原因导致工期延误的，计划进度日期后续工程的价格，应采用计划进度日期与实际进度日期两者的较低者。

4）发包人供应材料和工程设备的，不适用 1）、2）的规定，应由发包人按照实际变化调整，列入合同工程的工程造价内。

（2）暂估价。在工程招标阶段已经确认的材料、工程设备或专业工程项目，由于标准不明确，无法在当时确定准确价格，为了不影响招标效果，由发包人在招标工程量清单中给定一个暂估价。因此，确定暂估价实际价格有四种情形：

1）材料、工程设备属于依法必须招标的，应由发承包双方以招标的方式选择供应商，确定价格，并应以此为依据取代暂估价，调整合同价款。

2）材料、工程设备不属于依法必须招标的，应由承包人按照合同约定采购，经发包人确认单价后取代暂估价，调整合同价款。

3）专业工程不属于依法必须招标的，应按照"工程变更"相应条款的规定确定专业工程价款，并应以此为依据取代专业工程暂估价，调整合同价款。

4）专业工程，依法必须招标的，应当由发承包双方依法组织招标选择专业分包人，并接受有管辖权的建设工程招标投标管理机构的监督，还应符合下列要求：

①除合同另有约定外，承包人不参加投标的专业工程发包招标，应由承包人作为招标人，但拟定的招标文件、评标工作、评标结果应报送发包人批准。与组织招标工作有关的费用应当被认为已经包括在承包人的签约合同价（投标总报价）中。

②承包人参加投标的专业工程发包招标，应由发包人作为招标人，与组织招标工作有关的费用由发包人承担。同等条件下，应优先选择承包人中标。

③应以专业工程发包中标价为依据取代专业工程暂估价，调整合同价款。

5. 工程索赔类

（1）不可抗力。

1）因不可抗力事件导致的人员伤亡、财产损失及其费用增加，发承包双方应按下列原则分别承担并调整合同价款和工期：

①合同工程本身的损害、因工程损害导致第三方人员伤亡和财产损失以及运至施工场地用于施工的材料和待安装的设备的损害，应由发包人承担。

②发包人、承包人人员伤亡应由其所在单位负责，并应承担相应费用。

③承包人的施工机械设备损坏及停工损失，应由承包人承担。

④停工期间，承包人应发包人要求留在施工场地的必要的管理人员及保卫人员的费用应由发包人承担。

⑤工程所需清理、修复费用，应由发包人承担。

2）不可抗力解除后复工的，若不能按期竣工，应合理延长工期。发包人要求赶工的，赶工费用应由发包人承担。

3）因不可抗力解除合同的，发包人应向承包人支付合同解除之日前已完成工程但尚未支付的合同价款。

（2）提前竣工（赶工补偿）。

1）招标人应依据相关工程的工期定额合理计算工期，压缩的工期天数不得超过定额工期的20%，超过者，应在招标文件中明示增加赶工费用。

2）发包人要求合同工程提前竣工的，应征得承包人同意后与承包人商定采取加快工程进度的措施，并应修订合同工程进度计划。发包人应承担承包人由此增加的提前竣工（赶工补偿）费用。

3）发承包双方应在合同中约定提前竣工每日历天应补偿额度，此项费用应作为增加合同价款列入竣工结算文件中，应与结算款一并支付。

（3）误期赔偿。

1）承包人未按照合同约定施工，导致实际进度迟于计划进度的，承包人应加快进度，实现合同工期。

合同工程发生误期，承包人应赔偿发包人由此造成的损失，并应按照合同约定向发包人支付误期赔偿费。即使承包人支付误期赔偿费，也不能免除承包人按照合同约定应承担的任何责任和应履行的任何义务。

2）发承包双方应在合同中约定误期赔偿费，并应明确每日历天应赔额度。误期赔偿费应列入竣工结算文件中，并应在结算款中扣除。

3）在工程竣工之前，合同工程内的某单项（位）工程已通过了竣工验收，且该单项（位）工程接收证书中表明的竣工日期并未延误，而是合同工程的其他部分产生了工期延误时，误期赔偿费应按照已颁发工程接收证书的单项（位）工程造价占合同价款的比例幅度予以扣减。

（4）索赔。

1）当合同一方向另一方提出索赔时，应有正当的索赔理由和有效证据，并应符合合同的相关约定。

2）根据合同约定，承包人认为非承包人原因发生的事件造成了承包人的损失，应按下列程序向发包人提出索赔：

①承包人应在知道或应当知道索赔事件发生后28天内，向发包人提交索赔意向通知书，说明发生索赔事件的事由。承包人逾期未发出索赔意向通知书的，丧失索赔的权利。

②承包人应在发出索赔意向通知书后28天内，向发包人正式提交索赔通知书。索赔通知书应详细说明索赔理由和要求，并应附必要的记录和证明材料。

③索赔事件具有连续影响的，承包人应继续提交延续索赔通知，说明连续影响的实际

情况和记录。

④在索赔事件影响结束后的 28 天内，承包人应向发包人提交最终索赔通知书，说明最终索赔要求，并应附必要的记录和证明材料。

3）承包人索赔应按下列程序处理：

①发包人收到承包人的索赔通知书后，应及时查验承包人的记录和证明材料。

②发包人应在收到索赔通知书或有关索赔的进一步证明材料后的 28 天内，将索赔处理结果答复承包人，如果发包人逾期未作出答复，视为承包人索赔要求已被发包人认可。

③承包人接受索赔处理结果的，索赔款项应作为增加合同价款，在当期进度款中进行支付；承包人不接受索赔处理结果的，应按合同约定的争议解决方式办理。

4）承包人要求赔偿时，可以选择下列一项或几项方式获得赔偿：

①延长工期。

②要求发包人支付实际发生的额外费用。

③要求发包人支付合理的预期利润。

④要求发包人按合同的约定支付违约金。

5）当承包人的费用索赔与工期索赔要求相关联时，发包人在作出费用索赔的批准决定时，应结合工程延期，综合作出费用赔偿和工程延期的决定。

6）发承包双方在按合同约定办理了竣工结算后，应被认为承包人已无权再提出竣工结算前所发生的任何索赔。承包人在提交的最终结清申请中，只限于提出竣工结算后的索赔，提出索赔的期限应自发承包双方最终结清时终止。

7）根据合同约定，发包人认为由于承包人的原因造成发包人的损失，宜按承包人索赔的程序进行索赔。

8）发包人要求赔偿时，可以选择下列一项或几项方式获得赔偿：

①延长质量缺陷修复期限。

②要求承包人支付实际发生的额外费用。

③要求承包人按合同的约定支付违约金。

9）承包人应付给发包人的索赔金额可从拟支付给承包人的合同价款中扣除，或由承包人以其他方式支付给发包人。

6. 其他类

（1）现场签证。

1）承包人应发包人要求完成合同以外的零星项目、非承包人责任事件等工作的，发包人应及时以书面形式向承包人发出指令，并应提供所需的相关资料；承包人在收到指令后，应及时向发包人提出现场签证要求。

2）承包人应在收到发包人指令后的 7 天内向发包人提交现场签证报告，发包人应在收到现场签证报告后的 48 小时内对报告内容进行核实，予以确认或提出修改意见。发包人在收到承包人现场签证报告后的 48 小时内未确认也未提出修改意见的，应视为承包人提交的现场签证报告已被发包人认可。

3）现场签证的工作如已有相应的计日工单价，现场签证中应列明完成该类项目所需的人工、材料、工程设备和施工机械台班的数量。

如现场签证的工作没有相应的计日工单价，应在现场签证报告中列明完成该签证工作所需的人工、材料设备和施工机械台班的数量及单价。

　　4）合同工程发生现场签证事项，未经发包人签证确认，承包人便擅自施工的，除非征得发包人书面同意，否则发生的费用应由承包人承担。

　　5）现场签证工作完成后的 7 天内，承包人应按照现场签证内容计算价款，报送发包人确认后，作为增加合同价款，与进度款同期支付。

　　6）在施工过程中，当发现合同工程内容因场地条件、地质水文、发包人要求等不一致时，承包人应提供所需的相关资料，并提交发包人签证认可，作为合同价款调整的依据。

　　（2）暂列金额。已签约合同价中的暂列金额只能按照发包人的指示使用。暂列金额虽然列入合同价款，但并不属于承包人所有，也不必然发生。只有按照合同约定实际发生后，才能成为承包人的应得金额，纳入工程合同结算价款中，扣除发包人按照上述规定所作支付后，暂列金额余额（如有）仍归发包人所有。

4.2.6　合同价款期中支付

1. 预付款

　　预付款是发包人为解决承包人在施工准备阶段资金周转问题提供的协助，因此，工程预付款的若干事项如下：

　　（1）预付款的用途。用于承包人为合同工程施工购置材料、工程设备，购置或租赁施工设备以及组织施工人员进场。预付款应专用于合同工程。

　　（2）预付款的支付比例。包工包料工程的预付款的支付比例不得低于签约合同价（扣除暂列金额）的 10%，不宜高于签约合同价（扣除暂列金额）的 30%。

　　（3）预付款的支付前提。承包人应在签订合同或向发包人提供与预付款等额的预付款保函后向发包人提交预付款支付申请。

　　（4）预付款的支付时限。发包人应在收到支付申请的 7 天内进行核实，向承包人发出预付款支付证书，并在签发支付证书后的 7 天内向承包人支付预付款。

　　（5）未按约定支付预付款的后果。发包人没有按合同约定按时支付预付款的，承包人可催告发包人支付；发包人在预付款期满后的 7 天内仍未支付的，承包人可在付款期满后的第 8 天起暂停施工。发包人应承担由此增加的费用和延误的工期，并应向承包人支付合理利润。

　　（6）预付款的扣回。预付款应从每一个支付期应支付给承包人的工程进度款中扣回，直到扣回的金额达到合同约定的预付款金额为止。

　　（7）预付款保函的期限。承包人的预付款保函的担保金额根据预付款扣回的数额相应递减，但在预付款全部扣回之前一直保持有效。发包人应在预付款扣完后的 14 天内将预付款保函退还给承包人。

2. 安全文明施工费

　　（1）安全文明施工费包括的内容和使用范围，应符合国家有关文件和计量规范的规定。

（2）发包人应在工程开工后的 28 天内预付不低于当年施工进度计划的安全文明施工费总额的 60%，其余部分应按照提前安排的原则进行分解，并应与进度款同期支付。

（3）发包人没有按时支付安全文明施工费的，承包人可催告发包人支付；发包人在付款期满后的 7 天内仍未支付的，若发生安全事故，发包人应承担相应责任。

（4）承包人对安全文明施工费应专款专用，在财务账目中应单独列项备查，不得挪作他用，否则发包人有权要求其限期改正；逾期未改正的，造成的损失和延误的工期应由承包人承担。

3．进度款

（1）发承包双方应按照合同约定的时间、程序和方法，根据工程计量结果，办理期中价款结算，支付进度款。

（2）进度款支付周期应与合同约定的工程计量周期一致。

（3）已标价工程量清单中的单价项目，承包人应按工程计量确认的工程量与综合单价计算；综合单价发生调整的，以发承包双方确认调整的综合单价计算进度款。

（4）单价合同中的总价项目和采用经审定批准的施工图纸及其预算方式发包形成的总价合同应由承包人根据施工进度计划和总价构成、费用性质、计划发生时间和相应的工程量等因素按计量周期进行分解，形成进度款支付分解表，在投标时提交，非招标工程在合同洽商时提交。在施工过程中，由于进度计划的调整，发承包双方应对支付分解进行调整。

1）已标价工程量清单中的总价项目进度款支付分解方法可选择以下之一（但不限于）：

①将各个总价项目的总金额按合同约定的计量周期平均支付。

②按照各个总价项目的总金额占签约合同价的百分比，以及各个计量支付周期内所完成的单价项目的总金额，以百分比方式均摊支付。

③按照各个总价项目组成的性质（如时间、与单价项目的关联性等）分解到形象进度计划或计量周期中，与单价项目一起支付。

2）采用经审定批准的施工图纸及其预算方式发包形成的总价合同，除由于工程变更形成的工程量增减予以调整外，其工程量不予调整。因此，总价合同的进度款支付应按照计量周期进行支付分解，以便进度款有序支付。

（5）发包人提供的甲供材料金额，应按照发包人签约提供的单价和数量从进度款支付中扣除，列入本周期应扣减的金额中。

（6）承包人现场签证和得到发包人确认的索赔金额应列入本周期应增加的金额中。

（7）进度款的支付比例按照合同约定，按期中结算价款总额计，不低于 60%，不高于 90%。

（8）承包人应在每个计量周期到期后的 7 天内向发包人提交已完工程进度款支付申请一式四份，详细说明此周期认为有权得到的款额，包括分包人已完工程的价款。支付申请应包括下列内容：

1）累计已完成的合同价款。

2）累计已实际支付的合同价款。

3）本周期合计完成的合同价款：

①本周期已完成单价项目的金额。

②本周期应支付的总价项目的金额。

③本周期已完成的计日工价款。

④本周期应支付的安全文明施工费。

⑤本周期应增加的金额。

4）本周期合计应扣减的金额：

①本周期应扣回的预付款。

②本周期应扣减的金额。

5）本周期实际应支付的合同价款。

（9）发包人应在收到承包人进度款支付申请后的 14 天内，根据计量结果和合同约定对申请内容予以核实，确认后向承包人出具进度款支付证书。若发承包双方对部分清单项目的计量结果出现争议，发包人应对无争议部分的工程计量结果向承包人出具进度款支付证书。

（10）发包人应在签发进度款支付证书后的 14 天内，按照支付证书列明的金额向承包人支付进度款。

（11）若发包人逾期未签发进度款支付证书，则视为承包人提交的进度款支付申请已被发包人认可，承包人可向发包人发出催告付款的通知。发包人应在收到通知后的 14 天内，按照承包人支付申请的金额向承包人支付进度款。

（12）发包人未按照（9）～（11）的规定支付进度款的，承包人可催告发包人支付，并有权获得延迟支付的利息；发包人在付款期满后的 7 天内仍未支付的，承包人可在付款期满后的第 8 天起暂停施工。发包人应承担由此增加的费用和延误的工期，向承包人支付合理利润，并应承担违约责任。

（13）发现已签发的任何支付证书有错、漏或重复的数额，发包人有权予以修正，承包人也有权提出修正申请。经发承包双方复核同意修正的，应在本次到期的进度款中支付或扣除。

4.2.7　竣工结算与支付

1. 办理竣工结算的原则

（1）工程完工后，发包、承包双方必须在合同约定时间内办理工程竣工结算。合同中没有约定或约定不清的，按《建设工程工程量清单计价规范》GB 50500—2013 中相关规定实施。

（2）工程竣工结算应由承包人或受其委托具有相应资质的工程造价咨询人编制，并应由发包人或受其委托具有相应资质的工程造价咨询人核对。

（3）当发承包双方或一方对工程造价咨询人出具的竣工结算文件有异议时，可向工程造价管理机构投诉，申请对其进行执业质量鉴定。

（4）工程造价管理机构对投诉的竣工结算文件进行质量鉴定，宜按"工程造价鉴定"的相关规定进行。

（5）竣工结算是反映工程造价计价规定执行情况的最终文件。《中华人民共和国建筑法》第六十一条规定："交付竣工验收的建筑工程，必须符合规定的建筑工程质量标准，有完整的工程技术经济资料和经签署的工程保修书，并具备国家规定的其他竣工条件"，因此，将工程竣工结算书作为工程竣工验收备案、交付使用的必备条件。同时要求竣工结算办理完毕，发包人应将竣工结算文件报送工程所在地或有该工程管辖权的行业管理部门的工程造价管理机构备案，竣工结算文件应作为工程竣工验收备案、交付使用的必备文件。

2．办理竣工结算的依据

工程竣工结算的依据主要有以下几个方面：

（1）《建设工程工程量清单计价规范》GB 50500—2013。

（2）工程合同。

（3）发承包双方实施过程中已确认的工程量及其结算的合同价款。

（4）发承包双方实施过程中已确认调整后追加（减）的合同价款。

（5）建设工程设计文件及相关资料。

（6）投标文件。

（7）其他依据。

3．办理竣工结算的要求

（1）办理竣工结算时，分部分项工程费和措施项目中的单价项目工程量应依据发承包双方确认的工程量，综合单价应依据合同约定的单价计算。如发生了调整的，以发承包双方确认调整后的综合单价计算。

（2）办理竣工结算时，措施项目中的总价项目应依据合同约定的措施项目和金额或发承包双方确认调整后的措施项目费金额计算。

措施项目中的安全文明施工费应按照国家或省级、行业建设主管部门的规定计算。施工过程中，国家或省级、行业建设主管部门对安全文明施工费进行了调整的，措施项目中的安全文明施工费应作相应调整。

（3）办理竣工结算时，其他项目费的计算应按以下要求进行：

1）计日工的费用应按发包人实际签证确认的数量和合同约定的相应单价计算。

2）暂估价中的材料是招标采购的，其单价按中标价在综合单价中调整；暂估价中的材料为非招标采购的，其单价按发包、承包双方最终确认的单价在综合单价中调整。

暂估价中的专业工程是招标采购的，其金额按中标价计算；暂估价中的专业工程为非招标采购的，其金额按发包、承包双方与分包人最终确认的金额计算。

3）总承包服务费应依据合同约定的金额计算，若发包、承包双方依据合同约定对总承包服务费进行了调整，应按调整后的金额计算。

4）索赔事件产生的费用在办理竣工结算时应在其他项目中反映。索赔金额应依据发包、承包双方确认的索赔项目和金额计算。

5）现场签证发生的费用在办理竣工结算时应在其他项目费中反映。现场签证金额依据发包、承包双方签证确认的金额计算。

6）合同价款中的暂列金额在用于各项价款调整、索赔与现场签证后，若有余额，则余额归发包人，若出现差额，则由发包人补足并反映在相应工程的合同价款中。

（4）办理竣工结算时，规费和税金应按照国家或省级、行业建设主管部门规定的计取标准计算。

（5）竣工结算与合同工程实施中的工程计量及其价款结算、进度款支付合同价款调整等具有内在联系，除有争议的外，均应直接进入竣工结算，简化结算流程。

4. 办理竣工结算的程序

（1）合同工程完工后，承包人应在经发承包双方确认的合同工程期中价款结算的基础上汇总编制完成竣工结算文件，应在提交竣工验收申请的同时向发包人提交竣工结算文件。

承包人未在合同约定的时间内提交竣工结算文件，经发包人催告后14天内仍未提交或没有明确答复的，发包人有权根据已有资料编制竣工结算文件，作为办理竣工结算和支付结算款的依据，承包人应予以认可。

（2）发包人应在收到承包人提交的竣工结算文件后的28天内核对。发包人经核实，认为承包人还应进一步补充资料和修改结算文件，应在上述时限内向承包人提出核实意见，承包人在收到核实意见后的28天内应按照发包人提出的合理要求补充资料，修改竣工结算文件，并应再次提交给发包人复核后批准。

（3）发包人应在收到承包人再次提交的竣工结算文件后的28天内予以复核，将复核结果通知承包人，并应遵守下列规定：

1）发包人、承包人对复核结果无异议的，应在7天内在竣工结算文件上签字确认，竣工结算办理完毕。

2）发包人或承包人对复核结果认为有误的，无异议部分按照1）的规定办理不完全竣工结算；有异议部分由发承包双方协商解决；协商不成的，应按照合同约定的争议解决方式处理。

（4）发包人在收到承包人竣工结算文件后的28天内，不核对竣工结算或未提出核对意见的，应视为承包人提交的竣工结算文件已被发包人认可，竣工结算办理完毕。

（5）承包人在收到发包人提出的核实意见后的28天内，不确认也未提出异议的，应视为发包人提出的核实意见已被承包人认可，竣工结算办理完毕。

（6）发包人委托工程造价咨询人核对竣工结算的，工程造价咨询人应在28天内核对完毕，核对结论与承包人竣工结算文件不一致的，应提交给承包人复核；承包人应在14天内将同意核对结论或不同意见的说明提交工程造价咨询人。工程造价咨询人收到承包人提出的异议后，应再次复核，复核无异议的，应按（3）中1）的规定办理，复核后仍有异议的，按（3）中2）的规定办理。

承包人逾期未提出书面异议的，应视为工程造价咨询人核对的竣工结算文件已经承包人认可。

（7）对发包人或发包人委托的工程造价咨询人指派的专业人员与承包人指派的专业人员经核对后无异议并签名确认的竣工结算文件，除非发承包人能提出具体、详细的不同意见，发承包人都应在竣工结算文件上签名确认，如其中一方拒不签认的，按下列规定办理：

1）若发包人拒不签认的，承包人可不提供竣工验收备案资料，并有权拒绝与发包人或其上级部门委托的工程造价咨询人重新核对竣工结算文件。

2）若承包人拒不签认的，发包人要求办理竣工验收备案的，承包人不得拒绝提供竣工验收资料，否则，由此造成的损失，承包人承担相应责任。

（8）合同工程竣工结算核对完成，发承包双方签字确认后，发包人不得要求承包人与另一个或多个工程造价咨询人重复核对竣工结算。

（9）发包人对工程质量有异议，拒绝办理工程竣工结算的，已竣工验收或已竣工未验收但实际投入使用的工程，其质量争议应按该工程保修合同执行，竣工结算应按合同约定办理；已竣工未验收且未实际投入使用的工程以及停工、停建工程的质量争议，双方应就有争议的部分委托有资质的检测鉴定机构进行检测，并应根据检测结果确定解决方案，或按工程质量监督机构的处理决定执行后办理竣工结算，无争议部分的竣工结算应按合同约定办理。

5. 结算款支付

（1）承包人应根据办理的竣工结算文件向发包人提交竣工结算款支付申请。申请应包括下列内容：

1）竣工结算合同价款总额。

2）累计已实际支付的合同价款。

3）应预留的质量保证金。

4）实际应支付的竣工结算款金额。

（2）发包人应在收到承包人提交竣工结算款支付申请后7天内予以核实，向承包人签发竣工结算支付证书。

（3）发包人签发竣工结算支付证书后的14天内，应按照竣工结算支付证书列明的金额向承包人支付结算款。

（4）发包人在收到承包人提交的竣工结算款支付申请后7天内不予核实，不向承包人签发竣工结算支付证书的，视为承包人的竣工结算款支付申请已被发包人认可；发包人应在收到承包人提交的竣工结算款支付申请7天后的14天内，按照承包人提交的竣工结算款支付申请列明的金额向承包人支付结算款。

（5）竣工结算办理完毕后，发包人应按合同约定向承包人支付工程价款。发包人按合同约定应向承包人支付而未支付的工程款视为拖欠工程款。《最高人民法院关于审理建设工程施工合同纠纷案件适用法律问题的解释》（法释〔2004〕14号）第十七条规定："当事人对欠付工程价款利息计付标准有约定的，按照约定处理；没有约定的，按照中国人民银行发布的同期同类贷款利率计息。发包人应向承包人支付拖欠工程款的利息，并承担违约责任"；《中华人民共和国合同法》第二百八十六条规定："发包人未按照合同支付价款的，承包人可以催告发包人在合理期限内支付价款。发包人逾期不支付的，除按照建设工程的性质不宜折价、拍卖的以外，承包人可以与发包人协议将该工程折价，也可以申请人民法院将该工程依法拍卖。建设工程的价款就该工程折价或者拍卖的价款优先受偿"。

6. 质量保证金

（1）质量保证金用于承包人按照合同约定履行属于自身责任的工程缺陷修复义务的，

为发包人有效监督承包人完成缺陷修复提供资金保证。

（2）承包人未按照合同约定履行属于自身责任的工程缺陷修复义务的，发包人有权从质量保证金中扣除用于缺陷修复的各项支出。经查验，工程缺陷属于发包人原因造成的，应由发包人承担查验和缺陷修复的费用。

（3）在合同约定的缺陷责任期终止后的 14 天内，发包人应将剩余的质量保证金返还给承包人。

7. 最终结清

（1）缺陷责任期终止后，承包人已完成合同约定的全部承包工作，但合同工程的财务账目需要结清，所以，承包人应向发包人提交最终结清支付申请。发包人对最终结清支付申请有异议的，有权要求承包人进行修正和提供补充资料。承包人修正后，应再次向发包人提交修正后的最终结清支付申请。

（2）发包人应在收到最终结清支付申请后的 14 天内予以核实，并应向承包人签发最终结清支付证书。

（3）发包人应在签发最终结清支付证书后的 14 天内，按照最终结清支付证书列明的金额向承包人支付最终结清款。

（4）发包人未在约定的时间内核实，又未提出具体意见的，应视为承包人提交的最终结清支付申请已被发包人认可。

（5）发包人未按期最终结清支付的，承包人可催告发包人支付，并有权获得延迟支付的利息。

（6）最终结清时，承包人被预留的质量保证金不足以抵减发包人工程缺陷修复费用的，承包人应承担不足部分的补偿责任。

（7）承包人对发包人支付的最终结清款有异议的，应按照合同约定的争议解决方式处理。

4.2.8 合同解除的价款结算与支付

（1）在发承包双方协商一致解除合同的前提下，以双方达成的协议办理结算和支付合同价款。

（2）由于不可抗力致使合同无法履行解除合同的，发包人应向承包人支付合同解除之日前已完成工程但尚未支付的合同价款，此外，还应支付下列金额：

1）《建设工程工程量清单计价规范》GB 50500—2013 第 9.11.1 条规定的由发包人承担的费用。

2）已实施或部分实施的措施项目应付价款。

3）承包人为合同工程合理订购且已交付的材料和工程设备货款。

4）承包人撤离现场所需的合理费用，包括员工遣送费和临时工程拆除、施工设备运离现场的费用。

5）承包人为完成合同工程而预期开支的任何合理费用，且该项费用未包括在本款其他各项支付之内。

发承包双方办理结算合同价款时，应扣除合同解除之日前发包人应向承包人收回的价款。当发包人应扣除的金额超过了应支付的金额，承包人应在合同解除后的 56 天内将其差额退还给发包人。

（3）因承包人违约解除合同的，发包人应暂停向承包人支付任何价款。发包人应在合同解除后 28 天内核实合同解除时承包人已完成的全部合同价款以及按施工进度计划已运至现场的材料和工程设备货款，按合同约定核算承包人应支付的违约金以及造成损失的索赔金额，并将结果通知承包人。发承包双方应在 28 天内予以确认或提出意见，并应办理结算合同价款。如果发包人应扣除的金额超过了应支付的金额，承包人应在合同解除后的 56 天内将其差额退还给发包人。发承包双方不能就解除合同后的结算达成一致的，按照合同约定的争议解决方式处理。

（4）因发包人违约解除合同的，发包人除应按照（2）的规定向承包人支付各项价款外，应按合同约定核算发包人应支付的违约金以及给承包人造成损失或损害的索赔金额费用。该笔费用应由承包人提出，发包人核实后应与承包人协商确定后的 7 天内向承包人签发支付证书。协商不能达成一致的，应按照合同约定的争议解决方式处理。

4.2.9　合同价款争议的解决

1．监理或造价工程师暂定

（1）若发包人和承包人之间就工程质量、进度、价款支付与扣除、工期延期、索赔、价款调整等发生任何法律上、经济上或技术上的争议，首先应根据已签约合同的规定，提交合同约定职责范围内的总监理工程师或造价工程师解决，并应抄送另一方。总监理工程师或造价工程师在收到此提交件后 14 天内应将暂定结果通知发包人和承包人。发承包双方对暂定结果认可的，应以书面形式予以确认，暂定结果成为最终决定。

（2）发承包双方在收到总监理工程师或造价工程师的暂定结果通知之后的 14 天内未对暂定结果予以确认也未提出不同意见的，应视为发承包双方已认可该暂定结果。

（3）发承包双方或一方不同意暂定结果的，应以书面形式向总监理工程师或造价工程师提出，说明自己认为正确的结果，同时抄送另一方，此时该暂定结果成为争议。在暂定结果对发承包双方当事人履约不产生实质影响的前提下，发承包双方应实施该结果，直到按照发承包双方认可的争议解决办法被改变为止。

2．管理机构的解释或认定

（1）合同价款争议发生后，发承包双方可就工程计价依据的争议以书面形式提请工程造价管理机构对争议以书面文件进行解释或认定。

（2）工程造价管理机构应在收到申请的 10 个工作日内就发承包双方提请的争议问题进行解释或认定。

（3）发承包双方或一方在收到工程造价管理机构书面解释或认定后仍可按照合同约定的争议解决方式提请仲裁或诉讼。除工程造价管理机构的上级管理部门作出了不同的解释或认定，或在仲裁裁决或法院判决中不予采信的外，工程造价管理机构作出的书面解释或认定应为最终结果，并应对发承包双方均有约束力。

3．协商和解

《中华人民共和国合同法》第一百二十八条规定："当事人可以通过和解或者调解解

决合同争议"，因此，合同价款争议发生后，发承包双方任何时候都可以进行协商。协商达成一致的，双方应签订书面和解协议，和解协议对发承包双方均有约束力；如果协商不能达成一致协议，发包人或承包人都可以按合同约定的其他方式解决争议。

4．调解

按照《中华人民共和国合同法》的规定，当事人可以通过调解解决合同争议，但在工程建设领域，目前的调解主要出现在仲裁或诉讼中，即所谓司法调解；有的通过建设行政主管部门或工程造价管理机构处理，双方认可，即所谓行政调解。司法调解耗时较长，且增加了诉讼成本；行政调解受行政管理人员专业水平、处理能力等的影响，其效果也受到限制。因此，由发承包双方约定相关工程专家作为合同工程争议调解人的思路，类似于国外的争议评审或争端裁决，可定义为专业调解，这在我国合同法的框架内，为有法可依，使争议尽可能在合同履行过程中得到解决，确保工程建设顺利进行。主要内容如下：

（1）调解人的约定。发承包双方应在合同中约定或在合同签订后共同约定争议调解人，负责双方在合同履行过程中发生争议的调解。

（2）调解人的调换或终止。合同履行期间，发承包双方可协议调换或终止任何调解人，但发包人或承包人都不能单独采取行动。除非双方另有协议，在最终结清支付证书生效后，调解人的任期应即终止。

（3）调解争议的提出。如果发承包双方发生了争议，任何一方可将该争议以书面形式提交调解人，并将副本抄送另一方，委托调解人调解。

（4）双方对调解的配合。发承包双方应按照调解人提出的要求，给调解人提供所需要的资料、现场进入权及相应设施。调解人应被视为不是在进行仲裁人的工作。

（5）调解的时限及双方的认可。调解人应在收到调解委托后28天内或由调解人建议并经发承包双方认可的其他期限内提出调解书，发承包双方接受调解书的，经双方签字后作为合同的补充文件，对发承包双方均具有约束力，双方都应立即遵照执行。

（6）对调解书的异议。当发承包双方中任一方对调解人的调解书有异议时，应在收到调解书后28天内向另一方发出异议通知，并应说明争议的事项和理由。但除非并直到调解书在协商和解或仲裁裁决、诉讼判决中作出修改，或合同已经解除，承包人应继续按照合同实施工程。

（7）调解书的效力。当调解人已就争议事项向发承包双方提交了调解书，而任一方在收到调解书后28天内均未发出表示异议的通知时，调解书对发承包双方应均具有约束力。

5．仲裁、诉讼

（1）发承包双方的协商和解或调解均未达成一致意见，其中的一方已就此争议事项根据合同约定的仲裁协议申请仲裁，应同时通知另一方。

（2）仲裁可在竣工之前或之后进行，但发包人、承包人、调解人各自的义务不得因在工程实施期间进行仲裁而有所改变。当仲裁是在仲裁机构要求停止施工的情况下进行时，承包人应对合同工程采取保护措施，由此增加的费用应由败诉方承担。

（3）在上述规定的期限之内，暂定或和解协议或调解书已经有约束力的情况下，当发承包中一方未能遵守暂定或和解协议或调解书时，另一方可在不损害他可能具有的任何其他权利的情况下，将未能遵守暂定或不执行和解协议或调解书达成的事项提交仲裁。

（4）发包人、承包人在履行合同时发生争议，双方不愿和解、调解或者和解、调解不成，又没有达成仲裁协议的，可依法向人民法院提起诉讼。

4.2.10 工程造价鉴定

1．一般规定

（1）在工程合同价款纠纷案件处理中，需作工程造价司法鉴定的，应根据《工程造价咨询企业管理办法》（建设部令第149号）第二十条的规定委托具有相应资质的工程造价咨询人进行。

（2）工程造价咨询人接受委托时提供工程造价司法鉴定服务，应按仲裁、诉讼程序和要求进行，并应符合国家关于司法鉴定的规定。

（3）按照《注册造价工程师管理办法》（建设部令第150号）的规定，工程计价活动应由造价工程师担任。鉴于进入司法程序的造价鉴定难度一般较大，因此，工程造价咨询人进行工程造价司法鉴定时，应指派专业对口、经验丰富的注册造价工程师承担鉴定工作。

（4）工程造价咨询人应在收到工程造价司法鉴定资料后10天内，根据自身专业能力和证据资料判断能否胜任该项委托，如不能，应辞去该项委托。工程造价咨询人不得在鉴定期满后以上述理由不作出鉴定结论，影响案件处理。

（5）为保证工程造价司法鉴定的公正进行，接受工程造价司法鉴定委托的工程造价咨询人或造价工程师如是鉴定项目一方当事人的近亲属或代理人、咨询人以及其他关系可能影响鉴定公正的，应当自行回避；未自行回避，鉴定项目委托人以该理由要求其回避的，必须回避。

（6）工程造价咨询人应当依法出庭接受鉴定项目当事人对工程造价司法鉴定意见书的质询。如确因特殊原因无法出庭的，经审理该鉴定项目的仲裁机关或人民法院准许，可以书面形式答复当事人的质询。

2．取证

（1）工程造价的确定与当时的法律法规、标准定额以及各种要素价格具有密切关系，为做好一些基础资料不完备的工程鉴定，工程造价咨询人进行工程造价鉴定工作时，应自行收集以下（但不限于）鉴定资料：

1）适用于鉴定项目的法律、法规、规章、规范性文件以及规范、标准、定额。

2）鉴定项目同时期同类型工程的技术经济指标及其各类要素价格等。

（2）工程造价咨询人收集鉴定项目的鉴定依据时，应向鉴定项目委托人提出具体书面要求，其内容包括：

1）与鉴定项目相关的合同、协议及其附件。

2）相应的施工图纸等技术经济文件。

3）施工过程中的施工组织、质量、工期和造价等工程资料。

4）存在争议的事实及各方当事人的理由。

5）其他有关资料。

（3）工程造价咨询人在鉴定过程中要求鉴定项目当事人对缺陷资料进行补充的，根据最高人民法院规定"证据应当在法庭上出示，由当事人质证。未经质证的证据，不能作为认定案件事实的依据（法释〔2001〕33号）"。因此，要求应征得鉴定项目委托人同意，或者协调鉴定项目各方当事人共同签认。

（4）根据鉴定工作需要现场勘验的，工程造价咨询人应提请鉴定项目委托人组织各方当事人对被鉴定项目所涉及的实物标的进行现场勘验。

（5）勘验现场应制作勘验记录、笔录或勘验图表，记录勘验的时间、地点、勘验人、在场人、勘验经过、结果，由勘验人、在场人签名或者盖章确认。绘制的现场图应注明绘制的时间、测绘人姓名、身份等内容。必要时应采取拍照或摄像取证，留下影像资料。

（6）鉴定项目当事人未对现场勘验图表或勘验笔录等签字确认的，工程造价咨询人应提请鉴定项目委托人决定处理意见，并在鉴定意见书中作出表述。

3. 鉴定

（1）工程造价咨询人在鉴定项目合同有效的情况下应根据合同约定进行鉴定，不得任意改变双方合法的合意。

（2）工程造价咨询人在鉴定项目合同无效或合同条款约定不明确的情况下应根据法律法规、相关国家标准和《建设工程工程量清单计价规范》GB 50500—2013 的规定，选择相应专业工程的计价依据和方法进行鉴定。

（3）为保证工程造价鉴定的质量，尽可能将当事人之间的分歧缩小直至化解，工程造价咨询人出具正式鉴定意见书之前，可报请鉴定项目委托人向鉴定项目各方当事人发出鉴定意见书征求意见稿，并指明应书面答复的期限及其不答复的相应法律责任。

（4）工程造价咨询人收到鉴定项目各方当事人对鉴定意见书征求意见稿的书面复函后，应对不同意见认真复核，修改完善后再出具正式鉴定意见书。

（5）工程造价咨询人出具的工程造价鉴定书应包括下列内容：

1）鉴定项目委托人名称、委托鉴定的内容。

2）委托鉴定的证据材料。

3）鉴定的依据及使用的专业技术手段。

4）对鉴定过程的说明。

5）明确的鉴定结论。

6）其他需说明的事宜。

7）工程造价咨询人盖章及注册造价工程师签名盖执业专用章。

（6）工程造价咨询人应在委托鉴定项目的鉴定期限内完成鉴定工作，如确因特殊原因不能在原定期限内完成鉴定工作时，应按照相应法规提前向鉴定项目委托人申请延长鉴定期限，并应在此期限内完成鉴定工作。

经鉴定项目委托人同意等待鉴定项目当事人提交、补充证据的，质证所用的时间不应计入鉴定期限。

（7）对于已经出具的正式鉴定意见书中有部分缺陷的鉴定结论，工程造价咨询人应通过补充鉴定作出补充结论。

4.2.11　工程计价资料与档案

1. 计价资料

（1）发承包双方应当在合同中约定各自在合同工程中现场管理人员的职责范围，双方现场管理人员在职责范围内签字确认的书面文件是工程计价的有效凭证，但如有其他有效证据或经实证证明其是虚假的除外。

（2）发承包双方不论在何种场合对与工程计价有关的事项所给予的批准、证明、同意、指令、商定、确定、确认、通知和请求，或表示同意、否定、提出要求和意见等，均应采用书面形式，口头指令不得作为计价凭证。

（3）任何书面文件送达时，应由对方签收，通过邮寄应采用挂号、特快专递传送，或以发承包双方商定的电子传输方式发送，交付、传送或传输至指定的接收人的地址。如接收人通知了另外地址时，随后通信信息应按新地址发送。

（4）发承包双方分别向对方发出的任何书面文件，均应将其抄送现场管理人员，如系复印件应加盖合同工程管理机构印章，证明与原件相同。双方现场管理人员向对方所发任何书面文件，也应将其复印件发送给发承包双方，复印件应加盖合同工程管理机构印章，证明与原件相同。

（5）发承包双方均应当及时签收另一方送达其指定接收地点的来往信函，拒不签收的，送达信函的一方可以采用特快专递或者公证方式送达，所造成的费用增加（包括被迫采用特殊送达方式所发生的费用）和延误的工期由拒绝签收一方承担。

（6）书面文件和通知不得扣压，一方能够提供证据证明另一方拒绝签收或已送达的，应视为对方已签收并应承担相应责任。

2. 计价档案

（1）发承包双方以及工程造价咨询人对具有保存价值的各种载体的计价文件，均应收集齐全，整理立卷后归档。

（2）发承包双方和工程造价咨询人应建立完善的工程计价档案管理制度，并应符合国家和有关部门发布的档案管理相关规定。

（3）工程造价咨询人归档的计价文件，保存期不宜少于五年。

（4）归档的工程计价成果文件应包括纸质原件和电子文件，其他归档文件及依据可为纸质原件、复印件或电子文件。

（5）归档文件应经过分类整理，并应组成符合要求的案卷。

（6）归档可以分阶段进行，也可以在项目竣工结算完成后进行。

（7）向接受单位移交档案时，应编制移交清单，双方应签字、盖章后方可交接。

5 建筑工程工程量计算

5.1 工程量概述

5.1.1 工程计量

(1) 工程量计算除依据《房屋建筑与装饰工程工程量计算规范》GB 50854—2013 各项规定外，尚应依据以下文件：

1) 经审定通过的施工设计图纸及其说明。

2) 经审定通过的施工组织设计或施工方案。

3) 经审定通过的其他有关技术经济文件。

(2) 工程实施过程中的计量应按照现行国家标准《建设工程工程量清单计价规范》GB 50500—2013 的相关规定执行。

(3) 在工程量计算规范中有两个或两个以上计量单位的，应结合拟建工程项目的实际情况，确定其中一个为计量单位。同一工程项目的计量单位应一致。

(4) 工程计量时每一项目汇总的有效位数应遵守下列规定：

1) 以 "t" 为单位，应保留小数点后二三位数字，第四位小数四舍五入。

2) 以 "m"、"m^2"、"m^3"、"kg" 为单位，应保留小数点后两位数字，第三位小数四舍五入。

3) 以 "个"、"件"、"根"、"组"、"系统" 为单位，应取整数。

(5) 工程量计算规范中各项目仅列出了主要工作内容，除另有规定和说明者外，应视为已经包括完成该项目所列或未列的全部工作内容。

(6) 房屋建筑与装饰工程涉及电气、给水排水、消防等安装工程的项目，按照现行国家标准《通用安装工程工程量计算规范》GB 50856—2013 的相应项目执行；涉及仿古建筑工程的项目，按现行国家标准《仿古建筑工程工程量计算规范》GB 50855—2013 的相应项目执行；涉及室外地（路）面、室外给水排水等工程的项目，按现行国家标准《市政工程工程量计算规范》GB 50857—2013 的相应项目执行；采用爆破法施工的石方工程按照现行国家标准《爆破工程工程量计算规范》GB 50862—2013 的相应项目执行。

5.1.2 工程量清单编制

1. 一般规定

(1) 编制工程量清单应依据：

1)《房屋建筑与装饰工程工程量计算规范》GB 50854—2013 和现行国家标准《建设工程工程量清单计价规范》GB 50500—2013。

2) 国家或省级、行业建设主管部门颁发的计价依据和办法。

3）建设工程设计文件。

4）与建设工程项目有关的标准、规范、技术资料。

5）拟定的招标文件。

6）施工现场情况、工程特点及常规施工方案。

7）其他相关资料。

（2）其他项目、规费和税金项目清单应按照现行国家标准《建设工程工程量清单计价规范》GB 50500—2013 的相关规定编制。

（3）编制工程量清单出现附录中未包括的项目，编制人应做补充，并报省级或行业工程造价管理机构备案，省级或行业工程造价管理机构应汇总报住房和城乡建设部标准定额研究所。

补充项目的编码由《房屋建筑与装饰工程工程量计算规范》GB 50854—2013 的代码 01 与 B 和三位阿拉伯数字组成，并应从 01B001 起顺序编制，同一招标工程的项目不得重码。

补充的工程量清单需附有补充项目的名称、项目特征、计量单位、工程量计算规则、工作内容。不能计量的措施项目，需附有补充项目的名称、工作内容及包含范围。

2．分部分项工程

（1）工程量清单应根据附录规定的项目编码、项目名称、项目特征、计量单位和工程量计算规则进行编制。

（2）工程量清单的项目编码，应采用十二位阿拉伯数字表示，一至九位应按附录的规定设置。十至十二位应根据拟建工程的工程量清单项目名称和项目特征设置，同一招标工程的项目编码不得有重码。

（3）工程量清单的项目名称应按附录的项目名称结合拟建工程的实际确定。

（4）工程量清单项目特征应按附录中规定的项目特征，结合拟建工程项目的实际予以描述。

（5）工程量清单中所列工程量应按附录中规定的工程量计算规则计算。

（6）工程量清单的计量单位应按附录中规定的计量单位确定。

（7）"现浇混凝土工程"项目"工作内容"中包括模板工程的内容，同时又在措施项目中单列了现浇混凝土模板工程项目。对此，招标人应根据工程实际情况选用。若招标人在措施项目清单中未编列现浇混凝土模板项目清单，即表示现浇混凝土模板项目不单列，现浇混凝土工程项目的综合单价中应包括模板工程费用。

（8）对预制混凝土构件按现场制作编制项目，"工作内容"中包括模板工程，不再另列。若采用成品预制混凝土构件时，构件成品价（包括模板、钢筋、混凝土等所有费用）应计入综合单价中。

（9）金属结构构件按成品编制项目，构件成品价应计入综合单价中，若采用现场制作，包括制作的所有费用。

（10）门窗（橱窗除外）按成品编制项目，门窗成品价应计入综合单价中。若采用现场制作，包括制作的所有费用。

3．措施项目

（1）措施项目中列出了项目编码、项目名称、项目特征、计量单位、工程量计算规则的项目。编制工程量清单时，应按照"分部分项工程"的规定执行。

（2）措施项目中仅列出项目编码、项目名称，未列出项目特征、计量单位和工程量计算规则的项目，编制工程量清单时，应按下列措施项目规定的项目编码、项目名称确定：

1）脚手架工程。脚手架工程工程量清单项目设置、项目特征描述的内容、计量单位及工程量计算规则，应按表5-1的规定执行。

表5-1　脚手架工程（编码：011701）

项目编码	项目名称	项目特征	计量单位	工程量计算规则	工作内容
011701001	综合脚手架	1. 建筑结构形式； 2. 檐口高度	m²	按建筑面积计算	1. 场内、场外材料搬运； 2. 搭、拆脚手架、斜道、上料平台； 3. 安全网的铺设； 4. 选择附墙点与主体连接； 5. 测试电动装置、安全锁等； 6. 拆除脚手架后材料的堆放
011701002	外脚手架	1. 搭设方式； 2. 搭设高度； 3. 脚手架材质	m²	按所服务对象的垂直投影面积计算	1. 场内、场外材料搬运； 2. 搭、拆脚手架、斜道、上料平台； 3. 安全网的铺设； 4. 拆除脚手架后材料的堆放
011701003	里脚手架				
011701004	悬空脚手架	1. 搭设方式； 2. 悬挑宽度； 3. 脚手架材质		按搭设的水平投影面积计算	
011701005	挑脚手架		m	按搭设长度乘以搭设层数以延长米计算	
011701006	满堂脚手架	1. 搭设方式； 2. 搭设高度； 3. 脚手架材质		按搭设的水平投影面积计算	
011701007	整体提升架	1. 搭设方式及启动装置； 2. 搭设高度	m²	按所服务对象的垂直投影面积计算	1. 场内、场外材料搬运； 2. 选择附墙点与主体连接； 3. 搭、拆脚手架、斜道、上料平台； 4. 安全网的铺设； 5. 测试电动装置、安全锁等； 6. 拆除脚手架后材料的堆放
011701008	外装饰吊篮	1. 升降方式及启动装置； 2. 搭设高度及吊篮型号			1. 场内、场外材料搬运； 2. 吊篮的安装； 3. 测试电动装置、安全锁、平衡控制器等； 4. 吊篮的拆卸

注：1. 使用综合脚手架时，不再使用外脚手架、里脚手架等单项脚手架；综合脚手架适用于能够按"建筑面积计算规则"计算建筑面积的建筑工程脚手架，不适用于房屋加层、构筑物及附属工程脚手架。

2. 同一建筑物有不同檐高时，按建筑物竖向切面分别按不同檐高编列清单项目。

3. 整体提升架已包括2m高的防护架体设施。

4. 脚手架材质可以不描述，但应注明由投标人根据工程实际情况按照国家现行标准《建筑施工扣件式钢管脚手架安全技术规范》JGJ 130—2011、《建筑施工附着升降脚手架管理暂行规定》（建建〔2000〕230号）等规范自行确定。

2）混凝土模板及支架（撑）。混凝土模板及支架（撑）工程量清单项目设置、项目特征描述的内容、计量单位、工程量计算规则及工作内容，应按表5-2的规定执行。

表5-2　混凝土模板及支架（撑）（编码：011702）

项目编码	项目名称	项目特征	计量单位	工程量计算规则	工作内容
011702001	基础	基础类型	m²	按模板与现浇混凝土构件的接触面积计算。 1. 现浇钢筋混凝土墙、板单孔面积≤0.3m的孔洞不予扣除，洞侧壁模板亦不增加；单孔面积＞0.3m² 时应予扣除，洞侧壁模板面积并入墙、板工程量内计算； 2. 现浇框架分别按梁、板、柱有关规定计算；附墙柱、暗梁、暗柱并入墙内工程量内计算； 3. 柱、梁、墙、板相互连接的重叠部分，均不计算模板面积； 4. 构造柱按图示外露部分计算模板面积	1. 模板制作； 2. 模板安装、拆除、整理堆放及场内外运输； 3. 清理模板粘结物及模内杂物、刷隔离剂等
011702002	矩形柱	—			
011702003	构造柱				
011702004	异形柱	柱截面形状			
011702005	基础梁	梁截面形状			
011702006	矩形梁	支撑高度			
011702007	异形梁	1. 梁截面形状； 2. 支撑高度			
011702008	梁圈	—			
011702009	过梁				
011702010	弧形、拱形梁	1. 梁截面形状； 2. 支撑高度			
011702011	直形墙	—			
011702012	弧形墙				
011702013	短肢剪力墙、电梯井壁				
011702014	有梁板	支撑高度			
011702015	无梁板				
011702016	平板				
011702017	拱板				
011702018	薄壳板				
011702019	空心板				
011702020	其他板				
011702021	栏板	—			
011702022	天沟、檐沟	构建类型		按模板与现浇混凝土构件的接触面积计算	
011702023	雨篷、悬挑板、阳台板	1. 构件类型； 2. 板厚度		按图示外挑部分尺寸的水平投影面积计算，挑出墙外的悬臂梁及板边不另计算	

续表 5-2

项目编码	项目名称	项目特征	计量单位	工程量计算规则	工作内容
011702024	楼梯	类型	m²	按楼梯（包括休息平台、平台梁、斜梁和楼层板的连接梁）的水平投影面积计算，不扣除宽度≤500mm的楼梯井所占面积，楼梯踏步、踏步板、平台梁等侧面模板不另计算，伸入墙内部分亦不增加	1. 模板制作；2. 模板安装、拆除、整理堆放及场内外运输；3. 清理模板粘结物及模内杂物、刷隔离剂等
011702025	其他现浇构件	构件类型		按模板与现浇混凝土构件的接触面积计算	
011702026	电缆沟、地沟	1. 沟类型；2. 沟截面		按模板与电缆沟、地沟接触的面积计算	
011702027	台阶	台阶踏步宽		按图示台阶水平投影面积计算，台阶端头两侧不另计算模板面积。架空式混凝土台阶，按现浇楼梯计算	
011702028	扶手	扶手断面尺寸		按模板与扶手的接触面积计算	
011702029	散水	—		按模板与散水的接触面积计算	
011702030	后浇带	后浇带部位		按模板与后浇带的接触面积计算	
011702031	化粪池	1. 化粪池部位；2. 化粪池规格		按模板与混凝土接触面积计算	
011702032	检查井	1. 检查井部位；2. 检查井规格			

注：1. 原槽浇灌的混凝土基础，不计算模板。

　　2. 混凝土模板及支撑（架）项目，只适用于以平方米计量，按模板与混凝土构件的接触面积计算。以立方米计量的模板及支撑（支架），按混凝土及钢筋混凝土实体项目执行，其综合单价中应包含模板及支撑（支架）。

　　3. 采用清水模板时，应在特征中注明。

　　4. 若现浇混凝土梁、板支撑高度超过3.6m时，项目特征应描述支撑高度。

3）垂直运输。垂直运输工程量清单项目设置、项目特征描述的内容、计量单位、工程量计算规则应按表 5-3 的规定执行。

表 5-3　垂直运输（编码：011703）

项目编码	项目名称	项目特征	计量单位	工程量计算规则	工作内容
011703001	垂直运输	1. 建筑物建筑类型及结构形式； 2. 地下室建筑面积； 3. 建筑物檐口高度、层数	1. m² 2. 天	1. 按建筑面积计算； 2. 按施工工期日历天数计算	1. 垂直运输机械的固定装置、基础制作、安装； 2. 行走式垂直运输机械轨道的铺设、拆除、摊销

注：1. 建筑物的檐口高度是指设计室外地坪至檐口滴水的高度（平屋顶系指屋面板底高度），突出主体建筑物屋顶的电梯机房、楼梯出口间、水箱间、瞭望塔、排烟机房等不计入檐口高度。
　　2. 垂直运输指施工工程在合理工期内所需垂直运输机械。
　　3. 同一建筑物有不同檐高时，按建筑物的不同檐高做纵向分割，分别计算建筑面积，以不同檐高分别编码列项。

4）超高施工增加。超高施工增加工程量清单项目设置、项目特征描述的内容、计量单位、工程量计算规则应按表 5-4 的规定执行。

表 5-4　超高施工增加（011704）

项目编码	项目名称	项目特征	计量单位	工程量计算规则	工作内容
011704001	超高施工增加	1. 建筑物建筑类型及结构形式； 2. 建筑物檐口高度、层数； 3. 单层建筑物檐口高度超过 20m，多层建筑物超过 6 层部分的建筑面积	m²	按建筑物超高部分的建筑面积计算	1. 建筑物超高引起的人工工效降低以及由于人工工效降低引起的机械降效； 2. 高层施工用水加压水泵的安装、拆除及工作台班； 3. 通信联络设备的使用及摊销

注：1. 单层建筑物檐口高度超过 20m，多层建筑物超过 6 层时，可按超高部分的建筑面积计算超高施工增加。计算层数时，地下室不计入层数。
　　2. 同一建筑物有不同檐高时，可按不同高度的建筑面积分别计算建筑面积，以不同檐高分别编码列项。

5）大型机械设备进出场及安拆。大型机械设备进出场及安拆工程量清单项目设置、项目特征描述的内容、计量单位及工程量计算规则应按表 5-5 的规定执行。

表 5 – 5 大型机械设备进出场及安拆（编码：011705001）

项目编码	项目名称	项目特征	计量单位	工程量计算规则	工作内容
011705001	大型机械设备进出场及安拆	1. 机械设备名称； 2. 机械设备规格型号	台次	按使用机械设备的数量计算	1. 安拆费包括施工机械、设备在现场进行安装拆卸所需人工、材料、机械和试运转费用以及机械辅助设施的折旧、搭设、拆除等费用； 2. 进出场费包括施工机械、设备整体或分体自停放地点运至施工现场或由一施工地点运至另一施工地点所发生的运输、装卸、辅助材料等费用

6）施工排水、降水。施工排水、降水工程量清单项目设置、项目特征描述的内容、计量单位及工程量计算规则应按表 5 – 6 的规定执行。

表 5 – 6 施工排水、降水（编码：011706）

项目编码	项目名称	项目特征	计量单位	工程量计算规则	工作内容
011706001	成井	1. 成井方式； 2. 地层情况； 3. 成井直径； 4. 井（滤）管类型、直径	m	按设计图示尺寸以钻孔深度计算	1. 准备钻孔机械、埋设护筒、钻机就位；泥浆制作、固壁；成孔、出渣、清孔等； 2. 对接上、下井管（滤管），焊接，安放，下滤料，洗井，连接试抽等
011706002	排水、降水	1. 机械规格型号； 2. 降排水管规格	昼夜	按排、降水日历天数计算	1. 管道安装、拆除，场内搬运等； 2. 抽水、值班、降水设备维修等

注：相应专项设计不具备时，可按暂估量计算。

7）安全文明施工及其他措施项目。安全文明施工及其他措施项目工程量清单项目设置、计量单位、工作内容及包含范围应按表 5 – 7 的规定执行。

表5-7　安全文明施工及其他措施项目（编码：011707）

项目编码	项目名称	工作内容及包含范围
011707001	安全文明施工	1. 环境保护：现场施工机械设备降低噪声、防扰民措施；水泥和其他易飞扬细颗粒建筑材料密闭存放或采取覆盖措施等；工程防扬尘洒水；土石方、建渣外运车辆防护措施等；现场污染源的控制、生活垃圾清理外运、场地排水排污措施；其他环境保护措施； 2. 文明施工："五牌一图"；现场围挡的墙面美化（包括内外粉刷、刷白、标语等）、压顶装饰；现场厕所便槽刷白、贴面砖，水泥砂浆地面或地砖，建筑物内临时便溺设施；其他施工现场临时设施的装饰装修、美化措施；现场生活卫生设施；符合卫生要求的饮水设备、淋浴、消毒等设施；生活用洁净燃料；防煤气中毒、防蚊虫叮咬等措施；施工现场操作场地的硬化；现场绿化、治安综合治理；现场配备医药保健器材、物品和急救人员培训；现场工人的防暑降温、电风扇、空调等设备及用电；其他文明施工措施； 3. 安全施工：安全资料、特殊作业专项方案的编制，安全施工标志的购置及安全宣传；"三宝"（安全帽、安全带、安全网）、"四口"（楼梯口、电梯井口、通道口、预留洞口）、"五临边"（阳台围边、楼板围边、屋面围边、槽坑围边、卸料平台两侧），水平防护架、垂直防护架、外架封闭等防护；施工安全用电，包括配电箱三级配电、两级保护装置要求、外电防护措施；起重机、塔吊等起重设备（含井架、门架）及外用电梯的安全防护措施（含警示标志）及卸料平台的临边防护、层间安全门、防护棚等设施；建筑工地起重机械的检验检测；施工机具防护棚及其围栏的安全保护设施；施工安全防护通道；工人的安全防护用品、用具购置；消防设施与消防器材的配置；电气保护、安全照明设施；其他安全防护措施； 4. 临时设施：施工现场采用彩色定型钢板，砖、混凝土砌块等围挡的安砌、维修、拆除；施工现场临时建筑物、构筑物的搭设、维修、拆除，如临时宿舍、办公室、食堂、厨房、厕所、诊疗所、临时文化福利用房、临时仓库、加工场、搅拌台、临时简易水塔、水池等；施工现场临时设施的搭设、维修、拆除，如临时供水管道、临时供电管线、小型临时设施等；施工现场规定范围内临时简易道路铺设，临时排水沟、排水设施安砌、维修、拆除；其他临时设施搭设、维修、拆除
011707002	夜间施工	1. 夜间固定照明灯具和临时可移动照明灯具的设置、拆除； 2. 夜间施工时，施工现场交通标志、安全标牌、警示灯等的设置、移动、拆除； 3. 包括夜间照明设备及照明用电、施工人员夜班补助、夜间施工劳动效率降低等
011707003	非夜间施工照明	为保证工程施工正常进行，在地下室等特殊施工部位施工时所采用的照明设备的安拆、维护及照明用电等

续表 5 - 7

项目编码	项目名称	工作内容及包含范围
011707004	二次搬运	由于施工场地条件限制而发生的材料、成品、半成品等一次运输不能到达堆放地点，必须进行的二次或多次搬运
011707005	冬雨期施工	1. 冬雨（风）期施工时增加的临时设施（防寒保温、防雨、防风设施）的搭设、拆除； 2. 冬雨（风）期施工时，对砌体、混凝土等采用的特殊加温、保温和养护措施； 3. 冬雨（风）期施工时，施工现场的防滑处理、对影响施工的雨雪的清除； 4. 包括冬雨（风）期施工时增加的临时设施、施工人员的劳动保护用品、冬雨（风）期施工劳动效率降低等
011707006	地上、地下设施、建筑物的临时保护设施	在工程施工过程中，对已建成的地上、地下设施和建筑物进行的遮盖、封闭、隔离等必要保护措施
011707007	已完工程及设备保护	对已完工程及设备采取的覆盖、包裹、封闭、隔离等必要保护措施

注：本表所列项目应根据工程实际情况计算措施项目费用，需分摊的应合理计算摊销费用。

5.2 建筑面积计算规则

5.2.1 计算建筑面积的规定

（1）建筑物的建筑面积应按自然层外墙结构外围水平面积之和计算。结构层高在 2.20m 及以上的，应计算全面积；结构层高在 2.20m 以下的，应计算 1/2 面积。

（2）建筑物内设有局部楼层时，对于局部楼层的二层及以上楼层，有围护结构的应按其围护结构外围水平面积计算，无围护结构的应按其结构底板水平面积计算，且结构层高在 2.20m 及以上的，应计算全面积；结构层高在 2.20m 以下的，应计算 1/2 面积。

建筑物内的局部楼层如图 5 - 1 所示。

（3）对于形成建筑空间的坡屋顶，结构净高在 2.10m 及以上的部位应计算全面积；结构净高在 1.20m 及以上至 2.10m 以下的部位应计算 1/2 面积；结构净高在 1.20m 以下的部位不应计算建筑面积。

（4）对于场馆看台下的建筑空间，结构净高在 2.10m 及以上的部位应计算全面积；结构净高在 1.20m 及以上至 2.10m 以下的部位应计算 1/2 面积；结构净高在 1.20m 以下的部位不应计算建筑面积。室内单独设置的有围护设施的悬挑看台，应按看台结构底板水平

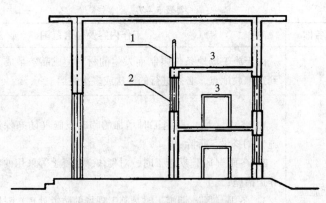

图5-1　建筑物内的局部楼层

1—围护设施；2—围护结构；3—局部楼层

投影面积计算建筑面积。有顶盖无围护结构的场馆看台应按其顶盖水平投影面积的1/2计算面积。

（5）地下室、半地下室应按其结构外围水平面积计算。结构层高在2.20m及以上的，应计算全面积；结构层高在2.20m以下的，应计算1/2面积。

（6）出入口外墙外侧坡道有顶盖的部位，应按其外墙结构外围水平面积的1/2计算面积。

出入口坡道分有顶盖出入口坡道和无顶盖出入口坡道，出入口坡道顶盖的挑出长度，为顶盖结构外边线至外墙结构外边线的长度；顶盖以设计图纸为准，对后增加及建设单位自行增加的顶盖等，不计算建筑面积。顶盖不分材料种类（如钢筋混凝土顶盖、彩钢板顶盖、阳光板顶盖等）。地下室出入口如图5-2所示。

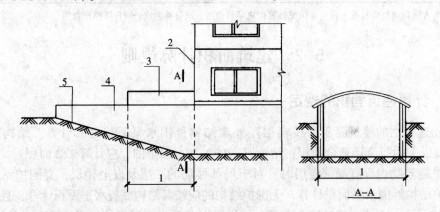

图5-2　地下室出入口

1—计算1/2投影面积部位；2—主体建筑；3—出入口顶盖；4—封闭出入口侧墙；5—出入口坡道

（7）建筑物架空层及坡地建筑物吊脚架空层，应按其顶板水平投影计算建筑面积。结构层高在2.20m及以上的，应计算全面积；结构层高在2.20m以下的，应计算1/2面积。

本条规定既适用于建筑物吊脚架空层、深基础架空层建筑面积的计算，也适用于目前部分住宅、学校教学楼等工程在底层架空或在二楼或以上某个甚至多个楼层架空，作为公共活动、停车、绿化等空间的建筑面积的计算。架空层中有围护结构的建筑空间按相关规定计算。建筑物吊脚架空层如图5-3所示。

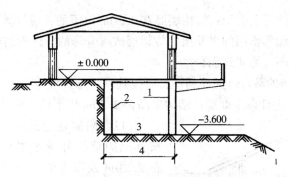

图 5 - 3　建筑物吊脚架空层

1—柱；2—墙；3—吊脚架空层；4—计算建筑面积部位

（8）建筑物的门厅、大厅应按一层计算建筑面积。门厅、大厅内设置的走廊应按走廊结构底板水平投影面积计算建筑面积。结构层高在 2.20m 及以上的，应计算全面积；结构层高在 2.20m 以下的，应计算 1/2 面积。

（9）对于建筑物间的架空走廊，有顶盖和围护设施的，应按其围护结构外围水平面积计算全面积；无围护结构、有围护设施的，应按其结构底板水平投影面积计算 1/2 面积。

无围护结构的架空走廊如图 5 - 4 所示，有围护结构的架空走廊如图 5 - 5 所示。

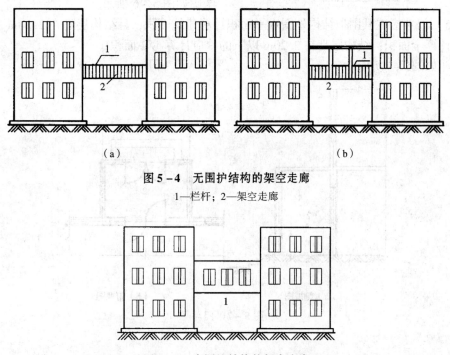

（a）　　　　　　　　　　　　（b）

图 5 - 4　无围护结构的架空走廊

1—栏杆；2—架空走廊

图 5 - 5　有围护结构的架空走廊

1—架空走廊

（10）对于立体书库、立体仓库、立体车库，有围护结构的，应按其围护结构外围水平面积计算建筑面积；无围护结构、有围护设施的，应按其结构底板水平投影面积计算建筑面积。无结构层的应按一层计算，有结构层的应按其结构层面积分别计算。结构层高在

2.20m及以上的，应计算全面积；结构层高在2.20m以下的，应计算1/2面积。

起局部分隔、存储等作用的书架层、货架层或可升降的立体钢结构停车层均不属于结构层，故该部分分层不计算建筑面积。

（11）有围护结构的舞台灯光控制室，应按其围护结构外围水平面积计算。结构层高在2.20m及以上的，应计算全面积；结构层高在2.20m以下的，应计算1/2面积。

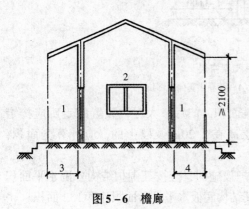

图5-6　檐廊
1—檐廊；2—室内；3—不计算建筑面积部位；
4—计算1/2建筑面积部位

（12）附属在建筑物外墙的落地橱窗，应按其围护结构外围水平面积计算。结构层高在2.20m及以上的，应计算全面积；结构层高在2.20m以下的，应计算1/2面积。

（13）窗台与室内楼地面高差在0.45m以下且结构净高在2.10m及以上的凸（飘）窗，应按其围护结构外围水平面积计算1/2面积。

（14）有围护设施的室外走廊（挑廊），应按其结构底板水平投影面积计算1/2面积；有围护设施（或柱）的檐廊，应按其围护设施（或柱）外围水平面积计算1/2面积。

檐廊如图5-6所示。

（15）门斗应按其围护结构外围水平面积计算建筑面积，且结构层高在2.20m及以上的，应计算全面积；结构层高在2.20m以下的，应计算1/2面积。

门斗如图5-7所示。

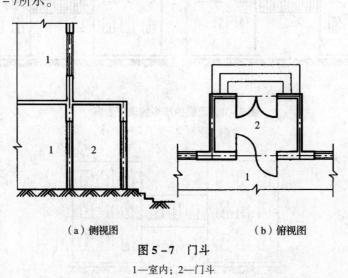

（a）侧视图　　　　　　　（b）俯视图

图5-7　门斗
1—室内；2—门斗

（16）门廊应按其顶板的水平投影面积的1/2计算建筑面积；有柱雨篷应按其结构板水平投影面积的1/2计算建筑面积；无柱雨篷的结构外边线至外墙结构外边线的宽度在2.10m及以上的，应按雨篷结构板的水平投影面积的1/2计算建筑面积。

雨篷分为有柱雨篷和无柱雨篷。有柱雨篷没有出挑宽度的限制，也不受跨越层数的限制，均计算建筑面积。无柱雨篷，其结构板不能跨层，并受出挑宽度的限制，设计出挑宽度大于或等于 2.10m 时才计算建筑面积。出挑宽度，系指雨篷结构外边线至外墙结构外边线的宽度，弧形或异形时，取最大宽度。

（17）设在建筑物顶部的、有围护结构的楼梯间、水箱间、电梯机房等，结构层高在 2.20m 及以上的，应计算全面积；结构层高在 2.20m 以下的，应计算 1/2 面积。

（18）围护结构不垂直于水平面的楼层，应按其底板面的外墙外围水平面积计算。结构净高在 2.10m 及以上的部位，应计算全面积；结构净高在 1.20m 及以上至 2.10m 以下的部位，应计算 1/2 面积；结构净高在 1.20m 以下的部位，不应计算建筑面积。

斜围护结构如图 5 - 8 所示。

（19）建筑物的室内楼梯、电梯井、提物井、管道井、通风排气竖井、烟道，应并入建筑物的自然层计算建筑面积。有顶盖的采光井应按一层计算面积，且结构净高在 2.10m 及以上的，应计算全面积；结构净高在 2.10m 以下的，应计算 1/2 面积。

有顶盖的采光井包括建筑物中的采光井和地下室采光井。地下室采光井如图 5 - 9 所示。

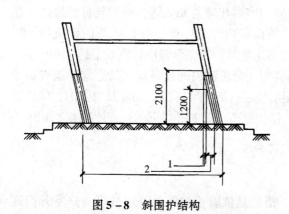

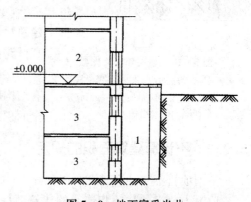

图 5 - 8　斜围护结构

1—计算 1/2 建筑面积部位；2—不计算建筑面积部位

图 5 - 9　地下室采光井

1—采光井；2—室内；3—地下室

（20）室外楼梯应并入所依附建筑物自然层，并应按其水平投影面积的 1/2 计算建筑面积。

室外楼梯作为连接该建筑物层与层之间交通不可缺少的基本部件，无论从其功能还是工程计价的要求来说，均需计算建筑面积。层数为室外楼梯所依附的楼层数，即梯段部分投影到建筑物范围的层数。利用室外楼梯下部的建筑空间不得重复计算建筑面积；利用地势砌筑的为室外踏步，不计算建筑面积。

（21）在主体结构内的阳台，应按其结构外围水平面积计算全面积；在主体结构外的阳台，应按其结构底板水平投影面积计算 1/2 面积。

（22）有顶盖无围护结构的车棚、货棚、站台、加油站、收费站等，应按其顶盖水平投影面积的 1/2 计算建筑面积。

（23）以幕墙作为围护结构的建筑物，应按幕墙外边线计算建筑面积。

幕墙以其在建筑物中所起的作用和功能来区分，直接作为外墙起围护作用的幕墙，按其外边线计算建筑面积；设置在建筑物墙体外起装饰作用的幕墙，不计算建筑面积。

（24）建筑物的外墙外保温层，应按其保温材料的水平截面面积计算，并计入自然层建筑面积。

建筑物外墙外侧有保温隔热层的，保温隔热层以保温材料的净厚度乘以外墙结构外边线长度按建筑物的自然层计算建筑面积，其外墙外边线长度不扣除门窗和建筑物外已计算建筑面积构件（如阳台、室外走廊、门斗、落地橱窗等部件）所占长度。当建筑物外已计算建筑面积的构件（如阳台、室外走廊、门斗、落地橱窗等部件）有保温隔热层时，其保温隔热层也不再计算建筑面积。外墙是斜面者按楼面楼板处的外墙外边线长度乘以保温材料的净厚度计算。外墙外保温以沿高度方向满铺为准，某层外墙外保温铺设高度未达到全部高度时（不包括阳台、室外走廊、门斗、落地橱窗、雨篷、飘窗等），不计算建筑面积。保温隔热层的建筑面积是以保温隔热材料的厚度来计算的，不包含抹灰层、防潮层、保护层（墙）的厚度。建筑外墙外保温如图5-10所示。

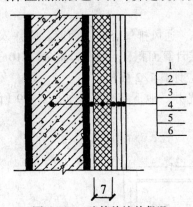

图5-10   建筑外墙外保温
1—墙体；2—黏结胶浆；3—保温材料；
4—标准网；5—加强网；6—抹面胶浆；
7—计算建筑面积部位

（25）与室内相通的变形缝，应按其自然层合并在建筑物建筑面积内计算。对于高低联跨的建筑物，当高低跨内部连通时，其变形缝应计算在低跨面积内。

（26）对于建筑物内的设备层、管道层、避难层等有结构层的楼层，结构层高在2.20m及以上的，应计算全面积；结构层高在2.20m以下的，应计算1/2面积。

5.2.2   不计算建筑面积的规定

下列项目不应计算建筑面积：

（1）与建筑物内不相连通的建筑部件，指的是依附于建筑物外墙外不与户室开门连通，起装饰作用的敞开式挑台（廊）、平台，以及不与阳台相通的空调室外机搁板（箱）等设备平台部件。

（2）骑楼、过街楼底层的开放公共空间和建筑物通道。

骑楼如图5-11所示，过街楼如图5-12所示。

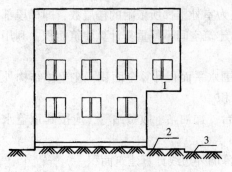

图5-11   骑楼
1—骑楼；2—人行道；3—街道

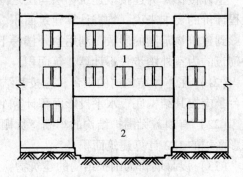

图5-12   过街楼
1—过街楼；2—建筑物通道

（3）舞台及后台悬挂幕布和布景的天桥、挑台等，指的是影剧院的舞台及为舞台服务的可供上人维修、悬挂幕布、布置灯光及布景等搭设的天桥和挑台等构件设施。

（4）露台、露天游泳池、花架、屋顶的水箱及装饰性结构构件。

（5）建筑物内不构成结构层的操作平台、上料平台（包括：工业厂房、搅拌站和料仓等建筑中的设备操作控制平台、上料平台等）、安装箱和罐体的平台。其主要作用为室内构筑物或设备服务的独立上人设施，因此不计算建筑面积。

（6）勒脚、附墙柱、垛、台阶、墙面抹灰、装饰面、镶贴块料面层、装饰性幕墙，主体结构外的空调室外机搁板（箱）、构件、配件，挑出宽度在2.10m以下的无柱雨篷和顶盖高度达到或超过两个楼层的无柱雨篷。

附墙柱是指非结构性装饰柱。

（7）窗台与室内地面高差在0.45m以下且结构净高在2.10m以下的凸（飘）窗，窗台与室内地面高差在0.45m及以上的凸（飘）窗。

（8）室外爬梯、室外专用消防钢楼梯。

（9）无围护结构的观光电梯。

（10）建筑物以外的地下人防通道，独立的烟囱、烟道、地沟、油（水）罐、气柜、水塔、贮油（水）池、贮仓、栈桥等构筑物。

5.2.3 计算建筑面积的方法

1. 计算建筑面积的步骤

（1）看图分析。看图分析是计算建筑面积的重要环节，在分析图纸内容时，要注意以下几个方面：

1）注意高跨多层与低跨单层的分界线及其尺寸，以便分开计算面积。

2）仔细查找室内有否结构层、夹层和回廊，以便确定是否增算面积。

3）看剖面图和平面图中底层与标准层的外墙有否变化，以便取定水平尺寸。

4）检查外廊、阳台、篷（棚）顶等的结构布置情况，以便确定计算要求。

5）最后查看一下房屋的顶上、底下、前后、左右等有否附属建筑物。

（2）分类列项　根据图纸平面的各种具体情况，按照多层、单层、阳台、走廊和附属建筑等进行分类列项。在设计图纸中一般横轴以Ⓐ、Ⓑ、Ⓒ…表示；纵轴以①、②、③…表示。凡应计算建筑面积的项目均应以横轴的起止编号和纵轴的起止编号加以标注，以便查找和核对。

（3）取尺寸计算　根据所列项目和标注的轴线编号查取尺寸，按横轴尺寸乘以纵轴尺寸列出建筑面积的计算式，计算形式要统一，排列要有规律，以便于检查错误、纠正错误。

2. 应用规则时的注意事项

（1）计算建筑面积是按墙的外边线取定尺寸，而设计图纸上多以轴线标注尺寸，因此要注意底层和标准层的墙厚尺寸，以便于轴线尺寸的转换。

（2）同一外轴线上有墙、有柱时，要查看墙柱外边线是否一致，不一致时要按墙外线、柱外线分别取定尺寸。

（3）当建筑物内留有天井时，应扣除天井面积。

（4）无柱走道檐廊和无围护结构阳台，一般都设有栏杆或栏板，其水平面积按栏杆柱或栏板墙外边线尺寸进行取定。若是采用钢木花栏杆者，以廊台板外边线取定尺寸。

（5）凡层高小于2.2m的架空层、设备层或结构层，一般均不计算建筑面积。其层高的取定是以底板楼（地）面至顶板楼面的高度，即建施图中标注的建筑标高，而非底板面至顶板底的净高。

【例5-1】　图5-13所示为某商场地下建筑物平面示意图，试计算其建筑面积。

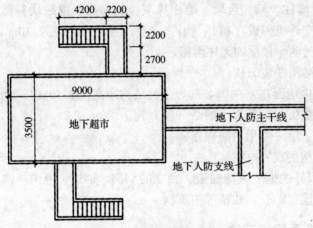

图5-13　地下建筑物平面图

【解】

地下建筑物按上口外墙外围水平投影面积计算建筑面积。

地下出入口按上口外墙外围水平投影面积计算建筑面积。

地下人防主干线、支干线按人防有关规定执行。

$$建筑面积 S = 90 \times 35 + (4.2 \times 2.2 + 4.9 \times 2.2) \times 2$$
$$= 3150 + 40.04$$
$$= 3190.04 \ (m^2)$$

5.3　土石方工程

5.3.1　一般规定

1. 人工土石方工程

（1）土壤分类，详见表5-8。

表5-8　土壤分类表

土壤分类	土 壤 名 称	开 挖 方 法
一、二类土	粉土、砂土（粉砂、细砂、中砂、粗砂、砾砂）、粉质黏土、弱中盐渍土、软土（淤泥质土、泥炭、泥炭质土）、软塑红黏土、冲填土	用锹、少许用镐、条锄开挖。机械能全部直接铲挖满载者

续表 5 - 8

土壤分类	土壤名称	开挖方法
三类土	黏土、碎石土（圆砾、角砾）混合土、可塑红黏土、硬塑红黏土、强盐渍土、素填土、压实填土	主要用镐、条锄、少许用锹开挖。机械需部分刨松方能铲挖满载者或可直接铲挖但不能满载者
四类土	碎石土（卵石、碎石、漂石、块石）、坚硬红黏土、超盐渍土、杂填土	全部用镐、条锄挖掘，少许用撬棍挖掘。机械须普遍刨松方能铲挖满载者

注：本表土的名称及其含义按国家标准《岩土工程勘察规范（2009 年版）》GB 50021—2001 定义。

（2）干湿土的划分。以地下常水位为准划分，地下常水位以上为干土，以下为湿土。

注：定额是按干土编制的，如挖湿土时，人工乘以系数 1.18。

（3）定额未包括地下水位以下施工的排水费用，发生时另行计算（按现场签证计）。挖土方时如有地表水需要排除时，亦应另行计算（按现场签证计）。

（4）人工挖孔桩定额，适用于在有安全防护措施的条件下施工，桩内垂直运输方式按人工考虑，如深度超过 12m 时，16m 以内按 12m 项目人工用量乘以系数 1.3；20m 以内乘以系数 1.5 计算。

注：同一孔内土壤类别不同时，按定额加权计算，如遇流砂、流泥时，另行处理。

（5）挖桩间土方时，按实挖体积（扣除桩体占用体积）人工乘以系数 1.5。

（6）支挡土板定额项目分为密撑和疏撑，密撑是指满支挡土板，疏撑是指间隔支挡土板，实际间距不同时，不作调整。

注：在有挡土板支撑下挖土方时，按实挖体积，人工乘以系数 1.43。

2．机械土石方工程

（1）岩石分类，详见表 5 - 9。

表 5 - 9　岩石分类表

岩石分类		代表性岩石	开挖方法
极软岩		1. 全风化的各种岩石； 2. 各种半成岩	部分用手凿工具、部分用爆破法开挖
软质岩	软岩	1. 强风化的坚硬岩或较硬岩； 2. 中等风化—强风化的较软岩； 3. 未风化—微风化的页岩、泥岩、泥质砂岩等	用风镐和爆破法开挖
	较软岩	1. 中等风化—强风化的坚硬岩或较硬岩； 2. 未风化—微风化的凝灰岩、千枚岩、泥灰岩、砂质泥岩等	用爆破法开挖
硬质岩	较硬岩	1. 微风化的坚硬岩； 2. 未风化—微风化的大理岩、板岩、石灰岩、白云岩、钙质砂岩等	用爆破法开挖
	坚硬岩	未风化—微风化的花岗岩、闪长岩、辉绿岩、玄武岩、安山岩、片麻岩、石英岩、石英砂岩、硅质砾岩、硅质石灰岩等	用爆破法开挖

注：本表依据现行国家标准《工程岩体分级标准》GB/T 50218—2014 和《岩土工程勘察规范（2009 年版）》GB 50021—2001 整理。

（2）推土机推土、推石碴，铲运机铲运土重车上坡时，如果坡度大于5%时，其运距按坡度区段斜长乘系数计算，如表5-10所示。

表5-10　坡度系数表

坡度（%）	系　　数
5~10	1.75
15以内	2.0
20以内	2.25
25以内	2.50

（3）汽车、人力车、重车上坡降效因素，已综合在相应的运输定额项目中，不再另行计算。

（4）机械挖土方工程量，按机械挖土方90%，人工挖土方10%计算，人工挖土部分按相应定额项目人工乘以系数2。

（5）土壤含水率定额是按天然含水率为准制订：含水率大于25%时，定额人工、机械乘以系数1.15，若含水率大于40%时另行计算。

（6）推土机推土或铲运机铲运土土层平均厚度小300mm时，推土机台班用量乘以系数1.25；铲运机台班用量乘以系数1.17。

（7）挖掘机在垫板上进行作业时，人工、机械乘以系数1.25，定额内不包括垫板铺设所需的工料、机械消耗。

（8）推土机、铲运机，推、铲未经压实的积土时，按定额项目乘以系数0.73。

（9）机械土方定额是按三类土编制的，如实际土壤类别不同时，定额中机械台班量乘以系数，如表5-11所示。

表5-11　机械台班系数

项　　目	一、二类土壤	四类土壤
推土机推土方	0.84	1.18
铲运机铲运土方	0.84	1.26
自行铲运机铲运土方	0.86	1.09
挖掘机挖土方	0.84	1.14

（10）机械上下行驶坡道土方，合并在土方工程量内计算。

（11）汽车运土运输道路是按一、二、三类道路综合确定的，已考虑了运输过程中道路清理的人工，如需要铺筑材料时，另行计算。

（12）定额中的爆破材料是按炮孔中无地下渗水、积水编制的，炮孔中若出现地下渗水、积水时，处理渗水或积水需要时费用另行计算。定额内未计爆破时所需覆盖的安全网、草袋、架设安全屏障等设施，发生时另行计算。

（13）土方运距，按下列规定计算：

1）推土机推土运距：按挖方区重心至回填区重心之间的直线距离计算。

2）铲运机运土运距：按挖方区重心至填土区（或堆放地点）重心的最短距离计算。

3）自卸汽车运土运距：按挖方区重心至填土区（或堆放地点）重心的最短距离计算。

5.3.2 土石方工程工程量计算规则

1．一般规定

（1）土方体积均以挖掘前的天然密实体积为准计算。如遇有必须以天然密实度体积折算时，可按表 5 – 12 换算。

表 5 – 12 土方体积折算系数表

天然密实度体积	虚方体积	夯实后体积	松填体积
0.77	1.00	0.67	0.83
1.00	1.30	0.87	1.08
1.15	1.50	1.00	1.25
0.92	1.20	0.80	1.00

注：1. 虚方指未经碾压、堆积时间≤1 年的土壤。

2. 本表按《全国统一建筑工程预算工程量计算规则》GJDGZ—101—95 整理。

3. 设计密实度超过规定的，填方体积按工程设计要求执行；无设计要求按各省、自治区、直辖市或行业建设行政主管部门规定的系数执行。

（2）挖土一律以设计室外地坪标高为准计算。

2．平整场地及碾压工程量计算

（1）人工平整场地是指建筑场地挖、填土方厚度在 ±30cm 以内及找平。挖、填土方厚度超过 ±30cm 以外时，按场地土方平衡竖向布置图另行计算。

（2）平整场地工程量按建筑物外墙外边线每边各加 2m，以平方米计算。

（3）建筑场地原土碾压以平方米计算，填土碾压按图示填土厚度以立方米计算。

3．挖掘沟槽、基坑土方工程量计算

（1）沟槽、基坑划分：

凡图示沟槽底宽在 3m 以内，且沟槽长大于槽宽 3 倍以上的，为沟槽。

凡图示基坑底面积在 20m² 以内的为基坑。

凡图示沟槽底宽 3m 以外，坑底面积 20m² 以外，平整场地挖土方厚度在 30cm 以外，均按挖土方计算。

（2）计算挖沟槽、基坑、土方工程量需放坡时，放坡系数按表 5 – 13 规定计算。

表 5 – 13　放坡系数表

土类别	放坡起点（m）	人工挖土	机械挖土		
			在坑内作业	在坑上作业	顺沟槽在坑上作业
一、二类土	1.20	1:0.5	1:0.33	1:0.75	1:0.5
三类土	1.50	1:0.33	1:0.25	1:0.67	1:0.33
四类土	2.00	1:0.25	1:0.10	1:0.33	1:0.25

注：1. 沟槽、基坑中土类别不同时，分别按其放坡起点、放坡系数、依不同土类别厚度加权平均计算。

　　2. 计算放坡时，在交接处的重复工程量不予扣除，原槽、坑作基础垫层时，放坡自垫层上表面开始计算。

（3）挖沟槽、基坑需支挡土板时，其宽度按图示沟槽、基坑底宽，单面加 10cm，双面加 20cm 计算。挡土板面积，按槽、坑垂直支撑面积计算，支挡土板后，不得再计算放坡。

（4）基础施工所需工作面，按表 5 – 14 规定计算。

表 5 – 14　基础施工所需工作面宽度计算表

基础材料	每边各增加工作面宽度（mm）
砖基础	200
浆砌毛石、条石基础	150
混凝土基础垫层支模板	300
混凝土基础支模板	300
基础垂直面做防水层	1000（防水层面）

注：本表按《全国统一建筑工程预算工程量计算规则》GJDGZ—101—95 整理。

（5）挖沟槽长度，外墙按图示中心线长度计算；内墙按图示基础底面之间净长线长度计算；内外突出部分（垛、附墙烟囱等）体积并入沟槽土方工程量内计算。

（6）人工挖土方深度超过 1.5m 时，按表 5 – 15 的规定增加工日。

表 5 – 15　人工挖土方超深增加工日

深 2m 以内	深 4m 以内	深 6m 以内
5.55 工日	17.60 工日	26.16 工日

（7）挖管道沟槽按图示中心线长度计算，沟底宽度，设计有规定的，按设计规定尺寸计算，设计无规定的，可按表 5 – 16 的规定宽度计算。

表 5 – 16　管道地沟沟底宽度计算

管径（mm）	铸铁管、钢管、石棉水泥管	混凝土、钢筋混凝土、预应力混凝土管	陶土管
50 ~ 70	0.60	0.80	0.70
100 ~ 200	0.70	0.90	0.80

续表 5 – 16

管径（mm）	铸铁管、钢管、石棉水泥管	混凝土、钢筋混凝土、预应力混凝土管	陶土管
250 ~ 350	0.80	1.00	0.90
400 ~ 450	1.00	1.30	1.10
500 ~ 600	1.30	1.50	1.40
700 ~ 800	1.60	1.80	—
900 ~ 1000	1.80	2.00	—
1100 ~ 1200	2.00	2.30	—
1300 ~ 1400	2.20	2.60	—

注：1. 按上表计算管道沟土方工程量时，各种井类及管道（不含铸铁给水排水管）接口等处需加宽增加的土方量不另行计算，底面积大于 20m² 的井类，其增加工程量并入管沟土方内计算。

　　2. 铺设铸铁给水排水管道时其接口等处土方增加量，可按铸铁给水排水管道地沟土方总量的 2.5% 计算。

（8）沟槽、基坑深度，按图示槽、坑底面至室外地坪深度计算，管道地沟按图示沟底至室外地坪深度计算。

4. 人工挖孔桩土方工程量计算

按图示桩断面积乘以设计桩孔中心线深度计算。

5. 井点降水工程量计算

井点降水区别轻型井点、喷射井点、大口径井点、电渗井点、水平井点，按不同井管深度的井管安装、拆除，以根为单位计算，使用按套、天计算。

井点套组成：

（1）轻型井点：50 根为 1 套。

（2）喷射井点：30 根为 1 套。

（3）大口径井点：45 根为 1 套。

（4）电渗井点阳极：30 根为 1 套。

（5）水平井点：10 根为 1 套。

井管间距应根据地质条件和施工降水要求，依施工组织设计确定，施工组织设计没有规定时，可按轻型井点管距为 0.8 ~ 1.6m，喷射井点管距为 2 ~ 3m 确定。

使用天时应以每昼夜 24h 为一天，使用天数应按施工组织设计规定的使用天数计算。

6. 石方工程

岩石开凿及爆破工程量，按不同石质采用不同方法计算：

（1）人工凿岩石，按图示尺寸以立方米计算。

（2）爆破岩石，按图示尺寸以立方米计算，其沟槽、基坑深度、宽度允许超挖量：次坚石为 200mm，特坚石为 150mm，超挖部分岩石并入岩石挖方量之内计算。

7. 土石方运输与回填工程

（1）土（石）方回填。土（石）方回填土区分夯填、松填，按图示回填体积并依下列规定，以立方米计算。

1）沟槽、基坑回填土，沟槽、基坑回填体积以挖方体积减去设计室外地坪以下埋设砌筑物（包括：基础垫层、基础等）体积计算。

2）管道沟槽回填，以挖方体积减去管径所占体积计算。管径在 500mm 以下的不扣除管道所占体积；管径超过 500mm 以上时，按表 5 - 17 规定扣除管道所占体积计算。

表 5 - 17　管道扣除土方体积表（m³）

管道名称	管道直径（mm）					
	501 ~ 600	601 ~ 800	801 ~ 1000	1001 ~ 1200	1201 ~ 1400	1401 ~ 1600
钢管	0.21	0.44	0.71	—	—	—
铸铁管	0.24	0.49	0.77	—	—	—
混凝土管	0.33	0.60	0.92	1.15	1.35	1.55

3）房心回填土，按主墙之间的面积乘以回填土厚度计算。

4）余土或取土工程量，可按下式计算：

$$余土外运体积 = 挖土总体积 - 回填土总体积 \qquad (5-1)$$

当计算结果为正值时，为余土外运体积；为负值时，为取土体积。

5）地基强夯按设计图示强夯面积，区分夯击能量、夯击遍数以 m² 计算。

（2）土方运距计算规则。

1）推土机推土运距：按挖方区重心至回填区重心之间的直线距离计算。

2）铲运机运土运距：按挖方区重心至卸土区重心加转向距离 45m 计算。

3）自卸汽车运土运距：按挖方区重心至填土区（或堆放地点）重心的最短距离计算。

5.3.3　土石方工程工程量清单计算规则

1. 土方工程

土方工程工程量清单项目设置、项目特征描述的内容、计量单位及工程量计算规则，应按表 5 - 18 的规定执行。

表 5 - 18　土方工程（010101）

项目编码	项目名称	项目特征	计量单位	工程量计算规则	工作内容
010101001	平整场地	1. 土壤类别； 2. 弃土运距； 3. 取土运距	m²	按设计图示尺寸以建筑物首层面积计算	1. 土方挖填； 2. 场地找平； 3. 运输
010101002	挖一般土方	1. 土壤类别； 2. 挖土深度； 3. 弃土运距	m³	按设计图示尺寸以体积计算	1. 排地表水； 2. 土方开挖； 3. 围护（挡土板）及拆除； 4. 基底钎探； 5. 运输
010101003	挖沟槽土方			按设计图示尺寸以基础垫层底面积乘以挖土深度计算	
010101004	挖基坑土方				

续表 5 – 18

项目编码	项目名称	项目特征	计量单位	工程量计算规则	工作内容
010101005	冻土开挖	1. 冻土厚度； 2. 弃土运距	m³	按设计图示尺寸开挖面积乘以厚度以体积计算	1. 爆破； 2. 开挖； 3. 清理； 4. 运输
010101006	挖淤泥、流砂	1. 挖掘深度； 2. 弃淤泥、流砂距离		按设计图示位置、界限以体积计算	1. 开挖； 2. 运输
010101007	管沟土方	1. 土壤类别； 2. 管外径； 3. 挖沟深度； 4. 回填要求	1. m； 2. m³	1. 以米计量，按设计图示以管道中心线长度计算； 2. 以立方米计量，按设计图示管底垫层面积乘以挖土深度计算；无管底垫层按管外径的水平投影面积乘以挖土深度计算。不扣除各类井的长度，井的土方并入	1. 排地表水； 2. 土方开挖； 3. 围护（挡土板）、支撑； 4. 运输； 5. 回填

注：1. 挖土方平均厚度应按自然地面测量标高至设计地坪标高间的平均厚度确定。基础土方开挖深度应按基础垫层底表面标高至交付施工场地标高确定；无交付施工场地标高时，应按自然地面标高确定。

2. 建筑物场地厚度 ≤ ±300mm 的挖、填、运、找平，应按本表中平整场地项目编码列项。厚度 > ±300mm 的竖向布置挖土或山坡切土应按本表中挖一般土方项目编码列项。

3. 沟槽、基坑、一般土方的划分为：底宽 ≤ 7m 且底长 > 3 倍底宽为沟槽；底长 ≤ 3 倍底宽且底面积 ≤ 150m² 为基坑；超出上述范围则为一般土方。

4. 挖土方如需截桩头时，应按桩基工程相关项目列项。

5. 桩间挖土不扣除桩的体积，并在项目特征中加以描述。

6. 弃、取土运距可以不描述，但应注明由投标人根据施工现场实际情况自行考虑，决定报价。

7. 土壤的分类应按表 5 – 8 确定，如土壤类别不能准确划分时，招标人可注明为综合，由投标人根据地勘报告决定报价。

8. 土方体积应按挖掘前的天然密实体积计算。非天然密实土方应按表 5 – 12 折算。

9. 挖沟槽、基坑、一般土方因工作面和放坡增加的工程量（管沟工作面增加的工程量）是否并入各土方工程量中，应按各省、自治区、直辖市或行业建设主管部门的规定实施；如并入各土方工程量中，办理工程结算时，按经发包人认可的施工组织设计规定计算；编制工程量清单时，可按表 5 – 13、表 5 – 14、表 5 – 19 的规定计算。

10. 挖方出现流砂、淤泥时，如设计未明确，在编制工程量清单时，其工程数量可为暂估量，结算时应根据实际情况由发包人与承包人双方现场签证确认工程量。

11. 管沟土方项目适用于管道（给水排水、工业、电力、通信）、光（电）缆沟［包括：人（手）孔、接口坑］及连接井（检查井）等。

表 5 – 19　管沟施工每侧所需工作面宽度计算表

管沟材料 ＼ 管道结构宽（mm）	≤500	≤1000	≤2500	>2500
混凝土及钢筋混凝土管道（mm）	400	500	600	700
其他材质管道（mm）	300	400	500	600

注：1. 本表按《全国统一建筑工程预算工程量计算规则》GJDGZ—101—95 整理。

　　2. 管道结构宽：有管座的按基础外缘，无管座的按管道外径。

2. 石方工程

石方工程工程量清单项目设置、项目特征描述的内容、计量单位及工程量计算规则，应按表 5 – 20 的规定执行。

表 5 – 20　石方工程（010102）

项目编码	项目名称	项目特征	计量单位	工程量计算规则	工作内容
010102001	挖一般石方	1. 岩石类别； 2. 开凿深度； 3. 弃碴运距	m³	按设计图示尺寸以体积计算	1. 排地表水； 2. 凿石； 3. 运输
010102002	挖沟槽石方			按设计图示尺寸沟槽底面积乘以挖石深度以体积计算	
010102003	挖基坑石方			按设计图示尺寸基坑底面积乘以挖石深度以体积计算	
010102004	挖管沟石方	1. 岩石类别； 2. 管外径； 3. 挖沟深度	1. m； 2. m³	1. 以米计量，按设计图示以管道中心线长度计算； 2. 以立方米计量，按设计图示截面积乘以长度计算	1. 排地表水； 2. 凿石； 3. 回填； 4. 运输

注：1. 挖石应按自然地面测量标高至设计地坪标高的平均厚度确定。基础石方开挖深度应按基础垫层底表面标高至交付施工现场地标高确定；无交付施工场地标高时，应按自然地面标高确定。

　　2. 厚度 > ±300mm 的竖向布置挖石或山坡凿石应按本表中挖一般石方项目编码列项。

　　3. 沟槽、基坑、一般石方的划分为：底宽≤7m 且底长 >3 倍底宽为沟槽；底长 <3 倍宽且底面积≤150m² 为基坑；超出上述范围则为一般石方。

　　4. 弃碴运距可以不描述，但应注明由投标人根据施工现场实际情况自行考虑，决定报价。

　　5. 岩石的分类应按表 5 – 9 确定。

　　6. 石方体积应按挖掘前的天然密实体积计算，非天然密实石方应按表 5 – 21 折算。

　　7. 管沟石方项目适用于管道（给水排水、工业、电力、通信）、光（电）缆沟 [包括：人（手）孔、接口坑] 及连接井（检查井）等。

表 5 – 21　石方体积折算系数表

石方类别	天然密实度体积	虚方体积	松填体积	码方
石方	1.0	1.54	1.31	—
块石	1.0	1.75	1.43	1.67
砂夹石	1.0	1.07	0.94	—

注：本表按建设部颁发的《爆破工程消耗量定额》GYD—102—2008 整理。

3. 回填

回填工程工程量清单项目设置、项目特征描述的内容、计量单位及工程量计算规则，应按表 5 – 22 的规定执行。

表 5 – 22　回填（编码：010103）

项目编码	项目名称	项目特征	计量单位	工程量计算规则	工作内容
010103001	回填方	1. 密实度要求； 2. 填方材料品种； 3. 填方粒径要求； 4. 填方来源、运距	m³	按设计图示尺寸以体积计算。 1. 场地回填：回填面积乘平均回填厚度； 2. 室内回填：主墙间面积乘回填厚度，不扣除间隔墙； 3. 基础回填：按挖方清单项目工程量项目工程量减去自然地坪以下埋设的基础体积（包括基础垫层及其他构筑物）	1. 运输； 2. 回填； 3. 压实
010103002	余方弃置	1. 废弃料品种； 2. 运距	m³	按挖方清单项目工程量减利用回填方体积（正数）计算	余方点装料运输至弃置点

注：1. 填方密实度要求，在无特殊要求情况下，项目特征可描述为满足设计和规范的要求。

2. 填方材料品种可以不描述，但应注明由投标人根据设计要求验方后方可填入，并符合相关工程的质量规范要求。

3. 填方粒径要求，在无特殊要求情况下，项目特征可以不描述。

4. 如需买土回填应在项目特征填方来源中描述，并注明买土方数量。

【例 5 – 2】　某中学的环形跑道示意图如图 5 – 14 所示，试计算平整场地清单工程量（三类土）。

【解】

清单工程量按设计图示尺寸以建筑物首层面积计算：

图 5 – 14 中，矩形部分平整场地清单工程量：

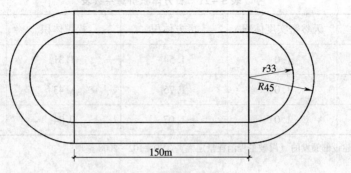

图 5 – 14　某中学环形跑道

$$S = 150 \times (90 - 66)$$
$$= 3600 \quad (\text{m}^2)$$

图中圆形部分平整场地清单工程量

$$S = \pi R^2 - \pi r^2$$
$$= 3.1416 \times (45^2 - 33^2)$$
$$= 3.1416 \times (2025 - 1089)$$
$$= 2940.54 \quad (\text{m}^2)$$

$$平整场地清单工程量 = 3600 + 2940.54$$
$$= 6540.54 \quad (\text{m}^2)$$

清单工程量计算见表 5 – 23。

表 5 – 23　清单工程量计算表

项目编码	项目名称	项目特征描述	计量单位	工程量
010101001001	平整场地	三类土	m²	6540.54

5.4　桩　基　工　程

5.4.1　一般规定

（1）定额适用于一般工业与民用建筑工程的桩基础，不适用于水工建筑、公路桥梁工程。

（2）定额土壤级别的划分应根据工程地质资料中的土层构造和土壤物理、力学性能的有关指标，参考纯沉桩时间确定。凡遇有砂夹层者，应首先按砂层情况确定土级。无砂层者，按土壤物理力学性能指标并参考每米平均纯沉桩时间确定。用土壤力学性能指标鉴别土壤级别时，桩长在 12m 以内，相当于桩长的三分之一的土层厚度应达到所规定的指标。12m 以外，按 5m 厚度确定。

（3）定额除静力压桩外，均未包括接桩，如需接桩，除按相应打桩定额项目计算外，按设计要求另计算接桩项目。

（4）单位工程打（灌）桩工程量在表 5 - 24 规定数量以内时，其人工、机械量按相应定额项目乘以系数 1. 25 计算。

表 5 - 24 单位工程打（灌）桩工程量

项　　目	单位工程的工程量
钢筋混凝土方桩	150m³
钢筋混凝土管桩	50m³
钢筋混凝土板桩	50t
钢板桩	50t
打孔灌注混凝土桩	60m³
打孔灌注砂、石桩	60m³
钻孔灌注混凝土桩	100m³
潜水钻孔灌注混凝土桩	100t

（5）焊接桩接头钢材用量，设计与定额用量不同时，可按设计用量换算。

（6）打试验桩按相应定额项目的人工、机械乘以系数 2 计算。

（7）打桩、打孔，桩间净距小于 4 倍桩径（桩边长）的，按相应定额项目中的人工、机械乘以系数 1. 13。

（8）定额以打直桩为准，如打斜桩斜度在 1∶6 以内者，按相应定额项目乘以系数 1. 25；如斜度大于 1∶6 者，按相应定额项目人工、机械乘以系数 1. 43。

（9）定额以平地（坡度 < 15°）打桩为准，如在堤坡上（坡度 > 15°）打桩时，按相应定额项目人工、机械乘以系数 1. 15。如在基坑内（基坑深度大于 1. 5m）打桩或在地坪上打坑槽内（坑槽深度大于 1m）桩时，按相应定额项目人工、机械乘以系数 1. 11。

（10）定额各种灌注的材料用量中，均已包括表 5 - 25 规定的充盈系数和材料损耗。

表 5 - 25 充盈系数和材料损耗表

项目名称	充盈系数	损耗率（%）
打孔灌注混凝土桩	1. 25	1. 5
钻孔灌注混凝土桩	1. 30	1. 5
打孔灌注砂桩	1. 30	3
打孔灌注砂石桩	1. 30	3

其中灌注砂石桩除上述充盈系数和损耗外，还包括级配密实系数 1. 334。

（11）在桩间补桩或强夯后的地基打桩时，按相应定额项目人工、机械乘以系数 1. 15。

（12）打送桩时可按相应打桩定额项目综合工日及机械台班乘以表 5 – 26 规定系数计算。

表 5 – 26　送桩系数表

送 桩 深 度	系 数
2m 以内	1. 25
4m 以内	1. 43
4m 以上	1. 67

（13）金属周转材料中包括桩帽、送桩器、桩帽盖、活瓣桩尖、钢管、料斗等属于周转性使用的材料。

5.4.2　桩基础工程工程量计算规则

（1）计算打桩（灌注桩）工程量前应确定下列事项：

1）确定土质级别：依工程地质资料中的土层构造，土的物理、化学性质及每米沉桩时间鉴别适用定额土质级别。

2）确定施工方法、工艺流程，采用机型，桩、土的泥浆运距。

（2）打预制钢筋混凝土桩的体积，按设计桩长（包括桩尖，不扣除桩尖虚体积）乘以桩截面面积计算。管桩的空心体积应扣除。如管桩的空心部分按设计要求灌注混凝土或其他填充材料时，应另行计算。

（3）接桩：电焊接桩按设计接头，以个计算，硫磺胶泥接桩截面以平方米计算。

（4）送桩：按桩截面面积乘以送桩长度（即打桩架底至桩顶面高度或自桩顶面至自然地坪面另加 0.5m）计算。

（5）打拔钢板桩按钢板桩重量以吨计算。

（6）打孔灌注桩：

1）混凝土桩、砂桩、碎石桩的体积，按设计规定的桩长（包括桩尖，不扣除桩尖虚体积）乘以钢管管箍外径截面面积计算。

2）扩大桩的体积按单桩体积乘以次数计算。

3）打孔后先埋入预制混凝土桩尖，再灌注混凝土者，桩尖按《全国统一建筑工程预算工程量计算规则》GJDGZ—101—1995 中的钢筋混凝土章节规定计算体积，灌注桩按设计长度（自桩尖顶面至桩顶面高度）乘以钢管管箍外径截面面积计算。

（7）钻孔灌注桩，按设计桩长（包括桩尖，不扣除桩尖虚体积）增加 0.25m 乘以设计断面面积计算。

（8）灌注混凝土桩的钢筋笼制作依设计规定，按《全国统一建筑工程预算工程量计算规则》GJDGZ—101—1995 中的钢筋混凝土章节相应项目以吨计算。

（9）泥浆运输工程量按钻孔体积以立方米计算。

（10）其他：

1）安、拆导向夹具，按设计图纸规定的水平延长米计算。

2）桩架 90°调面只适用轨道式、走管式、导杆、筒式柴油打桩机，以次计算。

5.4.3 桩基础工程工程量清单计算规则

1. 打桩

打桩工程量清单项目设置、项目特征描述的内容、计量单位及工程量计算规则，应按表 5 - 27 的规定执行。

表 5 - 27　打桩（编号：010301）

项目编码	项目名称	项目特征	计量单位	工程量计算规则	工作内容
010301001	预制钢筋混凝土方桩	1. 地层情况； 2. 送桩深度、桩长； 3. 桩截面； 4. 桩倾斜度； 5. 沉桩方法； 6. 接桩方式； 7. 混凝土强度等级	1. m； 2. m³； 3. 根	1. 以米计量，按设计图示尺寸以桩长（包括桩尖）计算； 2. 以立方米计量，按设计图示截面积乘以桩长（包括桩尖）以实体积计算； 3. 以根计量，按设计图示数量计算	1. 工作平台搭拆； 2. 桩机竖拆、移位； 3. 沉桩； 4. 接桩； 5. 送桩
010301002	预制钢筋混凝土管桩	1. 地层情况； 2. 送桩深度、桩长； 3. 桩外径、壁厚； 4. 桩倾斜度； 5. 沉桩方法； 6. 桩尖类型； 7. 混凝土强度等级； 8. 填充材料种类； 9. 防护材料种类			1. 工作平台搭拆； 2. 桩机竖拆、移位； 3. 沉桩； 4. 接桩； 5. 送桩； 6. 桩尖制作安装； 7. 填充材料、刷防护材料
010301003	钢管桩	1. 地层情况； 2. 送桩深度、桩长； 3. 材质； 4. 管径、壁厚； 5. 桩倾斜度； 6. 沉桩方法； 7. 填充材料种类； 8. 防护材料种类	1. t； 2. 根	1. 以吨计量，按设计图示尺寸以质量计算； 2. 以根计量，按设计图示数量计算	1. 工作平台搭拆； 2. 桩机竖拆、移位； 3. 沉桩； 4. 接桩； 5. 送桩； 6. 切割钢管、精割盖帽； 7. 管内取土； 8. 填充材料、刷防护材料

续表 5－27

项目编码	项目名称	项目特征	计量单位	工程量计算规则	工作内容
010301004	截（凿）桩头	1. 桩类型； 2. 桩头截面、高度； 3. 混凝土强度等级； 4. 有无钢筋	1. m³； 2. 根	1. 以立方米计量，按设计桩截面乘以桩头长度以体积计算； 2. 以根计量，按设计图示数量计算	1. 截（切割）桩头； 2. 凿平； 3. 废料外运

注：1. 地层情况按表 5－8 和表 5－9 的规定，并根据岩土工程勘察报告按单位工程各地层所占比例（包括范围值）进行描述。对无法准确描述的地层情况，可注明由投标人根据岩土工程勘察报告自行决定报价。

　　2. 项目特征中的桩截面、混凝土强度等级、桩类型等可直接用标准图代号或设计桩型进行描述。

　　3. 预制钢筋混凝土方桩、预制钢筋混凝土管桩项目以成品桩编制，应包括成品桩购置费，如果用现场预制，应包括现场预制桩的所有费用。

　　4. 打试验桩和打斜桩应按相应项目单独列项，并应在项目特征中注明试验桩或斜桩（斜率）。

　　5. 截（凿）桩头项目适用于"地基处理与边坡支护工程"、"桩基工程"所列桩的桩头截（凿）。

　　6. 预制钢筋混凝土管桩桩顶与承台的连接构造按相关项目列项。

2．灌注桩

灌注桩工程量清单项目设置、项目特征描述的内容、计量单位及工程量计算规则，应按表 5－28 的规定执行。

表 5－28　灌注桩（编号：010302）

项目编码	项目名称	项目特征	计量单位	工程量计算规则	工作内容
010302001	泥浆护壁成孔灌注桩	1. 地层情况； 2. 空桩长度、桩长； 3. 桩径； 4. 成孔方法； 5. 护筒类型、长度； 6. 混凝土类别、强度等级	1. m； 2. m³； 3. 根	1. 以米计量，按设计图示尺寸以桩长（包括桩尖）计算； 2. 以立方米计量，按不同截面在桩上范围内以体积计算； 3. 以根计量，按设计图示数量计算	1. 护筒埋设； 2. 成孔、固壁； 3. 混凝土制作、运输、灌注、养护； 4. 土方、废泥浆外运； 5. 打桩场地硬化及泥浆池、泥浆沟
010302002	沉管灌注桩	1. 地层情况； 2. 空桩长度、桩长； 3. 复打长度； 4. 桩径； 5. 沉管方法； 6. 桩尖类型； 7. 混凝土类别、强度等级			1. 打（沉）拔钢管； 2. 桩尖制作、安装； 3. 混凝土制作、运输、灌注、养护

续表 5 – 28

项目编码	项目名称	项目特征	计量单位	工程量计算规则	工作内容
010302003	干作业成孔灌注桩	1. 地层情况； 2. 空桩长度、桩长； 3. 桩径； 4. 扩孔直径、高度； 5. 成孔方法； 6. 混凝土类别、强度等级	1. m； 2. m³； 3. 根	1. 以米计量，按设计图示尺寸以桩长（包括桩尖）计算； 2. 以立方米计量，按不同截面在桩上范围内以体积计算； 3. 以根计量，按设计图示数量计算	1. 成孔、扩孔； 2. 混凝土制作、运输、灌注、振捣、养护
010302004	挖孔桩土（石）方	1. 土（石）类别； 2. 挖孔深度； 3. 弃土（石）运距	m³	按设计图示尺寸（含护壁）截面积乘以挖孔深度以立方米计算	1. 排地表水； 2. 挖土、凿石； 3. 基底钎探； 4. 运输
010302005	人工挖孔灌注桩	1. 桩芯长度； 2. 桩芯直径、扩底直径、扩底高度； 3. 护壁厚度、高度； 4. 护壁混凝土类别、强度等级； 5. 桩芯混凝土类别、强度等级	1. m³； 2. 根	1. 以立方米米计量，按桩芯混凝土体积计算； 2. 以根计量，按设计图示数量计算	1. 护壁制作； 2. 混凝土制作、运输、灌注、振捣、养护
010302006	钻孔压浆桩	1. 地层情况； 2. 空钻长度、桩长； 3. 钻孔直径； 4. 水泥强度等级	1. m； 2. 根	1. 以米计量，按设计图示尺寸以桩长计算； 2. 以根计量，按设计图示数量计算	钻孔、下注浆管、投放骨料、浆液制作、运输、压浆

续表 5 – 28

项目编码	项目名称	项目特征	计量单位	工程量计算规则	工作内容
010302007	桩底注浆	1. 注浆导管材料、规格； 2. 注浆导管长度； 3. 单孔注浆量； 4. 水泥强度等级	孔	按设计图示以注浆孔数计算	1. 注浆导管制作、安装； 2. 浆液制作、运输、压浆

注：1. 地层情况按表 5 – 8 和表 5 – 9 的规定，并根据岩土工程勘察报告按单位工程各地层所占比例（包括范围值）进行描述。对无法准确描述的地层情况，可注明由投标人根据岩土工程勘察报告自行决定报价。

　　2. 项目特征中的桩长应包括桩尖，空桩长度 = 孔深 – 桩长，孔深为自然地面至设计桩底的深度。

　　3. 项目特征中的桩截面（桩径）、混凝土强度等级、桩类型等可直接用标准图代号或设计桩型进行描述。

　　4. 泥浆护壁成孔灌注桩是指在泥浆护壁条件下成孔，采用水下灌注混凝土的桩。其成孔方法包括冲击钻成孔、冲抓锥成孔、回旋钻成孔、潜水钻成孔、泥浆护壁的旋挖成孔等。

　　5. 沉管灌注桩的沉管方法包括锤击沉管法、振动沉管法、振动冲击沉管法、内夯沉管法等。

　　6. 干作业成孔灌注桩是指不用泥浆护壁和套管护壁的情况下，用钻机成孔后，下钢筋笼，灌注混凝土的桩，适用于地下水位以上的土层使用。其成孔方法包括螺旋钻成孔、螺旋钻成孔扩底、干作业的旋挖成孔等。

　　7. 混凝土种类：指清水混凝土、彩色混凝土、水下混凝土等，如在同一地区既使用预拌（商品）混凝土，又允许现场搅拌混凝土时，也应注明（下同）。

　　8. 混凝土灌注桩的钢筋笼制作、安装，按"混凝土及钢筋混凝土工程"中相关项目编码列项。

【例 5 – 3】　　某工程打预制混凝土桩，其尺寸如图 5 – 15 所示，桩长 24m，分别由桩长 8m 的 3 根桩接成，硫磺胶泥接头，每个承台下有 4 根桩，共有 25 个承台，求其打桩和接桩工程量。

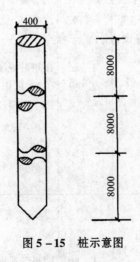

图 5 – 15　桩示意图

【解】

（1）清单工程量：

打桩工程量 = 24 × 4 × 25 = 2400（m）

清单工程量计算见表 5 – 29。

表 5－29　清单工程量计算表

项目编码	项目名称	项目特征描述	工程量	计量单位
010301002001	预制钢筋混凝土管桩	单桩长 24m，共 120 根，桩截面为 $R=0.2$m 的圆形截面	2400	m

（2）定额工程量：

打桩工程量 $=\dfrac{1}{4}\times\pi\times0.4^2\times(8+8+8)\times4\times25=301.59$（m³）

接桩工程量 $=\dfrac{1}{4}\times\pi\times0.4^2\times4\times25\times(3-1)=25.13$（m²）

套用基础定额 2－12，2－35。

5.5　砌　筑　工　程

5.5.1　一般规定

1. 砌砖、砌块

（1）定额中砖的规格，是按标准砖编制的；砌块、多孔砖规格是按常用规格编制的。规格不同时，可以换算。

（2）砖墙定额中已包括先立门窗框的调直用工以及腰线、窗台线、挑檐等一般出线用工。

（3）砖砌体均包括了原浆勾缝用工，加浆勾缝时，另按相应定额计算。

（4）填充墙以填炉渣、炉渣混凝土为准，如实际使用材料与定额不同时允许换算，其他不变。

（5）墙体必需放置的拉接钢筋，应按《全国统一建筑工程基础定额》GJD—101—1995 中的钢筋混凝土章节另行计算。

（6）硅酸盐砌块、加气混凝土砌块墙，是按水泥混合砂浆编制的，如设计使用水玻璃矿渣等粘接剂为胶合料时，应按设计要求另行换算。

（7）圆形烟囱基础按砖基础定额执行，人工乘以系数 1.2。

（8）砖砌挡土墙，2 砖以上执行砖基础定额；2 砖以内执行砖墙定额。

（9）零星项目是指砖砌小便池槽、明沟、暗沟、隔热板带砖墩、地板墩等。

（10）项目中砂浆是按常用规格、强度等级列出，如与设计不同时，可以换算。

2. 砌石

（1）定额中粗、细料石（砌体）墙按 400mm×220mm×200mm，柱按 450mm×220mm×200mm，踏步石按 400mm×200mm×100mm 规格编制的。

（2）毛石墙镶砖墙身按内背镶 1/2 砖编制的，墙体厚度为 600mm。

（3）毛石护坡高度超过 4m 时，定额人工乘以系数 1.15。

（4）砌筑圆弧形石砌体基础、墙（含砖石混合砌体）按定额项目人工乘以系数 1.1。

5.5.2　砌筑工程工程量计算规则

1. 砖基础

（1）基础与墙身（柱身）的划分。

1）基础与墙（柱）身使用同一种材料时，以设计室内地面为界（有地下室者，以地下室室内设计地面为界），以下为基础，以上为墙（柱）身。

2）基础与墙身使用不同材料时，位于设计室内地面 ±300mm 以内时，以不同材料为分界线，超过 ±300mm 时，以设计室内地面为分界线。

3）砖、石围墙，以设计室外地坪为界线，以下为基础，以上为墙身。

（2）基础长度。

1）外墙墙基按外墙中心线长度计算；内墙墙基按内墙净长计算。基础大放脚 T 形接头处的重叠部分以及嵌入基础的钢筋、铁件、管道、基础防潮层及单个面积在 $0.3m^2$ 以内孔洞所占体积不予扣除，但靠墙暖气沟的挑檐也不增加。附墙垛基础宽出部分体积应并入基础工程量内。

2）砖砌挖孔桩护壁工程量按实砌体积计算。

2. 砖砌体

（1）一般规则。

1）计算墙体时，应扣除门窗洞口、过人洞、空圈、嵌入墙身的钢筋混凝土柱、梁（包括过梁、圈梁、挑梁）、砖砌平拱和暖气包壁龛及内墙板头的体积，不扣除梁头、外墙板头、檩头、垫木、木楞头、沿椽木、木砖、门窗走头、砖墙内的加固钢筋、木筋、铁件、钢管及每个面积在 $0.3m^2$ 以下的孔洞等所占的体积，突出墙面的窗台虎头砖、压顶线、山墙泛水、烟囱根、门窗套及三皮砖以内的腰线和挑檐等体积也不增加。

2）砖垛、三皮砖以上的腰线和挑檐等体积，并入墙身体积内计算。

3）附墙烟囱（包括附墙通风道、垃圾道）按其外形体积计算，并入所依附的墙体积内，不扣除每一个孔洞横截面在 $0.1m^2$ 以下的体积，但孔洞内的抹灰工程量也不增加。

4）女儿墙高度，自外墙顶面至图示女儿墙顶面高度，分别按不同墙厚并入外墙计算。

5）砖平拱、平砌砖过梁按图示尺寸以立方米计算。如设计无规定时，砖砌平拱按门窗洞口宽度两端共加 100mm，乘以高度（门窗洞口宽小于 1500mm 时，高度为 240mm，大于 1500mm 时，高度为 365mm）计算；平砌砖过梁按门窗洞口宽度两端共加 500mm，高度按 440mm 计算。

（2）砌体厚度计算。

1）标准砖以 240mm×115mm×53mm 为准；砌体计算厚度，按表 5－30 采用。

表 5－30　标准墙计算厚度表

砖数（厚度）	1/4	1/2	3/4	1	$1\frac{1}{2}$	2	$2\frac{1}{2}$	3
计算厚度（mm）	53	115	180	240	365	490	615	740

2）使用非标准砖时，其砌体厚度应按砖实际规格和设计厚度计算。

（3）墙的长度计算。外墙长度按外墙中心线长度计算，内墙长度按内墙净长线计算。

（4）墙身高度的计算。

1）外墙墙身高度：斜（坡）屋面无檐口顶棚者算至屋面板底，如图 5-16 所示；有屋架，且室内外均有顶棚者，算至屋架下弦底面另加 200mm，如图 5-17 所示；无顶棚者算至屋架下弦加 300mm；出檐宽度超过 600mm 时，应按实砌高度计算；平屋面算至钢筋混凝土板底，如图 5-18 所示。

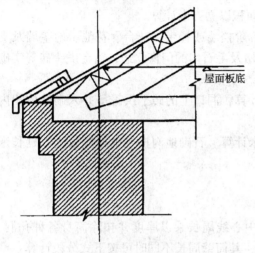

图 5-16　斜坡屋面无檐口
顶棚者墙身高度计算

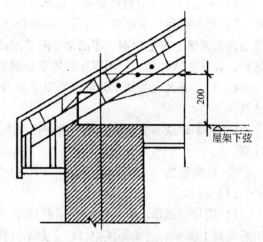

图 5-17　有屋架，且室内外均有
顶棚者墙身高度计算

2）内墙墙身高度：位于屋架下弦者，其高度算至屋架底；无屋架者算至顶棚底另加 100mm；有钢筋混凝土楼板隔层者算至板底；有框架梁时算至梁底面。

3）内、外山墙，墙身高度：按其平均高度计算。

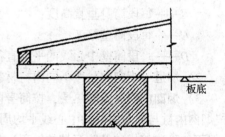

图 5-18　无顶棚者墙身高度计算

（5）框架间砌体工程量的计算。框架间砌体工程量分别按内外墙以框架间的净空面积乘以墙厚计算，框架外表镶贴砖部分也并入框架间砌体工程量内计算。

（6）空花墙。空花墙按空花部分外形体积以立方米计算，空花部分不予扣除，其中实体部分以立方米另行计算。

（7）空斗墙。空斗墙按外形尺寸以立方米计算。

墙角、内外墙交接处，门窗洞口立边，窗台砖及屋檐处的实砌部分已包括在定额内，不另行计算，但窗间墙、窗台下、楼板下、梁头下等实砌部分，应另行计算，套零星砌体定额项目。

（8）多孔砖、空心砖。多孔砖、空心砖按图示厚度以立方米计算，不扣除其孔、空心部分体积。

（9）填充墙。填充墙按外形尺寸计算，以立方米计，其中实砌部分已包括在定额内，不另计算。

（10）加气混凝土墙。硅酸盐砌块墙、小型空心砌块墙，按图示尺寸以立方米计算。按设计规定需要镶嵌砖砌体部分已包括在定额内，不另计算。

（11）其他砖砌体。

1）砖砌锅台、炉灶，不分大小，均按图示外形尺寸以立方米计算，不扣除各种空洞的体积。

2）砖砌台阶（不包括梯带）按水平投影面积以立方米计算。

3）厕所蹲台、水槽腿、灯箱、垃圾箱、台阶挡墙或梯带、花台、花池、地垄墙及支撑地楞的砖墩，房上烟囱、屋面架空隔热层砖墩及毛石墙的门窗立边，窗台虎头砖等实砌体积，以立方米计算，套用零星砌体定额项目。

4）检查井及化粪池不分壁厚均以立方米计算，洞口上的砖平拱碹等并入砌体体积内计算。

5）砖砌地沟不分墙基、墙身合并以立方米计算。石砌地沟按其中心线长度以延长米计算。

3. 砖构筑物

（1）砖烟囱。

1）筒身，圆形、方形均按图示筒壁平均中心线周长乘以厚度并扣除筒身各种孔洞、钢筋混凝土圈梁、过梁等体积，以立方米计算，其筒壁周长不同时可按下式分段计算：

$$V = \sum H \times C \times \pi D \qquad\qquad (5-2)$$

式中：V——筒身体积；

$\quad\quad H$——每段筒身垂直高度；

$\quad\quad C$——每段筒壁厚度；

$\quad\quad D$——每段筒壁中心线的平均直径。

2）烟道、烟囱内衬按不同内衬材料并扣除孔洞后，以图示实体积计算。

3）烟囱内壁表面隔热层，按筒身内壁并扣除各种孔洞后的面积以立方米计算；填料按烟囱内衬与筒身之间的中心线平均周长乘以图示宽度和筒高，并扣除各种孔洞所占体积（但不扣除连接横砖及防沉带的体积）后以立方米计算。

4）烟道砌砖：烟道与炉体的划分以第一道闸门为界，炉体内的烟道部分列入炉体工程量计算。

（2）砖砌水塔。

1）水塔基础与塔身划分：以砖砌体的扩大部分顶面为界，以上为塔身，以下为基础，分别套相应基础砌体定额。

2）塔身以图示实砌体积计算，并扣除门窗洞口和混凝土构件所占的体积，砖平拱碹及砖出檐等并入塔身体积内计算，套水塔砌筑定额。

3）砖水箱内外壁，不分壁厚，均以图示实砌体积计算，套相应的内外砖墙定额。

（3）砌体内钢筋加固。砌体内钢筋加固应按设计规定，以吨计算，套钢筋混凝土中相应项目。

5.5.3　砌筑工程工程量清单计算规则

1. 砖砌体

工程量清单项目设置、项目特征描述的内容、计量单位及工程量计算规则，应按表5-31的规定执行。

表5-31　砖砌体（编号：010401）

项目编码	项目名称	项目特征	计量单位	工程量计算规则	工作内容
010401001	砖基础	1. 砖品种、规格、强度等级； 2. 基础类型； 3. 砂浆强度等级； 4. 防潮层材料种类		按设计图示尺寸以体积计算。 包括附墙垛基础宽出部分体积，扣除地梁（圈梁）、构造柱所占体积，不扣除基础大放脚T形接头处的重叠部分及嵌入基础内的钢筋、铁件、管道、基础砂浆防潮层和单个面积≤0.3m²的孔洞所占体积，靠墙暖气沟的挑檐不增加。 基础长度：外墙按外墙中心线，内墙按内墙净长线计算	1. 砂浆制作、运输； 2. 砌砖； 3. 防潮层铺设； 4. 材料运输
010401002	砖砌挖孔桩护壁	1. 砖品种、规格、强度等级； 2. 砂浆强度等级	m³	按设计图示尺寸以立方米计算	1. 砂浆制作、运输； 2. 砌砖； 3. 材料运输
010401003	实心砖墙	1. 砖品种、规格、强度等级； 2. 墙体类型； 3. 砂浆强度等级、配合比		按设计图示尺寸以体积计算。 扣除门窗洞口、过人洞、空圈、嵌入墙内的钢筋混凝土柱、梁、圈梁、挑梁、过梁及凹进墙内的壁龛、管槽、暖气槽、消火栓箱所占体积，不扣除梁头、板头、檩头、垫木、木楞头、沿缘木、木砖、门窗走头、砖墙内加固钢筋、木筋、铁件、钢管及单个面积≤0.3m²的孔洞所占的体积。凸出墙面的腰线、挑檐、压顶、窗台线、虎头砖、门窗套的体积亦不增加。凸出墙面的砖垛并入墙体体积内计算。 1. 墙长度：外墙按中心线、内墙按净长计算； 2. 墙高度：	1. 砂浆制作、运输； 2. 砌砖； 3. 刮缝； 4. 砖压顶砌筑； 5. 材料运输
010401004	多孔砖墙				

续表 5－31

项目编码	项目名称	项目特征	计量单位	工程量计算规则	工作内容
010401005	空心砖墙	1. 砖品种、规格、强度等级; 2. 墙体类型; 3. 砂浆强度等级、配合比	m³	1）外墙：斜（坡）屋面无檐口天棚者算至屋面板底；有屋架且室内外均有天棚者算至屋架下弦底另加200mm；无天棚者算至屋架下弦底另加300mm，出檐宽度超过600mm时按实砌高度计算；与钢筋混凝土楼板隔层者算至板顶。平屋顶算至钢筋混凝土板底； 2）内墙：位于屋架下弦者，算至屋架下弦底，无屋架者算至天棚底另加100mm；有钢筋混凝土楼板隔层者算至楼板顶；有框架梁时算至梁底； 3）女儿墙：从屋面板上表面算至女儿墙顶面（如有混凝土压顶时算至压顶下表面）； 4）内、外山墙：按其平均高度计算； 3. 框架间墙：不分内外墙按墙体净尺寸以体积计算； 4. 围墙：高度算至压顶上表面（如有混凝土压顶时算至压顶下表面），围墙柱并入围墙体积内	1. 砂浆制作、运输; 2. 砌砖; 3. 刮缝; 4. 砖压顶砌筑; 5. 材料运输
010401006	空斗墙	1. 砖品种、规格、强度等级; 2. 柱类型; 3. 砂浆强度等级、配合比		按设计图示尺寸以空斗墙外形体积计算。墙角、内外墙交接处、门窗洞口立边、窗台砖、屋檐处的实砌部分体积并入空斗墙体积内	1. 砂浆制作、运输; 2. 砌砖; 3. 装填充料; 4. 刮缝; 5. 材料运输
010401007	空花墙			按设计图示尺寸以空花部分外形体积计算，不扣除空洞部分体积	
010404008	填充墙	1. 砖品种、规格、强度等级; 2. 墙体类型; 3. 填充材料种类及厚度; 4. 砂浆强度等级、配合比		按设计图示尺寸以填充墙外形体积计算	

续表 5 – 31

项目编码	项目名称	项目特征	计量单位	工程量计算规则	工作内容
010401009	实心砖柱	1. 砖品种、规格、强度等级； 2. 柱类型； 3. 砂浆强度等级、配合比	m³	按设计图示尺寸以体积计算。扣除混凝土及钢筋混凝土梁垫、梁头、板头所占体积	1. 砂浆制作运输； 2. 砌砖； 3. 刮缝； 4. 材料运输
010404010	多孔砖柱				
010404011	砖检查井	1. 井截面、深度； 2. 砖品种、规格、强度等级； 3. 垫层材料种类、厚度； 4. 底板厚度； 5. 井盖安装； 6. 混凝土强度等级； 7. 砂浆强度等级； 8. 防潮层材料种类	座	按设计图示数量计算	1. 砂浆制作、运输； 2. 铺设垫层； 3. 底板混凝土制作、运输、浇筑、振捣、养护； 4. 砌砖； 5. 刮缝； 6. 井池底、壁抹灰； 7. 抹防潮层； 8. 材料运输
010404012	零星砌砖	1. 零星砌砖名称、部位； 2. 砂浆强度等级、配合比； 3. 砂浆强度等级、配合比	1. m³； 2. m²； 3. m； 4. 个	1. 以立方米计量，按设计图示尺寸截面积乘以长度计算； 2. 以平方米计量，按设计图示尺寸水平投影面积计算； 3. 以米计量，按设计图示尺寸长度计算； 4. 以个计量，按设计图示数量计算	1. 砂浆制作、运输； 2. 砌砖； 3. 刮缝； 4. 材料运输
010404013	砖散水、地坪	1. 砖品种、规格、强度等级； 2. 垫层材料种类、厚度； 3. 散水、地坪厚度； 4. 面层种类、厚度； 5. 砂浆强度等级	m²	按设计图示尺寸以面积计算	1. 土方挖、运、填； 2. 地基找平、夯实； 3. 铺设垫层； 4. 砌砖散水、地坪； 5. 抹砂浆面层

续表 5 – 31

项目编码	项目名称	项目特征	计量单位	工程量计算规则	工作内容
010404014	砖地沟、明沟	1. 砖品种、规格、强度等级； 2. 沟截面尺寸； 3. 垫层材料种类、厚度； 4. 混凝土强度等级； 5. 砂浆强度等级	m	以米计量，按设计图示以中心线长度计算	1. 土方挖、运、填； 2. 铺设垫层； 3. 底板混凝土制作、运输、浇筑、振捣、养护； 4. 砌砖； 5. 刮缝、抹灰； 6. 材料运输

注：1. "砖基础"项目适用于各种类型砖基础：柱基础、墙基础、管道基础等。

2. 基础与墙（柱）身使用同一种材料时，以设计室内地面为界（有地下室者，以地下室室内设计地面为界），以下为基础，以上为墙（柱）身。基础与墙身使用不同材料时，位于设计室内地面高度≤±300mm时，以不同材料为分界线，高度>±300mm时，以设计室内地面为分界线。

3. 砖围墙以设计室外地坪为界，以下为基础，以上为墙身。

4. 框架外表面的镶贴砖部分，按零星项目编码列项。

5. 附墙烟囱、通风道、垃圾道应按设计图示尺寸以体积（扣除孔洞所占体积）计算并入所依附的墙体体积内。当设计规定孔洞内需抹灰时，应按现行国家标准《房屋建筑与装饰工程工程量计算规范》GB 50854—2013 附录 M 中零星抹灰项目编码列项。

6. 空斗墙的窗间墙、窗台下、楼板下、梁头下等的实砌部分，按零星砌砖项目编码列项。

7. "空花墙"项目适用于各种类型的空花墙，使用混凝土花格砌筑的空花墙，实砌墙体与混凝土花格应分别计算，混凝土花格按混凝土及钢筋混凝土中预制构件相关项目编码列项。

8. 台阶、台阶挡墙、梯带、锅台、炉灶、蹲台、池槽、池槽腿、砖胎模、花台、花池、楼梯栏板、阳台栏板、地垄墙、≤0.3m² 的孔洞填塞等，应按零星砌砖项目编码列项。砖砌锅台与炉灶可按外形尺寸以个计算，砖砌台阶可按水平投影面积以平方米计算，小便槽、地垄墙可按长度计算，其他工程以立方米计算。

9. 砖砌体内钢筋加固，应按"混凝土及钢筋混凝土工程"中相关项目编码列项。

10. 砖砌体勾缝按"墙、柱面装饰与隔断幕墙工程"中相关项目编码列项。

11. 检查井内的爬梯按"混凝土及钢筋混凝土工程"中相关项目编码列项；井内的混凝土构件按"混凝土及钢筋混凝土工程"中混凝土及钢筋混凝土预制构件编码列项。

12. 如施工图设计标注做法见标准图集时，应在项目特征描述中注明标注图集的编码、页号及节点大样。

2. 砌块砌体

砌块砌体工程量清单项目设置、项目特征描述的内容、计量单位及工程量计算规则，应按表 5 – 32 的规定执行。

表 5 – 32　砌块砌体（编号：010402）

项目编码	项目名称	项目特征	计量单位	工程量计算规则	工作内容
010402001	砌块墙	1. 砌块品种、规格、强度等级； 2. 墙体类型； 3. 砂浆强度等级	m^3	按设计图示尺寸以体积计算。 　扣除门窗洞口、过人洞、空圈、嵌入墙内的钢筋混凝土柱、梁、圈梁、挑梁、过梁及凹进墙内的壁龛、管槽、暖气槽、消火栓箱所占体积，不扣除梁头、板头、檩头、垫木、木楞头、沿缘木、木砖、门窗走头、砌块墙内加固钢筋、木筋、铁件、钢管及单个面积≤0.3m^2 的孔洞所占的体积。凸出墙面的腰线、挑檐、压顶、窗台线、虎头砖、门窗套的体积亦不增加。凸出墙面的砖垛并入墙体体积内计算。 　1. 墙长度：外墙按中心线、内墙按净长计算； 　2. 墙高度： 　1）外墙：斜（坡）屋面无檐口天棚者算至屋面板底；有屋架且室内外均有天棚者算至屋架下弦底另加 200mm；无天棚者算至屋架下弦底另加 300mm；出檐宽度超过 600mm 时按实砌高度计算；与钢筋混凝土楼板隔层者算至板顶；平屋面算至钢筋混凝土板底； 　2）内墙：位于屋架下弦者，算至屋架下弦底；无屋架者算至天棚底另加 100mm；有钢筋混凝土楼板隔层者算至楼板顶；有框架梁时算至梁底； 　3）女儿墙：从屋面板上表面算至女儿墙顶面（如有混凝土压顶时算至压顶下表面）； 　4）内、外山墙：按其平均高度计算； 　3. 框架间墙：不分内外墙按墙体净尺寸以体积计算； 　4. 围墙：高度算至压顶上表面（如有混凝土压顶时算至压顶下表面），围墙柱并入围墙体积内	1. 砂浆制作、运输； 2. 砌砖、砌块； 3. 勾缝； 4. 材料运输

续表 5 – 32

项目编码	项目名称	项目特征	计量单位	工程量计算规则	工作内容
010402002	砌块柱	1. 砖品种、规格、强度等级； 2. 墙体类型； 3. 砂浆强度等级	m³	按设计图示尺寸以体积计算。 扣除混凝土及钢筋混凝土梁垫、梁头、板头所占体积	1. 砂浆制作、运输； 2. 砌砖、砌块； 3. 勾缝； 4. 材料运输

注：1. 砌体内加筋、墙体拉结的制作、安装，应按"混凝土及钢筋混凝土工程"中相关项目编码列项。

2. 砌块排列应上、下错缝搭砌，如果搭错缝长度满足不了规定的压搭要求，应采取压砌钢筋网片的措施，具体构造要求按设计规定。若设计无规定时，应注明由投标人根据工程实际情况自行考虑；钢筋网片按"金属结构工程"中相关项目编码列项。

3. 砌体垂直灰缝宽 >30mm 时，采用 C20 细石混凝土灌实。灌注的混凝土应按"混凝土及钢筋混凝土工程"相关项目编码列项。

3. 石砌体

工程量清单项目设置、项目特征描述的内容、计量单位及工程量计算规则，应按表 5 –33的规定执行。

表 5 – 33　石砌体（编号：010403）

项目编码	项目名称	项目特征	计量单位	工程量计算规则	工作内容
010403001	石基础	1. 石料种类、规格； 2. 基础类型； 3. 砂浆强度等级	m³	按设计图示尺寸以体积计算。 包括附墙垛基础宽出部分体积，不扣除基础砂浆防潮层及单个面积 ≤0.3m² 的孔洞所占体积，靠墙暖气沟的挑檐不增加体积。基础长度：外墙按中心线，内墙按净长计算	1. 砂浆制作、运输； 2. 吊装； 3. 砌石； 4. 防潮层铺设； 5. 材料运输
010403002	石勒脚			按设计图示尺寸以体积计算，扣除单个面积 >0.3m² 的孔洞所占的体积	
010403003	石墙	1. 石料种类、规格； 2. 石表面加工要求； 3. 勾缝要求； 4. 砂浆强度等级、配合比	m³	按设计图示尺寸以体积计算。 扣除门窗洞口、过人洞、空圈、嵌入墙内的钢筋混凝土柱、梁、圈梁、挑梁、过梁及凹进墙内的壁龛、管槽、暖气槽、消火栓箱所占体积，不扣除梁头、板头、檩头、垫木、木楞头、沿缘木、木砖、门窗走头、石墙内加固钢筋、木筋、铁件、钢管及单个面积 ≤0.3m² 的孔洞所占的体积。凸出墙面的腰线、挑檐、压顶、窗台线、虎头砖、门窗套的体积亦不增	1. 砂浆制作、运输； 2. 吊装； 3. 砌石； 4. 石表面加工； 5. 勾缝； 6. 材料运输

续表 5 - 33

项目编码	项目名称	项目特征	计量单位	工程量计算规则	工作内容
010403003	石墙	1. 石料种类、规格； 2. 石表面加工要求； 3. 勾缝要求； 4. 砂浆强度等级、配合比	m³	加。凸出墙面的砖垛并入墙体体积内计算； 1. 墙长度：外墙按中心线、内墙按净长计算； 2. 墙高度： （1）外墙：斜（坡）屋面无檐口天棚者算至屋面板底；有屋架且室内外均有天棚者算至屋架下弦底另加200mm；无天棚者算至屋架下弦底另加300mm，出檐宽度超过600mm时按实砌高度计算；平屋顶算至钢筋混凝土板底； （2）内墙：位于屋架下弦者，算至屋架下弦底；无屋架者算至天棚底另加100mm；有钢筋混凝土楼板隔层者算至楼板顶；有框架梁时算至梁底； （3）女儿墙：从屋面板上表面算至女儿墙顶面（如有混凝土压顶时算至压顶下表面）； （4）内、外山墙：按其平均高度计算； 3. 围墙：高度算至压顶上表面（如有混凝土压顶时算至压顶下表面），围墙柱并入围墙体积内	1. 砂浆制作、运输； 2. 吊装； 3. 砌石； 4. 石表面加工； 5. 勾缝； 6. 材料运输
010403004	石挡土墙	1. 石料种类、规格； 2. 石表面加工要求； 3. 勾缝要求； 4. 砂浆强度等级、配合比	m³	按设计图示尺寸以体积计算	1. 砂浆制作、运输； 2. 吊装； 3. 砌石； 4. 变形缝、泄水孔、压顶抹灰； 5. 滤水层； 6. 勾缝； 7. 材料运输
010403005	石柱				1. 砂浆制作、运输； 2. 吊装
010403006	石栏杆		m	按设计图示尺寸以体积计算	

续表 5－33

项目编码	项目名称	项目特征	计量单位	工程量计算规则	工作内容
010403007	石护坡	1. 垫层材料种类、厚度； 2. 石料种类、规格； 3. 护坡厚度、高度； 4. 石表面加工要求； 5. 勾缝要求； 6. 砂浆强度等级、配合比	m³	按设计图示尺寸以体积计算	3. 砌石； 4. 石表面加工； 5. 勾缝； 6. 材料运输
010403008	石台阶				
010403009	石坡道		m²	按设计图示以水平投影面积计算	1. 铺设垫层； 2. 石料加工； 3. 砂浆制作、运输； 4. 砌石； 5. 石表面加工； 6. 勾缝； 7. 材料运输
010403010	石地沟、明沟	1. 沟截面尺寸； 3. 土壤类别、运距； 4. 垫层材料种类、厚度； 5. 石料种类、规格； 6. 石表面加工要求； 7. 勾缝要求； 8. 砂浆强度等级、配合比	m	按设计图示以中心线长度计算	1. 土方挖、运； 2. 砂浆制作、运输； 3. 铺设垫层； 4. 砌石； 5. 石表面加工； 6. 勾缝； 7. 回填； 8. 材料运输

注：1. 石基础、石勒脚、石墙的划分：基础与勒脚应以设计室外地坪为界。勒脚与墙身应以设计室内地面为界。石围墙内外地坪标高不同时，应以较低地坪标高为界，以下为基础；内外标高之差为挡土墙时，挡土墙以上为墙身。

2. "石基础"项目适用于各种规格（粗料石、细料石等）、各种材质（砂石、青石等）和各种类型（柱基、墙基、直形、弧形等）基础。

3. "石勒脚"、"石墙"项目适用于各种规格（粗料石、细料石等）、各种材质（砂石、青石、大理石、花岗石等）和各种类型（直形、弧形等）勒脚和墙体。

4. "石挡土墙"项目适用于各种规格（粗料石、细料石、块石、毛石、卵石等）、各种材质（砂石、青石、石灰石等）和各种类型（直形、弧形、台阶形等）挡土墙。

5. "石柱"项目适用于各种规格、各种石质、各种类型的石柱。

6. "石栏杆"项目适用于无雕饰的一般石栏杆。

7. "石护坡"项目适用于各种石质和各种石料（粗料石、细料石、片石、块石、毛石、卵石等）。

8. "石台阶"项目包括石梯带（垂带），不包括石梯膀，石梯膀应按"桩基工程"中石挡土墙项目编码列项。

9. 如施工图设计标注做法见标准图集时，应在项目特征描述中注明标注图集的编码、页号及节点大样。

4. 垫层

工程量清单项目设置、项目特征描述的内容、计量单位及工程量计算规则，应按表5 – 34的规定执行。

表5 – 34　垫层（编号：010404）

项目编码	项目名称	项目特征	计量单位	工程量计算规则	工作内容
010404001	垫层	垫层材料种类、配合比、厚度	m³	按设计图示尺寸以立方米计算	1. 垫层材料的拌制； 2. 垫层铺设； 3. 材料运输

注：除混凝土垫层应按相关项目编码列项外，没有包括垫层要求的清单项目应按本表垫层项目编码列项。

5.6　混凝土及钢筋混凝土工程

5.6.1　一般规定

1. 模板

（1）现浇混凝土模板按不同构件，分别以组合钢模板、钢支撑、木支撑，复合木模板、钢支撑、木支撑，木模板、木支撑配制，模板不同时，可以编制补充定额。

（2）预制钢筋混凝土模板，按不同构件分别以组合钢模板、复合木模板、木模板、定型钢模、长线台钢拉模，并配置相应的砖地模、砖胎模、长线台混凝土地模编制的，使用其他模板时，可以换算。

（3）定额中框架轻板项目，只适用于全装配式定型框架轻板住宅工程。

（4）模板工作内容包括：清理、场内运输、安装、刷隔离剂、浇灌混凝土时模板维护、拆模、集中堆放、场外运输。木模板包括制作（预制包括刨光，现浇不刨光），组合钢模板、复合木模板包括装箱。

（5）现浇混凝土梁、板、柱、墙是按支模高度（地面至板底）3.6m编制的，超过3.6m时按超过部分工程量另按超高的项目计算。

（6）用钢滑升模板施工的烟囱、水塔及贮仓是按无井架施工计算的，并综合了操作平台，不再计算脚手架及竖井架。

（7）用钢滑升模板施工的烟囱、水塔、提升模板使用的钢爬杆用量是按100%摊销计算的，贮仓是按50%摊销计算的，设计要求不同时，另行计算。

（8）倒锥壳水塔塔身钢滑升模板项目，也适用于一般水塔塔身滑升模板工程。

（9）烟囱钢滑升模板项目均已包括烟囱筒身、牛腿、烟道口，水塔钢滑升模板均已包括直筒、门窗洞口等模板用量。

（10）组合钢模板、复合木模板项目，未包括回库维修费用，应按定额项目中所列摊销量的模板、零星夹具材料价格的8%计入模板预算价格之内。回库维修费的内容包括：模板的运输费、维修的人工、机械、材料费用等。

2．钢筋

（1）钢筋工程按钢筋的不同品种、不同规格，按现浇构件钢筋、预制构件钢筋、预应力钢筋及箍筋分别列项。

（2）预应力构件中的非预应力钢筋按预制钢筋相应项目计算。

（3）设计图纸未注明的钢筋接头和施工损耗的，已综合在定额项目内。

（4）绑扎铁丝、成型点焊和接头焊接用的电焊条已综合在定额项目内。

（5）钢筋工程内容包括：制作、绑扎、安装以及浇灌混凝土时维护钢筋用工。

（6）现浇构件钢筋以手工绑扎，预制构件钢筋以手工绑扎、点焊分别列项，实际施工与定额不同时，不再换算。

（7）非预应力钢筋不包括冷加工，如设计要求冷加工时，另行计算。

（8）预应力钢筋如设计要求人工时效处理时，应另行计算。

（9）预制构件钢筋，如用不同直径钢筋点焊在一起时，按直径最小的定额项目计算，如粗细筋直径比在两倍以上时，其人工乘以系数1.25。

（10）后张法钢筋的锚固是按钢筋帮条焊、U型插垫编制的，如采用其他方法锚固时，应另行计算。

（11）表5-35所列的构件，其钢筋可按表列系数调整人工、机械用量。

表5-35　钢筋调整人工、机械系数表

项　目	预制钢筋		现浇钢筋		构　筑　物			
系数范围	拱梯形屋架	托架梁	小型构件	小型池槽	烟囱	水塔	贮仓	
							矩形	圆形
人工、机械调整系数	1.16	1.05	2	2.52	1.7	1.7	1.25	1.50

3．混凝土

（1）混凝土的工作内容包括：筛砂子、筛洗石子、后台运输、搅拌，前台运输、清理、润湿模板、浇灌、捣固、养护。

（2）毛石混凝土，是按毛石占混凝土体积20%计算的。如设计要求不同时，可以换算。

（3）小型混凝土构件，是指每件体积在0.05m³以内的未列出定额项目的构件。

（4）预制构件厂生产的构件，在混凝土定额项目中考虑了预制厂内构件运输、堆放、码垛、装车运出等的工作内容。

（5）构筑物混凝土按构件选用相应的定额项目。

（6）轻板框架的混凝土梅花柱按预制异型柱；叠合梁按预制异型梁；楼梯段和整间大楼板按相应预制构件定额项目计算。

（7）现浇钢筋混凝土柱、墙定额项目，均按规范规定综合了底部灌注1:2水泥砂浆的用量。

（8）混凝土已按常用列出强度等级，如与设计要求不同时，可以换算。

5.6.2 混凝土及钢筋混凝土工程工程量计算规则

1. 现浇混凝土及钢筋混凝土工程定额工程量计算规则

（1）一般规定。除遵循 5.6.1 中"3. 混凝土"的内容外，还应符合以下两条规定：

1）承台桩基础定额中已考虑了凿桩头用工。

2）集中搅拌、运输、泵输送混凝土参考定额中，当输送高度超过 30m 时，输送泵台班用量乘以系数 1.10，输送高度超过 50m 时，输送泵台班用量乘以系数 1.25。

（2）现浇混凝土及钢筋混凝土模板。

1）现浇混凝土及钢筋混凝土模板工程量，除另有规定者外，均应区别模板的不同材质，按混凝土与模板接触面的面积，以 m² 计算。

2）现浇钢筋混凝土柱、梁、板、墙的支模高度（即室外地坪至板底或板面至板底之间的高度）以 3.6m 以内为准，超过 3.6m 以上部分，另按超过部分计算增加支撑工程量。

3）现浇钢筋混凝土墙、板上单孔面积在 0.3m² 以内的孔洞，不予扣除，洞侧壁模板也不增加；单孔面积在 0.3m² 以外时，应予扣除，洞侧壁模板面积并入墙、板模板工程量之内计算。

4）现浇钢筋混凝土框架分别按梁、板、柱、墙有关规定计算，附墙柱并入墙内工程量计算。

5）杯形基础杯口高度大于杯口大边长度的，套高杯基础定额项目。

6）柱与梁、柱与墙、梁与梁等连接的重叠部分以及伸入墙内的梁头、板头部分，均不计算模板面积。

7）构造柱外露面均应按图示外露部分计算模板面积。构造柱与墙接触面不计算模板面积。

8）现浇钢筋混凝土悬挑板（雨篷、阳台）按图示外挑部分尺寸的水平投影面积计算。挑出墙外的牛腿梁及板边模板不另计算。

9）现浇钢筋混凝土楼梯，以图示露明面尺寸的水平投影面积计算，不扣除小于 500mm 楼梯井所占面积。楼梯的踏步、踏步板、平台梁等侧面模板，不另计算。

10）混凝土台阶不包括梯带，按图示台阶尺寸的水平投影面积计算，台阶端头两侧不另计算模板面积。

11）现浇混凝土小型池槽按构件外围体积计算，池槽内、外侧及底部的模板不应另计算。

（3）现浇混凝土。

1）混凝土工程量除另有规定者外，均按图示尺寸实体体积以 m³ 计算。不扣除构件内钢筋、预埋铁件及墙、板中 0.3m² 内的孔洞所占体积。

2）基础：

①有肋带形混凝土基础，其肋高与肋宽之比在 4:1 以内的按有肋带形基础计算；超过 4:1 时，其基础底按板式基础计算，以上部分按墙计算。

②箱式满堂基础应分别按无梁式满堂基础、柱、墙、梁、板有关规定计算，套相应定

额项目。

③设备基础除块体以外，其他类型设备基础分别按基础、梁、柱、板、墙等有关规定计算，套相应的定额项目计算。

3）柱：按图示断面尺寸乘以柱高以 m³ 计算。柱高按下列规定确定：

①有梁板的柱高，应自柱基上表面（或楼板上表面）至上一层楼板上表面之间的高度计算。

②无梁板的柱高，应自柱基上表面（或楼板上表面）至柱帽下表面之间的高度计算。

③框架柱的柱高应自柱基上表面至柱顶高度计算。

④构造柱按全高计算，与砖墙嵌接部分的体积并入柱身体积内计算。

⑤依附柱上的牛腿，并入柱身体积内计算。

4）梁：按图示断面尺寸乘以梁长以立方米计算，梁长按下列规定确定：

①梁与柱连接时，梁长算至柱侧面。

②主梁与次梁连接时，次梁长算至主梁侧面。

伸入墙内梁头，梁垫体积并入梁体积内计算。

5）板：按图示面积乘以板厚以立方米计算，其中：

①有梁板包括主、次梁与板，按梁、板体积之和计算。

②无梁板按板和柱帽体积之和计算。

③平板按板实体体积计算。

④现浇挑檐天沟与板（包括屋面板、楼板）连接时，以外墙为分界线，与圈梁（包括其他梁）连接时，以梁外边线为分界线。外墙边线以外或梁外边线以外为挑檐天沟。

⑤各类板伸入墙内的板头并入板体积内计算。

6）墙：按图示中心线长度乘以墙高及厚度以立方米计算，应扣除门窗洞口及 0.3m² 以外孔洞的体积，墙垛及突出部分并入墙体积内计算。

7）整体楼梯包括休息平台，平台梁、斜梁及楼梯的连接梁，按水平投影面积计算，不扣除宽度小于 500mm 的楼梯井，伸入墙内部分不另增加。

8）阳台、雨篷（悬挑板），按伸出外墙的水平投影面积计算，伸出外墙的牛腿不另计算。带反挑檐的雨篷按展开面积并入雨篷内计算。

9）栏杆按净长度以延长米计算。伸入墙内的长度已综合在定额内。栏板以立方米计算，伸入墙内的栏板，合并计算。

10）预制板补现浇板缝时，按平板计算。

11）预制钢筋混凝土框架柱现浇接头（包括梁接头），按设计规定的断面和长度以 m³ 计算。

（4）钢筋混凝土构件接头灌缝。

1）钢筋混凝土构件接头灌缝：包括构件坐浆、灌缝、堵板孔、塞板梁缝等，均按预制钢筋混凝土构件实体体积以立方米计算。

2）柱与柱基的灌缝，按首层柱体积计算；首层以上柱灌缝按各层柱体积计算。

3）空心板堵孔的人工材料，已包括在定额内。如不堵孔时，每 $10m^3$ 空心板体积应扣除 $0.23m^3$ 预制混凝土块和 2.2 工日。

2．预制混凝土及钢筋混凝土工程定额工程量计算规则

（1）预制钢筋混凝土构件模板。

1）预制钢筋混凝土模板工程量，除另有规定者外均按混凝土实体体积以立方米计算。

2）小型池槽按外形体积以立方米计算。

3）预制桩尖按虚体积（不扣除桩尖虚体积部分）计算。

（2）预制混凝土。

1）混凝土工程量均按图示尺寸实体体积以立方米计算，不扣除构件内钢筋、铁件及小于 $300mm \times 300mm$ 以内的孔洞面积。

2）预制桩按桩全长（包括桩尖）乘以桩断面（空心桩应扣除孔洞体积）以立方米计算。

3）混凝土与钢构件组合的构件，混凝土部分按构件实体积以立方米计算，钢构件部分按 t 计算，分别套相应的定额项目。

3．构筑物钢筋混凝土工程定额工程量计算规则

（1）构筑物钢筋混凝土模板。

1）构筑物工程的模板工程量，除另有规定者外，区别现浇、预制和构件类别，分别按现浇和预制混凝土及钢筋混凝土模板工程量计算规定中有关的规定计算。

2）大型池槽等分别按基础、墙、板、梁、柱等有关规定计算并套相应定额项目。

3）液压滑升钢模板施工的烟筒、水塔塔身、贮仓等，均按混凝土体积，以立方米计算。预制倒圆锥形水塔罐壳模板按混凝土体积，以立方米计算。

4）预制倒圆锥形水塔罐壳组装、提升、就位，按不同容积以座计算。

（2）构筑物钢筋混凝土。

1）构筑物混凝土除另规定者外，均按图示尺寸扣除门窗洞口及 $0.3m^2$ 以外孔洞所占体积以实体体积计算。

2）水塔：

①筒身与槽底以槽底连接的圈梁底为界，以上为槽底，以下为筒身。

②筒式塔身及依附于筒身的过梁、雨篷挑檐等并入筒身体积内计算；柱式塔身，柱、梁合并计算。

③塔顶及槽底，塔顶包括顶板和圈梁，槽底包括底板挑出的斜壁板和圈梁等合并计算。

3）贮水池不分平底、锥底、坡底均按池底计算，壁基梁、池壁不分圆形壁和矩形壁，均按池壁计算；其他项目均按现浇混凝土部分相应项目计算。

4．钢筋工程定额工程量计算规则

（1）一般规定。

1）钢筋工程，应区别现浇、预制构件、不同钢种和规格，分别按设计长度乘以单位重量，以吨计算。

2）计算钢筋工程量时，设计已规定钢筋搭接长度的，按规定搭接长度计算；设计未规定搭接长度的，已包括在钢筋的损耗率之内，不另计算搭接长度。钢筋电渣压力焊接、套筒挤压等接头，以个计算。

3）先张法预应力钢筋，按构件外形尺寸计算长度，后张法预应力钢筋按设计图规定的预应力钢筋预留孔道长度，并区别不同的锚具类型，分别按下列规定计算：

①低合金钢筋两端采用螺杆锚具时，预应力的钢筋按预留孔道的长度减 0.35m，螺杆另行计算。

②低合金钢筋一端采用镦头插片，另一端螺杆锚具时，预应力钢筋长度按预留孔道长度计算，螺杆另行计算。

③低合金钢筋一端采用镦头插片，另一端帮条锚具时，预应力钢筋增加 0.15m，两端均采用帮条锚具时，预应力钢筋共增加 0.3m 计算。

④低合金钢筋采用后张混凝土自锚时，预应力钢筋长度增加 0.35m 计算。

⑤低合金钢筋或钢绞线采用 JM、XM、QM 型锚具，孔道长度在 20m 以内时，预应力钢筋长度增加 1m；孔道长度在 20m 以上时，预应力钢筋长度增加 1.8m 计算。

⑥碳素钢丝采用锥形锚具，孔道长在 20m 以内时，预应力钢筋长度增加 1m；孔道长在 20m 以上时，预应力钢筋长度增加 1.8m。

⑦碳素钢丝两端采用镦粗头时，预应力钢丝长度增加 0.35m 计算。

（2）其他规定。

1）钢筋混凝土构件预埋铁件工程量按设计图示尺寸，以吨计算。

2）固定预埋螺栓、铁件的支架，固定双层钢筋的铁马凳、垫铁件，按审定的施工组织设计规定计算，套相应定额项目。

5.6.2 混凝土及钢筋混凝土工程工程量清单计算规则

1. 现浇混凝土基础

现浇混凝土基础工程量清单项目设置、项目特征描述的内容、计量单位、工程量计算规则应按表 5-36 的规定执行。

表 5-36 现浇混凝土基础（编码：010501）

项目编码	项目名称	项目特征	计量单位	工程量计算规则	工程内容
010501001	垫层	1. 混凝土种类；2. 混凝土强度等级	m³	按设计图示尺寸以体积计算。不扣除伸入承台基础的桩头所占体积	1. 模板及支撑制作、安装、拆除、堆放、运输及清理模内杂物、刷隔离剂等；2. 混凝土制作、运输、浇筑、振捣、养护
010501002	带形基础				
010501003	独立基础				
010501004	满堂基础				
010501005	桩承台基础				

续表 5 – 36

项目编码	项目名称	项目特征	计量单位	工程量计算规则	工程内容
010501006	设备基础	1. 混凝土种类； 2. 混凝土强度等级； 3. 灌浆材料及其强度等级	m³	按设计图示尺寸以体积计算。不扣除伸入承台基础的桩头所占体积	1. 模板及支撑制作、安装、拆除、堆放、运输及清理模内杂物、刷隔离剂等； 2. 混凝土制作、运输、浇筑、振捣、养护

注：1. 有肋带形基础、无肋带形基础应按本表中相关项目列项，并注明肋高。
　　2. 箱式满堂基础中柱、梁、墙、板按表 5 – 35、表 5 – 36、表 5 – 37、表 5 – 38 相关项目分别编码列项；箱式满堂基础底板按本表的满堂基础项目列项。
　　3. 框架式设备基础中柱、梁、墙、板分别按 5 – 35、表 5 – 36、表 5 – 37、表 5 – 38 相关项目编码列项；基础部分按本表相关项目编码列项。
　　4. 如为毛石混凝土基础，项目特征应描述毛石所占比例。

2. 现浇混凝土柱

现浇混凝土柱工程量清单项目设置、项目特征描述的内容、计量单位、工程量计算规则应按表 5 – 37 的规定执行。

表 5 – 37　现浇混凝土柱（编码：010502）

项目编码	项目名称	项目特征	计量单位	工程量计算规则	工作内容
010502001	矩形柱	1. 混凝土类别； 2. 混凝土强度等级	m³	按设计图示尺寸以体积计算。不扣除构件内钢筋，预埋铁件所占体积。型钢混凝土柱扣除构件内型钢所占体积。 柱高： 1. 有梁板的柱高，应自柱基上表面（或楼板上表面）至上一层楼板上表面之间的高度计算； 2. 无梁板的柱高，应自柱基上表面（或楼板上表面）至柱帽下表面之间的高度计算； 3. 框架柱的柱高，应自柱基上表面至柱顶高度计算； 4. 构造柱按全高计算，嵌接墙体部分（马牙槎）并入柱身体积； 5. 依附柱上的牛腿和升板的柱帽，并入柱身体积计算	1. 模板及支架（撑）制作、安装、拆除、堆放、运输及清理模内杂物、刷隔离剂等； 2. 混凝土制作、运输、浇筑、振捣、养护
010502002	构造柱				
010502003	异形柱	1. 柱形状； 2. 混凝土类别； 3. 混凝土强度等级			

注：混凝土种类：指清水混凝土、彩色混凝土等，如在同一地区既使用预拌（商品）混凝土，又允许现场搅拌混凝土时，也应注明（下同）。

3. 现浇混凝土梁

现浇混凝土梁工程量清单项目设置、项目特征描述的内容、计量单位、工程量计算规则应按表 5 – 38 的规定执行。

表 5 – 38 现浇混凝土梁（编码：010503）

项目编码	项目名称	项目特征	计量单位	工程量计算规则	工作内容
010503001	基础梁	1. 混凝土类别； 2. 混凝土强度等级	m^3	按设计图示尺寸以体积计算。伸入墙内的梁头、梁垫并入梁体积内。 梁长： 1. 梁与柱连接时，梁长算至柱侧面； 2. 主梁与次梁连接时，次梁长算至主梁侧面	1. 模板及支架（撑）制作、安装、拆除、堆放、运输及清理模内杂物、刷隔离剂等； 2. 混凝土制作、运输、浇筑、振捣、养护
010503002	矩形梁				
010503003	异形梁				
010503004	圈梁				
010503005	过梁				
010503006	弧形、拱形梁				

4. 现浇混凝土墙

现浇混凝土墙工程量清单项目设置、项目特征描述的内容、计量单位、工程量计算规则应按表表 5 – 39 的规定执行。

表 5 – 39 现浇混凝土墙（编码：010504）

项目编码	项目名称	项目特征	计量单位	工程量计算规则	工作内容
010504001	直形墙	1. 混凝土类别； 2. 混凝土强度等级	m^3	按设计图示尺寸以体积计算。 扣除门窗洞口及单个面积 > $0.3m^2$ 的孔洞所占体积，墙垛及突出墙面部分并入墙体体积内计算	1. 模板及支架（撑）制作、安装、拆除、堆放、运输及清理模内杂物、刷隔离剂等； 2. 混凝土制作、运输、浇筑、振捣、养护
010504002	弧形墙				
010504003	短肢剪力墙				
010504004	挡土墙				

注：短肢剪力墙是指截面厚度不大于 300mm、各肢截面高度与厚度之比的最大值大于 4 但不大于 8 的剪力墙；
各肢截面高度与厚度之比的最大值不大于 4 的剪力墙按柱项目编码列项。

5. 现浇混凝土板

现浇混凝土板工程量清单项目设置、项目特征描述的内容、计量单位、工程量计算规则应按表 5 – 40 的规定执行。

6. 现浇混凝土楼梯

现浇混凝土楼梯工程量清单项目设置、项目特征描述的内容、计量单位、工程量计算规则应按表 5 – 41 的规定执行。

表 5 - 40　现浇混凝土板（编码：010505）

项目编码	项目名称	项目特征	计量单位	工程量计算规则	工作内容
010505001	有梁板	1. 混凝土种类； 2. 混凝土强度等级	m³	按设计图示尺寸以体积计算。不扣除构件内钢筋、预埋铁件及单个面积≤0.3m²的柱、垛以及孔洞所占体积。 压形钢板混凝土楼板扣除构件内压形钢板所占体积。 有梁板（包括主、次梁与板）按梁、板体积之和计算，无梁板按板和柱帽体积之和计算，各类板伸入墙内的板头并入板体积内，薄壳板的肋、基梁并入薄壳体积内计算	1. 模板及支架（撑）制作、安装、拆除、堆放、运输及清理模内杂物、刷隔离剂等； 2. 混凝土制作、运输、浇筑、振捣、养护
010505002	无梁板				
010505003	平板				
010505004	拱板				
010505005	薄壳板				
010505006	栏板				
010505007	天沟（檐沟）、挑檐板	1. 混凝土种类； 2. 混凝土强度等级	m³	按设计图示尺寸以体积计算	1. 模板及支架（撑）制作、安装、拆除、堆放、运输及清理模内杂物、刷隔离剂等； 2. 混凝土制作、运输、浇筑、振捣、养护
010505008	雨篷、悬挑板、阳台板			按设计图示尺寸以墙外部分体积计算。包括伸出墙外的牛腿和雨篷反挑檐的体积	
010505009	空心板			按设计图示尺寸以体积计算。空心板（GBF高强薄壁蜂巢芯板等）应扣除空心部分体积	
010505010	其他板			按设计图示尺寸以体积计算	

注：现浇挑檐、天沟板、雨篷、阳台与板（包括屋面板、楼板）连接时，以外墙外边线为分界线；与圈梁（包括其他梁）连接时，以梁外边线为分界线。外边线以外为挑檐、天沟、雨篷或阳台。

表 5 - 41　现浇混凝土楼梯（编码：010506）

项目编码	项目名称	项目特征	计量单位	工程量计算规则	工程内容
010506001	直形楼梯	1. 混凝土种类； 2. 混凝土强度等级	1. m²； 2. m³	1. 以平方米计量，按设计图示尺寸以水平投影面积计算。不扣除宽度≤500mm的楼梯井，伸入墙内部分不计算； 2. 以立方米计量，按设计图示尺寸以体积计算	1. 模板及支架（撑）制作、安装、拆除、堆放、运输及清理模内杂物、刷隔离剂等； 2. 混凝土制作、运输、浇筑、振捣、养护
010506002	弧形楼梯				

注：整体楼梯（包括直形楼梯、弧形楼梯）水平投影面积包括休息平台、平台梁、斜梁和楼梯的连接梁。当整体楼梯与现浇楼板无梯梁连接时，以楼梯的最后一个踏步边缘加300mm为界。

7. 现浇混凝土其他构件

现浇混凝土其他构件工程量清单项目设置、项目特征描述的内容、计量单位、工程量计算规则应按表 5-42 的规定执行。

表 5-42　现浇混凝土其他构件（编码：010507）

项目编码	项目名称	项目特征	计量单位	工程量计算规则	工程内容
010507001	散水、坡道	1. 垫层材料种类、厚度； 2. 面层厚度； 3. 混凝土种类； 4. 混凝土强度等级； 5. 变形缝填塞材料种类	m^2	以平方米计量，按设计图示尺寸以面积计算。 不扣除单个≤0.3m^2 的孔洞所占面积	1. 地基夯实； 2. 铺设垫层； 3. 模板及支撑制作、安装、拆除、堆放、运输及清理模内杂物、刷隔离剂等； 4. 混凝土制作、运输、浇筑、振捣、养护； 5. 变形缝填塞
010507002	室外地坪	1. 地坪厚度； 2. 混凝土强度等级			
010507003	电缆沟、地沟	1. 土壤类别； 2. 沟截面净空尺寸； 3. 垫层材料种类、厚度； 4. 混凝土类别； 5. 混凝土强度等级； 6. 防护材料种类	m	按设计图示以中心线长度计算	1. 挖填、运土石方； 2. 铺设垫层； 3. 模板及支撑制作、安装、拆除、堆放、运输及清理模内杂物、刷隔离剂等； 4. 混凝土制作、运输、浇筑、振捣、养护； 5. 刷防护材料
010507004	台阶	1. 踏步高、宽； 2. 混凝土种类； 3. 混凝土强度等级	1. m^2 2. m^3	1. 以平方米计量，按设计图示尺寸水平投影面积计算； 2. 以立方米计量，按设计图示尺寸以体积计算	1. 模板及支撑制作、安装、拆除、堆放、运输及清理模内杂物、刷隔离剂等； 2. 混凝土制作、运输、浇筑、振捣、养护
010507005	扶手、压顶	1. 断面尺寸； 2. 混凝土种类； 3. 混凝土强度等级	1. m 2. m^3	1. 以米计量，按设计图示的中心线延长米计算； 2. 以立方米计量，按设计图示尺寸以体积计算	1. 模板及支架（撑）制作、安装、拆除、堆放、运输及清理模内杂物、刷隔离剂等； 2. 混凝土制作、运输、浇筑、振捣、养护

续表 5 – 42

项目编码	项目名称	项目特征	计量单位	工程量计算规则	工程内容
010507006	化粪池、检查井	1. 断面尺寸； 2. 混凝土强度等级； 3. 防水、抗渗要求	1. m³ 2. 座	1. 按设计图示尺寸以体积计算； 2. 以座计算，按设计图示数量计算	1. 模板及支架（撑）制作、安装、拆除、堆放、运输及清理模内杂物、刷隔离剂等； 2. 混凝土制作、运输、浇筑、振捣、养护
01050707	其他构件	1. 构件的类型； 2. 构件规格； 3. 部位； 4. 混凝土种类； 5. 混凝土强度等级	m³	1. 按设计图示尺寸以体积计算； 2. 以座计算，按设计图示数量计算	1. 模板及支架（撑）制作、安装、拆除、堆放、运输及清理模内杂物、刷隔离剂等； 2. 混凝土制作、运输、浇筑、振捣、养护

注：1. 现浇混凝土小型池槽、垫块、门框等，应按本表其他构件项目编码列项。

2. 架空式混凝土台阶，按现浇楼梯计算。

8. 后浇带

后浇带工程量清单项目设置、项目特征描述的内容、计量单位、工程量计算规则应按表 5 – 43 的规定执行。

表 5 – 43　后浇带（编码：010508）

项目编码	项目名称	项目特征	计量单位	工程量计算规则	工程内容
010508001	后浇带	1. 混凝土种类； 2. 混凝土强度等级	m³	按设计图示尺寸以体积计算	1. 模板及支架（撑）制作、安装、拆除、堆放、运输及清理模内杂物、刷隔离剂等； 2. 混凝土制作、运输、浇筑、振捣、养护及混凝土交接面、钢筋等的清理

9. 预制混凝土柱

预制混凝土柱工程量清单项目设置、项目特征描述的内容、计量单位、工程量计算规则应按表 5 – 44 的规定执行。

表 5－44　预制混凝土柱（编码：010509）

项目编码	项目名称	项目特征	计量单位	工程量计算规则	工程内容
010509001	矩形柱	1. 图代号； 2. 单件体积； 3. 安装高度； 4. 混凝土强度等级； 5. 砂浆（细石混凝土）强度等级、配合比	1. m³； 2. 根	1. 以立方米计量，按设计图示尺寸以体积计算； 2. 以根计量，按设计图示尺寸以数量计算	1. 模板制作、安装、拆除、堆放、运输及清理模内杂物、刷隔离剂等； 2. 混凝土制作、运输、浇筑、振捣、养护； 3. 构件运输、安装； 4. 砂浆制作、运输； 5. 接头灌缝、养护
010509002	异形柱				

注：以根计量，必须描述单件体积。

10. 预制混凝土梁

预制混凝土梁工程量清单项目设置、项目特征描述的内容、计量单位、工程量计算规则应按表 5－45 的规定执行。

表 5－45　预制混凝土梁（编码：010510）

项目编码	项目名称	项目特征	计量单位	工程量计算规则	工程内容
010510001	矩形梁	1. 图代号； 2. 单件体积； 3. 安装高度； 4. 混凝土强度等级； 5. 砂浆（细石混凝土）强度等级、配合比	1. m³； 2. 根	1. 以立方米计量，按设计图示尺寸以体积计算； 2. 以根计量，按设计图示尺寸以数量计算	1. 模板制作、安装、拆除、堆放、运输及清理模内杂物、刷隔离剂等； 2. 混凝土制作、运输、浇筑、振捣、养护； 3. 构件运输、安装； 4. 砂浆制作、运输； 5. 接头灌缝、养护
010510002	异形梁				
010510003	过梁				
010510004	拱形梁				
010510005	鱼腹式吊车梁				
010510006	其他梁				

注：以根计量，必须描述单件体积。

11. 预制混凝土屋架

预制混凝土屋架工程量清单项目设置、项目特征描述的内容、计量单位、工程量计算规则应按表 5－46 的规定执行。

表 5 –46　预制混凝土屋架（编码：010511）

项目编码	项目名称	项目特征	计量单位	工程量计算规则	工程内容
010511001	折线型	1. 图代号； 2. 单件体积； 3. 安装高度； 4. 混凝土强度等级； 5. 砂浆（细石混凝土）强度等级、配合比	1. m³； 2. 榀	1. 以立方米计量，按设计图示尺寸以体积计算； 2. 以榀计量，按设计图示尺寸以数量计算	1. 模板制作、安装、拆除、堆放、运输及清理模内杂物、刷隔离剂等； 2. 混凝土制作、运输、浇筑、振捣、养护； 3. 构件运输、安装； 4. 砂浆制作、运输； 5. 接头灌缝、养护
010511002	组合				
010511003	薄腹				
010511004	门式刚架				
010511005	天窗架				

注：1. 以榀计量，必须描述单件体积。

2. 三角形屋架应按本表中折线型屋架项目编码列项。

12. 预制混凝土板

预制混凝土板工程量清单项目设置、项目特征描述的内容、计量单位、工程量计算规则应按表 5 –47 的规定执行。

表 5 –47　预制混凝土板（编码：010512）

项目编码	项目名称	项目特征	计量单位	工程量计算规则	工程内容
010512001	平板	1. 图代号； 2. 单件体积； 3. 安装高度； 4. 混凝土强度等级； 5. 砂浆（细石混凝土）强度等级、配合比	1. m³； 2. 块	1. 以立方米计量，按设计图示尺寸以体积计算。不扣除单个面积 ≤300 mm × 300mm 的孔洞所占体积，扣除空心板空洞体积； 2. 以块计量，按设计图示尺寸以"数量"计算	1. 模板制作、安装、拆除、堆放、运输及清理模内杂物、刷隔离剂等； 2. 混凝土制作、运输、浇筑、振捣、养护； 3. 构件运输、安装； 4. 砂浆制作、运输； 5. 接头灌缝、养护
010512002	空心板				
010512003	槽形板				
010512004	网架板				
010512005	折线板				
010512006	带肋板				
010512007	大型板				
010512008	沟盖板、井盖板、井圈	1. 单件体积； 2. 安装高度； 3. 混凝土强度等级； 4. 砂浆强度等级、配合比	1. m³； 2. 块（套）	1. 以立方米计量，按设计图示尺寸以体积计算； 2. 以块计量，按设计图示尺寸以"数量"计算	

注：1. 以块、套计量，必须描述单件体积。

2. 不带肋的预制遮阳板、雨篷板、挑檐板、拦板等，应按本表平板项目编码列项。

3. 预制 F 形板、双 T 形板、单肋板和带反挑檐的雨篷板、挑檐板、遮阳板等，应按本表带肋板项目编码列项。

4. 预制大型墙板、大型楼板、大型屋面板等，应按本表中大型板项目编码列项。

13. 预制混凝土楼梯

预制混凝土楼梯工程量清单项目设置及工程量计算规则，应按表5-48的规定执行。

表5-48　预制混凝土楼梯（编码：010513）

项目编码	项目名称	项目特征	计量单位	工程量计算规则	工程内容
010513001	楼梯	1. 楼梯类型； 2. 单件体积； 3. 混凝土强度等级； 4. 砂浆（细石混凝土）强度等级	1. m³； 2. 段	1. 以立方米计量，按设计图示尺寸以体积计算。扣除空心踏步板空洞体积； 2. 以段计量，按设计图示数量计算	1. 模板制作、安装、拆除、堆放、运输及清理模内杂物、刷隔离剂等； 2. 混凝土制作、运输、浇筑、振捣、养护； 3. 构件运输、安装； 4. 砂浆制作、运输； 5. 接头灌缝、养护

注：以块计量，必须描述单件体积。

14. 其他预制构件

其他预制构件工程量清单项目设置、项目特征描述的内容、计量单位、工程量计算规则应按表5-49的规定执行。

表5-49　其他预制构件（编码：010514）

项目编码	项目名称	项目特征	计量单位	工程量计算规则	工程内容
010514001	垃圾道、通风道、烟道	1. 单件体积； 2. 混凝土强度等级； 3. 砂浆强度等级	1. m³； 2. m²； 3. 根（块、套）	1. 以立方米计量，按设计图示尺寸以体积计算。不扣除单个面积≤300mm×300mm的孔洞所占体积，扣除烟道、垃圾道、通风道的孔洞所占体积； 2. 以平方米计量，按设计图示尺寸以面积计算。不扣除单个面积≤300mm×300mm的孔洞所占面积； 3. 以根计量，按设计图示尺寸以数量计算	1. 模板制作、安装、拆除、堆放、运输及清理模内杂物、刷隔离剂等； 2. 混凝土制作、运输、浇筑、振捣、养护； 3. 构件运输、安装； 4. 砂浆制作、运输； 5. 接头灌缝、养护
010514002	其他构件	1. 单件体积； 2. 构件的类型； 3. 混凝土强度等级； 4. 砂浆强度等级			

注：1. 以块、根计量，必须描述单件体积。

　　2. 预制钢筋混凝土小型池槽、压顶、扶手、垫块、隔热板、花格等，按本表中其他构件项目编码列项。

15．钢筋工程

钢筋工程工程量清单项目设置、项目特征描述的内容、计量单位、工程量计算规则应按表 5 -50 的规定执行。

表 5 -50　钢筋工程（编码：010515）

项目编码	项目名称	项目特征	计量单位	工程量计算规则	工程内容
010515001	现浇混凝土钢筋	钢筋种类、规格	t	按设计图示钢筋（网）长度（面积）乘单位理论质量计算	1．钢筋制作、运输；2．钢筋安装；3．焊接
010515002	预制构件钢筋				
010515003	钢筋网片				1．钢筋网制作、运输；2．钢筋网安装；3．焊接
040416004	钢筋笼				1．钢筋笼制作、运输；2．钢筋笼安装；3．焊接
010515005	先张法预应力钢筋	1．钢筋种类、规格；2．锚具种类		按设计图示钢筋长度乘单位理论质量计算	1．钢筋制作、运输；2．钢筋张拉
010515006	后张法预应力钢筋	1．钢筋种类、规格；2．钢丝种类、规格；3．钢铰线种类、规格；4．锚具种类；5．砂浆强度等级		按设计图示钢筋（丝束、绞线）长度乘单位理论质量计算。1．低合金钢筋两端均采用螺杆锚具时，钢筋长度按孔道长度减0.35m计算，螺杆另行计算；2．低合金钢筋一端采用镦头插片，另一端采用螺杆锚具时，钢筋长度按孔道长度计算，螺杆另行计算；3．低合金钢筋一端采用镦头插片，另一端采用帮条锚具时，钢筋增加0.15m计算；两端均采用帮条锚具时，钢筋长度按孔道长度增加0.3m计算	1．钢筋、钢丝、钢绞线制作、运输；2．钢筋、钢丝、钢绞线安装；3．预埋管孔道铺设；4．锚具安装；5．砂浆制作、运输；6．孔道压浆、养护
010515007	预应力钢丝				

续表 5 – 50

项目编码	项目名称	项目特征	计量单位	工程量计算规则	工程内容
010515008	预应力钢绞线	1. 钢筋种类、规格； 2. 钢丝种类、规格； 3. 钢绞线种类、规格； 4. 锚具种类； 5. 砂浆强度等级	t	4. 低合金钢筋采用后张混凝土自锚时，钢筋长度按孔道长度增加 0.35m 计算； 5. 低合金钢筋（钢绞线）采用 JM、XM、QM 型锚具，孔道长度 ≤20m 时，钢筋长度增加 1m 计算，孔道长度 >20m 时，钢筋长度增加 1.8m 计算； 6. 碳素钢丝采用锥形锚具，孔道长度 ≤20m 时，钢丝束长度按孔道长度增加 1m 计算，孔道长度 >20m 时，钢丝束长度按孔道长度增加 1.8m 计算； 7. 碳素钢丝采用镦头锚具时，钢丝束长度按孔道长度增加 0.35m 计算	1. 钢筋、钢丝、钢绞线制作、运输； 2. 钢筋、钢丝、钢绞线安装； 3. 预埋管孔道铺设； 4. 锚具安装； 5. 砂浆制作、运输； 6. 孔道压浆、养护
010515009	支撑钢筋（铁马）	1. 钢筋种类； 2. 规格		按钢筋长度乘单位理论质量计算	钢筋制作、焊接、安装
01051510	声测管	1. 材质； 2. 规格型号		按设计图示尺寸质量计算	1. 检测管截断、封头； 2. 套管制作、焊接； 3. 定位、固定

注：1. 现浇构件中伸出构件的锚固钢筋应并入钢筋工程量内。除设计（包括规范规定）标明的搭接外，其他施工搭接不计算工程量，在综合单价中综合考虑。

2. 现浇构件中固定位置的支撑钢筋、双层钢筋用的"铁马"在编制工程量清单时，如果设计未明确，其工程数量可为暂估量，结算时按现场签证数量计算。

16. 螺栓、铁件

螺栓、铁件工程量清单项目设置及工程量计算规则，应按表 5 – 51 的规定执行。

表 5－51　螺栓、铁件（编码：010516）

项目编码	项目名称	项目特征	计量单位	工程量计算规则	工程内容
010516001	螺栓	1. 螺栓种类； 2. 规格	t	按设计图示尺寸以质量计算	1. 螺栓、铁件制作、运输； 2. 螺栓、铁件安装
010516002	预埋铁件	1. 钢材种类； 2. 规格； 3. 铁件尺寸	t	按设计图示尺寸以质量计算	1. 螺栓、铁件制作、运输； 2. 螺栓、铁件安装
010516003	机械连接	1. 连接方式； 2. 螺纹套筒种类； 3. 规格	个	按数量计算	1. 钢筋套丝； 2. 套筒连接

注：编制工程量清单时，如果设计未明确，其工程数量可为暂估量，实际工程量按现场签证数量计算。

【例 5－4】　如图 5－19 所示，混凝土强度等级为 C25，计算独立承台的清单工程量。

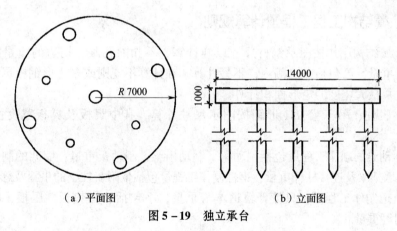

（a）平面图　　　　　　　　　　（b）立面图

图 5－19　独立承台

【解】

清单工程量为：

$$V = 3.1416 \times 7^2 \times 1 = 153.94 \ (m^3)$$

清单工程量计算见表 5－52。

表 5－52　清单工程量计算表

项目编码	项目名称	项目特征描述	计量单位	工程量
010501005001	桩承台基础	混凝土强度等级为 C25	m³	153.94

5.7　金属结构工程

5.7.1　一般规定

（1）定额适用于现场加工制作，也适用于企业附属加工厂制作的构件。

（2）定额的制作，均是按焊接编制的。

（3）构件制作，包括分段制作和整体预装配的人工材料及机械台班用量，整体预装配用的螺栓及锚固杆件用的螺栓，已包括在定额内。

（4）定额除注明者外，均包括现场内（工厂内）的材料运输、号料、加工、组装及成品堆放、装车出厂等全部工序。

（5）定额未包括加工点至安装点的构件运输，应另按构件运输定额相应项目计算。

（6）定额构件制作项目中，均已包括刷一遍防锈漆工料。

（7）钢筋混凝土组合屋架钢拉杆，按屋架钢支撑计算。

（8）定额编号 12 - 1 至 12 - 45 项，其他材料费（以 * 表示）均以下列材料组成；木脚手板 0.03m³；木垫块 0.01m³；铁丝 8 号 0.40kg；砂轮片 0.2g 片；铁砂布 0.07 张；机油 0.04kg；汽油 0.03kg；铅油 0.80kg；棉纱头 0.11kg。其他机械费（以 * 表示）由下列机械组成；座式砂轮机 0.56 台班；手动砂轮机件 0.56 台班；千斤顶 0.56 台班；手动葫芦 0.56 台班；手电钻 0.56 台班。各部门、地区编制价格表时以此计入。

5.7.2　金属结构工程工程量计算规则

（1）金属结构制作按图示钢材尺寸以吨计算，不扣除孔眼、切边的重量；焊条、铆钉、螺栓等重量，已包括在定额内，不另计算。在计算不规则或多边形钢板重量时均以其最大对角线乘最大宽度的矩形面积计算。

（2）实腹柱、吊车梁、H 形钢按图示尺寸计算，其中腹板及翼板宽度按每边增加 25mm 计算。

（3）制动梁的制作工程量包括制动梁、制动桁梁、制动板重量；墙架的制作工程量包括墙架柱、墙架梁及连接柱杆重量；钢柱制作工程量包括依附于柱上的牛腿及悬臂梁重量。

（4）轨道制作工程量，只计算轨道本身重量，不包括轨道垫板、压板、斜垫、夹板及连接角钢等重量。

（5）铁栏杆制作，仅适用于工业厂房中平台、操作台的钢栏杆。民用建筑中铁栏杆等按《全国统一建筑工程基础定额》GJD—101—1995 中的其他章节有关项目计算。

（6）钢漏斗制作工程量，矩形按图示分片，圆形按图示展开尺寸，并依钢板宽度分段计算，每段均以其上口长度（圆形以分段展开上口长度）与钢板宽度，按矩形计算，依附漏斗的型钢并入漏斗重量内计算。

5.7.3　金属结构工程工程量清单计算规则

1. 钢网架

钢网架工程量清单项目设置、项目特征描述、计量单位及工程量计算规则应按表

5 – 53 的规定执行。

表5 – 53　钢网架（编码：010601）

项目编码	项目名称	项目特征	计量单位	工程量计算规则	工程内容
010601001	钢网架	1. 钢材品种、规格； 2. 网架节点形式、连接方式； 3. 网架跨度、安装高度； 4. 探伤要求； 5. 防火要求	t	按设计图示尺寸以质量计算，不扣除孔眼的质量，焊条、铆钉、螺栓等不另增加质量	1. 拼装； 2. 安装； 3. 探伤； 4. 补刷油漆

2. 钢屋架、钢托架、钢桁架、钢架桥

钢屋架、钢托架、钢桁架、钢架桥工程量清单项目设置、项目特征描述、计量单位及工程量计算规则应按表5 – 54 的规定执行。

表5 – 54　钢屋架、钢托架、钢桁架、钢架桥（编码：010602）

项目编码	项目名称	项目特征	计量单位	工程量计算规则	工程内容
010602001	钢屋架	1. 钢材品种、规格； 2. 单榀质量； 3. 屋架跨度、安装高度； 4. 螺栓种类； 5. 探伤要求； 6. 防火要求	1. 榀； 2. t	1. 以榀计量，按设计图示数量计算； 2. 以吨计量，按设计图示尺寸以质量计算。不扣除孔眼的质量，焊条、铆钉、螺栓等不另增加质量	1. 拼装； 2. 安装； 3. 探伤； 4. 补刷油漆
010602002	钢托架	1. 钢材品种、规格； 2. 单榀质量； 3. 安装高度； 4. 螺栓种类； 5. 探伤要求； 6. 防火要求	t	按设计图示尺寸以质量计算。不扣除孔眼的质量，焊条、铆钉、螺栓等不另增加质量	
010602003	钢桁架				
010602004	钢桥架	1. 桥架类型； 2. 钢材品种、规格； 3. 单榀质量； 4. 安装高度； 5. 螺栓种类； 6. 探伤要求			

注：以榀计量，按标准图设计的应注明标准图代号，按非标准图设计的项目特征必须描述单榀屋架的质量。

3. 钢柱

钢柱工程量清单项目设置、项目特征描述、计量单位及工程量计算规则应按表5 – 55 的规定执行。

表 5 - 55　钢柱（编码：010603）

项目编码	项目名称	项目特征	计量单位	工程量计算规则	工程内容
010603001	实腹钢柱	1. 柱类型； 2. 钢材品种、规格； 3. 单根柱质量； 4. 螺栓种类； 5. 探伤要求； 6. 防火要求	t	按设计图示尺寸以质量计算。不扣除孔眼的质量，焊条、铆钉、螺栓等不另增加质量，依附在钢柱上的牛腿及悬臂梁等并入钢柱工程量内	1. 拼装； 2. 安装； 3. 探伤； 4. 补刷油漆
010603002	空腹钢柱				
010603003	钢管柱	1. 钢材品种、规格； 2. 单根柱重量； 3. 螺栓种类； 4. 探伤要求； 5. 防火要求		按设计图示尺寸以质量计算。不扣除孔眼的质量，焊条、铆钉、螺栓等不另增加质量，钢管柱上的节点板、加强环、内衬管、牛腿等并入钢管柱工程量内	

注：1. 实腹钢柱类型指十字、T、L、H形等。

2. 空腹钢柱类型指箱形、格构等。

3. 型钢混凝土柱浇筑钢筋混凝土，其混凝土和钢筋应按"混凝土及钢筋混凝土工程"中相关项目编码列项。

4. 钢梁

钢梁工程量清单项目设置、项目特征描述、计量单位及工程量计算规则应按表 5 - 56 的规定执行。

表 5 - 56　钢梁（编码：010604）

项目编码	项目名称	项目特征	计量单位	工程量计算规则	工程内容
010604001	钢梁	1. 梁类型； 2. 钢材品种、规格； 3. 单根重量； 4. 螺栓种类； 5. 安装高度； 6. 探伤要求； 7. 防火要求	t	按设计图示尺寸以质量计算。不扣除孔眼的质量，焊条、铆钉、螺栓等不另增加质量，制动梁、制动板、制动桁架、车挡并入钢吊车梁工程量内	1. 拼装； 2. 安装； 3. 探伤； 4. 补刷油漆
010604002	钢吊车梁	1. 钢材品种、规格； 2. 单根质量； 3. 螺栓种类； 4. 安装高度； 5. 探伤要求； 6. 防火要求			

注：1. 梁类型指 H 形、L 形、T 形、箱形、格构式等。

2. 型钢混凝土梁浇筑钢筋混凝土，其混凝土和钢筋应按"混凝土及钢筋混凝土工程"中相关项目编码列项。

5. 钢板楼板、墙板

钢板楼板、墙板工程量清单项目设置、项目特征描述、计量单位及工程量计算规则应按表 5 – 57 的规定执行。

表 5 – 57　钢板楼板、墙板（编码：010605）

项目编码	项目名称	项目特征	计量单位	工程量计算规则	工程内容
010605001	钢板楼板	1. 钢材品种、规格； 2. 钢板厚度； 3. 螺栓种类； 4. 防火要求	m²	按设计图示尺寸以铺设水平投影面积计算。不扣除单个面积≤0.3m²柱、垛及孔洞所占面积	1. 制作； 2. 运输； 3. 安装； 4. 刷油漆
010605002	钢板墙板	1. 钢材品种、规格； 2. 钢板厚度、复合板厚度； 3. 螺栓种类； 4. 复合板夹芯材料种类、层数、型号、规格； 5. 防火要求		按设计图示尺寸以铺挂面积计算。不扣除单个面积≤0.3m²的梁、孔洞所占面积，包角、包边、窗台泛水等不另加面积	

注：1. 钢板楼板上浇筑钢筋混凝土，其混凝土和钢筋应按"混凝土及钢筋混凝土工程"中相关项目编码列项。
　　2. 压型钢楼板按本表中钢板楼板项目编码列项。

6. 钢构件

钢构件工程量清单项目设置、项目特征描述、计量单位及工程量计算规则应按表 5 – 58 的规定执行。

表 5 – 58　钢构件（编码：010606）

项目编码	项目名称	项目特征	计量单位	工程量计算规则	工程内容
010606001	钢支撑、钢拉条	1. 钢材品种、规格； 2. 构件类型； 3. 安装高度； 4. 螺栓种类； 5. 探伤要求； 6. 防火要求	t	按设计图示尺寸以质量计算。不扣除孔眼的质量，焊条、铆钉、螺栓等不另增加质量	1. 拼装； 2. 安装； 3. 探伤； 4. 补刷油漆
010606002	钢檩条	1. 钢材品种、规格； 2. 构件类型； 3. 单根质量； 4. 安装高度； 5. 螺栓种类； 6. 探伤要求； 7. 防火要求			

续表 5－58

项目编码	项目名称	项目特征	计量单位	工程量计算规则	工程内容
010606003	钢天窗架	1. 钢材品种、规格； 2. 单榀质量； 3. 安装高度； 4. 螺栓种类； 5. 探伤要求； 6. 防火要求		按设计图示尺寸以质量计算。不扣除孔眼的质量，焊条、铆钉、螺栓等不另增加质量	1. 拼装； 2. 安装； 3. 探伤； 4. 补刷油漆
010606004	钢挡风架	1. 钢材品种、规格； 2. 单榀质量； 3. 螺栓种类； 4. 探伤要求； 5. 防火要求			
010606005	钢墙架				
010606006	钢平台	1. 钢材品种、规格； 2. 螺栓种类； 3. 防火要求		按设计图示尺寸以质量计算。不扣除孔眼的质量，焊条、铆钉、螺栓等不另增加质量	
010606007	钢走道				
010606008	钢梯	1. 钢材品种、规格； 2. 钢梯形式； 3. 螺栓种类； 4. 防火要求	t		
010606009	钢栏杆	1. 钢材品种、规格； 2. 防火要求			1. 拼装； 2. 安装； 3. 探伤； 4. 补刷油漆
010606010	钢漏斗	1. 钢材品种、规格； 2. 漏斗、天沟形式； 3. 安装高度； 4. 探伤要求		按设计图示尺寸以质量计算。不扣除孔眼的质量，焊条、铆钉、螺栓等不另增加质量，依附漏斗或天沟的型钢并入漏斗或天沟工程量内	
010606011	钢板天沟				
010606012	钢支架	1. 钢材品种、规格； 2. 安装高度； 3. 防火要求		按设计图示尺寸以质量计算。不扣除孔眼的质量，焊条、铆钉、螺栓等不另增加质量	
010606013	零星钢构件	1. 构件名称； 2. 钢材品种、规格			

注：1. 钢墙架项目包括墙架柱、墙架梁和连接杆件。
2. 钢支撑、钢拉条类型指单式、复式，钢檩条类型指型钢式、格构式，钢漏斗形式指方形、圆形，天沟形式指矩形沟或半圆形沟。
3. 加工铁件等小型构件，按本表中零星钢构件项目编码列项。

7．金属制品

金属制品工程量清单项目设置、项目特征描述、计量单位及工程量计算规则应按表5－59的规定执行。

表5－59　金属制品（编码：010607）

项目编码	项目名称	项目特征	计量单位	工程量计算规则	工程内容
010607001	成品空调金属百页护栏	1. 材料品种、规格； 2. 边框材质	m²	按设计图示尺寸以框外围展开面积计算	1. 安装； 2. 校正； 3. 预埋铁件及安螺栓
010607002	成品栅栏	1. 材料品种、规格； 2. 边筐及立柱型钢品种、规格			1. 安装； 2. 校正； 3. 预埋铁件； 4. 安螺栓及金属立柱
010607003	成品雨篷	1. 材料品种、规格； 2. 雨篷宽度； 3. 凉衣杆品种、规格	1. m； 2. m²	1. 以米计量，按设计图示接触边以米计算； 2. 以平方米计量，按设计图示尺寸以展开面积计算	1. 安装； 2. 校正； 3. 预埋铁件及安螺栓
010607004	金属网栏	1. 材料品种、规格； 2. 边框及立柱型钢品种、规格	m²	按设计图示尺寸以框外围展开面积计算	1. 安装； 2. 校正； 3. 安螺栓及金属立柱
010607005	砌块墙钢丝网加固	1. 材料品种、规格； 2. 加固方式		按设计图示尺寸以面积计算	1. 铺贴； 2. 铆固
010607006	后浇带金属网				

注：抹灰钢丝网加固按本表中砌块墙钢丝网加固项目编码列项。

【例5－5】　厚度为8mm的、边长不等的不规则五边形钢板，如图5－20所示，计算其施工图预算工程量。

【解】

（1）清单工程量：

8mm厚钢板的理论质量为62.8kg/m²。

钢板的计算面积按其外接矩形面积计算：

$$S = (3+3) \times (3+6)$$
$$= 54 \ (m^2)$$

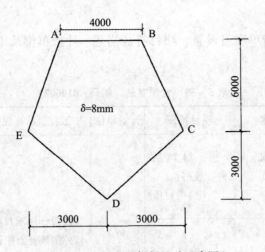

图 5 – 20　五边形钢板尺寸示意图

清单工程量为：

$$62.8 \times 54 = 3391.2 \text{kg} \approx 3.39 \text{t}$$

清单工程量计算见表 5 – 60。

表 5 – 60　清单工程量计算表

项目编码	项目名称	项目特征描述	计量单位	工程量
010606013001	零星钢构件	钢板厚度为 8mm	t	3.39

（2）定额工程量：

钢板的计算面积以其最大对角线乘以最大宽度的矩形面积。

最大对角线为
$$BD = \sqrt{2^2 + 9^2}$$
$$\approx 9.22 \ (\text{m})$$
$$S = 9.22 \times 6$$
$$= 55.32 \ (\text{m}^2)$$

定额工程量为：

$$62.8 \times 55.32 = 3474.10 \text{kg} \approx 3.47 \text{t}$$

5.8　门 窗 工 程

5.8.1　一般规定

（1）定额是按机械和手工操作综合编制的，不论实际采取何种操作方法，均按定额执行。

（2）定额中木材以自然干燥条件下含水率为准编制的，需人工干燥时，其费用可列入木材价格内，由各地区另行确定。

（3）定额中的普通木门窗、组合窗，天窗的木种是以一、二类木种计算的，如果使用三、四类木种时，木门窗制作，按相应项目人工和机械乘以系数1.3；木门窗安装，按相应项目人工和机械乘以系数1.16。其他项目按相应项目人工和机械乘以系数1.35。

（4）高级木门、木扶手、席纹木地板是以三、四类木种编制的，应用时应考虑三、四类木种增加的工人、机械的费用。

（5）定额中的木材用量是以毛料计算的，如设计图上所注尺寸为净料时，应增加刨光损耗（单面刨光为3mm；双面刨光为5mm；圆木每立方米材积增加0.05m³）。

（6）门窗和隔断定额中的玻璃是以3mm普通平板玻璃标箱单价计算的，如采用开片玻璃时，定额玻璃用量除以系数1.15，单价可按开片玻璃单价换算。如玻璃的厚度及品种与定额规定不同时，可以换算。

（7）普通木门窗、高级木门窗和特种门的一般五金（不含门锁费用），已按有关图集进行综合列入定额。对特种五金可按该章定额附表一增加安装人工费，特种五金的材料费按实际价格计入项目直接费中，含在子目中的一般五金的人工、材料费不扣除。

（8）普通木门窗、高级木门窗是按施工企业现场加工及施工企业附属加工厂生产编制的，普通木门窗还包括了场外运输的费用。高级门、特种门如在现场外制作时，每100m²增加304元场外运输费用。外加工门窗，按产品价执行。

（9）定额中木门窗框、扇断面取定如下：

无纱镶板门框：60mm×100mm

有纱镶板门框：60mm×120mm

无纱窗框：60mm×90mm

有纱窗框：60mm×110mm

无纱镶板门扇：45mm×100mm

有纱镶板门扇：45mm×100mm+35mm×100mm

无纱窗扇：45mm×60mm

有纱窗扇：45mm×60mm+35mm×60mm

胶合板板门扇：38mm×60mm

凡设计规定的木材断面与定额不同时，编概算时仍按现场定额执行；编施工图预算时，应按比例进行换算。框断面以边框断面为准（框裁口若为钉条者加贴的断面）；扇料以主梃断面为准。换算公式为：

$$换算材积 = \frac{设计断面（加刨光损耗）}{定额断面} \times 定额材积 \qquad (5-3)$$

（10）定额所附普通木门窗小五金表，仅作备料参考。

（11）弹簧门、厂库大门、钢木大门及其他特种门，定额所附五金铁件表均按标准图用量计算列出，仅作备料参考。

（12）保温门的填充料与定额不同时，可以换算，其他工料不变。

（13）厂库房大门及特种门的钢骨架制作，以钢材重量表示，已包括在定额项目中，不再另列项目计算。

（14）木门窗不论现场或附属加工厂制作，均执行定额规定；现场外制作点至安装地点的运输另行计算。

（15）定额中的普通木窗、钢窗、铝合金窗、塑料窗、彩板组角钢窗等适用于平开式、推拉式、中转式、上、中、下旋式。

（16）定额普通木门窗、天窗，按框制作、框安装、扇制作、扇安装分列项目；厂库房大门，钢木大门及其他特种门按扇制作、扇安装分列项目。

（17）铝合金门窗制作兼安装项目，是按施工企业附属加工厂制作编制的。加工厂至现场堆放点的运输，另行计算。

（18）铝合金地弹门制作（框料）型材是按101.6mm×44.5mm、厚1.5mm方管编制的；单扇平开门、双扇平开窗是按38系列编制的；推拉窗按90系列编制的。若型材断面尺寸及厚度与定额规定不同时，可按附表调整铝合金型材用量，附表中"（　）"内数量为定额取定量。

（19）铝合金卷闸门（包括卷筒、导轨）、彩板组角钢门窗、塑料门窗、钢门窗安装以成品安装编制的。由供应地至现场的运杂费，应记入预算价格中。

（20）玻璃厚度、颜色、密封油膏、软填料，若设计与定额不同时，可以调整。

（21）铝合金门窗、彩板组角钢门窗、塑料门窗、钢门窗成品安装，若每100m² 门窗实际用量超过定额含量1%以上时，可以换算，但人工、机械用量不变。门窗成品包括五金配件在内。

（22）钢门、钢材含量与定额不同时，钢材用量可以换算，其他不变。

（23）铝合金门窗制作、安装（7－259～7－283项）综合的机械台班是以机械折旧费68.26元、大修理费5元、经常修理费12.83元、电力183.94kW·h计。

（24）厂库房大门、特种门定额不包括固定铁件的混凝土垫块及门槛或梁柱内的预埋铁件。

（25）地弹门、双扇全玻地弹门包括不锈钢上下帮地弹簧、玻璃门、拉手、玻璃胶及安装所需辅助材料。

（26）彩板组角钢门窗安装采用附框安装时，扣除门窗安装子目中的膨胀螺栓、密封膏用量及其他材料费。

（27）钢门窗安装按成品件考虑（包括五金配件和铁脚在内）。

（28）钢铁窗安装按成品角钢横档及连接件，设计与定额用量不同时，可以调整，损耗按6%。

（29）实腹式或空腹式钢门窗均执行本定额。

（30）不锈钢片包门框所用木骨架枋材为40mm×45mm，设计与定额不符时可以换算。

5.8.2　门窗工程工程量计算规则

（1）各类门、窗制作、安装工程量均以门、窗洞口面积计算。

（2）普通窗上部带有半圆窗时，工程量应分别按普通窗和半圆窗的相应定额计算。半圆窗的工程量以普通窗和半圆窗之间的中横框上面的裁口线为分界线。

（3）门窗扇包镀锌铁皮，以门、窗洞口面积计算；门窗框包镀锌铁皮、钉橡皮条、钉毛毡按门、窗洞口尺寸以延长米计算。

（4）铝合金门窗制作、安装，铝合金不锈钢门窗、彩板组角钢门窗、塑料门窗、钢门窗安装，均按设计门、窗洞口面积计算。

（5）卷闸门安装按洞口高度增加600mm，乘以门实际宽度以平方米计算。电动装置安装以套计算，小门安装以个计算。

（6）不锈钢片包门框按框外表面面积，以平方米计算；彩板组角钢门窗附框安装以延长米计算。

（7）组合窗、钢天窗为拼装缝需满刮油灰时，每100m²洞口面积增加人工5.54工日、油灰58.5kg。

（8）钢门窗安玻璃，若采用塑料条、橡胶条，按门窗安装工程量每100m²计算压条736m。

5.8.3　门窗工程工程量清单计算规则

1. 木门

木门工程量清单项目设置、项目特征描述、计量单位及工程量计算规则应按表5-61的规定执行。

表 5-61　木门（编码：010801）

项目编码	项目名称	项目特征	计量单位	工程量计算规则	工程内容
010801001	木质门	1. 门代号及洞口尺寸； 2. 镶嵌玻璃品种、厚度	1. 樘； 2. m²	1. 以樘计量，按设计图示数量计算； 2. 以平方米计量，按设计图示洞口尺寸以面积计算	1. 门安装； 2. 玻璃安装； 3. 五金安装
010801002	木质门带套				
010801003	木质连窗门				
010801004	木质防火门				
010801005	木门框	1. 门代号及洞口尺寸； 2. 框截面尺寸； 3. 防护材料种类	1. 樘； 2. m	1. 以樘计量，按设计图示数量计算； 2. 以米计量，按设计图示框的中心线以延长米计算	1. 木门框制作、安装； 2. 运输； 3. 刷防护材料
010801006	门锁安装	1. 锁品种； 2. 锁规格	个（套）	按设计图示数量计算	安装

注：1. 木质门应区分镶板木门、企口木板门、实木装饰门、胶合板门、夹板装饰门、木纱门、全玻门（带木质扇框）、木质半玻门（带木质扇框）等项目，分别编码列项。

2. 木门五金应包括：折页、插销、门碰珠、弓背拉手、搭机、木螺丝、弹簧折页（自动门）、管子拉手（自由门、地弹门）、地弹簧（地弹门）、角铁、门轧头（地弹门、自由门）等。

3. 木质门带套计量按洞口尺寸以面积计算，不包括门套的面积，但门套应计算在综合单价中。

4. 以樘计量，项目特征必须描述洞口尺寸；以平方米计量，项目特征可不描述洞口尺寸。

5. 单独制作安装木门框按木门框项目编码列项。

2. 金属门

金属门工程量清单项目设置、项目特征描述、计量单位及工程量计算规则应按表5-62的规定执行。

表 5 - 62　金属门（编码：010802）

项目编码	项目名称	项目特征	计量单位	工程量计算规则	工程内容
010802001	金属（塑钢）门	1. 门代号及洞口尺寸； 2. 门框或扇外围尺寸； 3. 门框、扇材质； 4. 玻璃品种、厚度	1. 樘； 2. m²	1. 以樘计量，按设计图示数量计算； 2. 以平方米计，按设计图示洞口尺寸以面积计算	1. 门安装； 2. 五金安装； 3. 玻璃安装
010802002	彩板门	1. 门代号及洞口尺寸； 2. 门框或扇外围尺寸			
010802003	钢质防火门	1. 门代号及洞口尺寸； 2. 门框或扇外围尺寸； 3. 门框、扇材质			1. 门安装； 2. 五金安装
010802004	防盗门				

注：1. 金属门应区分金属平开门、金属推拉门、金属地弹门、全玻门（带金属扇框）、金属半玻门（带扇框）等项目，分别编码列项。

2. 铝合金门五金包括：地弹簧、门锁、拉手、门插、门铰、螺丝等。

3. 金属门五金包括 L 型执手插锁（双舌）、执手锁（单舌）、门轨头、地锁、防盗门机、门眼（猫眼）、门碰珠、电子锁（磁卡锁）、闭门器、装饰拉手等。

4. 以樘计量，项目特征必须描述洞口尺寸，没有洞口尺寸必须描述门框或扇外围尺寸，以平方米计量，项目特征可不描述洞口尺寸及框、扇的外围尺寸。

5. 以平方米计量，无设计图示洞口尺寸，按门框、扇外围以面积计算。

3. 金属卷帘（闸）门

金属卷帘（闸）门工程量清单项目设置、项目特征描述、计量单位及工程量计算规则应按表 5 - 63 的规定执行。

表 5 - 63　金属卷帘（闸）门（编码：010803）

项目编码	项目名称	项目特征	计量单位	工程量计算规则	工程内容
010803001	金属卷帘（闸）门	1. 门代号及洞口尺寸； 2. 门材质； 3. 启动装置品种、规格	1. 樘； 2. m²	1. 以樘计量，按设计图示数量计算； 2. 以平方米计量，按设计图示洞口尺寸以面积计算	1. 门运输、安装； 2. 启动装置、活动小门、五金安装
010803002	防火卷帘（闸）门				

注：以樘计量，项目特征必须描述洞口尺寸；以平方米计量，项目特征可不描述洞口尺寸。

4. 厂库房大门、特种门

厂库房大门、特种门工程量清单项目设置、项目特征描述、计量单位及工程量计算规则应按表 5 - 64 的规定执行。

表 5 - 64　厂库房大门、特种门（编码：010804）

项目编码	项目名称	项目特征	计量单位	工程量计算规则	工程内容
010804001	木板大门	1. 门代号及洞口尺寸； 2. 门框或扇外围尺寸； 3. 门框、扇材质； 4. 五金种类、规格； 5. 防护材料种类		1. 以樘计量，按设计图示数量计算； 2. 以平方米计量，按设计图示洞口尺寸以面积计算	1. 门（骨架）制作、运输； 2. 门、五金配件安装； 3. 刷防护材料
010804002	钢木大门				
010804003	全钢板大门				
010804004	防护铁丝门			1. 以樘计量，按设计图示数量计算； 2. 以平方米计量，按设计图示门框或扇以面积计算	
010804005	金属格栅门	1. 门代号及洞口尺寸； 2. 门框或扇外围尺寸； 3. 门框、扇材质； 4. 启动装置的品种、规格	1. 樘 2. m²	1. 以樘计量，按设计图示数量计算； 2. 以平方米计量，按设计图示洞口尺寸以面积计算	1. 门安装； 2. 启动装置、五金配件安装
010804006	钢质花饰大门	1. 门代号及洞口尺寸； 2. 门框或扇外围尺寸； 3. 门框、扇材质		1. 以樘计量，按设计图示数量计算； 2. 以平方米计量，按设计图示门框或扇以面积计算	1. 门安装； 2. 五金配件安装
010804007	特种门			1. 以樘计量，按设计图示数量计算； 2. 以平方米计量，按设计图示洞口尺寸以面积计算	

注：1. 特种门应区分冷藏门、冷冻间门、保温门、变电室门、隔音门、防射线门、人防门、金库门等项目，分别编码列项。

2. 以樘计量，项目特征必须描述洞口尺寸，没有洞口尺寸必须描述门框或扇外围尺寸；以平方米计量，项目特征可不描述洞口尺寸及框、扇的外围尺寸。

3. 以平方米计量，无设计图示洞口尺寸，按门框、扇外围以面积计算。

5. 其他门

其他门工程量清单项目设置、项目特征描述、计量单位及工程量计算规则应按表 5 – 65
的规定执行。

表 5 – 65 其他门（编码：010805）

项目编码	项目名称	项目特征	计量单位	工程量计算规则	工程内容
010805001	电子感应门	1. 门代号及洞口尺寸； 2. 门框或扇外围尺寸；	1. 樘； 2. m²	1. 以樘计量，按设计图示数量计算； 2. 以平方米计量，按设计图示洞口尺寸以面积计算	1. 门安装； 2. 启动装置、五金、电子配件安装
010805002	旋转门	3. 门框、扇材质； 4. 玻璃品种、厚度； 5. 启动装置的品种、规格； 6. 电子配件品种、规格			
010805003	电子对讲门	1. 门代号及洞口尺寸； 2. 门框或扇外围尺寸；			
010805004	电动伸缩门	3. 门材质； 4. 玻璃品种、厚度； 5. 启动装置的品种、规格； 6. 电子配件品种、规格			
010805005	全玻自由门	1. 门代号及洞口尺寸； 2. 门框或扇外围尺寸； 3. 框材质； 4. 玻璃品种、厚度			1. 门安装； 2. 五金安装
010805006	镜面不锈钢饰面门	1. 门代号及洞口尺寸； 2. 门框或扇外围尺寸； 3. 框、扇材质； 4. 玻璃品种、厚度			
010805007	复合材料门				

注：1. 以樘计量，项目特征必须描述洞口尺寸，没有洞口尺寸必须描述门框或扇外围尺寸；以平方米计量，项目特征可不描述洞口尺寸及框、扇的外围尺寸。

2. 以平方米计量，无设计图示洞口尺寸，按门框、扇外围以面积计算。

6. 木窗

木窗工程量清单项目设置、项目特征描述、计量单位及工程量计算规则应按表 5 – 66
的规定执行。

表 5 – 66　木窗（编码：010806）

项目编码	项目名称	项目特征	计量单位	工程量计算规则	工程内容
010806001	木质窗	1. 窗代号及洞口尺寸； 2. 玻璃品种、厚度； 3. 防护材料种类	1. 樘； 2. m²	1. 以樘计量，按设计图示数量计算； 2. 以平方米计量，按设计图示洞口尺寸以面积计算	1. 窗安装； 2. 五金、玻璃安装
010806003	木飘（凸）窗				
010806002	木橱窗	1. 窗代号； 2. 框截面及外围展开面积； 3. 玻璃品种、厚度； 4. 防护材料种类		1. 以樘计量，按设计图示数量计算； 2. 以平方米计量，按设计图示尺寸以框外围展开面积计算	1. 窗制作、运输、安装； 2. 五金、玻璃安装； 3. 刷防护材料
010806004	木纱窗	1. 窗代号及框的外围尺寸； 2. 纱窗材料品种、规格		1. 以樘计量，按设计图示数量计算； 2. 以平方米计量，按框的外围尺寸以面积计算	1. 窗安装； 2. 五金安装

注：1. 木质窗应区分木百叶窗、木组合窗、木天窗、木固定窗、木装饰空花窗等项目，分别编码列项。
　　2. 以樘计量，项目特征必须描述洞口尺寸，没有洞口尺寸必须描述窗框外围尺寸；以平方米计量，项目特征可不描述洞口尺寸及框的外围尺寸。
　　3. 以平方米计量，无设计图示洞口尺寸，按窗框外围以面积计算。
　　4. 木橱窗、木飘（凸）窗以樘计量，项目特征必须描述框截面及外围展开面积。
　　5. 木窗五金包括：折页、插销、风钩、木螺丝、滑轮滑轨（推拉窗）等。

7. 金属窗

金属窗工程量清单项目设置及工程量计算规则应按表 5 – 67 的规定执行。

表 5 – 67　金属窗（编码：010807）

项目编码	项目名称	项目特征	计量单位	工程量计算规则	工程内容
010807001	金属（塑钢、断桥）窗	1. 窗代号及洞口尺寸； 2. 框、扇材质； 3. 玻璃品种、厚度	1. 樘； 2. m²	1. 以樘计量，按设计图示数量计算； 2. 以平方米计量，按设计图示洞口尺寸以面积计算	1. 窗安装； 2. 五金、玻璃安装
010807002	金属防火窗				
010807003	金属百叶窗				

续表 5－67

项目编码	项目名称	项目特征	计量单位	工程量计算规则	工程内容
010807004	金属纱窗	1. 窗代号及洞口尺寸； 2. 框材质； 3. 窗纱材料品种、规格	1. 樘； 2. m²	1. 以樘计量，按设计图示数量计算； 2. 以平方米计量，按框的外围尺寸以面积计算	1. 窗安装； 2. 五金、玻璃安装
010807005	金属格栅窗	1. 窗代号及洞口尺寸； 2. 框外围尺寸； 3. 框、扇材质		1. 以樘计量，按设计图示数量计算； 2. 以平方米计量，按设计图示洞口尺寸以面积计算	
010807006	金属（塑钢、断桥）橱窗	1. 窗代号； 2. 框外围展开面积； 3. 框、扇材质； 4. 玻璃品种、厚度； 5. 防护材料种类		1. 以樘计量，按设计图示数量计算； 2. 以平方米计量，按设计图示尺寸以框外围展开面积计算	1. 窗制作、运输、安装； 2. 五金、玻璃安装； 3. 刷防护材料
010807007	金属（塑钢、断桥）飘（凸）窗	1. 窗代号； 2. 框外围展开面积； 3. 框、扇材质； 4. 玻璃品种、厚度			
010807008	彩板窗	1. 窗代号及洞口尺寸； 2. 框外围尺寸； 3. 框、扇材质； 4. 玻璃品种、厚度		1. 以樘计量，按设计图示数量计算； 2. 以平方米计量，按设计图示洞口尺寸或框外围以面积计算	1. 窗安装； 2. 五金、玻璃安装
010807009	复合材料窗				

注：1. 金属窗应区分金属组合窗、防盗窗等项目，分别编码列项。

2. 以樘计量，项目特征必须描述洞口尺寸，没有洞口尺寸必须描述窗框外围尺寸；以平方米计量，项目特征可不描述洞口尺寸及框的外围尺寸。

3. 以平方米计量，无设计图示洞口尺寸，按窗框外围以面积计算。

4. 金属橱窗、飘（凸）窗以樘计量，项目特征必须描述框外围展开面积。

5. 金属窗五金包括：折页、螺丝、执手、卡锁、铰拉、风撑、滑轮、滑轨、拉把、拉手、角码、牛角制等。

8．门窗套

门窗套工程量清单项目设置、项目特征描述、计量单位及工程量计算规则应按表 5－68 的规定执行。

表 5－68　门窗套（编码：010808）

项目编码	项目名称	项目特征	计量单位	工程量计算规则	工程内容
010808001	木门窗套	1．窗代号及洞口尺寸； 2．门窗套展开宽度； 3．基层材料种类； 4．面层材料品种、规格； 5．线条品种、规格； 6．防护材料种类			1．清理基层； 2．立筋制作、安装； 3．基层板安装； 4．面层铺贴； 5．线条安装； 6．刷防护材料
010808002	木筒子板	1．筒子板宽度； 2．基层材料种类； 3．面层材料品种、规格； 4．线条品种、规格； 5．防护材料种类		1．以樘计量，按设计图示数量计算； 2．以平方米计量，按设计图示尺寸以展开面积计算； 3．以米计量，按设计图示中心以延长米计算	
010808003	饰面夹板筒子板		1．樘； 2．m²； 3．m		
010808004	金属门窗套	1．窗代号及洞口尺寸； 2．门窗套展开宽度； 3．基层材料种类； 4．面层材料品种、规格； 5．防护材料种类			1．清理基层； 2．立筋制作、安装； 3．基层板安装； 4．面层铺贴； 5．刷防护材料
010808005	石材门窗套	1．窗代号及洞口尺寸； 2．门窗套展开宽度； 3．粘结层厚度、砂浆配合比； 4．面层材料品种、规格； 5．线条品种、规格			1．清理基层； 2．立筋制作、安装； 3．基层抹灰； 4．面层铺贴； 5．线条安装
010808006	门窗木贴脸	1．门窗代号及洞口尺寸； 2．贴脸板宽度； 3．防护材料种类	1．樘； 2．m	1．以樘计量，按设计图示数量计算； 2．以米计量，按设计图示尺寸以延长米计算	安装

续表 5 – 68

项目编码	项目名称	项目特征	计量单位	工程量计算规则	工程内容
010808007	成品木门窗套	1. 窗代号及洞口尺寸； 2. 门窗套展开宽度； 3. 门窗套材料品种、规格	1. 樘； 2. m²； 3. m	1. 以樘计量，按设计图示数量计算； 2. 以平方米计量，按设计图示尺寸以展开面积计算； 3. 以米计量，按设计图示中心以延长米计算	1. 清理基层； 2. 立筋制作、安装； 3. 板安装

注：1. 以樘计量，项目特征必须描述洞口尺寸、门窗套展开宽度。

　　2. 以平方米计量，项目特征可不描述洞口尺寸、门窗套展开宽度。

　　3. 以米计量，项目特征必须描述门窗套展开宽度、筒子板及贴脸宽度。

　　4. 木门窗套适用于单独门窗套的制作、安装。

9. 窗台板

窗台板工程量清单项目设置、项目特征描述、计量单位及工程量计算规则应按表 5 – 69 的规定执行。

表 5 – 69　窗台板（编码：010809）

项目编码	项目名称	项目特征	计量单位	工程量计算规则	工程内容
010809001	木窗台板	1. 基层材料种类； 2. 窗台面板材质、规格、颜色； 3. 防护材料种类	m²	按设计图示尺寸以展开面积计算	1. 基层清理； 2. 基层制作、安装； 3. 窗台板制作、安装； 4. 刷防护材料
010809002	铝塑窗台板				
010809003	金属窗台板				
010809004	石材窗台板	1. 粘结层厚度、砂浆配合比； 2. 窗台板材质、规格、颜色			1. 基层清理； 2. 抹找平层； 3. 窗台板制作、安装

10. 窗帘、窗帘盒、轨

窗帘、窗帘盒、轨工程量清单项目设置、项目特征描述、计量单位及工程量计算规则应按表 5 – 70 的规定执行。

表 5－70　窗帘、窗帘盒、轨（编码：010810）

项目编码	项目名称	项目特征	计量单位	工程量计算规则	工程内容
010810001	窗帘（杆）	1. 窗帘材质； 2. 窗帘高度、宽度； 3. 窗帘层数； 4. 带幔要求	m	1. 以米计量，按设计图示尺寸以成活后长度计算； 2. 以平方米计量，按图示尺寸以成活后展开面积计算	1. 制作、运输； 2. 安装
010810002	木窗帘盒	1. 窗帘盒材质、规格； 2. 防护材料种类		按设计图示尺寸以长度计算	1. 制作、运输、安装； 2. 刷防护材料
010810003	饰面夹板、塑料窗帘盒				
010810004	铝合金窗帘盒				
010810005	窗帘轨	1. 窗帘轨材质、规格； 2. 轨的数量； 3. 防护材料种类			

注：1. 窗帘若是双层，项目特征必须描述每层材质。

2. 窗帘以米计量，项目特征必须描述窗帘高度和宽。

5.9　屋面及防水工程

5.9.1　一般规定

（1）水泥瓦、黏土瓦、小青瓦、石棉瓦规格与定额不同时，瓦材数量可以换算，其他不变。

（2）高分子卷材厚度：再生橡胶卷材按 1.5mm，其他均按 1.2mm 取定。

（3）防水工程也适用于楼地面、墙基、墙身、构筑物、水池、水塔及室内厕所、浴室等防水，建筑物 ±0.000 以下的防水、防潮工程按防水工程相应项目计算。

（4）三元乙丙丁基橡胶卷材屋面防水，按相应三元乙丙橡胶卷材屋面防水项目计算。

（5）氯丁冷胶"二布三涂"项目，其"三涂"是指涂料构成防水层数并非指涂刷遍数；每一层"涂层"刷二遍至数遍不等。

（6）定额中沥青、玛琋脂均指石油沥青、石油沥青玛琋脂。

（7）变形缝填缝：建筑油膏聚氯乙烯胶泥断面取定为 3cm×2cm；油浸木丝板取定为 2.5cm×15cm；紫铜板止水带是 2mm 厚，展开宽为 45cm；氯丁橡胶宽为 30cm，涂刷式氯丁胶贴玻璃止水片宽为 35cm。其余均为 15cm×3cm。如设计断面不同时，用料可以换算。

（8）盖缝：木板盖缝断面为 20cm×2.5cm；如设计断面不同时，用料可以换算，人工不变。

（9）屋面砂浆找平层，面层按楼地面相应定额项目计算。

5.9.2　屋面及防水工程工程量计算规则

1.瓦屋面、金属压型板屋面

瓦屋面、金属压型板（包括挑檐部分）均按图 5－21 中尺寸的水平投影面积乘以屋面坡度系数（表 5－71）以平方米计算。不扣除房上烟囱、风帽底座、风道、屋面小气窗、斜沟等所占面积，屋面小气窗的出檐部分亦不增加。

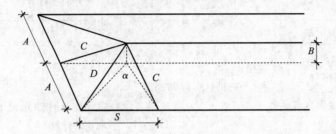

图 5－21　瓦屋面、金属压型板工程量计算示意图

表 5－71　屋面坡度系数

坡度 B（A＝1）	坡度 B/2A	坡度角度 α	延迟系数（A＝1）	隔延迟系数（A＝1）
1	1/2	45°	1.4142	1.7321
0.75	—	36°52′	1.2500	1.6008
0.70	—	35°	1.2207	1.5779
0.666	1/3	33°40′	1.2015	1.5620
0.65	—	33°01′	1.1926	1.5564
0.60	—	30°58′	1.1662	1.5362
0.577	—	30°	1.1547	1.5270
0.55	—	28°49′	1.1413	1.5170
0.50	1/4	26°34′	1.1180	1.5000
0.45	—	24°14′	1.0966	1.4839
0.40	1/5	21°48′	1.0770	1.4697
0.35	—	19°17′	1.0594	1.4569
0.30	—	16°42′	1.0440	1.4457
0.25	—	14°02′	1.0308	1.4362
0.20	1/10	11°19′	1.0198	1.4283
0.15	—	8°32′	1.0112	1.4221

续表 5 - 71

坡度 B (A=1)	坡度 B/2A	坡度角度 α	延迟系数 (A=1)	隔延迟系数 (A=1)
0.125	—	7°8′	1.0078	1.4191
0.100	1/20	5°42′	1.0050	1.4177
0.083	—	4°45′	1.0035	1.4166
0.066	1/30	3°49′	1.0022	1.4157

注：1. 两坡排水屋面面积为屋面水平投影面积乘以延迟系数 C。

2. 四坡排水屋面斜脊长度 $=A \times D$（当 $S=A$ 时）。

3. 沿山墙泛水长度 $=A \times C$。

2．卷材屋面

1）卷材屋面按图示尺寸的水平投影面积乘以规定的坡度系数（表 5 - 65），以平方米计算。但不扣除房上烟囱、风帽底座、风道、屋面小气窗和斜沟所占的面积，屋面的女儿墙、伸缩缝和天窗等处的弯起部分，按图示尺寸并入屋面工程量计算。如图纸无规定时，伸缩缝、女儿墙的弯起部分可按 250mm 计算，天窗弯起部分可按 500mm 计算。

2）卷材屋面的附加层、接缝、收头、找平层的嵌缝、冷底子油已计入定额内，不另计算。

3．涂膜屋面

涂膜屋面的工程量计算同卷材屋面。涂膜屋面的油膏嵌缝、玻璃布盖缝、屋面分格缝，以延长米计算。

4．屋面排水

1）铁皮排水按图示尺寸以展开面积计算，如图纸没有注明尺寸时，可按表 5 - 72 计算。咬口和搭接等已计入定额项目中，不另计算。

表 5 - 72 铁皮排水单体零件折算表

名 称		单位	水落管 (m)	檐沟 (m)	水斗 (个)	漏斗 (个)	下水口 (个)	—	—
铁皮排水	水落管、檐沟、水斗、漏斗、下水口	m²	0.32	0.30	0.40	0.16	0.45	—	—
	天沟、斜沟、天窗窗台泛水、天窗侧面泛水、烟囱泛水、通气管泛水、滴水檐头泛水、滴水	m²	天沟 (m)	斜沟、天窗窗台泛水 (m)	天窗侧面泛水 (m)	烟囱泛水 (m)	通气管泛水 (m)	滴水檐头泛水 (m)	滴水 (m)
			1.30	0.50	0.70	0.80	0.22	0.24	0.11

2）铸铁、玻璃钢水落管区别不同直径按图示尺寸以延长米计算，雨水口、水斗、弯头、短管以个计算。

5. 防水工程

（1）建筑物地面防水、防潮层，按主墙间净空面积计算，扣除凸出地面的构筑物、设备基础等所占的面积，不扣除柱、垛、间壁墙、烟囱及0.3m²以内孔洞所占面积。与墙面连接处高度在500mm以内者按展开面积计算，并入平面工程量内，超过500mm时，按立面防水层计算。

（2）建筑物墙基防水、防潮层，外墙长度按中心线，内墙按净长乘以宽度以平方米计算。

（3）构筑物及建筑物地下室防水层，按实铺面积计算，但不扣除0.3m²以内的孔洞面积。平面与立面交接处的防水层，其上卷高度超过500mm时，按立面防水层计算。

（4）防水卷材的附加层、接缝、收头、冷底子油等人工材料均已计入定额内，不另计算。

（5）变形缝按延长米计算。

5.9.3 屋面及防水工程工程量清单计算规则

1. 瓦、型材及其他屋面

瓦、型材及其他屋面工程量清单项目设置、项目特征描述、计量单位及工程量计算规则应按表5-73的规定执行。

表5-73　瓦、型材及其他屋面（编码：010901）

项目编码	项目名称	项目特征	计量单位	工程量计算规则	工程内容
010901001	瓦屋面	1. 瓦品种、规格； 2. 粘结层砂浆的配合比	m²	按设计图示尺寸以斜面积计算。不扣除房上烟囱、风帽底座、风道、小气窗、斜沟等所占面积。小气窗的出檐部分不增加面积	1. 砂浆制作、运输、摊铺、养护； 2. 安瓦、作瓦脊
010901002	型材屋面	1. 型材品种、规格； 2. 金属檩条材料品种、规格； 3. 接缝、嵌缝材料种类			1. 檩条制作、运输、安装； 2. 屋面型材安装； 3. 接缝、嵌缝
010901003	阳光板屋面	1. 阳光板品种、规格； 2. 骨架材料品种、规格； 3. 接缝、嵌缝材料种类； 4. 油漆品种、刷漆遍数		按设计图示尺寸以斜面积计算。不扣除屋面面积≤0.3m²孔洞所占面积	1. 骨架制作、运输、安装、刷防护材料、油漆； 2. 阳光板安装； 3. 接缝、嵌缝

续表 5 - 73

项目编码	项目名称	项目特征	计量单位	工程量计算规则	工程内容
010901004	玻璃钢屋面	1. 玻璃钢品种、规格； 2. 骨架材料品种、规格； 3. 玻璃钢固定方式； 4. 接缝、嵌缝材料种类； 5. 油漆品种、刷漆遍数	m²	按设计图示尺寸以斜面积计算。不扣除屋面面积≤0.3m²孔洞所占面积	1. 骨架制作、运输、安装、刷防护材料、油漆； 2. 玻璃钢制作、安装； 3. 接缝、嵌缝
010901005	膜结构屋面	1. 膜布品种、规格； 2. 支柱（网架）钢材品种、规格； 3. 钢丝绳品种、规格； 4. 锚固基座做法； 5. 油漆品种、刷漆遍数		按设计图示尺寸以需要覆盖的水平投影面积计算	1. 膜布热压胶接； 2. 支柱（网架）制作、安装； 3. 膜布安装； 4. 穿钢丝绳、锚头锚固； 5. 锚固基座挖土、回填； 6. 刷防护材料，油漆

注：1. 瓦屋面若是在木基层上铺瓦，项目特征不必描述粘结层砂浆的配合比，瓦屋面铺防水层，按表 5-74 屋面防水及其他中相关项目编码列项。

　　2. 型材屋面、阳光板屋面、玻璃钢屋面的柱、梁、屋架，按"金属结构工程"、"木结构工程"中相关项目编码列项。

2．屋面防水及其他

屋面防水剂其他工程量清单项目设置、项目特征描述、计量单位及工程量计算规则应按表 5-74 的规定执行。

表 5 -74　屋面防水及其他（编码：010902）

项目编码	项目名称	项目特征	计量单位	工程量计算规则	工程内容
010902001	屋面卷材防水	1. 卷材品种、规格、厚度； 2. 防水层数； 3. 防水层做法	m²	按设计图示尺寸以面积计算。 1. 斜屋顶（不包括平屋顶找坡）按斜面积计算，平屋顶按水平投影面积计算； 2. 不扣除房上烟囱、风帽底座、风道、屋面小气窗和斜沟所占面积； 3. 屋面的女儿墙、伸缩缝和天窗等处的弯起部分，并入屋面工程量内	1. 基层处理； 2. 刷底油； 3. 铺油毡卷材、接缝
010902002	屋面涂膜防水	1. 防水膜品种； 2. 涂膜厚度、遍数； 3. 增强材料种类			1. 基层处理； 2. 刷基层处理剂； 3. 铺布、喷涂防水层

续表 5-74

项目编码	项目名称	项目特征	计量单位	工程量计算规则	工程内容
010902003	屋面刚性层	1. 刚性层厚度； 2. 混凝土强度等级； 3. 嵌缝材料种类； 4. 钢筋规格、型号	m²	按设计图示尺寸以面积计算，不扣除房上烟囱、风帽底座、风道等所占面积	1. 基层处理； 2. 混凝土制作、运输、铺筑、养护； 3. 钢筋制安
010902004	屋面排水管	1. 排水管品种、规格； 2. 雨水斗、山墙出水口品种、规格； 3. 接缝、嵌缝材料种类； 4. 油漆品种、刷漆遍数	m	按设计图示尺寸以长度计算，如设计未标注尺寸，以檐口至设计室外散水上表面垂直距离计算	1. 排水管及配件安装、固定； 2. 雨水斗、山墙出水口、雨水算子安装； 3. 接缝、嵌缝； 4. 刷漆
010902005	屋面排（透）气管	1. 排（透）气管品种、规格； 2. 接缝、嵌缝材料种类； 3. 油漆品种、刷漆遍数		按设计图示尺寸以长度计算	1. 排（透）气管及配件安装、固定； 2. 铁件制作、安装； 3. 接缝、嵌缝； 4. 刷漆
010902006	屋面（廊、阳台）泄（吐）水管	1. 吐水管品种、规格； 2. 接缝、嵌缝材料种类； 3. 吐水管长度； 4. 油漆品种、刷漆遍数	根（个）	按设计图示数量计算	1. 水管及配件安装、固定； 2. 接缝、嵌缝； 3. 刷漆
010902007	屋面天沟、檐沟	1. 材料品种、规格； 2. 接缝、嵌缝材料种类	m²	按设计图示尺寸以展开面积计算	1. 天沟材料铺设； 2. 天沟配件安装； 3. 接缝、嵌缝； 4. 刷防护材料

续表 5 – 74

项目编码	项目名称	项目特征	计量单位	工程量计算规则	工程内容
010902008	屋面变形缝	1. 嵌缝材料种类； 2. 止水带材料种类； 3. 盖缝材料； 4. 防护材料种类	m	按设计图示以长度计算	1. 清缝； 2. 填塞防水材料； 3. 止水带安装； 4. 盖缝制作、安装； 5. 刷防护材料

　　注：1. 屋面刚性层无钢筋，其钢筋项目特征不必描述。

　　　　2. 屋面找平层按"楼地面装饰工程"中"平面砂浆找平层"的项目编码列项。

　　　　3. 屋面防水搭接及附加层用量不另行计算，在综合单价中考虑。

　　　　4. 屋面保温找坡层按"保温、隔热、防腐工程"中"保温隔热屋面"的项目编码列项。

3. 墙面防水、防潮

　　墙面防水、防潮工程量清单项目设置、项目特征描述、计量单位及工程量计算规则应按表 5 – 75 的规定执行。

表 5 – 75　墙面防水、防潮（编码：010903）

项目编码	项目名称	项目特征	计量单位	工程量计算规则	工程内容
010903001	墙面卷材防水	1. 卷材品种、规格、厚度； 2. 防水层数； 3. 防水层做法	m²	按设计图示尺寸以面积计算	1. 基层处理； 2. 刷粘结剂； 3. 铺防水卷材； 4. 接缝、嵌缝
010903002	墙面涂膜防水	1. 防水膜品种； 2. 涂膜厚度、遍数； 3. 增强材料种类			1. 基层处理； 2. 刷基层处理剂； 3. 铺布、喷涂防水层
010903003	墙面砂浆防水（防潮）	1. 防水层做法； 2. 砂浆厚度、配合比； 3. 钢丝网规格			1. 基层处理； 2. 挂钢丝网片； 3. 设置分格缝； 4. 砂浆制作、运输、摊铺、养护

续表 5 – 75

项目编码	项目名称	项目特征	计量单位	工程量计算规则	工程内容
010903004	墙面变形缝	1. 嵌缝材料种类; 2. 止水带材料种类; 3. 盖缝材料; 4. 防护材料种类	m	按设计图示以长度计算	1. 清缝; 2. 填塞防水材料; 3. 止水带安装; 4. 盖缝制作、安装; 5. 刷防护材料

注：1. 墙面防水搭接及附加层用量不另行计算，在综合单价中考虑。

2. 墙面变形缝，若做双面，工程量乘系数 2。

3. 墙面找平层按"墙、柱面装饰与隔断、幕墙工程"中"立面砂浆找平层"的项目编码列项。

4. 楼（地）面防水、防潮

楼（地）面防水、防潮工程量清单项目设置、项目特征描述、计量单位及工程量计算规则应按表 5 – 76 的规定执行。

表 5 – 76　楼（地）面防水、防潮（编码：010904）

项目编码	项目名称	项目特征	计量单位	工程量计算规则	工程内容
010904001	楼（地）面卷材防水	1. 卷材品种、规格、厚度; 2. 防水层数; 3. 防水层做法; 4. 反边高度	m²	按设计图示尺寸以面积计算。 1. 楼（地）面防水：按主墙间净空面积计算，扣除凸出地面的构筑物、设备基础等所占面积，不扣除间壁墙及单个面积 ≤ 0.3m² 柱、垛、烟囱和孔洞所占面积; 2. 楼（地）面防水反边高度≤300mm 算作地面防水，反边高度>300mm 算作墙面防水	1. 基层处理; 2. 刷粘结剂; 3. 铺防水卷材; 4. 接缝、嵌缝
010904002	楼（地）面涂膜防水	1. 防水膜品种; 2. 涂膜厚度、遍数; 3. 增强材料种类; 4. 反边高度			1. 基层处理; 2. 刷基层处理剂; 3. 铺布、喷涂防水层
010904003	楼（地）面砂浆防水（防潮）	1. 防水层做法; 2. 砂浆厚度、配合比; 3. 反边高度			1. 基层处理; 2. 砂浆制作、运输、摊铺、养护
010904004	楼（地）面变形缝	1. 嵌缝材料种类; 2. 止水带材料种类; 3. 盖缝材料; 4. 防护材料种类	m	按设计图示以长度计算	1. 清缝; 2. 填塞防水材料; 3. 止水带安装; 4. 盖缝制作、安装; 5. 刷防护材料

注：1. 楼（地）面防水找平层按"楼地面装饰工程"中"平面砂浆找平层"的项目编码列项。

2. 楼（地）面防水搭接及附加层用量不另行计算，在综合单价中考虑。

5.10 保温、隔热、防腐工程

5.10.1 一般规定

1. 耐酸防腐

（1）整体面层、隔离层适用于平面、立面的防腐耐酸工程，包括沟、坑、槽。

（2）块料面层以平面砌为准，砌立面者按平面砌相应项目，人工乘以系数1.38，踢脚板人工乘以系数1.56，其他不变。

（3）各种砂浆、胶泥、混凝土材料的种类，配合比及各种整体面层的厚度，如设计与定额不同时，可以换算，但各种块料面层的结合层砂浆或胶泥厚度不变。

（4）防腐、保温、隔热工程中的各种面层，除软聚氯乙烯塑料地面外，均不包括踢脚板。

（5）花岗岩板以六面剁斧的板材为准。如底面为毛面者，水玻璃砂浆增加0.38m^3；耐酸沥青砂浆增加0.44m^3。

2. 保温隔热

（1）定额适用于中温、低温及恒温的工业厂（库）房隔热工程，以及一般保温工程。

（2）定额只包括保温隔热材料的铺贴，不包括隔气防潮、保护层或衬墙等。

（3）隔热层铺贴，除松散稻壳、玻璃棉、矿渣棉为散装外，其他保温材料均以石油沥青（30号）作胶结材料。

（4）稻壳已包括装前的筛选、除尘工序，稻壳中如需增加药物防虫时，材料另行计算，人工不变。

（5）玻璃棉、矿渣棉包装材料和人工均已包括在定额内。

（6）墙体铺贴块体材料，包括基层涂沥青一遍。

5.10.2 保温、隔热、防腐工程工程量计算规则

1. 防腐工程预算

（1）防腐工程项目应区分不同防腐材料种类及其厚度，按设计实铺面积以平方米计算。应扣除凸出地面的构筑物、设备基础等所占的面积，砖垛等突出墙面部分按展开面积计算并入墙面防腐工程量之内。

（2）踢脚板按实铺长度乘以高度以平方米计算，应扣除门洞所占面积并相应增加侧壁展开面积。

（3）平面砌筑双层耐酸块料时，按单层面积乘以系数2计算。

（4）防腐卷材接缝、附加层、收头等人工材料已计入在定额中，不再另行计算。

2. 保温隔热工程预算

（1）保温隔热层应区别不同保温隔热材料，除另有规定者外，均按设计实铺厚度以立方米计算。

（2）保温隔热层的厚度按隔热材料（不包括胶结材料）净厚度计算。

（3）地面隔热层按围护结构墙体间净面积乘以设计厚度以立方米计算，不扣除柱、垛所占的体积。

（4）墙体隔热层，外墙按隔热层中心线、内墙按隔热层净长乘以图示尺寸的高度及厚度以立方米计算。应扣除冷藏门洞口和管道穿墙洞口所占的体积。

（5）柱包隔热层，按图示柱的隔热层中心线的展开长度乘以图示尺寸高度及厚度以立方米计算。

（6）其他保温隔热：

1）池槽隔热层按图示池槽保温隔热层的长、宽及其厚度以立方米计算。其中池壁按墙面计算，池底按地面计算。

2）门洞口侧壁周围的隔热部分，按图示隔热层尺寸以立方米计算，并入墙面的保温隔热工程量内。

3）柱帽保温隔热层按图示保温隔热层体积并入顶棚保温隔热层工程量内。

5.10.3 保温、隔热、防腐工程工程量清单计算规则

1. 保温、隔热

保温、隔热工程量清单项目设置、项目特征描述、计量单位及工程量计算规则应按表5-77的规定执行。

表5-77 保温、隔热（编码：011001）

项目编码	项目名称	项目特征	计量单位	工程量计算规则	工程内容
011001001	保温隔热屋面	1. 保温隔热材料品种、规格、厚度； 2. 隔气层材料品种、厚度； 3. 粘结材料种类、做法； 4. 防护材料种类、做法	m²	按设计图示尺寸以面积计算，扣除面积>0.3m²孔洞及占位面积	1. 基层清理； 2. 刷粘结材料； 3. 铺粘保温层； 4. 铺、刷（喷）防护材料
011001002	保温隔热顶棚	1. 保温隔热面层材料品种、规格、性能； 2. 保温隔热材料品种、规格及厚度； 3. 粘结材料种类及做法； 4. 防护材料种类及做法		按设计图示尺寸以面积计算，扣除面积>0.3m²上柱、垛、孔洞所占面积	

续表 5－77

项目编码	项目名称	项目特征	计量单位	工程量计算规则	工程内容
011001003	保温隔热墙面	1. 保温隔热部位； 2. 保温隔热方式； 3. 踢脚线、勒脚线保温做法； 4. 龙骨材料品种、规格； 5. 保温隔热面层材料品种、规格、性能； 6. 保温隔热材料品种、规格及厚度； 7. 增强网及抗裂防水砂浆种类； 8. 粘结材料种类及做法； 9. 防护材料种类及做法	m²	按设计图示尺寸以面积计算，扣除门窗洞口以及面积 > 0.3m² 梁、孔洞所占面积；门窗洞口侧壁需作保温时，并入保温墙体工程量内	1. 基层清理； 2. 刷界面剂； 3. 安装龙骨； 4. 填贴保温材料； 5. 保温板安装； 6. 粘贴面层； 7. 铺设增强格网、抹抗裂、防水砂浆面层； 8. 嵌缝； 9. 铺、刷（喷）防护材料
011001004	保温柱、梁	1. 保温隔热部位； 2. 保温隔热方式； 3. 踢脚线、勒脚线保温做法； 4. 龙骨材料品种、规格； 5. 保温隔热面层材料品种、规格、性能； 6. 保温隔热材料品种、规格及厚度； 7. 增强网及抗裂防水砂浆种类； 8. 粘结材料种类及做法； 9. 防护材料种类及做法		按设计图示尺寸以面积计算。 1. 柱按设计图示柱断面保温层中心线展开长度乘保温层高度以面积计算，扣除面积 >0.3m² 梁所占面积； 2. 梁按设计图示梁断面保温层中心线展开长度乘保温层长度以面积计算	1. 基层清理； 2. 刷界面剂； 3. 安装龙骨； 4. 填贴保温材料； 5. 保温板安装； 6. 粘贴面层； 7. 铺设增强格网、抹抗裂、防水砂浆面层； 8. 嵌缝； 9. 铺、刷（喷）防护材料

续表 5 – 77

项目编码	项目名称	项目特征	计量单位	工程量计算规则	工程内容
011001005	保温隔热楼地面	1. 保温隔热部位； 2. 保温隔热材料品种、规格、厚度； 3. 隔气层材料品种、厚度； 4. 粘结材料种类、做法； 5. 防护材料种类、做法	m^2	按设计图示尺寸以面积计算。扣除面积 > 0.3m² 柱、垛、孔洞所占面积。门洞、空圈、暖气包槽、壁龛的开口部分不增加面积	1. 基层清理； 2. 刷粘结材料； 3. 铺粘保温层； 4. 铺、刷（喷）防护材料
011001006	其他保温隔热	1. 保温隔热部位； 2. 保温隔热方式； 3. 隔气层材料品种、厚度； 4. 保温隔热面层材料品种、规格、性能； 5. 保温隔热材料品种、规格及厚度； 6. 粘结材料种类及做法； 7. 增强网及抗裂防水砂浆种类； 8. 防护材料种类及做法		按设计图示尺寸以展开面积计算。扣除面积 > 0.3m² 孔洞及占位面积	1. 基层清理； 2. 刷界面剂； 3. 安装龙骨； 4. 填贴保温材料； 5. 保温板安装； 6. 粘贴面层； 7. 铺设增强格网、抹抗裂防水砂浆面层； 8. 嵌缝； 9. 铺、刷（喷）防护材料

注：1. 保温隔热装饰面层，按 "楼地面装饰工程"、"墙、柱面装饰与隔断、幕墙工程"、"顶棚工程"、"油漆、涂料、裱糊工程" 以及 "其他装饰工程" 中相关项目编码列项；仅做找平层按 "楼地面装饰工程" 中 "平面砂浆找平层" 或 "墙、柱面装饰与隔断、幕墙工程" 中 "立面砂浆找平层" 项目编码列项。

2. 柱帽保温隔热应并入顶棚保温隔热工程量内。

3. 池槽保温隔热应按其他保温隔热项目编码列项。

4. 保温隔热方式：指内保温、外保温、夹心保温。

5. 保温柱、梁适用于不与墙、天棚相连的独立柱、梁。

2. 防腐面层

防腐面层工程量清单项目设置、项目特征描述、计量单位及工程量计算规则应按表 5 – 78 的规定执行。

表 5 – 78　防腐面层（编码：011002）

项目编码	项目名称	项目特征	计量单位	工程量计算规则	工程内容
011002001	防腐混凝土面层	1. 防腐部位； 2. 面层厚度； 3. 混凝土种类； 4. 胶泥种类、配合比		按设计图示尺寸以面积计算。 1. 平面防腐：扣除凸出地面的构筑物、设备基础等以及面积 > 0.3m² 孔洞、柱、垛所占面积； 2. 立面防腐：扣除门、窗、洞口以及面积 > 0.3m² 孔洞、梁所占面积，门、窗、洞口侧壁、垛突出部分按展开面积并入墙面积内	1. 基层清理； 2. 基层刷稀胶泥； 3. 砂浆制作、运输、摊铺、养护
011002002	防腐砂浆面层	1. 防腐部位； 2. 面层厚度； 3. 砂浆、胶泥种类、配合比			
011002003	防腐胶泥面层	1. 防腐部位； 2. 面层厚度； 3. 胶泥种类、配合比			1. 基层清理； 2. 胶泥调制、摊铺
011002004	玻璃钢防腐面层	1. 防腐部位； 2. 玻璃钢种类； 3. 贴布材料的种类、层数； 4. 面层材料品种	m²		1. 基层清理； 2. 刷底漆、刮腻子； 3. 胶浆配制、涂刷； 4. 粘布、涂刷面层
011002005	聚氯乙烯板面层	1. 防腐部位； 2. 面层材料品种、厚度； 3. 粘结材料种类			1. 基层清理； 2. 配料、涂胶； 3. 聚氯乙烯板铺设
011002006	块料防腐面层	1. 防腐部位； 2. 块料品种、规格； 3. 粘结材料种类； 4. 勾缝材料种类			1. 基层清理； 2. 铺贴块料； 3. 胶泥调制、勾缝
011002007	池、槽块料防腐面层	1. 防腐池、槽名称、代号； 2. 块料品种、规格； 3. 粘结材料种类； 4. 勾缝材料种类		按设计图示尺寸以展开面积计算	

注：防腐踢脚线，应按"楼地面装饰工程"中"踢脚线"的项目编码列项。

3. 其他防腐

其他防腐工程量清单项目设置、项目特征描述、计量单位及工程量计算规则应按表5-79的规定执行。

表5-79　其他防腐（编码：011003）

项目编码	项目名称	项目特征	计量单位	工程量计算规则	工程内容
011003001	隔离层	1. 隔离层部位； 2. 隔离层材料品种； 3. 隔离层做法； 4. 粘贴材料种类	m²	按设计图示尺寸以面积计算。 1. 平面防腐：扣除凸出地面的构筑物、设备基础等及面积>0.3m²孔洞、柱、垛所占面积； 2. 立面防腐：扣除门、窗、洞口及面积>0.3m²孔洞、梁所占面积，门、窗、洞口侧壁、垛突出部分按展开面积并入墙面积内	1. 基层清理、刷油； 2. 煮沥青； 3. 胶泥调制； 4. 隔离层铺设
011003002	砌筑沥青浸渍砖	1. 砌筑部位； 2. 浸渍砖规格； 3. 胶泥种类； 4. 浸渍砖砌法	m³	按设计图示尺寸以体积计算	1. 基层清理； 2. 胶泥调制； 3. 浸渍砖铺砌
011003003	防腐涂料	1. 涂刷部位； 2. 基层材料类型； 3. 刮腻子的种类、遍数； 4. 涂料品种、刷涂遍数	m²	按设计图示尺寸以面积计算。 1. 平面防腐：扣除凸出地面的构筑物、设备基础等及面积>0.3m²孔洞、柱、垛所占面积； 2. 立面防腐：扣除门、窗、洞口以及面积>0.3m²孔洞、梁所占面积，门、窗、洞口侧壁、垛突出部分按展开面积并入墙面积内	1. 基层清理； 2. 刮腻子； 3. 刷涂料

注：浸渍砖砌法指平砌、立砌。

6 装饰装修工程工程量计算

6.1 楼地面工程

6.1.1 楼地面工程基础定额

1. 基础定额说明

《全国统一装饰装修消耗量定额》楼地面装饰装修工程定额项目共分为 15 节 242 个项目，包括：天然石材、人造大理石、水磨石、陶瓷锦砖、玻璃地砖、水泥花砖、分隔嵌条、防滑条、塑料、橡胶板、地毯及附件、竹木地板、防静电活动地板、钛金不锈钢复合地砖、栏杆及扶手等项目。

(1) 该定额水泥砂浆、水泥石子浆、混凝土等的配合比，如设计规定与定额不同时，可以换算。

(2) 整体面层、块料面层中的楼地面项目，均不包括踢脚板工料；楼梯不包括踢脚板、侧面及板底抹灰，另按相应定额项目计算。

(3) 踢脚板高度是按 150mm 编制的。超过时材料用量可以调整，人工、机械用量不变。

(4) 菱苦土地面、现浇水磨石定额项目已包括酸洗打蜡工料。其余项目均不包括酸洗打蜡。

(5) 扶手、栏杆、栏板适用于楼梯、走廊、回廊及其他装饰性栏杆、栏板。扶手不包括弯头制安，另按弯头单项定额计算。

(6) 台阶不包括牵边、侧面装饰。

(7) 定额中的"零星装饰"项目，适用于小便池、蹲位、池槽等。定额未列的项目，可按墙、柱面中相应项目计算。

(8) 木地板中的硬、衫、松木板，是按毛料厚度为 25mm 编制的；设计厚度与定额厚度不同时，可以换算。

(9) 地面伸缩缝按《全国统一建筑工程基础定额》GJD—101—1995 第九章相应项目及规定计算。

(10) 碎石、砾石灌沥青垫层按《全国统一建筑工程基础定额》GJD—101—1995 第十章相应项目计算。

(11) 钢筋混凝土垫层按混凝土垫层项目执行，其钢筋部分按《全国统一建筑工程基础定额》GJD—101—1995 第五章相应项目及规定计算。

(12) 各种明沟平均净空断面（深×宽），均按 190mm×260mm 计算的，断面不同时允许换算。

2. 工程量计算规则

(1) 地面垫层按室内主墙间净空面积乘以设计厚度以立方米计算。应扣除凸出地面的构筑物、设备基础、室内铁道、地沟等所占体积，不扣除柱、垛、间壁墙、附墙烟囱及面积在 $0.3m^2$ 以内孔洞所占体积。

（2）整体面层、找平层均按主墙间净空面积以平方米计算。应扣除凸出地面构筑物、设备基础、室内管道、地沟等所占面积，不扣除柱、垛、间壁墙、附墙烟囱及面积在 $0.3m^2$ 以内的孔洞所占面积，但门洞、空圈、暖气包槽、壁龛的开口部分亦不增加。

（3）块料面层，按图示尺寸实铺面积以平方米计算，门洞、空圈、暖气包槽和壁龛的开口部分的工程量并入相应的面层内计算。

（4）楼梯面层（包括踏步、平台以及小于500mm宽的楼梯井）按水平投影面积计算。

（5）台阶面层（包括踏步及最上一层踏步沿300mm）按水平投影面积计算。

（6）其他：

1）踢脚板按延长米计算，洞口、空圈长度不予扣除，洞口、空圈、垛、附墙烟囱等侧壁长度亦不增加。

2）散水、防滑坡道按图示尺寸以平方米计算。

3）栏杆、扶手包括弯头长度按延长米计算。

4）防滑条按楼梯踏步两端距离减300mm以延长米计算。

5）明沟按图示尺寸以延长米计算。

3．有关应用问题解释

（1）地面垫层及面层"规则"规定按主墙间净空面积计算，主墙间净空面积的理解如下：

地面垫层按室内主墙间净空面积乘以设计厚度以立方米计算。整体面层找平层均按主墙间净空面积以平方米计算。

以上的主墙是指砖墙，砌块墙厚不小于180mm或不小于100mm的钢筋混凝土剪力墙；其他非承重的间壁墙都视为非主墙。

主墙间净空面积是指以上两种墙之间的净空面积，其他非承重间壁墙所占面积不扣除。

（2）地面垫层及面层"规则"规定，楼梯、台阶面层按水平投影面积计算，具体内容包括如下：

1）楼梯面层包括踏步、平台以及小于500mm宽的楼梯井按水平投影面积计算，不包括楼梯踢脚线，底面侧面抹灰，如图6-1、图6-2所示。图6-1中，层高300mm，踏步宽280mm，高167mm，每 $100m^2$ 投影面积的展开面积为 $133m^2$；图6-2中，层高3200mm，踏步宽300mm，高160mm，每 $100m^2$ 投影面积的展开面积为 $136.5m^2$。

2）台阶面层包括踏步及最上一层踏步沿300mm按水平投影面积计算，不包括牵边、侧面抹灰，如图6-3所示，其中，踏步高145mm，宽300mm，每 $100m^2$ 投影面积的展开面积为 $148m^2$。

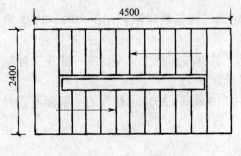

图6-1　水泥砂浆面层

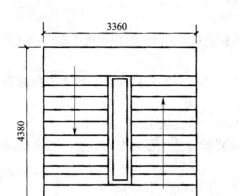

图 6-2 水磨石面积

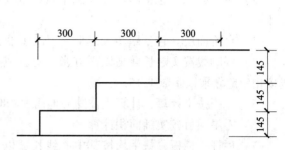

图 6-3 水泥砂浆面层

（3）整体面层定额项目中是否包括结合层。如不包括结合层项目，应按如下方式处理：水泥砂浆定额项目是按 20mm 厚制订的，包括 1mm 素水泥浆粘结层，如设有水泥砂浆结合层，按水泥砂浆找平层项目进行补充。

（4）各种块料面层的规格，定额的确定如下：各种块料面层包括大理石、花岗岩、汉白玉、彩釉砖、预制水磨石块、水泥花砖和镭射钢化玻璃地砖，定额都是以 m² 表示，由各地区采用一种常用规格、品种列入定额，制订单位估价表。品种不同时，设计规格可按实际换算。

（5）垫层是否用于基础。厂区道路、院内便道、停车坪和球场地坪等混凝土整体面层，执行的定额如下：

1）垫层用于基础垫层时，按相应定额人工乘以系数 1.2。垫层用于基础垫层需支模板时其模板按《全国统一建筑工程基础定额》GJD—101—1995 第五章（混凝土及钢筋混凝土工程）中 5-33 项混凝土基础垫层项目执行。

2）厂区道路、停车坪和球场地坪等按市政工程相应定额项目执行，院内便道可参照本定额相关项目执行。

6.1.2 楼地面工程消耗量定额

1. 定额说明

（1）同一铺贴面上有不同种类、材质的材料。应分别按本章相应子目执行。

（2）扶手、栏杆、栏板适用于楼梯、走廊、回廊及其他装饰性栏杆、栏板。

（3）零星项目面层适用于楼梯侧面、台阶的牵边，小便池、蹲台、池槽，以及面积在 1m² 以内且定额未列项目的工程。

（4）木地板填充材料，按照《全国统一建筑工程基础定额》GJD—101—1995 相应子目执行。

（5）大理石、花岗岩楼地面拼花按成品考虑。

（6）镶拼面积小于 0.015m² 的石材执行点缀定额。

2．工程量计算规则

（1）楼地面装饰面积按饰面的净面积计算，不扣除 $0.1m^2$ 以内的孔洞所占面积。拼花部分按实贴面积计算。

（2）楼梯面积（包括踏步、休息平台，以及小于 50mm 宽的楼梯井）按水平投影面积计算。

（3）台阶面层（包括踏步及最上一层踏步沿 300mm）按水平投影面积计算。

（4）踢脚线按实贴长乘高以平方米计算，成品踢脚线按实贴延长米计算。楼梯踢脚线按相应定额乘以系数 1.15。

（5）点缀按个计算，计算主体铺贴地面面积时，不扣除点缀所占面积。

（6）零星项目按实铺面积计算。

（7）栏杆、栏板、扶手均按其中心线长度以延长米计算，计算扶手时不扣除弯头所占长度。

（8）弯头按个计算。

（9）石材底面刷养护液按底面面积加 4 个侧面面积，以平方米计算。

6.1.3　楼地面工程工程量清单计算规则

1．整体面层及找平层

整体面层及找平层工程量清单项目的设置、项目特征描述的内容、计量单位、工程量计算规则应按表 6-1 执行。

表 6-1　整体面层及找平层（编码：011101）

项目编码	项目名称	项目特征	计量单位	工程量计算规则	工程内容
011101001	水泥砂浆楼地面	1．找平层厚度、砂浆配合比； 2．素水泥浆遍数； 3．面层厚度、砂浆配合比； 4．面层做法要求	m^2	按设计图示尺寸以面积计算。扣除凸出地面构筑物、设备基础、室内管道、地沟等所占面积，不扣除间壁墙及 $\leq 0.3m^2$ 柱、垛、附墙烟囱及孔洞所占面积。门洞、空圈、暖气包槽、壁龛的开口部分不增加面积	1．基层清理； 2．抹找平层； 3．抹面层； 4．材料运输
011101002	现浇水磨石楼地面	1．找平层厚度、砂浆配合比； 2．面层厚度、水泥石子浆配合比； 3．嵌条材料种类、规格； 4．石子种类、规格、颜色； 5．颜料种类、颜色； 6．图案要求； 7．磨光、酸洗、打蜡要求			1．基层清理； 2．抹找平层； 3．面层铺设； 4．嵌缝条安装； 5．磨光、酸洗打蜡； 6．材料运输

续表 6 - 1

项目编码	项目名称	项目特征	计量单位	工程量计算规则	工程内容
011101003	细石混凝土楼地面	1. 找平层厚度、砂浆配合比; 2. 面层厚度、混凝土强度等级	m²	按设计图示尺寸以面积计算。扣除凸出地面构筑物、设备基础、室内管道、地沟等所占面积,不扣除间壁墙及 ≤0.3m² 柱、垛、附墙烟囱及孔洞所占面积。门洞、空圈、暖气包槽、壁龛的开口部分不增加面积	1. 基层清理; 2. 抹找平层; 3. 面层铺设; 4. 材料运输
011101004	菱苦土楼地面	1. 找平层厚度、砂浆配合比; 2. 面层厚度; 3. 打蜡要求			1. 基层清理; 2. 抹找平层; 3. 面层铺设; 4. 打蜡; 5. 材料运输
011101005	自流坪楼地面	1. 找平层砂浆配合比、厚度; 2. 界面剂材料种类; 3. 中层漆材料种类、厚度; 4. 面漆材料种类、厚度; 5. 面层材料种类			1. 基层处理; 2. 抹找平层; 3. 涂界面剂; 4. 涂刷中层漆; 5. 打磨、吸尘; 6. 镘自流平面漆(浆); 7. 拌合自流平浆料; 8. 铺面层
011101006	平面砂浆找平层	找平层砂浆配合比、厚度		按设计图示尺寸以面积计算	1. 基层处理; 2. 抹找平层; 3. 材料运输

注:1. 水泥砂浆面层处理是拉毛还是提浆压光应在面层做法要求中描述。
2. 平面砂浆找平层只适用于仅做找平层的平面抹灰。
3. 间壁墙指墙厚≤120mm 的墙。
4. 楼地面混凝土垫层另按表 5-36 中"垫层"项目编码列项,除混凝土外的其他材料垫层按表 5-34 垫层项目编码列项。

2. 块料面层

块料面层工程量清单项目的设置、项目特征描述的内容、计量单位、工程量计算规则应按表 6-2 执行。

3. 橡塑面层

橡塑面层工程量清单项目的设置、项目特征描述的内容、计量单位、工程量计算规则应按表 6-3 执行。

表 6 – 2　块料面层（编码：011102）

项目编码	项目名称	项目特征	计量单位	工程量计算规则	工程内容
011102001	石材楼地面	1. 找平层厚度、砂浆配合比； 2. 结合层厚度、砂浆配合比； 3. 面层材料品种、规格、颜色； 4. 嵌缝材料种类； 5. 防护层材料种类； 6. 酸洗、打蜡要求	m²	按设计图示尺寸以面积计算。门洞、空圈、暖气包槽、壁龛的开口部分并入相应的工程量内	1. 基层清理； 2. 抹找平层； 3. 面层铺设、磨边； 4. 嵌缝； 5. 刷防护材料； 6. 酸洗、打蜡； 7. 材料运输
011102002	碎石材楼地面				
011102003	块料楼地面	1. 找平层厚度、砂浆配合比； 2. 结合层厚度、砂浆配合比； 3. 面层材料品种、规格、颜色； 4. 嵌缝材料种类； 5. 防护层材料种类； 6. 酸洗、打蜡要求			

注：1. 在描述碎石材项目的面层材料特征时可不用描述规格、品牌、颜色。

　　2. 石材、块料与粘接材料的结合面刷防渗材料的种类在防护层材料种类中描述。

　　3. 本表工作内容中的"磨边"指施工现场磨边。

表 6 – 3　橡塑面层（编码：011103）

项目编码	项目名称	项目特征	计量单位	工程量计算规则	工程内容
011103001	橡胶板楼地面	1. 粘结层厚度、材料种类； 2. 面层材料品种、规格、颜色； 3. 压线条种类	m²	按设计图示尺寸以面积计算。门洞、空圈、暖气包槽、壁龛的开口部分并入相应的工程量内	1. 基层清理； 2. 面层铺贴； 3. 压缝条装钉； 4. 材料运输
011103002	橡胶板卷材楼地面				
011103003	塑料板楼地面				
011103004	塑料卷材楼地面				

注：本表项目中如涉及找平层，另按表 6 – 1 中"找平层"的项目编码列项。

4. 其他材料面层

　　其他材料面层工程量清单项目的设置、项目特征描述的内容、计量单位、工程量计算规则应按表 6 – 4 执行。

表 6－4　其他材料面层（编码：011104）

项目编码	项目名称	项目特征	计量单位	工程量计算规则	工程内容
011104001	地毯楼地面	1. 面层材料品种、规格、颜色； 2. 防护材料种类； 3. 粘结材料种类； 4. 压线条种类	m²	按设计图示尺寸以面积计算。门洞、空圈、暖气包槽、壁龛的开口部分并入相应的工程量内	1. 基层清理； 2. 铺贴面层； 3. 刷防护材料； 4. 装钉压条； 5. 材料运输
011104002	竹、木（复合）地板	1. 龙骨材料种类、规格、铺设间距； 2. 基层材料种类、规格； 3. 面层材料品种、规格、颜色； 4. 防护材料种类			1. 基层清理； 2. 龙骨铺设； 3. 基层铺设； 4. 面层铺贴； 5. 刷防护材料； 6. 材料运输
011104003	金属复合地板				
011104004	防静电活动地板	1. 支架高度、材料种类； 2. 面层材料品种、规格、颜色； 3. 防护材料种类			1. 基层清理； 2. 固定支架安装； 3. 活动面层安装； 4. 刷防护材料； 5. 材料运输

5．踢脚线

踢脚线工程量清单项目的设置、项目特征描述的内容、计量单位、工程量计算规则应按表 6－5 执行。

表 6－5　踢脚线（编码：011105）

项目编码	项目名称	项目特征	计量单位	工程量计算规则	工程内容
011105001	水泥砂浆踢脚线	1. 踢脚线高度； 2. 底层厚度、砂浆配合比； 3. 面层厚度、砂浆配合比	1. m²； 2. m	1. 按设计图示长度乘高度以面积计算； 2. 按延长米计算	1. 基层清理； 2. 底层和面层抹灰； 3. 材料运输

续表 6 – 5

项目编码	项目名称	项目特征	计量单位	工程量计算规则	工程内容
011105002	石材踢脚线	1. 踢脚线高度； 2. 粘贴层厚度、材料种类； 3. 面层材料品种、规格、颜色； 4. 防护材料种类	1. m²； 2. m	1. 按设计图示长度乘高度以面积计算； 2. 按延长米计算	1. 基层清理； 2. 底层抹灰； 3. 面层铺贴、磨边； 4. 擦缝； 5. 磨光、酸洗、打蜡； 6. 刷防护材料； 7. 材料运输
011105003	块料踢脚线				
011105004	塑料板踢脚线	1. 踢脚线高度； 2. 粘结层厚度、材料种类； 3. 面层材料种类、规格、颜色			1. 基层清理； 2. 基层铺贴； 3. 面层铺贴； 4. 材料运输
011105005	木质踢脚线	1. 踢脚线高度； 2. 基层材料种类、规格； 3. 面层材料品种、规格、颜色			
011105006	金属踢脚线				
011105007	防静电踢脚线				

注：石材、块料与粘接材料的结合面刷防渗材料的种类在防护层材料种类中描述。

6. 楼梯面层

楼梯面层工程量清单项目的设置、项目特征描述的内容、计量单位、工程量计算规则应按表 6 – 6 执行。

表 6 – 6　楼梯面层（编码：011106）

项目编码	项目名称	项目特征	计量单位	工程量计算规则	工程内容
011106001	石材楼梯面层	1. 找平层厚度、砂浆配合比； 2. 粘结层厚度、材料种类； 3. 面层材料的品种、规格、颜色； 4. 防滑条材料种类、规格； 5. 勾缝材料种类； 6. 防护层材料种类； 7. 酸洗、打蜡要求	m²	按设计图示尺寸以楼梯（包括踏步、休息平台及≤500mm 的楼梯井）水平投影面积计算。楼梯与楼地面相连时，算至梯口梁内侧边沿；无梯口梁者，算至最上一层踏步边沿加300mm	1. 基层清理； 2. 抹找平层； 3. 面层铺贴、磨边； 4. 贴嵌防滑条； 5. 勾缝； 6. 刷防护材料； 7. 酸洗、打蜡； 8. 材料运输
011106002	块料楼梯面层				
011106003	拼碎块料面层				

续表 6 – 6

项目编码	项目名称	项目特征	计量单位	工程量计算规则	工程内容
011106004	水泥砂浆楼梯面层	1. 找平层厚度、砂浆配合比； 2. 面层厚度、砂浆配合比； 3. 防滑条材料种类、规格			1. 基层清理； 2. 抹找平层； 3. 抹面层； 4. 抹防滑条； 5. 材料运输
011106005	现浇水磨石楼梯面层	1. 找平层厚度、砂浆配合比； 2. 面层厚度、水泥石子浆配合比； 3. 防滑条材料种类、规格； 4. 石子种类、规格、颜色； 5. 颜料种类、颜色； 6. 磨光、酸洗打蜡要求	m²	按设计图示尺寸以楼梯（包括踏步、休息平台及≤500mm 的楼梯井）水平投影面积计算。楼梯与楼地面相连时，算至梯口梁内侧边沿；无梯口梁者，算至最上一层踏步边沿加 300mm	1. 基层清理； 2. 抹找平层； 3. 抹面层； 4. 贴嵌防滑条； 5. 磨光、酸洗、打蜡； 6. 材料运输
011106006	地毯楼梯面层	1. 基层种类； 2. 面层材料的品种、规格、颜色； 3. 防护材料种类； 4. 粘结材料种类； 5. 固定配件材料种类、规格			1. 基层清理； 2. 铺贴面层； 3. 固定配件安装； 4. 刷防护材料； 5. 材料运输
011106007	木板楼梯面层	1. 基层材料种类、规格； 2. 面层材料的品种、规格、颜色； 3. 粘结材料种类； 4. 防护材料种类			1. 基层清理； 2. 基层铺贴； 3. 面层铺贴； 4. 刷防护材料； 5. 材料运输
011106008	橡胶板楼梯面层	1. 粘结层厚度、材料种类； 2. 面层材料的品种、规格、颜色； 3. 压线条种类			1. 基层清理； 2. 面层铺贴； 3. 压缝条装钉； 4. 材料运输
011106009	塑料板楼梯面层				

注：1. 在描述碎石材项目的面层材料特征时可不用描述规格、品牌、颜色。

2. 石材、块料与粘接材料的结合面刷防渗材料的种类在防护层材料种类中描述。

7. 台阶装饰

台阶装饰工程量清单项目的设置、项目特征描述的内容、计量单位、工程量计算规则应按表6-7执行。

表6-7　台阶装饰（编码：011107）

项目编码	项目名称	项目特征	计量单位	工程量计算规则	工程内容
011107001	石材台阶面	1. 找平层厚度、砂浆配合比； 2. 粘结层材料种类； 3. 面层材料品种、规格、颜色； 4. 勾缝材料种类； 5. 防滑条材料种类、规格； 6. 防护材料种类			1. 基层清理； 2. 抹找平层； 3. 面层铺贴； 4. 贴嵌防滑条； 5. 勾缝； 6. 刷防护材料； 7. 材料运输
011107002	块料台阶面				
011107003	拼碎块料台阶面				
011107004	水泥砂浆台阶面	1. 找平层厚度、砂浆配合比； 2. 面层厚度、砂浆配合比； 3. 防滑条材料种类	m²	按设计图示尺寸以台阶（包括最上层踏步边沿加300mm）水平投影面积	1. 基层清理； 2. 抹找平层； 3. 抹面层； 4. 抹防滑条； 5. 材料运输
011107005	现浇水磨石台阶面	1. 找平层厚度、砂浆配合比； 2. 面层厚度、水泥石子浆配合比； 3. 防滑条材料种类、规格； 4. 石子种类、规格、颜色； 5. 颜料种类、颜色； 6. 磨光、酸洗、打蜡要求			1. 清理基层； 2. 抹找平层； 3. 抹面层； 4. 贴嵌防滑条； 5. 打磨、酸洗、打蜡； 6. 材料运输
011107006	剁假石台阶面	1. 找平层厚度、砂浆配合比； 2. 面层厚度、砂浆配合比； 3. 剁假石要求			1. 清理基层； 2. 抹找平层； 3. 抹面层； 4. 剁假石； 5. 材料运输

注：1. 在描述碎石材项目的面层材料特征时可不用描述规格、品牌、颜色。
　　2. 石材、块料与粘接材料的结合面刷防渗材料的种类在防护层材料种类中描述。

8．零星装饰项目

零星装饰项目工程量清单项目的设置、项目特征描述的内容、计量单位、工程量计算规则应按表6-8执行。

表6-8 零星装饰项目（编码：011108）

项目编码	项目名称	项目特征	计量单位	工程量计算规则	工程内容
011108001	石材零星项目	1．工程部位； 2．找平层厚度、砂浆配合比； 3．贴结合层厚度、材料种类； 4．面层材料品种、规格、颜色； 5．勾缝材料种类； 6．防护材料种类； 7．酸洗、打蜡要求	m²	按设计图示尺寸以面积计算	1．清理基层； 2．抹找平层； 3．面层铺贴、磨边； 4．勾缝； 5．刷防护材料； 6．酸洗、打蜡； 7．材料运输
011108002	拼碎石材零星项目				
011108003	块料零星项目				
011108004	水泥砂浆零星项目	1．工程部位； 2．找平层厚度、砂浆配合比； 3．面层厚度、砂浆厚度			1．清理基层； 2．抹找平层； 3．抹面层； 4．材料运输

注：1．楼梯、台阶牵边和侧面镶贴块料面层，≤0.5m²的少量分散的楼地面镶贴块料面层，应按本表执行。
2．石材、块料与粘接材料的结合面刷防渗材料的种类在防护层材料种类中描述。

【例6-1】 某房屋平面如图6-4所示，室内水泥砂浆粘贴160mm高石材踢脚板。试计算工程量并编制工程量清单。

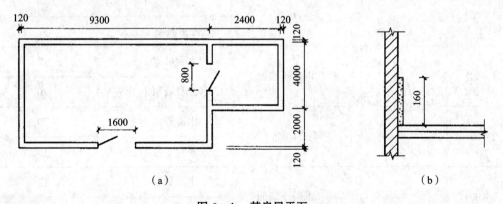

（a）　　　　　　　　　　　　　　（b）

图6-4 某房屋平面

【解】

根据清单工程量计算规则，石材踢脚线工程量，计算公式为：

$$踢脚线工程量 = 踢脚线净长度 \times 高度$$

（1）踢脚线工程量 = ［（9.30 - 0.24 + 6.00 - 0.24）×2 + （4.00 - 0.24 + 2.40 - 0.24）×2 - 1.60 - 0.80 ×2 + 0.12 ×6］×0.16 = 6.24m²

（2）工程量清单见表 6 - 9。

表 6 - 9　分部分项工程量清单

项目编号	项目名称	项目特征描述	计量单位	工程数量
011105002001	石材踢脚线	1. 踢脚线：高度 160mm； 2. 粘贴层：水泥砂浆	m²	6.24

6.2　墙、柱面工程

6.2.1　墙、柱面装饰与隔断、幕墙工程定额说明

（1）定额凡注明砂浆种类、配合比、饰面材料及型材的型号规格与设计不同时，可按设计规定调整，但人工、机械消耗量不变。

（2）抹灰砂浆厚度，如设计与定额取定不同时，除定额有注明厚度的项目可以换算外，其他一律不作调整，见表 6 - 10。

表 6 - 10　抹灰砂浆定额厚度取定表

定额编号	项　目		砂　浆	厚度（mm）
2 - 001	水刷豆石	砖、混凝土墙面	水泥砂浆 1:3	12
			水泥豆石浆 1:1.25	12
2 - 002		毛石墙面	水泥砂浆 1:3	18
			水泥豆石浆 1:1.25	12
2 - 005	水刷白石子	砖、混凝土墙面	水泥砂浆 1:3	12
			水泥豆石浆 1:1.5	10
2 - 006		毛石墙面	水泥砂浆 1:3	20
			水泥豆石浆 1:1.5	10
2 - 009	水刷玻璃碴	砖、混凝土墙面	水泥砂浆 1:3	12
			水泥豆石浆 1:1.25	12
2 - 010		毛石墙面	水泥砂浆 1:3	18
			水泥豆石浆 1:1.25	12

续表 6 - 10

定额编号	项 目		砂 浆	厚度（mm）
2 - 013	干粘白石子	砖、混凝土墙面	水泥砂浆 1:3	18
2 - 014		毛石墙面	水泥豆石浆 1:3	30
2 - 017	干粘玻璃碴	砖、混凝土墙面	水泥砂浆 1:3	18
2 - 018		毛石墙面	水泥豆石浆 1:3	30
2 - 021	斩假石	砖、混凝土墙面	水泥砂浆 1:3	12
			水泥豆石浆 1:1.5	10
2 - 022		毛石墙面	水泥砂浆 1:3	18
			水泥豆石浆 1:1.5	10
2 - 025	墙、柱面拉条	砖墙面	混合砂浆 1:0.5:2	14
			混合砂浆 1:0.5:1	10
2 - 026		混凝土墙面	水泥砂浆 1:3	14
			混合砂浆 1:0.5:1	10
2 - 027	墙、柱面甩毛	砖墙面	混合砂浆 1:1:6	12
			混合砂浆 1:1:4	6
2 - 028		混凝土墙面	水泥砂浆 1:3	10
			水泥砂浆 1:2.5	6

注：1. 每增减一遍素水泥浆或 107 胶素水泥浆，每平方米增减人工 0.01 工日，素水泥浆或 107 胶素水泥浆 0.0012m^3。

2. 每增减 1mm 厚砂浆，每平方米增减砂浆 0.0012m^3。

（3）圆弧形、锯齿形等不规则墙面抹灰，镶贴块料按相应项目人工乘以系数 1.15，材料乘以系数 1.05。

（4）离缝镶贴面砖定额子目，面砖消耗量分别按缝宽 5mm、10mm 和 20mm 考虑，如灰缝不同或灰缝超过 20mm 以上者，其块料及灰缝材料（水泥砂浆 1:1）用量允许调整，其他不变。

（5）镶贴块料和装饰抹灰的"零星项目"适用于挑檐、天沟、腰线、窗台线、门窗套、压顶、扶手、雨篷周边等。

（6）木龙骨基层是按双向计算的，如设计为单向时，材料、人工用量乘以系数 0.55。

（7）定额木材种类除注明者外，均以一、二类木种为准；如采用三、四类木种时，人工及机械乘以系数 1.3。

（8）面层、隔墙（间壁）、隔断（护壁）定额内，除注明者外均未包括压条、收边、装饰线（板），如设计要求时，应按《全国统一建筑装饰装修工程消耗量定额》GYD—901—2002 第六章相应子目执行。

（9）面层、木基层均未包括刷防火涂料，如设计要求时，应按《全国统一建筑装饰装修工程消耗量定额》GYD—901—2002 第五章相应子目执行。

（10）玻璃幕墙设计有平开、推拉窗者，仍执行幕墙定额，窗型材、窗五金相应增加，其他不变。

（11）玻璃幕墙中的玻璃按成品玻璃考虑，幕墙中的避雷装置、防火隔离层定额已综合，但幕墙的封边、封顶的费用另行计算。

（12）隔墙（间壁）、隔断（护壁）、幕墙等定额中龙骨间距、规格如与设计不同时，定额用量允许调整。

6.2.2 墙、柱面装饰与隔断、幕墙工程定额工程量计算规则

（1）外墙面装饰抹灰面积，按垂直投影面积计算，扣除门窗洞口和 0.3m² 以上的孔洞所占的面积，门窗洞口及孔洞侧壁面积亦不增加。附墙柱侧面抹灰面积并入外墙抹灰面积工程量内。

（2）柱抹灰按结构断面周长乘以高度计算。

（3）女儿墙（包括泛水、挑砖）、阳台栏板（不扣除花格所占孔洞面积）内侧抹灰按垂直投影面积乘以系数 1.10，带压顶者乘系数 1.30 按墙面定额执行。

（4）"零星项目"按设计图示尺寸以展开面积计算。

（5）墙面贴块料面层，按实贴面积计算。

（6）墙面贴块料、饰面高度在 300mm 以内者，按踢脚板定额执行。

（7）柱饰面面积按外围饰面尺寸乘以高度计算。

（8）挂贴大理石、花岗岩中其他零星项目的花岗岩、大理石是按成品考虑的，花岗岩、大理石柱墩、柱帽按最大外径周长计算。

（9）除定额已列有柱帽、柱墩的项目外，其他项目的柱帽、柱墩工程量按设计图示尺寸以展开面积计算，并入相应柱面积内；每个柱帽或柱墩另增人工；抹灰为 0.25 工日，块料为 0.38 工日，饰面为 0.5 工日。

（10）隔断按墙的净长乘净高计算，扣除门窗洞口及 0.3m² 以上的孔洞所占面积。

（11）全玻隔断的不锈钢边框工程量按边框展开面积计算。

（12）全玻隔断、全玻幕墙如有加强肋者，工程量按其展开面积计算；玻璃幕墙、铝板幕墙以框外围面积计算。

（13）装饰抹灰分格、嵌缝按装饰抹灰面积计算。

6.2.3 墙、柱面装饰与隔断、幕墙工程工程量清单计算规则

1. 墙面抹灰

墙面抹灰工程量清单项目的设置、项目特征描述的内容、计量单位、工程量计算规则应按表 6-11 执行。

表 6 – 11   墙面抹灰（编码：011201）

项目编码	项目名称	项目特征	计量单位	工程量计算规则	工程内容
011201001	墙面一般抹灰	1. 墙体类型； 2. 底层厚度、砂浆配合比； 3. 面层厚度、砂浆配合比； 4. 装饰面材料种类； 5. 分格缝宽度、材料种类	m²	按设计图示尺寸以面积计算。扣除墙裙、门窗洞口及单个 > 0.3m² 的孔洞面积，不扣除踢脚线、挂镜线和墙与构件交接处的面积，门窗洞口和孔洞的侧壁及顶面不增加面积。附墙柱、梁、垛、烟囱侧壁并入相应的墙面面积内。 1. 外墙抹灰面积按外墙垂直投影面积计算； 2. 外墙裙抹灰面积按其长度乘以高度计算； 3. 内墙抹灰面积按主墙间的净长乘以高度计算； （1）无墙裙的，高度按室内楼地面至顶棚底面计算； （2）有墙裙的，高度按墙裙顶至顶棚底面计算； （3）有吊顶顶棚抹灰，高度算至顶棚底； 4. 内墙裙抹灰面按内墙净长乘以高度计算	1. 基层清理； 2. 砂浆制作、运输； 3. 底层抹灰； 4. 抹面层； 5. 抹装饰面； 6. 勾分格缝
011201002	墙面装饰抹灰				
011201003	墙面勾缝	1. 勾缝类型； 2. 勾缝材料种类			1. 基层清理； 2. 砂浆制作、运输； 3. 抹灰找平
011201004	立面砂浆找平层	1. 基层类型； 2. 找平的砂浆厚度、配合比			1. 基层清理； 2. 砂浆制作、运输； 3. 勾缝

注：1. 立面砂浆找平项目适用于仅做找平层的立面抹灰。

　　2. 墙面抹石灰砂浆、水泥砂浆、混合砂浆、聚合物水泥砂浆、麻刀石灰浆、石膏灰浆等按本表中墙面一般抹灰列项；墙面水刷石、斩假石、干粘石、假面砖等按"墙面抹灰"中墙面装饰抹灰列项。

　　3. 飘窗凸出外墙面增加的抹灰并入外墙工程量内。

　　4. 有吊顶顶棚的内墙面抹灰，抹至吊顶以上部分在综合单价中考虑。

2. 柱（梁）面抹灰

柱（梁）面抹灰工程量清单项目的设置、项目特征描述的内容、计量单位、工程量计算规则应按表 6 – 12 执行。

3. 零星抹灰

零星抹灰工程量清单项目的设置、项目特征描述的内容、计量单位、工程量计算规则应按表 6 – 13 执行。

表 6 - 12　柱（梁）面抹灰（编码：011202）

项目编码	项目名称	项目特征	计量单位	工程量计算规则	工程内容
011202001	柱、梁面一般抹灰	1. 柱体类型； 2. 底层厚度、砂浆配合比；	m²	1. 柱面抹灰：按设计图示柱断面周长乘高度以面积计算； 2. 梁面抹灰：按设计图示梁断面周长乘长度以面积计算	1. 基层清理； 2. 砂浆制作、运输； 3. 底层抹灰； 4. 抹面层； 5. 勾分格缝
011202002	柱、梁面装饰抹灰	3. 面层厚度、砂浆配合比； 4. 装饰面材料种类； 5. 分格缝宽度、材料种类			
011202003	柱、梁面砂浆找平	1. 柱体类型； 2. 找平的砂浆厚度、配合比			1. 基层清理； 2. 砂浆制作、运输； 3. 抹灰找平
011202004	柱、梁面勾缝	1. 勾缝类型； 2. 勾缝材料种类		按设计图示柱断面周长乘高度以面积计算	1. 基层清理； 2. 砂浆制作、运输； 3. 勾缝

注：1. 砂浆找平项目适用于仅做找平层的柱（梁）面抹灰。
　　2. 柱（梁）面抹石灰砂浆、水泥砂浆、混合砂浆、聚合物水泥砂浆、麻刀石灰浆、石膏灰浆等按本表中"柱（梁）面一般抹灰"编码列项；柱（梁）面水刷石、斩假石、干粘石、假面砖等按本表中"柱（梁）面装饰抹灰"的项目编码列项。

表 6 - 13　零星抹灰（编码：011203）

项目编码	项目名称	项目特征	计量单位	工程量计算规则	工程内容
011203001	零星项目一般抹灰	1. 墙体类型； 2. 底层厚度、砂浆配合比；	m²	按设计图示尺寸以面积计算	1. 基层清理； 2. 砂浆制作、运输； 3. 底层抹灰； 4. 抹面层； 5. 抹装饰面； 6. 勾分格缝
011203002	零星项目装饰抹灰	3. 面层厚度、砂浆配合比； 4. 装饰面材料种类； 5. 分格缝宽度、材料种类			
011203003	零星项目砂浆找平	1. 基层类型； 2. 找平的砂浆厚度、配合比			1. 基层清理； 2. 砂浆制作、运输； 3. 抹灰找平

注：1. 零星项目抹石灰砂浆、水泥砂浆、混合砂浆、聚合物水泥砂浆、麻刀石灰浆、石膏灰浆等按本表中"零星项目一般抹灰"的编码列项，水刷石、斩假石、干粘石、假面砖等按本表中零星项目装饰抹灰编码列项。
　　2. 墙、柱（梁）面≤0.5m²的少量分散的抹灰按本表中"零星抹灰"的项目编码列项。

4. 墙面块料面层

墙面块料面层工程量清单项目的设置、项目特征描述的内容、计量单位、工程量计算规则应按表6-14执行。

表6-14 墙面块料面层（编码：011204）

项目编码	项目名称	项目特征	计量单位	工程量计算规则	工程内容
011204001	石材墙面	1. 墙体类型； 2. 安装方式； 3. 面层材料品种、规格、颜色； 4. 缝宽、嵌缝材料种类； 5. 防护材料种类； 6. 磨光、酸洗、打蜡要求	m^2	按镶贴表面积计算	1. 基层清理； 2. 砂浆制作、运输； 3. 粘结层铺贴； 4. 面层安装； 5. 嵌缝； 6. 刷防护材料； 7. 磨光、酸洗、打蜡
011204002	拼碎石材墙面				
011204003	块料墙面				
011204004	干挂石材钢骨架	1. 骨架种类、规格； 2. 防锈漆品种遍数	t	按设计图示以质量计算	1. 骨架制作、运输、安装； 2. 刷漆

注：1. 在描述碎块项目的面层材料特征时可不用描述规格、品牌、颜色。

2. 石材、块料与粘接材料的结合面刷防渗材料的种类在防护层材料种类中描述。

3. 安装方式可描述为砂浆或粘接剂粘贴、挂贴、干挂等，不论哪种安装方式，都要详细描述与组价相关的内容。

5. 柱（梁）面镶贴块料

柱（梁）面镶贴块料工程量清单项目的设置、项目特征描述的内容、计量单位、工程量计算规则应按表6-15执行。

表6-15 柱（梁）面镶贴块料（编码：011205）

项目编码	项目名称	项目特征	计量单位	工程量计算规则	工程内容
011205001	石材柱面	1. 柱截面类型、尺寸； 2. 安装方式； 3. 面层材料品种、规格、颜色； 4. 缝宽、嵌缝材料种类； 5. 防护材料种类； 6. 磨光、酸洗、打蜡要求	m^2	按镶贴表面积计算	1. 基层清理； 2. 砂浆制作、运输； 3. 粘结层铺贴； 4. 面层安装； 5. 嵌缝； 6. 刷防护材料； 7. 磨光、酸洗、打蜡
011205002	块料柱面				
011205003	拼碎块柱面				

续表 6 – 15

项目编码	项目名称	项目特征	计量单位	工程量计算规则	工程内容
011205004	石材梁面	1. 安装方式； 2. 面层材料品种、规格、颜色； 3. 缝宽、嵌缝材料种类； 4. 防护材料种类； 5. 磨光、酸洗、打蜡要求	m²	按镶贴表面积计算	1. 基层清理； 2. 砂浆制作、运输； 3. 粘结层铺贴； 4. 面层安装； 5. 嵌缝； 6. 刷防护材料； 7. 磨光、酸洗、打蜡
011205005	块料梁面				

> 注：1. 在描述碎块项目的面层材料特征时可不用描述规格、品牌、颜色。
> 2. 石材、块料与粘接材料的结合面刷防渗材料的种类在防护层材料种类中描述。
> 3. 柱梁面干挂石材的钢骨架按表 6 – 14 相应项目编码列项。

6. 镶贴零星块料

镶贴零星块料工程量清单项目的设置、项目特征描述的内容、计量单位、工程量计算规则应按表 6 – 16 执行。

表 6 – 16　镶贴零星块料（编码：011206）

项目编码	项目名称	项目特征	计量单位	工程量计算规则	工程内容
011206001	石材零星项目	1. 基层类型、部位； 2. 安装方式； 3. 面层材料品种、规格、颜色； 4. 缝宽、嵌缝材料种类； 5. 防护材料种类； 6. 磨光、酸洗、打蜡要求	m²	按镶贴表面积计算	1. 基层清理； 2. 砂浆制作、运输； 3. 面层安装； 4. 嵌缝； 5. 刷防护材料； 6. 磨光、酸洗、打蜡
011206002	块料零星项目				
011206003	拼碎块零星项目				

> 注：1. 在描述碎块项目的面层材料特征时可不用描述规格、品牌、颜色。
> 2. 石材、块料与粘接材料的结合面刷防渗材料的种类在防护层材料种类中描述。
> 3. 零星项目干挂石材的钢骨架按表 6 – 14 相应项目编码列项。
> 4. 墙柱面≤0.5m² 的少量分散的镶贴块料面层应按零星项目执行。

7. 墙饰面

墙饰面工程量清单项目的设置、项目特征描述的内容、计量单位、工程量计算规则应按表 6 – 17 执行。

表6-17　墙饰面（编码：011207）

项目编码	项目名称	项目特征	计量单位	工程量计算规则	工程内容
011207001	墙面装饰板	1. 龙骨材料种类、规格、中距； 2. 隔离层材料种类、规格； 3. 基层材料种类、规格； 4. 面层材料品种、规格、颜色； 5. 压条材料种类、规格	m^2	按设计图示墙净长乘净高以面积计算。扣除门窗洞口及单个>0.3m^2的孔洞所占面积	1. 基层清理； 2. 龙骨制作、运输、安装； 3. 钉隔离层； 4. 基层铺钉； 5. 面层铺贴
011207002	墙面装饰浮雕	1. 基层类型； 2. 浮雕材料种类； 3. 浮雕样式		按设计图示尺寸以面积计算	1. 基层清理； 2. 材料制作、运输； 3. 安装成型

8. 柱（梁）饰面

柱（梁）饰面工程量清单项目的设置、项目特征描述的内容、计量单位、工程量计算规则应按表6-18执行。

表6-18　柱（梁）饰面（编码：011208）

项目编码	项目名称	项目特征	计量单位	工程量计算规则	工程内容
011208001	柱（梁）面装饰	1. 龙骨材料种类、规格、中距； 2. 隔离层材料种类； 3. 基层材料种类、规格； 4. 面层材料品种、规格、颜色； 5. 压条材料种类、规格	m^2	按设计图示饰面外围尺寸以面积计算。柱帽、柱墩并入相应柱饰面工程量内	1. 清理基层； 2. 龙骨制作、运输、安装； 3. 钉隔离层； 4. 基层铺钉； 5. 面层铺贴
011208002	成品装饰柱	1. 柱截面、高度尺寸； 2. 柱材质	1. 根； 2. m	1. 以根计算，按设计数量计算； 2. 以米计算，按设计长度计算	柱运输、固定、安装

9. 幕墙工程

幕墙工程工程量清单项目的设置、项目特征描述的内容、计量单位、工程量计算规则应按表6-19执行。

表6-19 幕墙工程（编码：011209）

项目编码	项目名称	项目特征	计量单位	工程量计算规则	工程内容
011209001	带骨架幕墙	1. 骨架材料种类、规格、中距； 2. 面层材料品种、规格、颜色； 3. 面层固定方式； 4. 隔离带、框边封闭材料品种、规格； 5. 嵌缝、塞口材料种类	m²	按设计图示框外围尺寸以面积计算。与幕墙同种材质的窗所占面积不扣除	1. 骨架制作、运输、安装； 2. 面层安装； 3. 隔离带、框边封闭； 4. 嵌缝、塞口； 5. 清洗
011209002	全玻（无框玻璃）幕墙	1. 玻璃品种、规格、颜色； 2. 粘结塞口材料种类； 3. 固定方式		按设计图示尺寸以面积计算。带肋全玻幕墙按展开面积计算	1. 幕墙安装； 2. 嵌缝、塞口； 3. 清洗

注：幕墙钢骨架按表6-14干挂石材钢骨架编码列项。

10. 隔断

隔断工程量清单项目的设置、项目特征描述的内容、计量单位、工程量计算规则应按表6-20执行。

表6-20 隔断（编码：011210）

项目编码	项目名称	项目特征	计量单位	工程量计算规则	工程内容
011210001	木隔断	1. 骨架、边框材料种类、规格； 2. 隔板材料品种、规格、颜色； 3. 嵌缝、塞口材料品种； 4. 压条材料种类	m²	按设计图示框外围尺寸以面积计算。不扣除单个≤0.3m²的孔洞所占面积；浴厕门的材质与隔断相同时，门的面积并入隔断面积内	1. 骨架及边框制作、运输、安装； 2. 隔板制作、运输、安装； 3. 嵌缝、塞口； 4. 装钉压条
011210002	金属隔断	1. 骨架、边框材料种类、规格； 2. 隔板材料品种、规格、颜色； 3. 嵌缝、塞口材料品种			1. 骨架及边框制作、运输、安装； 2. 隔板制作、运输、安装； 3. 嵌缝、塞口

续表 6-20

项目编码	项目名称	项目特征	计量单位	工程量计算规则	工程内容
011210003	玻璃隔断	1. 边框材料种类、规格； 2. 玻璃品种、规格、颜色； 3. 嵌缝、塞口材料品种	m²	按设计图示框外围尺寸以面积计算。不扣除单个≤0.3m²的孔洞所占面积	1. 边框制作、运输、安装； 2. 玻璃制作、运输、安装； 3. 嵌缝、塞口
011210004	塑料隔断	1. 边框材料种类、规格； 2. 隔板材料品种、规格、颜色； 3. 嵌缝、塞口材料品种			1. 骨架及边框制作、运输、安装； 2. 隔板制作、运输、安装； 3. 嵌缝、塞口
011210005	成品隔断	1. 隔断材料品种、规格、颜色； 2. 配件品种、规格	1. m²； 2. 间	1. 按设计图示框外围尺寸以面积计算； 2. 按设计间的数量以间计算	1. 隔断运输、安装； 2. 嵌缝、塞口
011210006	其他隔断	1. 骨架、边框材料种类、规格； 2. 隔板材料品种、规格、颜色； 3. 嵌缝、塞口材料品种	m²	按设计图示框外围尺寸以面积计算。不扣除单个≤0.3m²的孔洞所占面积	1. 骨架及边框安装； 2. 隔板安装； 3. 嵌缝、塞口

【例 6-2】 某装饰工程的墙面设计如图 6-5 所示，饰面板采用红榉夹板，墙裙部分菱形拼花，基层板和造型层均采用细木工板，木龙骨成品间距为 400mm×400mm，断面为 20mm×30mm，墙裙木龙骨外挑 200mm，墙面抹 1:3 水泥砂浆 14mm 厚，1:2.5 水泥砂浆 6mm 厚，满刮腻子三遍，刷乳胶漆两遍。试编制墙面抹灰、墙面油漆及墙木饰面工程量清单。

【解】

（1）墙面抹灰工程数量：3×6.8-2×0.9=18.6（m²）

（2）墙木饰面工程数量：（1.15×4+1）×1.2+（1.15×2+0.15）×1.8=11.13（m²）

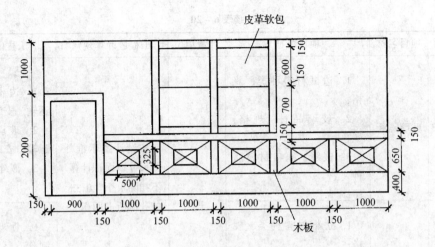

图 6 - 5   装饰工程的墙面设计示意图

（3）乳胶漆墙面工程数量：$1 \times (0.15 \times 2 + 0.9) + 1 \times (0.15 + 0.6 + 0.15 + 0.7 + 0.15) + 2.15 \times 1.8 = 6.82$（$m^2$）

工程量清单计算表见表 6 - 21。

表 6 - 21   分部分项工程量清单

项目编码	项目名称	项目特征描述	计量单位	工程量
011201001001	墙面一般抹灰	1. 墙体类型：砖墙面； 2. 材料类型、配合比、厚度：1∶3 水泥砂浆 14mm 厚，1∶2.5 水泥砂浆 6mm 厚	m^2	18.6
011207001001	墙面装饰板	1. 基层种类：木龙骨、细木工板； 2. 面层类型、材料种类：细木工板造型层、榉木板面层（局部拼花）、人造革软包	m^2	11.13
011407001001	墙面喷刷涂料	1. 基层类型、喷刷部位：墙面； 2. 涂料种类、刷喷要求：满刮腻子三遍，刷乳胶漆两遍	m^2	6.82

6.3   顶 棚 工 程

6.3.1   顶棚工程定额说明

（1）该定额除部分项目为龙骨、基层、面层合并列项外，其余均为顶棚龙骨、基层、面层分别列项编制。

（2）该定额龙骨的种类、间距、规格和基层、面层材料的型号、规格是按常用材料和常用做法考虑的，如设计要求不同时，材料可以调整，但人工、机械不变。

（3）顶棚面层在同一标高者为平面顶棚，顶棚面层不在同一标高者为跌级顶棚（跌级顶棚其面层人工乘系数1.1）。

（4）轻钢龙骨、铝合金龙骨定额中为双层结构（即中、小龙骨紧贴大龙骨底面吊挂），如为单层结构时（大、中龙骨底面在同一水平上），人工乘以系数0.85。

（5）该定额中平面顶棚和跌级顶棚指一般直线型顶棚，不包括灯光槽的制作安装。灯光槽制作安装应按本章相应子目执行。艺术造型顶棚项目中包括灯光槽的制作安装。

（6）龙骨架、基层、面层的防火处理，应按该定额第五章相应子目执行。

（7）顶棚检查孔的工料已包括在定额项目内，不另计算。

6.3.2 顶棚工程定额工程量计算规则

（1）各种吊顶顶棚龙骨按主墙间净空面积计算，不扣除间壁墙、检查洞、附墙烟囱、柱、垛和管道所占面积。

（2）顶棚基层按展开面积计算。

（3）顶棚装饰面层，按主墙间实钉（胶）面积以平方米计算，不扣除间壁墙、检查洞、附墙烟囱、垛和管道所占面积，但应扣除0.3m²以上的孔洞、独立柱、灯槽及与顶棚相连的窗帘盒所占的面积。

（4）该定额中龙骨、基层、面层合并列项的子目，工程量计算规则同第一条。

（5）板式楼梯底面的装饰工程量按水平投影面积乘以系数1.15计算，梁式楼梯底面按展开面积计算。

（6）灯光槽按延长米计算。

（7）保温层按实铺面积计算。

（8）网架按水平投影面积计算。

（9）嵌缝按延长米计算。

6.3.3 顶棚工程工程量清单计算规则

1. 顶棚抹灰

顶棚抹灰工程量清单项目的设置、项目特征描述的内容、计量单位、工程量计算规则应按表6-22执行。

表6-22 顶棚抹灰（编码：011301）

项目编码	项目名称	项目特征	计量单位	工程量计算规则	工程内容
011301001	顶棚抹灰	1. 基层类型； 2. 抹灰厚度、材料种类； 3. 砂浆配合比	m²	按设计图示尺寸以水平投影面积计算。不扣除间壁墙、垛、柱、附墙烟囱、检查口和管道所占的面积，带梁顶棚、梁两侧抹灰面积并入顶棚面积内，板式楼梯底面抹灰按斜面积计算，锯齿形楼梯底板抹灰按展开面积计算	1. 基层清理； 2. 底层抹灰； 3. 抹面层

2. 顶棚吊顶

顶棚吊顶工程量清单项目的设置、项目特征描述的内容、计量单位、工程量计算规则应按表6－23执行。

表6－23   顶棚吊顶（编码：011302）

项目编码	项目名称	项目特征	计量单位	工程量计算规则	工程内容
011302001	吊顶顶棚	1. 吊顶形式、吊杆规格、高度； 2. 龙骨材料种类、规格、中距； 3. 基层材料种类、规格； 4. 面层材料品种、规格； 5. 压条材料种类、规格； 6. 嵌缝材料种类； 7. 防护材料种类		按设计图示尺寸以水平投影面积计算。顶棚面中的灯槽及跌级、锯齿形、吊挂式、藻井式顶棚面积不展开计算。不扣除间壁墙、检查口、附墙烟囱、柱垛和管道所占面积，扣除单个＞0.3m² 的孔洞、独立柱及与顶棚相连的窗帘盒所占的面积	1. 基层清理、吊杆安装； 2. 龙骨安装； 3. 基层板铺贴； 4. 面层铺贴； 5. 嵌缝； 6. 刷防护材料
011302002	格栅吊顶	1. 龙骨材料种类、规格、中距； 2. 基层材料种类、规格； 3. 面层材料品种、规格； 4. 防护材料种类	m²		1. 基层清理； 2. 安装龙骨； 3. 基层板铺贴； 4. 面层铺贴； 5. 刷防护材料
011302003	吊筒吊顶	1. 吊筒形状、规格； 2. 吊筒材料种类； 3. 防护材料种类		按设计图示尺寸以水平投影面积计算	1. 基层清理； 2. 吊筒制作安装； 3. 刷防护材料
011302004	藤条造型悬挂吊顶	1. 骨架材料种类、规格； 2. 面层材料品种、规格			1. 基层清理； 2. 龙骨安装； 3. 铺贴面层
011302005	织物软雕吊顶				
011302006	装饰网架吊顶	网架材料品种、规格			1. 基层清理； 2. 网架制作安装

3．采光顶棚工程

采光顶棚工程工程量清单项目的设置、项目特征描述的内容、计量单位、工程量计算规则应按表6-24执行。

表6-24 采光顶棚工程（编码：011303）

项目编码	项目名称	项目特征	计量单位	工程量计算规则	工程内容
011303001	采光顶棚	1．骨架类型； 2．固定类型、固定材料品种、规格； 3．面层材料品种、规格； 4．嵌缝、塞口材料种类	m²	按框外围展开面积计算	1．清理基层； 2．面层制安； 3．嵌缝、塞口； 4．清洗

注：采光顶棚骨架不包括在本节中，应单独按5.7节相关项目编码列项。

4．顶棚其他装饰

顶棚其他装饰工程量清单项目的设置、项目特征描述的内容、计量单位、工程量计算规则应按表6-25执行。

表6-25 顶棚其他装饰（编码：011304）

项目编码	项目名称	项目特征	计量单位	工程量计算规则	工程内容
011304001	灯带（槽）	1．灯带型式、尺寸； 2．格栅片材料品种、规格； 3．安装固定方式	m²	按设计图示尺寸以框外围面积计算	安装、固定
001304002	送风口、回风口	1．风口材料品种、规格； 2．安装固定方式； 3．防护材料种类	个	按设计图示数量计算	1．安装、固定； 2．刷防护材料

6.4 油漆、涂料、裱糊工程

6.4.1 油漆、涂料、裱糊工程定额说明

（1）该定额刷涂、刷油采用手工操作；喷塑、喷涂采用机械操作。操作方法不同时，不予调整。

（2）油漆浅、中、深各种颜色，已综合在定额内，颜色不同，不另调整。

（3）该定额在同一平面上的分色及门窗内外分色已综合考虑。如需做美术图案者，

另行计算。

（4）定额内规定的喷、涂、刷遍数与要求不同时，可按每增加一遍定额项目进行调整。

（5）喷塑（一塑三油）、底油、装饰漆、面油，其规格划分如下：

1）大压花：喷点压平、点面积在 $1.2cm^2$ 以上。

2）中压花：喷点压平、点面积在 $1 \sim 1.2cm^2$ 以内。

3）喷中点、幼点：喷点面积在 $1cm^2$ 以下。

（6）定额中的双层木门窗（单裁口）是指双层框扇。三层二玻一纱窗是指双层框三层扇。

（7）定额中的单层木门刷油是按双面刷油考虑的，如采用单面刷油，其定额含量乘以系数 0.49 计算。

（8）定额中的木扶手油漆为不带托板考虑。

6.4.2　油漆、涂料、裱糊工程定额工程量计算规则

（1）楼地面、顶棚、墙、柱、梁面的喷（刷）涂料、抹灰面油漆及裱糊工程，均按表 6 - 26 ~ 表 6 - 30 相应的计算规则计算。

表 6 - 26　执行木门定额工程量乘系数

项目名称	系　　数	工程量计算方法
单层木门	1.00	按单面洞口面积计算
双层（一玻一纱）木门	1.36	
双层（单裁口）木门	2.00	
单层全玻门	0.83	
木百叶门	1.25	

注：本表为木材面油漆。

表 6 - 27　执行木窗定额工程量系数表

项目名称	系　　数	工程量计算方法
单层下班窗	1.00	按单面洞口面积计算
双层（一玻一纱）木窗	1.36	
双层框扇（单裁口）木窗	2.00	
双层框三层（二玻一纱）木窗	2.60	
单层组合窗	0.83	
双层组合窗	1.13	
木百叶窗	1.50	

注：本表为木材面油漆。

表 6－28　执行木扶手定额工程量系数表

项 目 名 称	系　数	工程量计算方法
木扶手（不带托板）	1.00	按延长米计算
木扶手（带托板）	2.60	
窗帘盒	2.04	
封檐板、顺水板	1.74	
挂衣板、黑板框、单独木线条 100mm 以外	0.52	
挂衣板、黑板框、单独木线条 100mm 以内	0.35	

注：本表为木材面油漆。

表 6－29　执行其他木材面定额工程量系数表

项 目 名 称	系　数	工程量计算方法
木板、纤维板、胶合板顶棚	1.00	长×宽
木护墙、木墙裙	1.00	
窗帘板、筒子板、盖板、门窗套、踢脚线	1.00	
清水板条顶棚、檐口	1.07	
木方格吊顶顶棚	1.20	
吸声板墙面、顶棚面	0.87	
暖气罩	1.28	
木间壁、木隔断	1.90	单面外圈面积
玻璃间壁露明墙筋	1.65	
木栅栏、木栏杆（带扶手）	1.82	
衣柜、壁柜	1.00	按实刷展开面积
零星木装修	1.10	展开面积
梁柱饰面	1.00	展开面积

注：本表为木材面油漆。

表 6－30　抹灰面油漆、涂料、裱糊工程量系数表

项 目 名 称	系　数	工程量计算方法
混凝土楼梯底（板式）	1.15	水平投影面积
混凝土楼梯底（梁式）	1.00	展开面积
混凝土花格窗、栏杆花饰	1.82	单面外围面积
楼地面、顶棚、墙、柱、梁面	1.00	展开面积

注：本表为抹灰面油漆、涂料、裱糊。

（2）木材面的工程量分别按表 6-26～表 6-30 相应的计算规则计算。

（3）金属构件油漆的工程量按构件重量计算。

（4）定额中的隔断、护壁、柱、顶棚木龙骨及木地板中木龙骨带毛地板，刷防火涂料工程量计算规则如下：

1）隔墙、护壁木龙骨按面层正立面投影面积计算。

2）柱木龙骨按其面层外围面积计算。

3）顶棚木龙骨按其水平投影面积计算。

4）木地板中木龙骨及木龙骨带毛地板按地板面积计算。

5）隔墙、护壁、柱、顶棚面层及木地板刷防火涂料，执行其他木材刷防火涂料子目。

6）木楼梯（不包括底面）油漆，按水平投影面积乘以系数 2.3，执行木地板相应子目。

6.4.3　油漆、涂料、裱糊工程工程量清单计算规则

1. 门油漆

门油漆工程量清单项目设置、项目特征描述的内容、计量单位、工程量计算规则应按表 6-31 的规定执行。

表 6-31　门油漆（编号：011401）

项目编码	项目名称	项目特征	计量单位	工程量计算规则	工程内容
011401001	木门油漆	1. 门类型； 2. 门代号及洞口尺寸； 3. 腻子种类； 4. 刮腻子遍数； 5. 防护材料种类； 6. 油漆品种、刷漆遍数	1. 樘； 2. m²	1. 以樘计量，按设计图示数量计量； 2. 以平方米计量，按设计图示洞口尺寸以面积计算	1. 基层清理； 2. 刮腻子； 3. 刷防护材料、油漆
011401002	金属门油漆				1. 除锈、基层清理； 2. 刮腻子； 3. 刷防护材料、油漆

注：1. 木门油漆应区分木大门、单层木门、双层（一玻一纱）木门、双层（单裁口）木门、全玻自由门、半玻自由门、装饰门及有框门或无框门等分别编码列项。

2. 金属门油漆应区分平开门、推拉门、钢制防火门列项。

3. 以平方米计量，项目特征可不必描述洞口尺寸。

2. 窗油漆

窗油漆工程量清单项目设置、项目特征描述的内容、计量单位、工程量计算规则应按表 6-32 的规定执行。

表 6 – 32　窗油漆（编号：011402）

项目编码	项目名称	项目特征	计量单位	工程量计算规则	工程内容
011402001	木窗油漆	1. 窗类型； 2. 窗代号及洞口尺寸； 3. 腻子种类； 4. 刮腻子遍数； 5. 防护材料种类； 6. 油漆品种、刷漆遍数	1. 樘； 2. m²	1. 以樘计量，按设计图示数量计量； 2. 以平方米计量，按设计图示洞口尺寸以面积计算	1. 基层清理； 2. 刮腻子； 3. 刷防护材料、油漆
011402002	金属窗油漆				1. 除锈、基层清理； 2. 刮腻子； 3. 刷防护材料、油漆

注：1. 木窗油漆应区分单层木门、双层（一玻一纱）木窗、双层框扇（单裁口）木窗、双层框三层（二玻一纱）木窗、单层组合窗、双层组合窗、木百叶窗、木推拉窗等项目，分别编码列项。

　　2. 金属窗油漆应分平开窗、推拉窗、固定窗、组合窗、金属隔栅窗分别列项。

　　3. 以平方米计量，项目特征可不必描述洞口尺寸。

3. 木扶手及其他板条、线条油漆

木扶手及其他板条、线条油漆工程量清单项目设置、项目特征描述的内容、计量单位、工程量计算规则应按表 6 – 33 的规定执行。

表 6 – 33　木扶手及其他板条、线条油漆（编号：011403）

项目编码	项目名称	项目特征	计量单位	工程量计算规则	工程内容
011403001	木扶手油漆	1. 断面尺寸； 2. 腻子种类； 3. 刮腻子遍数； 4. 防护材料种类； 5. 油漆品种、刷漆遍数	m	按设计图示尺寸以长度计算	1. 基层清理； 2. 刮腻子； 3. 刷防护材料、油漆
011403002	窗帘盒油漆				
011403003	封檐板、顺水板油漆				
011403004	挂衣板、黑板框油漆				
011403005	挂镜线、窗帘棍、单独木线油漆				

注：木扶手应区分带托板与不带托板，分别编码列项，若是木栏杆代扶手，木扶手不应单独列项，应包含在木栏杆油漆中。

4. 木材面油漆

木材面油漆工程量清单项目设置、项目特征描述的内容、计量单位、工程量计算规则应按表 6 – 34 的规定执行。

表 6 – 34　木材面油漆（编号：011404）

项目编码	项目名称	项目特征	计量单位	工程量计算规则	工程内容
011404001	木护墙、木墙裙油漆	1. 腻子种类；2. 刮腻子遍数；3. 防护材料种类；4. 油漆品种、刷漆遍数	m²	按设计图示尺寸以面积计算	1. 基层清理；2. 刮腻子；3. 刷防护材料、油漆
011404002	窗台板、筒子板、盖板、门窗套、踢脚线油漆				
011404003	清水板条顶棚、檐口油漆				
011404004	木方格吊顶顶棚油漆				
011404005	吸音板墙面、顶棚面油漆				
011404006	暖气罩油漆				
011404007	其他木材面			按设计图示尺寸以单面外围面积计算	
011404008	木间壁、木隔断油漆				
011404009	玻璃间壁露明墙筋油漆				
0114040010	木栅栏、木栏杆（带扶手）油漆				
0114040011	衣柜、壁柜油漆			按设计图示尺寸以油漆部分展开面积计算	
0114040012	梁柱饰面油漆				
0114040013	零星木装修油漆				
0114040014	木地板油漆			按设计图示尺寸以面积计算空洞、空圈、暖气包槽、壁龛的开口部分并入相应的工程量内	
0114040015	木地板烫硬蜡面	1. 硬蜡品种；2. 面层处理要求			1. 基层清理；2. 烫蜡

5．金属面油漆

　　金属面油漆工程量清单项目设置、项目特征描述的内容、计量单位、工程量计算规则应按表 6 – 35 的规定执行。

表 6 – 35　金属面油漆（编号：011405）

项目编码	项目名称	项目特征	计量单位	工程量计算规则	工程内容
011405001	金属面油漆	1. 构件名称；2. 腻子种类；3. 刮腻子要求；4. 防护材料种类；5. 油漆品种、刷漆遍数	1. t；2. m²	1. 以吨计量，按设计图示尺寸以质量计算；2. 以 m² 计量，按设计展开面积计算	1. 基层清理；2. 刮腻子；3. 刷防护材料、油漆

6. 抹灰面油漆

抹灰面油漆工程量清单项目设置、项目特征描述的内容、计量单位、工程量计算规则应按表 6-36 的规定执行。

表 6-36 抹灰面油漆（编号：011406）

项目编码	项目名称	项目特征	计量单位	工程量计算规则	工程内容
011406001	抹灰面油漆	1. 基层类型； 2. 腻子种类； 3. 刮腻子遍数； 4. 防护材料种类； 5. 油漆品种、刷漆遍数； 6. 部位	m²	按设计图示尺寸以面积计算	1. 基层清理； 2. 刮腻子； 3. 刷防护材料、油漆
011406002	抹灰线条油漆	1. 线条宽度、道数； 2. 腻子种类； 3. 刮腻子遍数； 4. 防护材料种类； 5. 油漆品种、刷漆遍数	m	按设计图示尺寸以长度计算	
011406003	满刮腻子	1. 基层类型； 2. 腻子种类； 3. 刮腻子遍数	m²	按设计图示尺寸以面积计算	1. 基层清理； 2. 刮腻子

7. 喷刷涂料

喷刷涂料工程量清单项目设置、项目特征描述的内容、计量单位、工程量计算规则应按表 6-37 的规定执行。

表 6-37 喷刷涂料（编号：011407）

项目编码	项目名称	项目特征	计量单位	工程量计算规则	工程内容
011407001	墙面喷刷涂料	1. 基层类型； 2. 喷刷涂料部位； 3. 腻子种类； 4. 刮腻子要求； 5. 涂料品种、喷刷遍数	m²	按设计图示尺寸以面积计算	1. 基层清理； 2. 刮腻子； 3. 刷、喷涂料
011407002	顶棚喷刷涂料				
011407003	空花格、栏杆刷涂料	1. 腻子种类； 2. 刮腻子遍数； 3. 涂料品种、刷喷遍数		按设计图示尺寸以单面外围面积计算	

续表 6 - 37

项目编码	项目名称	项目特征	计量单位	工程量计算规则	工程内容
011407004	线条刷涂料	1. 基层清理； 2. 线条宽度； 3. 刮腻子遍数； 4. 刷防护材料、油漆	m	按设计图示尺寸以长度计算	1. 基层清理； 2. 刮腻子； 3. 刷、喷涂料
011407005	金属构件刷防火涂料	1. 喷刷防火涂料构件名称； 2. 防火等级要求； 3. 涂料品种、喷刷遍数	1. t； 2. m²	1. 以吨计量，按设计图示尺寸以质量计算； 2. 以平方米计量，按设计展开面积计算	1. 基层清理； 2. 刷防护材料、油漆
011407006	木材构件喷刷防火涂料		m²	以平方米计量，按设计图示尺寸以面积计算	1. 基层清理； 2. 刷防火材料

注：喷刷墙面涂料部位要注明内墙或外墙。

8．裱糊

裱糊工程量清单项目设置、项目特征描述的内容、计量单位、工程量计算规则应按表 6 - 38 的规定执行。

表 6 - 38   裱糊（编号：011408）

项目编码	项目名称	项目特征	计量单位	工程量计算规则	工程内容
011408001	墙纸裱糊	1. 基层类型； 2. 裱糊部位； 3. 腻子种类； 4. 刮腻子遍数； 5. 粘结材料种类； 6. 防护材料种类； 7. 面层材料品种、规格、颜色	m²	按设计图示尺寸以面积计算	1. 基层清理； 2. 刮腻子； 3. 面层铺粘； 4. 刷防护材料
011408002	织锦缎裱糊				

6.5 其他装饰工程

6.5.1 其他装饰工程定额说明

（1）该定额项目在实际施工中使用的材料品种、规格与定额取定不同时，可以换算，但人工、材料不变。

（2）该定额中铁件已包括刷防锈漆一遍，如设计需涂刷油漆、防火涂料按本章油漆、涂料、裱糊工程相应子目执行。

（3）招牌基层。

1）平面招牌是指安装在门前的墙面上；箱式招牌、竖式招牌是指六面体固定在墙面上；沿雨篷、檐口、阳台走向立式招牌，按平面招牌复杂项目执行。

2）一般招牌和矩形招牌是指正立面平整无凸面，复杂招牌和异形招牌是指正立面有凹凸造型。

3）招牌的灯饰均不包括在定额内。

（4）美术字安装。

1）美术字均以成品安装固定为准。

2）美术字不分字体均执行本定额。

（5）装饰线条。

1）木装饰线、石膏装饰线均以成品安装为准。

2）石材装饰线条均以成品安装为准。石材装饰线条磨边、磨圆角均包括在成品的单价中，不再另计。

（6）石材磨边、磨斜边、磨半圆边及台面开孔子目均为现场磨制。

（7）装饰线条以墙面上直线安装为准，如顶棚安装直线型、圆弧形或其他图案者，按以下规定计算：

1）顶棚面安装直线装饰线条，人工乘以1.34系数。

2）顶棚面安装圆弧装饰线条，人工乘以系数1.6，材料乘以系数1.1。

3）墙面安装圆弧装饰线条，人工乘以系数1.2，材料乘以系数1.1。

4）装饰线条做艺术图案者，人工乘以系数1.8，材料乘以系数1.1。

（8）暖气罩挂板式是指钩挂在暖气片上；平墙式是指凹入墙内，明式是指凸出墙面；半凹半凸式按明式定额子目执行。

（9）货架、柜类定额中未考虑面板拼花及饰面板上贴其他材料的花饰、造型艺术品。

6.5.2 其他装饰工程定额工程量计算规则

（1）招牌、灯箱。

1）平面招牌基层按正立面面积计算，复杂性的凹凸造型部分亦不增减。

2）沿雨篷、檐口或阳台走向的立式招牌基层，按平面招牌复杂性执行时，应按展开面积计算。

3）箱体招牌和竖式标箱的基层，按外围体积计算。突出箱外的灯饰、店徽及其他艺术装潢等均另行计算。

4）灯箱的面层按展开面积以平方米计算。

5）广告牌钢骨架以吨计算。

（2）美术字安装按字的最大外围矩形面积以个计算。

（3）压条、装饰线条均按延长米计算。

（4）散热器罩按边框外围尺寸垂直投影面积计算。

（5）镜面玻璃、盥洗室木镜箱安装以正立面面积计算。

（6）塑料镜箱、毛巾环、肥皂盒、金属帘子杆、浴缸拉手、毛巾杆安装以只或副计算。不锈钢旗杆以延长米计算。大理石洗漱台以台面投影面积计算（不扣除孔洞面积）。

（7）货架、橱柜类均以正立面的高（包括脚的高度在内）乘以宽以平方米计算。

（8）收银台、试衣间等以个计算，其他以延长米为单位计算。

（9）拆除工程量按拆除面积或长度计算，执行相应子项目。

6.5.3　其他装饰工程工程量清单计算规则

1. 柜类、货架

柜类、货架工程量清单项目设置、项目特征描述的内容、计量单位、工程量计算规则应按表6-39的规定执行。

表6-39　柜类、货架（编号：011501）

项目编码	项目名称	项目特征	计量单位	工程量计算规则	工程内容
011501001	柜台	1. 台柜规格； 2. 材料种类、规格； 3. 五金种类、规格； 4. 防护材料种类； 5. 油漆品种、刷漆遍数	1. 个； 2. m； 3. m³	1. 以个计量，按设计图示数量计量； 2. 以米计量，按设计图示尺寸以延长米计算； 3. 以立方米计量，按设计图示尺寸以体积计算	1. 台柜制作、运输、安装（安放）； 2. 刷防护材料、油漆； 3. 五金件安装
011501002	酒柜				
011501003	衣柜				
011501004	存包柜				
011501005	鞋柜				
011501006	书柜				
011501007	厨房壁柜				
011501008	木壁柜				
011501009	厨房低柜				
0115010010	厨房吊柜				

续表 6 – 39

项目编码	项目名称	项目特征	计量单位	工程量计算规则	工程内容
0115010011	矮柜	1. 台柜规格； 2. 材料种类、规格； 3. 五金种类、规格； 4. 防护材料种类； 5. 油漆品种、刷漆遍数	1. 个； 2. m； 3. m³	1. 以个计量，按设计图示数量计量； 2. 以米计量，按设计图示尺寸以延长米计算； 3. 以立方米计量，按设计图示尺寸以体积计算	1. 台柜制作、运输、安装（安放）； 2. 刷防护材料、油漆； 3. 五金件安装
0115010012	吧台背柜				
0115010013	酒吧吊柜				
0115010014	酒吧台				
0115010015	展台				
0115010016	收银台				
0115010017	试衣间				
0115010018	货架				
0115010019	书架				
0115010020	服务台				

2．压条、装饰线

压条、装饰线工程量清单项目设置、项目特征描述的内容、计量单位、工程量计算规则应按表 6 – 40 的规定执行。

表 6 – 40　压条、装饰线（编号：011502）

项目编码	项目名称	项目特征	计量单位	工程量计算规则	工程内容
011502001	金属装饰线	1. 基层类型； 2. 线条材料品种、规格、颜色； 3. 防护材料种类	m	按设计图示尺寸以长度计算	1. 线条制作、安装； 2. 刷防护材料
011502002	木质装饰线				
011502003	石材装饰线				
011502004	石膏装饰线				
011502005	镜面玻璃线				
011502006	铝塑装饰线				
011502007	塑料装饰线				
011502008	GRC装饰线条	1. 基层类型； 2. 线条规格； 3. 线条安装部位； 4. 填充材料种类			线条制作安装

3. 扶手、栏杆、栏板装饰

扶手、栏杆、栏板装饰工程量清单项目的设置、项目特征描述的内容、计量单位、工程量计算规则应按表 6 - 41 执行。

表 6 - 41   扶手、栏杆、栏板装饰（编号：011503）

项目编码	项目名称	项目特征	计量单位	工程量计算规则	工程内容
011503001	金属扶手、栏杆、栏板	1. 扶手材料种类、规格； 2. 栏杆材料种类、规格； 3. 栏板材料种类、规格、颜色； 4. 固定配件种类； 5. 防护材料种类	m	按设计图示以扶手中心线长度（包括弯头长度）计算	1. 制作； 2. 运输； 3. 安装； 4. 刷防护材料
011503002	硬木扶手、栏杆、栏板				
011503003	塑料扶手、栏杆、栏板				
011503004	GRC 栏杆、扶手	1. 栏杆的规格； 2. 安装间距； 3. 扶手类型、规格； 4. 填充材料种类	m	按设计图示以扶手中心线长度（包括弯头长度）计算	1. 制作； 2. 运输； 3. 安装； 4. 刷防护材料
011503005	金属靠墙扶手	1. 扶手材料种类、规格； 2. 固定配件种类； 3. 防护材料种类			
011503006	硬木靠墙扶手				
011503007	塑料靠墙扶手				
011503008	玻璃靠墙扶手	1. 栏杆玻璃的种类、规格、颜色； 2. 固定方式； 3. 固定配件种类			

4. 暖气罩

暖气罩工程量清单项目设置、项目特征描述的内容、计量单位、工程量计算规则应按表 6 - 42 的规定执行。

表 6 - 42   暖气罩（编号：011504）

项目编码	项目名称	项目特征	计量单位	工程量计算规则	工程内容
011504001	饰面板暖气罩	1. 暖气罩材质； 2. 防护材料种类	m^2	按设计图示尺寸以垂直投影面积（不展开）计算	1. 暖气罩制作、运输、安装； 2. 刷防护材料、油漆
011504002	塑料板暖气罩				
011504003	金属暖气罩				

5. 浴厕配件

浴厕配件工程量清单项目设置、项目特征描述的内容、计量单位、工程量计算规则应按表6-43的规定执行。

表6-43　浴厕配件（编号：011505）

项目编码	项目名称	项目特征	计量单位	工程量计算规则	工程内容
011505001	洗漱台	1. 材料品种、规格、品牌、颜色； 2. 支架、配件品种、规格、品牌	1. m²； 2. 个	1. 按设计图示尺寸以台面外接矩形面积计算。不扣除孔洞、挖弯、削角所占面积，挡板、吊沿板面积并入台面面积内； 2. 按设计图示数量计算	1. 台面及支架、运输、安装； 2. 杆、环、盒、配件安装； 3. 刷油漆
011505002	晒衣架	1. 材料品种、规格、品牌、颜色； 2. 支架、配件品种、规格、品牌	个	按设计图示数量计算	1. 台面及支架、运输、安装； 2. 杆、环、盒、配件安装； 3. 刷油漆
011505003	帘子杆				
011505004	浴缸拉手				
011505005	卫生间扶手				
011505006	毛巾杆（架）		套		1. 台面及支架制作、运输、安装； 2. 杆、环、盒、配件安装； 3. 刷油漆
011505007	毛巾环		副		
011505008	卫生纸盒		个		
011505009	肥皂盒				
0115050010	镜面玻璃	1. 镜面玻璃品种、规格； 2. 框材质、断面尺寸； 3. 基层材料种类； 4. 防护材料种类	m²	按设计图示尺寸以边框外围面积计算	1. 基层安装； 2. 玻璃及框制作、运输、安装
0115050011	镜箱	1. 箱材质、规格； 2. 玻璃品种、规格； 3. 基层材料种类； 4. 防护材料种类； 5. 油漆品种、刷漆遍数	个	按设计图示数量计算	1. 基层安装； 2. 箱体制作、运输、安装； 3. 玻璃安装； 4. 刷防护材料、油漆

6．雨篷、旗杆

雨篷、旗杆工程量清单项目设置、项目特征描述的内容、计量单位、工程量计算规则应按表 6 - 44 的规定执行。

表 6 - 44　雨篷、旗杆（编号：011506）

项目编码	项目名称	项目特征	计量单位	工程量计算规则	工程内容
011506001	雨篷吊挂饰面	1．基层类型； 2．龙骨材料种类、规格、中距； 3．面层材料品种、规格、品牌； 4．吊顶（顶棚）材料品种、规格、品牌； 5．嵌缝材料种类； 6．防护材料种类	m²	按设计图示尺寸以水平投影面积计算	1．底层抹灰； 2．龙骨基层安装； 3．面层安装； 4．刷防护材料、油漆
011506002	金属旗杆	1．旗杆材料、种类、规格； 2．旗杆高度； 3．基础材料种类； 4．基座材料种类； 5．基座面层材料、种类、规格	根	按设计图示数量计算	1．土石挖、填、运； 2．基础混凝土浇注； 3．旗杆制作、安装； 4．旗杆台座制作、饰面
011506003	玻璃雨篷	1．玻璃雨篷固定方式； 2．龙骨材料种类、规格、中距； 3．玻璃材料品种、规格、品牌； 4．嵌缝材料种类； 5．防护材料种类	m²	按设计图示尺寸以水平投影面积计算	1．龙骨基层安装； 2．面层安装； 3．刷防护材料、油漆

7．招牌、灯箱

招牌、灯箱工程量清单项目设置、项目特征描述的内容、计量单位应按表 6 - 45 的规定执行。

表 6 - 45   招牌、灯箱（编号：011507）

项目编码	项目名称	项目特征	计量单位	工程量计算规则	工程内容
011507001	平面、箱式招牌	1. 箱体规格； 2. 基层材料种类； 3. 面层材料种类； 4. 防护材料种类	m²	按设计图示尺寸以正立面边框外围面积计算。复杂形的凸凹造型部分不增加面积	1. 基层安装； 2. 箱体及支架制作、运输、安装； 3. 面层制作、安装； 4. 刷防护材料、油漆
011507002	竖式标箱		个	按设计图示数量计算	
011507003	灯箱				
011507004	信报箱	1. 箱体规格； 2. 基层材料种类； 3. 面层材料种类； 4. 保护材料种类； 5. 户数	个	按设计图示数量计算	1. 基层安装； 2. 箱体及支架制作、运输、安装； 3. 面层制作、安装； 4. 刷防护材料、油漆

8. 美术字

美术字工程量清单项目设置、项目特征描述的内容、计量单位应按表 6 - 46 的规定执行。

表 6 - 46   美术字（编号：011508）

项目编码	项目名称	项目特征	计量单位	工程量计算规则	工程内容
011508001	泡沫塑料字	1. 基层类型； 2. 镂字材料品种、颜色； 3. 字体规格； 4. 固定方式； 5. 油漆品种、刷漆遍数	个	按设计图示数量计算	1. 字制作、运输、安装； 2. 刷油漆
011508002	有机玻璃字				
011508003	木质字				
011508004	金属字				
011508005	吸塑字				

7 安装工程工程量计算

7.1 电气设备安装工程

7.1.1 变压器安装

1. 定额工程量计算说明

（1）油浸电力变压器安装定额同样适用于自耦式变压器、带负荷调压变压器及并联电抗器的安装。电炉变压器按同容量电力变压器定额乘以系数 2.0，整流变压器执行同容量电力变压器定额乘以系数 1.60。

（2）变压器的器身检查：1000kV·A 以下是按吊心检查考虑，4000kV·A 以上是按吊钟罩考虑；如果 4000kV·A 以上的变压器需吊心检查时，定额机械乘以系数 2.0。

（3）干式变压器如果带有保护外罩时，人工和机械乘以系数 1.2。

（4）整流变压器、消弧线圈、并联电抗器的干燥，执行同容量变压器干燥定额。电炉变压器执行同容量变压器干燥定额乘以系数 2.0。

（5）变压器油是按设备带来考虑的，但施工中变压器油的过滤损耗及操作损耗已包括在有关定额中。

（6）变压器安装过程中放注油、油过滤所使用的油罐，已摊入油过滤定额中。

（7）变压器安装工程定额不包括的工作内容：

1）变压器干燥棚的搭拆工作，若发生时可按实计算。

2）变压器铁梯及母线铁构件的制作、安装，另执行铁构件制作、安装定额。

3）瓦斯继电器的检查及试验已列入变压器系统调整试验定额内。

4）端子箱、控制箱的制作、安装，执行相应定额。

5）二次喷漆发生时按相应定额执行。

2. 定额工程量计算规则

（1）变压器安装，按不同容量以"台"为计量单位。

（2）干式变压器如果带有保护罩时，其定额人工和机械乘以系数 2.0。

（3）变压器通过试验，判定绝缘受潮时才需进行干燥，所以只有需要干燥的变压器才能计取此项费用（编制施工图预算时可列此项，工程结算时根据实际情况再作处理），以"台"为计量单位。

（4）消弧线圈的干燥按同容量电力变压器干燥定额执行，以"台"为计量单位。

（5）变压器油过滤不论过滤多少次，直到过滤合格为止，以"t"为计量单位，其具体计算方法如下：

1）变压器安装工程定额未包括绝缘油的过滤，需要过滤时，可按制造厂提供的油量计算。

2）油断路器及其他充油设备的绝缘油过滤，可按制造厂规定的充油量计算。

3．工程量清单计算规则

变压器安装工程量清单项目设置、项目特征描述的内容、计量单位及工程量计算规则应按表 7－1 的规定执行。

表 7－1 变压器安装（编码：030401）

项目编码	项目名称	项目特征	计量单位	工程量计算规则	工作内容
030401001	油浸电力变压器	1．名称； 2．型号； 3．容量（kV·A）； 4．电压（kV）； 5．油过滤要求； 6．干燥要求； 7．基础型钢形式、规格； 8．网门、保护门材质、规格； 9．温控箱型号、规格	台	按设计图示数量计算	1．本体安装； 2．基础型钢制作、安装； 3．油过滤； 4．干燥； 5．接地； 6．网门、保护门制作、安装； 7．补刷（喷）油漆
030401002	干式变压器				1．本体安装； 2．基础型钢制作、安装； 3．温控箱安装； 4．接地； 5．网门、保护门制作、安装； 6．补刷（喷）油漆
030401003	整流变压器	1．名称； 2．型号； 3．容量（kV·A）； 4．电压（kV）； 5．油过滤要求； 6．干燥要求； 7．基础型钢形式、规格； 8．网门、保护门材质、规格			1．本体安装； 2．基础型钢制作、安装； 3．油过滤； 4．干燥； 5．网门、保护门制作、安装； 6．补刷（喷）油漆
030401004	自耦变压器				
030401005	有载调压变压器				
030401006	电炉变压器	1．名称； 2．型号； 3．容量（kV·A）； 4．电压（kV）； 5．基础型钢形式、规格； 6．网门、保护门材质、规格			1．本体安装； 2．基础型钢制作、安装； 3．网门、保护门制作、安装； 4．补刷（喷）油漆

续表 7 - 1

项目编码	项目名称	项目特征	计量单位	工程量计算规则	工作内容
030401007	消弧线圈	1. 名称； 2. 型号； 3. 容量（kV·A）； 4. 电压（kV）； 5. 油过滤要求； 6. 干燥要求； 7. 基础型钢形式、规格	台	按设计图示数量计算	1. 本体安装； 2. 基础型钢制作、安装； 3. 油过滤； 4. 干燥； 5. 补刷（喷）油漆

注：变压器油如需试验、化验、色谱分析应按措施项目相关项目编码列项。

【例 7 - 1】　　某电力工程需要安装 6 台变压器，其中：油浸式电力变压器 SL1 - 1000kV·A/10kV 两台；干式变压器 SG - 100kV·A/10 - 0.4kV 四台。油浸式电力变压器 SL1 - 1000kV·A/10kV 需要做干燥处理，其绝缘油要过滤。试编制变压器的工程量清单。

【解】

油浸式电力变压器 SL1 - 1000kV·A/10kV：工程量 = 2 台

干式变压器 SG - 100kV·A/10 - 0.4kV：工程量 = 4 台

变压器的工程量清单见表 7 - 2。

表 7 - 2　清单工程量计算表

项目编码	项目名称	项目特征描述	计量单位	工程数量
030401001001	油浸电力变压器	SL1 - 1000kV·A/10kV：包括变压器干燥处理；绝缘油要过滤；基础型钢制作、安装	台	2
030401002001	干式变压器	SG - 100kV·A/10 - 0.4kV：包括基础型钢制作、安装	台	4

7.1.2　配电装置安装

1. 定额工程量计算说明

（1）设备本体所需的绝缘油、六氟化硫气体、液压油等均按设备带有考虑。

（2）配电装置安装工程定额不包括下列工作内容，另执行下列相应定额：

1）端子箱安装。

2）设备支架制作及安装。

3）绝缘油过滤。

4）基础槽（角）钢安装。

（3）设备安装所需的地脚螺栓按土建预埋考虑，不包括二次灌浆。

（4）互感器安装定额系按单相考虑，不包括抽心及绝缘油过滤。特殊情况另作处理。

（5）电抗器安装定额系按三相叠放、三相平放和二叠一平的安装方式综合考虑，不论何种安装方式，均不作换算，一律执行配电装置安装工程定额。干式电抗器安装定额适用于混凝土电抗器、铁心干式电抗器和空心电抗器等干式电抗器的安装。

（6）高压成套配电柜安装定额系综合考虑的，不分容量大小，也不包括母线配制及设备干燥。

（7）低压无功补偿电容器屏（柜）安装列入配电装置安装工程定额的控制设备及低压电器中。

（8）组合型成套箱式变电站主要是指 10kV 以下的箱式变电站，一般布置形式为变压器在箱的中间，箱的一端为高压开关位置，另一端为低压开关位置。组合型低压成套配电装置，外形像一个大型集装箱，内装 6～24 台低压配电箱（屏），箱的两端开门，中间为通道，称为集装箱式低压配电室。该内容列入配电装置安装工程定额的控制设备及低压电器中。

2．定额工程量计算规则

（1）断路器、电流互感器、电压互感器、油浸电抗器、电力电容器及电容器柜的安装，以"台（个）"为计量单位。

（2）隔离开关、负荷开关、熔断器、避雷器、干式电抗器的安装，以"组"为计量单位，每组按三相计算。

（3）交流滤波装置的安装以"台"为计量单位。每套滤波装置包括三台组架安装，不包括设备本身及铜母线的安装，其工程量应按相应定额另行计算。

（4）高压设备安装定额内均不包括绝缘台的安装，其工程量应按施工图设计执行相应定额。

（5）高压成套配电柜和箱式变电站的安装以"台"为计量单位，均未包括基础槽钢、母线及引下线的配置安装。

（6）配电设备安装的支架、抱箍及延长轴、轴套、间隔板等，按施工图设计的需要量计算，执行铁构件制作安装定额或成品价。

（7）绝缘油、六氟化硫气体、液压油等均按设备带有考虑。电气设备以外的加压设备和附属管道的安装应按相应定额另行计算。

（8）配电设备的端子板外部接线，应按相应定额另行计算。

（9）设备安装用的地脚螺栓按土建预埋考虑，不包括二次灌浆。

3．工程量清单计算规则

配电装置安装工程量清单项目设置、项目特征描述的内容、计量单位及工程量计算规则应按表 7 - 3 的规定执行。

表 7 – 3　配电装置安装（编码：030402）

项目编码	项目名称	项目特征	计量单位	工程量计算规则	工作内容
030402001	油断路器	1. 名称； 2. 型号； 3. 容量（A）； 4. 电压等级（V）； 5. 安装条件； 6. 操作机构名称及型号； 7. 基础型钢规格； 8. 接线材质、规格； 9. 安装部位； 10. 油过滤要求	台	按设计图示数量计算	1. 本体安装、调试； 2. 基础型钢制作、安装； 3. 油过滤； 4. 补刷（喷）油漆； 5. 接地
030402002	真空断路器				1. 本体安装、调试； 2. 基础型钢制作、安装； 3. 补刷（喷）油漆； 4. 接地
030402003	SF6 断路器				
030402004	空气断路器	1. 名称； 2. 型号； 3. 容量（A）； 4. 电压等级（V）； 5. 安装条件； 6. 操作机构名称及型号； 7. 接线材质、规格； 8. 安装部位	组		
030402005	真空接触器				
030402006	隔离开关				1. 本体安装、调试； 2. 补刷（喷）油漆； 3. 接地
030402007	负荷开关				
030402008	互感器	1. 名称； 2. 型号； 3. 规格； 4. 类型； 5. 油过滤要求	台		1. 本体安装、调试； 2. 干燥； 3. 油过滤； 4. 接地
030402009	高压熔断器	1. 名称； 2. 型号； 3. 规格； 4. 安装部位	组		1. 本体安装、调试； 2. 接地
030402010	避雷器	1. 名称； 2. 型号； 3. 规格； 4. 电压等级； 5. 安装部位			1. 本体安装； 2. 接地

续表 7 – 3

项目编码	项目名称	项目特征	计量单位	工程量计算规则	工作内容
030402011	干式电抗器	1. 名称； 2. 型号； 3. 规格； 4. 质量； 5. 安装部位； 6. 干燥要求	组		1. 本体安装； 2. 接地
030402012	油浸电抗器	1. 名称； 2. 型号； 3. 规格； 4. 容量（kV·A）； 5. 油过滤要求； 6. 干燥要求	台		1. 本体安装； 2. 油过滤； 3. 干燥
030402013	移相及串联 电容器	1. 名称； 2. 型号； 3. 规格； 4. 质量； 5. 安装部位	个	按设计图示 数量计算	1. 本体安装； 2. 接地
030402014	集合式并联 电容器				
030402015	并联补偿 电容器组架	1. 名称； 2. 型号； 3. 规格； 4. 结构形式			
030402016	交流滤波 装置组架	1. 名称； 2. 型号； 3. 规格			
030402017	高压成套 配电柜	1. 名称； 2. 型号； 3. 规格； 4. 母线配置方式； 5. 种类； 6. 基础型钢形式、规格	台		1. 本体安装、调试； 2. 基础型钢制作、安装； 3. 补刷（喷）油漆； 4. 接地
030402018	组合型成 套箱式变电站	1. 名称； 2. 型号； 3. 容量（kV·A）； 4. 电压（V）； 5. 组合形式； 6. 基础规格、浇筑材质	台		1. 本体安装； 2. 基础浇筑； 3. 进箱母线安装； 4. 补刷（喷）油漆； 5. 接地

注：1. 空气断路器的储气罐及储气罐至断路器的管路应按规范《通用安装工程工程量计算规范》GB 50856—2013 附录 H 工业管道工程相关项目编码列项。

2. 干式电抗器项目适用于混凝土电抗器、铁心干式电抗器、空心干式电抗器等。

3. 设备安装未包括地脚螺栓、浇注（二次灌浆、抹面），如需安装应按现行国家标准《房屋建筑与装饰工程工程量计算规范》GB 50854—2013 相关项目编码列项。

【例7-2】　某高压电路为了更好地控制电路中的空载电流和负荷电流，防止事故的发生，需要设置3台3500A的真空断路器和2台4000A的SF6断路器。试计算清单工程量。

【解】

真空断路器安装清单工程量按设计图示数量计算。

工程量=3台

SF6断路器安装清单工程量按设计图示数量计算。

工程量=2台

清单工程量计算见表7-4。

表7-4　清单工程量计算表

项目编码	项目名称	项目特征描述	计量单位	工程量
030402002001	真空断路器	3500A	台	3
030402003002	SF6断路器	4000A	台	2

【例7-3】　如图7-1所示，在墙上安装1组10kV户外交流高压负荷开关，其型号为FW4-10，试计算其工程量。

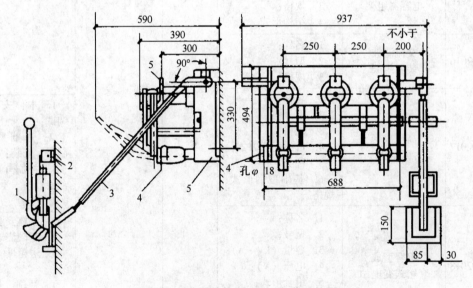

图7-1　在墙上安装10kV负荷开关图

1—操动机构；2—辅助开关；3—连杆；4—接线板；5—负荷开关

【解】

负荷开关安装清单工程量按设计图示数量计算。

工程量=1组

清单工程量计算见表7-5。

表 7 - 5　清单工程量计算表

项目编码	项目名称	项目特征描述	计量单位	工程量
030402007001	负荷开关	FW4 - 10 户外交流高压负荷开关	组	1

7.1.3　母线安装

1．定额工程计算说明

（1）母线安装工程定额不包括支架、铁构件的制作、安装，发生时执行相应定额。

（2）软母线、带形母线、槽型母线的安装定额内不包括母线、金具、绝缘子等主材，具体可按设计数量加损耗计算。

（3）组合软导线安装工程定额不包括两端铁构件制作、安装和支持瓷瓶、带形母线的安装，发生时应执行相应定额。其跨距是按标准跨距综合考虑的，如实际跨距与定额不符时不作换算。

（4）软母线安装工程定额是按单串绝缘子考虑的，如设计为双串绝缘子，其定额人工乘以系数 1.08。

（5）软母线的引下线、跳线、设备连线均按导线截面分别执行定额。不区分引下线、跳线和设备连线。

（6）带形钢母线安装执行铜母线安装定额。

（7）带形母线伸缩节头和铜过渡板均按成品考虑，定额只考虑安装。

（8）高压共箱母线和低压封闭式插接母线槽均按制造厂供应的成品考虑，定额只包含现场安装。封闭式插接母线槽在竖井内安装时，人工和机械乘以系数2.0。

2．定额工程量计算规则

（1）悬垂绝缘子串安装，指垂直或 V 型安装的提挂导线、跳线、引下线、设备连接线或设备等所用的绝缘子串安装，按单、双串分别以"串"为计量单位。耐张绝缘子串的安装，已包括在软母线安装定额内。

（2）支持绝缘子安装分别按安装在户内、户外、单孔、双孔、四孔固定，以"个"为计量单位。

（3）穿墙套管安装不分水平、垂直安装，均以"个"为计量单位。

（4）软母线安装，指直接由耐张绝缘子串悬挂部分，按软母线截面大小分别以"跨/三相"为计量单位。设计跨距不同时，不得调整。导线、绝缘子、线夹、弧度调节金具等均按施工图设计用量加定额规定的损耗率计算。

（5）软母线引下线，指由 T 型线夹或并沟线夹从软母线引向设备的连接线，以"组"为计量单位，每三相为一组；软母线经终端耐张线夹引下（不经 T 型线夹或并沟线夹引下）与设备连接的部分均执行引下线定额，不得换算。

（6）两跨软母线间的跳引线安装，以"组"为计量单位，每三相为一组。不论两端的耐张线夹是螺栓式或压接式，均执行软母线跳线定额，不得换算。

（7）设备连接线安装，指两设备间的连接部分。不论引下线、跳线、设备连接线，均应分别按导线截面、三相为一组计算工程量。

（8）组合软母线安装，按三相为一组计算，跨距（包括水平悬挂部分和两端引下部分之和）系以45m以内考虑，跨度的长与短不得调整。导线、绝缘子、线夹、金具按施工图设计用量加定额规定的损耗率计算。

（9）软母线安装预留长度按表7-6计算。

表7-6　软母线安装预留长度（m/根）

项目	耐张	跳线	引下线、设备连接线
预留长度	2.5	0.8	0.6

（10）带型母线安装及带型母线引下线安装包括铜排、铝排，分别以不同截面和片数以"m/单相"为计量单位。母线和固定母线的金具均按设计量加损耗率计算。

（11）钢带型母线安装，按同规格的铜母线定额执行，不得换算。

（12）母线伸缩接头及铜过渡板安装，均以"个"为计量单位。

（13）槽型母线安装以"m/单相"为计量单位。槽型母线与设备连接，分别以连接不同的设备以"台"为计量单位。槽型母线及固定槽型母线的金具按设计用量加损耗率计算。壳的大小尺寸以"m"为计量单位，长度按设计共箱母线的轴线长度计算。

（14）低压（380V以下）封闭式插接母线槽安装，分别按导体的额定电流大小以"m"为计量单位，长度按设计母线的轴线长度计算，分线箱以"台"为计量单位，分别以电流大小按设计数量计算。

（15）重型母线安装包括铜母线、铝母线，分别按截面大小以母线的成品质量以"t"为计量单位。

（16）重型铝母线接触面加工指铸造件需加工接触面时，可以按其接触面大小，分别以"片/单相"为计量单位。

（17）硬母线配置安装预留长度按表7-7的规定计算。

表7-7　硬母线配置安装预留长度（m/根）

序号	项　目	预留长度	说　明
1	带形、槽形母线终端	0.3	从最后一个支持点算起
2	带形、槽形母线与分支线连接	0.5	分支线预留
3	带形母线与设备连接	0.5	从设备端子接口算起
4	多片重型母线与设备连接	1.0	从设备端子接口算起
5	槽形母线与设备连接	0.5	从设备端子接口算起

（18）带形母线、槽形母线安装均不包括支持瓷瓶安装和钢构件配置安装，其工程量应分别按设计成品数量执行相应定额。

3.工程量清单计算规则

母线安装工程量清单项目设置、项目特征描述的内容、计量单位及工程量计算规则应按表7-8的规定执行。

表 7 – 8 母线安装（编码：030403）

项目编码	项目名称	项目特征	计量单位	工程量计算规则	工作内容
030403001	软母线	1. 名称； 2. 材质； 3. 型号； 4. 规格； 5. 绝缘子类型、规格	m	按设计图示尺寸以单相长度计算（含预留长度）	1. 母线安装； 2. 绝缘子耐压试验； 3. 跳线安装； 4. 绝缘子安装
030403002	组合软母线				
030403003	带形母线	1. 名称； 2. 型号； 3. 规格； 4. 材质； 5. 绝缘子类型、规格； 6. 穿墙套管材质、规格； 7. 穿通板材质、规格； 8. 母线桥材质、规格； 9. 引下线材质、规格； 10. 伸缩节、过渡板材质、规格； 11. 分相漆品种			1. 母线安装； 2. 穿通板制作、安装； 3. 支持绝缘子、穿墙套管的耐压试验、安装； 4. 引下线安装； 5. 伸缩节安装； 6. 过渡板安装； 7. 刷分相漆
030403004	槽形母线	1. 名称； 2. 型号； 3. 规格； 4. 材质； 5. 连接设备名称、规格； 6. 分相漆品种			1. 母线制作、安装； 2. 与发电机、变压器连接； 3. 与断路器、隔离开关连接； 4. 刷分相漆
030403005	共箱母线	1. 名称； 2. 型号； 3. 规格； 4. 材质		按设计图示尺寸以中心线长度计算	1. 母线安装； 2. 补刷（喷）油漆
030403006	低压封闭式插接母线槽	1. 名称； 2. 型号； 3. 规格； 4. 容量（A）； 5. 线制； 6. 安装部位			

续表 7 – 8

项目编码	项目名称	项目特征	计量单位	工程量计算规则	工作内容
030403007	始端箱、分线箱	1. 名称； 2. 型号； 3. 规格； 4. 容量（A）	台	按设计图示数量计算	1. 本体安装； 2. 补刷（喷）油漆
030403008	重型母线	1. 名称； 2. 型号； 3. 规格； 4. 容量（A）； 5. 材质； 6. 绝缘子类型、规格； 7. 伸缩器及导板规格	t	按设计图示尺寸以质量计算	1. 母线制作、安装； 2. 伸缩器及导板制作、安装； 3. 支持绝缘子安装； 4. 补刷（喷）油漆

注：1. 软母线安装预留长度见表 7 – 6。
2. 硬母线配置安装预留长度见表 7 – 7。

【例 7 – 4】 某工程安装组合软母线 3 根，跨度为 90m，试计算定额材料的消耗量调整系数以及调整后的材料费，并给出清单工程量计算表。

【解】

根据定额说明可知：组合软母线安装定额不包括两端铁构件的制作、安装手支持瓷瓶、带形母线的安装，发生时应执行相应的定额。其跨度是按标准跨距综合考虑的，如果实际跨距与定额不相符时不作换算，所以应套用定额 2 – 121，其材料费为 42.22 元。

清单工程量计算表见表 7 – 9。

表 7 – 9 清单工程量计算表

项目编码	项目名称	项目特征描述	计量单位	工程量
030403002001	组合软母线	组合软母线安装	m	90

7.1.4 控制设备及低压电器安装

1. 定额工程量计算说明

（1）控制设备及低压电器安装工程定额包括电气控制设备、低压电器的安装，盘、柜配线，焊（压）接线端子，穿通板制作、安装，基础槽、角钢及各种铁构件、支架制作、安装。

（2）控制设备安装，除限位开关及水位电气信号装置外，其他均未包括支架制作、安装，发生时可执行相应定额。

（3）控制设备安装未包括的工作内容：

1）二次喷漆及喷字。

2）电器及设备干燥。

3）焊、压接线端子。

4）端子板外部（二次）接线。

（4）屏上辅助设备安装，包括标签框、光字牌、信号灯、附加电阻、连接片等，但不包括屏上开孔工作。

（5）设备的补充油按设备考虑。

（6）各种铁构件制作，均不包括镀锌、镀锡、镀铬、喷塑等其他金属防护费用，发生时应另行计算。

（7）轻型铁构件系指结构厚度在3mm以内的构件。

（8）铁构件制作、安装定额适用于定额范围内的各种支架、构件的制作、安装。

2．定额工程量计算规则

（1）控制设备及低压电器安装均以"台"为计量单位。以上设备安装均未包括基础槽钢、角钢的制作安装，其工程量应按相应定额另行计算。

（2）铁构件制作安装均按施工图设计尺寸，以成品质量"kg"为计量单位。

（3）网门、保护网制作安装，按网门或保护网设计图示的框外围尺寸，以"m²"为计量单位。

（4）盘柜配线分不同规格，以"m"为计量单位。

（5）盘、箱、柜的外部进出线预留长度按表7-10计算。

表7-10 盘、箱、柜的外部进出线预留长度（m/根）

序号	项　　目	预留长度	说明
1	各种箱、柜、盘、板	高+宽	按盘面尺寸
2	单独安装（无箱、盘）的铁壳开关、闸刀开关、启动器、线槽进出线盒、箱式电阻器、变阻器	0.5	从安装对象中心起算
3	继电器、控制开关、信号灯、按钮、熔断器等小电器	0.3	从安装对象中心起算
4	分支接头	0.2	分支线预留

（6）配电板制作安装及包铁皮，按配电板图示外形尺寸，以"m²"为计量单位。

（7）焊（压）接线端子定额只适用于导线。电缆终端头制作安装定额中已包括压接线端子，不得重复计算。

（8）端子板外部接线按设备盘、箱、柜、台的外部接线图计算，以"个"为计量单位。

（9）盘、柜配线定额只适用于盘上小设备组件的少量现场配线，不适用于工厂的设备修、配、改工程。

3．工程量清单计算规则

控制设备及低压电器安装工程量清单项目设置、项目特征描述的内容、计量单位及工程量计算规则应按表7-11的规定执行。

表 7－11 控制设备及低压电器安装（编码：030404）

项目编码	项目名称	项目特征	计量单位	工程量计算规则	工作内容
030404001	控制屏				1. 本体安装； 2. 基础型钢制作、安装； 3. 端子板安装； 4. 焊、压接线端子； 5. 盘柜配线、端子接线； 6. 小母线安装； 7. 屏边安装； 8. 补刷（喷）油漆； 9. 接地
030404002	断电、信号屏	1. 名称； 2. 型号； 3. 规格； 4. 种类； 5. 基础型钢形式、规格； 6. 接线端子材质、规格； 7. 端子板外部接线材质、规格； 8. 小母线材质、规格； 9. 屏边规格	台	按设计图示数量计算	
030404003	模拟屏				
030404004	低压开关柜（屏）				1. 本体安装； 2. 基础型钢制作、安装； 3. 端子板安装； 4. 焊、压接线端子； 5. 盘柜配线、端子接线； 6. 屏边安装； 7. 补刷（喷）油漆； 8. 接地
030404005	弱电控制返回屏	1. 名称； 2. 型号； 3. 规格； 4. 种类； 5. 基础型钢形式、规格； 6. 接线端子材质、规格； 7. 端子板外部接线材质、规格； 8. 小母线材质、规格； 9. 屏边规格			1. 本体安装； 2. 基础型钢制作、安装； 3. 端子板安装； 4. 焊、压接线端子； 5. 盘柜配线、端子接线； 6. 小母线安装； 7. 屏边安装； 8. 补刷（喷）油漆； 9. 接地

续表 7－11

项目编码	项目名称	项目特征	计量单位	工程量计算规则	工作内容
030404006	箱式配电室	1. 名称； 2. 型号； 3. 规格； 4. 质量； 5. 基础规格、浇筑材质； 6. 基础型钢形式、规格	台		1. 本体安装； 2. 基础型钢制作、安装； 3. 基础浇筑； 4. 补刷（喷）油漆； 5. 接地
030404007	硅整流柜	1. 名称； 2. 型号； 3. 规格； 4. 容量（A）； 5. 基础型钢形式、规格	套		1. 本体安装； 2. 基础型钢制作、安装； 3. 补刷（喷）油漆； 4. 接地
030404008	可控硅柜	1. 名称； 2. 型号； 3. 规格； 4. 容量（kW）； 5. 基础型钢形式、规格	台	按设计图示数量计算	1. 本体安装； 2. 基础型钢制作、安装； 3. 补刷（喷）油漆； 4. 接地
030404009	低压电容器柜	1. 名称； 2. 型号； 3. 规格； 4. 基础型钢形式、规格； 5. 接线端子材质、规格； 6. 端子板外部接线材质、规格； 7. 小母线材质、规格； 8. 屏边规格	台		1. 本体安装； 2. 基础型钢制作、安装； 3. 端子板安装； 4. 焊、压接线端子； 5. 盘柜配线、端子接线； 6. 小母线安装； 7. 屏边安装； 8. 补刷（喷）油漆； 9. 接地
030404010	自动调节磁力屏				
030404011	励磁灭磁屏				
030404012	蓄电池屏（柜）				
030404013	直流馈电屏				
030404014	事故照明切换屏				

续表 7 – 11

项目编码	项目名称	项目特征	计量单位	工程量计算规则	工作内容
030404015	控制台	1. 名称； 2. 型号； 3. 规格； 4. 基础型钢形式、规格； 5. 接线端子材质、规格； 6. 端子板外部接线材质、规格； 7. 小母线材质、规格	台	按设计图示数量计算	1. 本体安装； 2. 基础型钢制作、安装； 3. 端子板安装； 4. 焊、压接线端子； 5. 盘柜配线、端子接线； 6. 小母线安装； 7. 补刷（喷）油漆； 8. 接地
030404016	控制箱	1. 名称； 2. 型号； 3. 规格； 4. 基础型钢形式、规格； 5. 接线端子材质、规格； 6. 端子板外部接线材质、规格； 7. 安装方式			1. 本体安装； 2. 基础型钢制作、安装； 3. 焊、压接线端子； 4. 补刷（喷）油漆； 5. 接地
030404017	配电箱				
030404018	插座箱	1. 名称； 2. 型号； 3. 规格； 4. 安装方式			1. 本地安装； 2. 接地
030404019	控制开关	1. 名称； 2. 型号； 3. 规格； 4. 接线端子材质、规格； 5. 额定电流（A）	个		1. 本体安装； 2. 焊、压接线端子； 3. 接地

续表 7-11

项目编码	项目名称	项目特征	计量单位	工程量计算规则	工作内容
030404020	低压熔断器	1. 名称；2. 型号；3. 规格；4. 接线端子材质、规格	个	按设计图示数量计算	1. 本体安装；2. 焊、压接线端子；3. 接地
030404021	限位开关				
030404022	控制器		台		
030404023	接触器				
030404024	磁力启动器				
030404025	Y—△自耦减压启动器				
030404026	电磁铁（电磁制动器）				
030404027	快速自动开关				
030404028	电阻器		箱		
030404029	油浸频敏变阻器		台		
030404030	分流器	1. 名称；2. 型号；3. 规格；4. 容量（A）；5. 接线端子材质、规格	个		
030404031	小电器	1. 名称；2. 型号；3. 规格；4. 接线端子材质、规格	个（套、台）		1. 本体安装；2. 焊、压接线端子；3. 接地
030404032	端子箱	1. 名称；2. 型号；3. 规格；4. 安装部位	台		1. 本体安装；2. 接线
030404033	风扇	1. 名称；2. 型号；3. 规格；4. 安装方式			1. 本体安装；2. 调速开关安装

续表 7 – 11

项目编码	项目名称	项目特征	计量单位	工程量计算规则	工作内容
030404034	照明开关	1. 名称； 2. 型号； 3. 规格； 4. 安装部位	个	按设计图示数量计算	1. 本体安装； 2. 接线
030404035	插座				
030404036	其他电器	1. 名称； 2. 规格； 3. 安装方式	个 （套、台）		1. 安装； 2. 接线

注：1. 控制开关包括：自动空气开关、刀型开关、铁壳开关、胶盖刀闸开关、组合控制开关、万能转换开关、风机盘管三速开关、漏电保护开关等。

2. 小电器包括：按钮、电笛、电铃、水位电气信号装置、测量表计、继电器、电磁锁屏上辅助设备、辅助电压互感器、小型安全变压器等。

3. 其他电器安装指：本节未列的电器项目。

4. 其他电器必须根据电器实际名称确定项目名称，明确描述工作内容、项目特征、计量单位、计算规则。

5. 盘、箱、柜的外部进出电线预留长度见表 7 – 10。

【例 7 – 5】 某电力工程设计安装 5 台控制屏，该屏为成品，内部配线已做好。设计要求需做基础槽钢和进出的接线。试编制控制屏的工程量清单。

【解】

控制屏安装清单工程量按设计图示数量计算。

控制屏安装清单工程量 = 5 台

控制屏的工程量清单见表 7 – 12。

表 7 – 12 清单工程量计算表

工程名称：××工程 　　　　　　　　　　　　　　　　　　　　第 页 共 页

项目编码	项目名称	项目特征描述	计量单位	工程数量
030404001001	控制屏	基础槽钢制作、安装；焊、压接线端子	台	5

7.1.5 蓄电池安装

1. 定额工程量计算说明

（1）蓄电池安装工程定额适用于 220V 以下各种容量的碱性和酸性固定型蓄电池及其防震支架安装、蓄电池充放电。

（2）蓄电池防震支架按随设备供货考虑，安装按地坪打眼装膨胀螺栓固定。

（3）蓄电池电极连接条、紧固螺栓、绝缘垫，均按设备带有考虑。

（4）蓄电池安装工程定额不包括蓄电池抽头连接用电缆以及电缆保护管的安装，发生时应执行相应的项目。

（5）碱性蓄电池补充电解液由厂家随设备供货。铅酸蓄电池的电解液已包括在定额内，不另行计算。

（6）蓄电池充放电电量已计入定额，不论酸性、碱性电池均按其电压和容量执行相应项目。

2．定额工程量计算规则

（1）铅酸蓄电池和碱性蓄电池安装，分别按容量大小以单体蓄电池"个"为计量单位，按施工图设计的数量计算工程量。定额内已包括了电解液的材料消耗，执行时不得调整。

（2）免维护蓄电池安装以"组件"为计量单位。其具体计算如下例：

某项工程设计一组蓄电池为220V/500A·h，由12V的组件18个组成，那么就应该套用12V/500A·h的定额18组件。

（3）蓄电池充放电按不同容量以"组"为计量单位。

3．工程量清单计算规则

蓄电池安装工程量清单项目设置、项目特征描述的内容、计量单位及工程量计算规则应按表7－13的规定执行。

表 7－13　蓄电池安装（编码：030405）

项目编码	项目名称	项目特征	计量单位	工程量计算规则	工作内容
030405001	蓄电池	1．名称； 2．型号； 3．容量（A·h）； 4．防震支架形式、材质； 5．充放电要求	个 （组件）	按设计图示数量计算	1．本体安装； 2．防震支架安装； 3．充放电
030405002	太阳能电池	1．名称； 2．型号； 3．规格； 4．容量； 5．安装方式	组		1．安装； 2．电池方阵铁架安装； 3．联调

7.1.6　电机检查接线及调试

1．定额工程量计算说明

（1）电机检查接线及调试工程定额中的专业术语"电机"是指发电机和电动机的统称。如小型电机检查接线定额，适用于同功率的小型发电机和小型电动机的检查接线，定额中的电机功率是指电机的额定功率。

（2）直流发电机组和多台一串的机组，可按单台电机分别执行相应定额。

（3）电机检查接线及调试工程定额的电机检查接线定额，除发电机和调相机外，均不包括电机的干燥工作，发生时应执行电机干燥定额。电机检查接线及调试工程定额中的电机干燥定额是按一次干燥所需的人工、材料、机械消耗量考虑。

（4）单台质量在 3t 以下的电机为小型电机，单台质量为 3～30t 的电机为中型电机，单台质量在 30t 以上的电机为大型电机。大中型电机不分交、直流电机，一律按电机质量执行相应定额。

（5）微型电机分为三类：驱动微型电机（分数马力电机）是指微型异步电动机、微型同步电动机、微型交流换向器电动机、微型直流电动机等，控制微型电机是指自整角机、旋转变压器、交直流测速发电机、交直流伺服电动机、步进电动机、力矩电动机等，电源微型电机系指微型电动发电机组和单枢轴变流机等。其他小型电机（功率在 0.75kW 以下的电机）均执行微型电机定额，但一般民用小型交流电风扇安装执行《全国统一安装工程预算定额》GYD—202—2000 "电气设备安装工程" 中第十二章 "风扇安装定额"。

（6）各类电机的检查接线定额均不包括电机控制装置的安装和接线。

（7）电机的接地线材质至今技术规范尚无新规定，电机检查接线及调试工程定额仍沿用镀锌扁钢（-25×4）编制的。如采用铜接地线时，主材（导线和接头）应更换，但安装人工和机械不变。

（8）电机安装执行《全国统一安装工程预算定额》GYD—201—2000 "机械设备安装工程" 的电机安装定额，其电机的检查接线和干燥执行定额规定。

（9）各种电机的检查接线，规范要求均需配有相应的金属软管，如设计有规定的，按设计规格和数量计算。如设计要求用包塑金属软管、阻燃金属软管或采用铝合金软管接头等，均按设计计算。设计没有规定时，平均每台电机配金属软管 1～1.5m（平均按 1.25m）。电机的电源线为导线时，应执行 "压（焊）接线端子" 定额。

2. 定额工程量计算规则

（1）发电机、调相机、电动机的电气检查接线，均以 "台" 为计量单位。直流发电机组和多台一串的机组，按单台电机分别执行定额。

（2）起重机上的电气设备、照明装置和电缆管线等安装，均执行相应定额。

（3）电气安装规范要求每台电机接线均需要配金属软管，设计有规定的，按设计规格和数量计算；设计没有规定的，平均每台电机配相应规格的金属软管 1.25m 和与之配套的金属软管专用活接头。

（4）电机检查接线定额，除发电机和调相机外，均不包括电机干燥，发生时其工程量应按电机干燥定额另行计算。电机干燥定额是按一次干燥所需的工、料、机消耗量考虑；在特别潮湿的地方，电机需要进行多次干燥，应按实际干燥次数计算。在气候干燥、电机绝缘性能良好、符合技术标准而不需要干燥时，则不计算干燥费用。实行包干的工程，可参照以下比例，由有关各方协商而定。

1）低压小型电机 3kW 以下，按 25% 的比例考虑干燥。

2）低压小型电机 3kW 以上至 220kW，按 30%～50% 考虑干燥。

3）大中型电机按 100% 考虑一次干燥。

（5）电机解体检查定额，应根据需要选用。如不需要解体时，可只执行电机检查接线定额。

（6）电机定额的界线划分：单台电机质量在 3t 以下的为小型电机，单台电机质量在

3t 以上至 30t 以下的为中型电机，单台电机质量在 30t 以上的为大型电机。

（7）小型电机按电机类别和功率大小执行相应定额，大、中型电机不分类别一律按电机质量执行相应定额。

（8）与机械同底座的电机和装在机械设备上的电机安装，执行《全国统一安装工程预算定额》GYD—201—2000"机械设备安装工程"的电机安装定额；独立安装的电机，执行电机安装定额。

3. 工程量清单计算规则

电机检查接线及调试工程量清单项目设置、项目特征描述的内容、计量单位及工程量计算规则，应按表 7－14 的规定执行。

表 7－14　电机检查接线及调试（编码：030406）

项目编码	项目名称	项目特征	计量单位	工程量计算规则	工作内容
030406001	发电机	1. 名称； 2. 型号； 3. 容量（kW）； 4. 接线端子材质、规格； 5. 干燥要求	台	按设计图示数量计算	1. 检查接线； 2. 接地； 3. 干燥； 4. 调试
030406002	调相机				
030406003	普通小型直流电动机				
030406004	可控硅调速直流电动机	1. 名称； 2. 型号； 3. 容量（kW）； 4. 类型； 5. 接线端子材质、规格； 6. 干燥要求			
030406005	普通交流同步电动机	1. 名称； 2. 型号； 3. 容量（kW）； 4. 启动方式； 5. 电压等级（kV）； 6. 接线端子材质、规格； 7. 干燥要求			

续表 7−14

项目编码	项目名称	项目特征	计量单位	工程量计算规则	工作内容
030406006	低压交流异步电动机	1. 名称； 2. 型号； 3. 容量（kW）； 4. 控制保护方式； 5. 接线端子材质、规格； 6. 干燥要求	台	按设计图示数量计算	1. 检查接线； 2. 接地； 3. 干燥； 4. 调试
030406007	高压交流异步电动机	1. 名称； 2. 型号； 3. 容量（kW）； 4. 保护类型； 5. 接线端子材质、规格； 6. 干燥要求			
030406008	交流变频调速电动机	1. 名称； 2. 型号； 3. 容量（kW）； 4. 类别； 5. 接线端子材质、规格； 6. 干燥要求			
030406009	微型电机、电加热器	1. 名称； 2. 型号； 3. 规格； 4. 接线端子材质、规格； 5. 干燥要求			
030406010	电动机组	1. 名称； 2. 型号； 3. 电动机台数； 4. 联锁台数； 5. 接线端子材质、规格； 6. 干燥要求	组		

续表 7 – 14

项目编码	项目名称	项目特征	计量单位	工程量计算规则	工作内容
030406011	备用励磁机组	1. 名称； 2. 型号； 3. 接线端子材质、规格； 4. 干燥要求	组	按设计图示数量计算	1. 检查接线； 2. 接地； 3. 干燥； 4. 调试
030406012	励磁电阻器	1. 名称； 2. 型号； 3. 规格； 4. 接线端子材质、规格； 5. 干燥要求	台		1. 本地安装； 2. 检查接线； 3. 干燥

注：1. 可控硅调速直流电动机类型指一般可控硅调速直流电动机、全数字式控制可控硅调速直流电动机。

2. 交流变频调速电动机类型指交流同步变频电动机、交流异步变频电动机。

3. 电动机按其质量划分为大、中、小型；3t 以下为小型，3~30t 为中型，30t 以上为大型。

7.1.7 滑触线装置安装

1. 定额工程量计算说明

（1）起重机的电气装置系按未经生产厂家成套安装和试运行考虑的，因此起重机的电机和各种开关、控制设备、管线及灯具等，均按分部分项定额编制预算。

（2）滑触线支架的基础铁件及螺栓，按土建预埋考虑。

（3）滑触线及支架的油漆，均按涂一遍考虑。

（4）移动软电缆敷设未包括轨道安装及滑轮制作。

（5）滑触线的辅助母线安装，执行《全国统一安装工程预算定额》GYD—202—2000 "电气设备安装工程"中第三章"带形母线"安装定额。

（6）滑触线伸缩器和坐式电车绝缘子支持器的安装，已分别包括在"滑触线安装"和"滑触线支架安装"定额内，不另行计算。

（7）滑触线及支架安装是按 10m 以下标高考虑的，标高如超过 10m 时，按措施项目定额规定的超高系数计算。

（8）铁构件制作，执行相应项目。

2. 定额工程量计算规则

（1）起重机上的电气设备、照明装置和电缆管线等安装，均执行相应定额。

（2）滑触线安装以"m/单相"为计量单位，其附加和预留长度按表 7 – 15 的规定计算。

表 7 – 15   滑触线安装预留长度（m/根）

序号	项 目	预留长度	说 明
1	圆钢、铜母线与设备连接	0.2	从设备接线端子接口算起
2	圆钢、铜滑触线终端	0.5	从最后一个固定算起
3	角钢滑触线终端	1.0	从最后一个支持点算起
4	扁钢滑触线终端	1.3	从最后一个固定点算起
5	扁钢母线分支	0.5	分支线预留
6	扁钢母线与设备连接	0.5	从设备接线端子接口算起
7	轻轨滑触线终端	0.8	从最后一个支持点算起
8	安全节能及其他滑触线终端	0.5	从最后一个固定点算起

（3）电气安装规范要求每台电机接线均需要配金属软管，设计有规定的，按设计规格和数量计算；设计没有规定的，平均每台电机配相应规格的金属软管 1.25m 和与之配套的金属软管专用活接头。

3．工程量清单计算规则

滑触线装置安装工程量清单项目设置、项目特征描述的内容、计量单位及工程量计算规则，应按表 7 – 16 的规定执行。

表 7 – 16   滑触线装置安装（编码：030407）

项目编码	项目名称	项目特征	计量单位	工程量计算规则	工作内容
030407001	滑触线	1．名称； 2．型号； 3．规格； 4．材质； 5．支架形式、材质； 6．移动软电缆材质、规格、安装部位； 7．拉紧装置类型； 8．伸缩接头材质、规格	m	按设计图示尺寸以单相长度计算（含预留长度）	1．滑触线安装； 2．滑触线支架制作、安装； 3．拉紧装置及挂式支持器制作、安装； 4．移动软电缆安装； 5．伸缩接头制作、安装

注：1．支架基础铁件及螺栓是否浇注需说明。

2．滑触线安装预留长度见表 7 – 15。

7.1.8 电缆安装

1. 定额工程量计算说明

（1）电缆安装工程定额适用于10kV以下的电力电缆和控制电缆敷设。定额系按平原地区和厂内电缆工程的施工条件编制的，未考虑在积水区、水底、井下等特殊条件下的电缆敷设。

（2）电缆在一般山地、丘陵地区敷设时，其定额人工乘以系数1.3。该地段所需的施工材料如固定桩、夹具等按实另计。

（3）电缆安装工程定额未考虑因波形敷设增加长度、弛度增加长度、电缆绕梁（柱）增加长度以及电缆与设备连接、电缆接头等必要的预留长度，该增加长度应计入工程量之内。

（4）这里的电力电缆头定额均按铝芯电缆考虑，铜芯电力电缆头按同截面电缆头定额乘以系数1.2，双屏蔽电缆头制作、安装，人工乘以系数1.05。

（5）电力电缆敷设定额均按三芯（包括三芯连地）考虑，5芯电力电缆敷设定额乘以系数1.3，6芯电力电缆乘以系数1.6，每增加一芯定额增加30%，依此类推。单芯电力电缆敷设按同截面电缆定额乘以系数0.67。截面400mm²以上至800mm²的单芯电力电缆敷设，按400mm²电力电缆定额执行。240mm²以上的电缆头的接线端子为异型端子，需要单独加工，应按实际加工价计算（或调整定额价格）。

（6）电缆沟挖填方定额亦适用于电气管道沟等的挖填方工作。

（7）桥架安装。

1）桥架安装包括运输、组合、螺栓或焊接固定、弯头制作、附件安装、切割口防腐、桥式或托板式开孔、上管件隔板安装、盖板及钢制梯式桥架盖板安装。

2）桥架支撑架定额适用于立柱、托臂及其他各种支撑架的安装。定额已综合考虑了采用螺栓、焊接和膨胀螺栓三种固定方式。实际施工中，不论采用何种固定方式，定额均不作调整。

3）玻璃钢梯式桥架和铝合金梯式桥架定额均按不带盖考虑。如这两种桥架带盖，则分别执行玻璃钢槽式桥架定额和铝合金槽式桥架定额。

4）钢制桥架主结构设计厚度大于3mm时，定额人工、机械乘以系数1.2。

5）不锈钢桥架按钢制桥架定额乘以系数1.1。

（8）电缆敷设系综合定额，已将裸包电缆、铠装电缆、屏蔽电缆等因素考虑在内。因此，凡10kV以下的电力电缆和控制电缆均不分结构形式和型号，一律按相应的电缆截面和芯数执行定额。

（9）电缆安装工程定额及其相配套的定额中均未包括主材（又称装置性材料），另按设计和工程量计算规则加上定额规定的损耗率计算主材费用。

（10）直径φ100以下的电缆保护管敷设执行配管配线有关定额。

（11）电缆安装工程定额未包括的工作内容：

1）隔热层、保护层的制作、安装。

2）电缆冬季施工的加温工作和在其他特殊施工条件下的施工措施费和施工降效增加费。

2．定额工程量计算规则

（1）直埋电缆的挖、填土（石）方，除特殊要求外，可按表7－17计算土方量。

表7－17　直埋电缆的挖、填土（石）方量

项　目	电缆根数	
	1~2	每增一根
每米沟长挖方量（m³）	0.45	0.153

注：1．两根以内的电缆沟，系按上口宽度为600mm、下口宽度为400mm、深度为900mm计算的常规土方量（深度按规范的最低标准）。

　　2．每增加一根电缆，其宽度增加170mm。

　　3．以上土方量系按埋深从自然地坪起算，如设计埋深超过900mm时，多挖的土方量应另行计算。

（2）电缆沟盖板揭、盖定额，按每揭或每盖一次以延长米计算，如又揭又盖，则按两次计算。

（3）电缆保护管长度，除按设计规定长度计算外，遇有下列情况，应按以下规定增加保护管长度：

1）横穿道路，按路基宽度两端各增加2m。

2）垂直敷设时，管口距地面增加2m。

3）穿过建筑物外墙时，按基础外缘以外增加1m。

4）穿过排水沟时，按沟壁外缘以外增加1m。

（4）电缆保护管埋地敷设，其土方量凡有施工图注明的，按施工图计算；无施工图的，一般按沟深0.9m、沟宽按最外边的保护管两侧边缘外各增加0.3m工作面计算。

（5）电缆敷设按单根以延长米计算，一个沟内（或架上）敷设三根各长100m的电缆，应按300m计算，依此类推。

（6）电缆敷设长度应根据敷设路径的水平和垂直敷设长度，按表7－18的规定增加附加长度。电缆附加及预留的长度是电缆敷设长度的组成部分，应计入电缆长度工程量之内。

表7－18　电缆敷设预留及附加长度

序号	项　目	预留长度	说　明
1	电缆敷设弛度、波形弯度、交叉	2.5%	按电缆全长计算
2	电缆进入建筑物	2.0m	规范规定最小值
3	电缆进入沟内或吊架时引上（下）预留	1.5m	规范规定最小值
4	变电所进线、出线	1.5m	规范规定最小值
5	电力电缆终端头	1.5m	检修余量最小值
6	电缆中间接头盒	两端各留2.0m	检修余量最小值
7	电缆进控制、保护屏及模拟盘、配电箱等	高+宽	按盘面尺寸
8	高压开关柜及低压配电盘、箱	2.0m	盘下进出线

续表 7 - 18

序号	项　　目	预留长度	说　　明
9	电缆至电动机	0.5m	从电动机接线盒起算
10	厂用变压	3.0m	地坪起算
11	电缆绕过梁柱等增加长度	按实计算	按被绕物的断面情况计算增加长度
12	电梯电缆与电缆架固定点	每处0.5m	规范规定最小值

（7）电缆终端头及中间头均以"个"为计量单位。电力电缆和控制电缆均按一根电缆有两个终端头考虑。中间电缆头设计有图示的，按设计确定；设计没有规定的，按实际情况计算（或按平均250m一个中间头考虑）。

（8）桥架安装，以"10m"为计量单位。

（9）吊电缆的钢索及拉紧装置，应按相应定额另行计算。

（10）钢索的计算长度以两端固定点的距离为准，不扣除拉紧装置的长度。

（11）电缆敷设及桥架安装，应按定额说明的综合内容范围计算。

3. 工程量清单计算规则

电缆安装工程量清单项目设置、项目特征描述的内容、计量单位及工程量计算规则应按表 7 - 19 的规定执行。

表 7 - 19　电缆安装（编码：030408）

项目编码	项目名称	项目特征	计量单位	工程量计算规则	工作内容
030408001	电力电缆	1. 名称； 2. 型号； 3. 规格； 4. 材质； 5. 敷设方式、部位； 6. 电压等级（kV）； 7. 地形	m	按设计图示尺寸以长度计算（含预留长度及附加长度）	1. 电缆敷设； 2. 揭（盖）盖板
030408002	控制电缆				
030408003	电缆保护管	1. 名称； 2. 材质； 3. 规格； 4. 敷设方式	m	按设计图示尺寸以长度计算	保护管敷设
030408004	电缆槽盒	1. 名称； 2. 材质； 3. 规格； 4. 型号			槽盒安装
030408005	铺砂、盖保护板（砖）	1. 种类； 2. 规格			1. 铺砂； 2. 盖板（砖）

续表 7 – 19

项目编码	项目名称	项目特征	计量单位	工程量计算规则	工作内容
030408006	电力电缆头	1. 名称； 2. 型号； 3. 规格； 4. 材质、类型； 5. 安装部位； 6. 电压等级（kV）	个	按设计图示数量计算	1. 电力电缆头制作； 2. 电力电缆头安装； 3. 接地
030408007	控制电缆头	1. 名称； 2. 型号； 3. 规格； 4. 材质、类型； 5. 安装方式			
030408008	防火堵洞	1. 名称； 2. 材质； 3. 方式； 4. 部位	处		安装
030408009	防火隔板		m²	按设计图示尺寸以面积计算	
030408010	防火涂料	1. 名称； 2. 材质； 3. 方式； 4. 部位	kg	按设计图示尺寸以质量计算	
030408011	电缆分支箱	1. 名称； 2. 型号； 3. 规格； 4. 基础形式、材质、类型	台	按设计图示数量计算	1. 本体安装； 2. 基础制作、安装

注：1. 电缆穿束线夹按电缆头编码列项。

2. 电缆井、电缆排管、顶管，应按现行国家标准《市政工程工程量计算规范》GB 50857—2013 相关项目编码列项。

3. 电缆敷设预留长度及附加长度见表 7 – 18。

【例 7 – 6】 已知某建筑内某低压配电柜与配电箱之间的水平距离为 18m，配电线路采用五芯电力电缆 VV – 3 × 25 + 2 × 16，在电缆沟内敷设，电缆沟的深度为 0.8m，宽度为 0.85m，配电柜为落地式，配电箱为悬挂嵌入式，箱底边距地面为 1.45m，试计算电力电缆的清单工程量。

【解】

电力电缆安装清单工程量按设计图示尺寸以长度计算（含预留长度及附加长度）。

工程量 = （18 + 0.8 + 0.85 + 1.45）× （1 + 2.5%）= 21.63（m）

电力电缆的工程量清单见表 7 - 20。

表 7 - 20　清单工程量计算表

项目编码	项目名称	项目特征描述	计量单位	工程量
030408001001	电力电缆	1kV - VV3 × 25 + 2 × 16；电缆沟盖盖板；干包式电缆终端头制作安装	m	21.63

7.1.9　防雷及接地装置

1．定额工程量计算说明

（1）防雷及接地装置工程定额适用于建筑物、构筑物的防雷接地，变配电系统接地，设备接地以及避雷针的接地装置。

（2）户外接地母线敷设定额是按自然地坪和一般土质综合考虑的，包括地沟的挖填土和夯实工作，执行防雷及接地装置工程定额时不应再计算土方量。如遇有石方、矿渣、积水、障碍物等情况时可另行计算。

（3）防雷及接地装置工程定额不适于采用爆破法施工敷设接地线、安装接地极，也不包括高土壤电阻率地区采用换土或化学处理的接地装置及接地电阻的测定工作。

（4）防雷及接地装置工程定额中，避雷针的安装、半导体少长针消雷装置安装，均已考虑了高空作业的因素。

（5）独立避雷针的加工制作执行《全国统一安装工程预算定额》GYD—202—2000"电气设备安装工程"第四章"控制设备及低压电器"中"一般铁构件"制作定额。

（6）防雷均压环安装定额是按利用建筑物圈梁内主筋作为防雷接地连接线考虑的。如果采用单独扁钢或网钢明敷作为均压环时，可执行"户内接地母线敷设"定额。

（7）利用铜绞线作为接地引下线时，配管、穿铜绞线执行《全国统一安装工程预算定额》GYD—202—2000"电气设备安装工程"第十二章"配管、配线"中同规格的相应项目。

2．定额工程量计算规则

（1）接地极制作安装以"根"为计量单位，其长度按设计长度计算。设计无规定时，每根长度按2.5m计算。若设计有管帽时，管帽另按加工件计算。

（2）接地母线敷设，按设计长度以"m"为计量单位计算工程量。接地母线、避雷线敷设，均按"延长米"计算，其长度按施工图设计水平和垂直规定长度另加3.9%的附加长度（包括转弯、上下波动、避绕障碍物、搭接头所占长度）计算。计算主材费时应另增加规定的损耗率。

（3）接地跨接线以"处"为计量单位。按规程规定，凡需接地跨接线的工程内容，每跨接一次按一处计算。户外配电装置构架均需接地，每副构架按"一处"计算。

（4）避雷针的加工制作、安装，以"根"为计量单位，独立避雷针安装以"基"为计量单位。长度、高度、数量均按设计规定。独立避雷针的加工制作应执行"一般铁件"

制作定额或按成品计算。

（5）半导体少长针消雷装置安装以"套"为计量单位，按设计安装高度分别执行相应定额。装置本身由设备制造厂成套供货。

（6）利用建筑物内主筋作为接地引下线安装，以"10m"为计量单位，每一柱子内按焊接两根主筋考虑。如果焊接主筋数超过两根时，可按比例调整。

（7）断接卡子制作安装以"套"为计量单位，按设计规定装设的断接卡子数量计算。接地检查井内的断接卡子安装按每井一套计算。

（8）高层建筑物屋顶的防雷接地装置应执行"避雷网安装"定额，电缆支架的接地线安装应执行"户内接地母线敷设"定额。

（9）均压环敷设以"m"为单位计算，主要考虑利用圈梁内主筋作为均压环接地连线，焊接按两根主筋考虑。超过两根时，可按比例调整。长度按设计需要作为均压接地的圈梁中心线长度，以"延长米"计算。

（10）钢、铝窗接地以"处"为计量单位（高层建筑六层以上的金属窗设计按一般要求接地），按设计规定接地的金属窗数进行计算。

（11）柱子主筋与圈梁连接以"处"为计量单位，每处按两根主筋与两根圈梁钢筋分别焊接连接考虑。如果焊接主筋和圈梁钢筋超过两根时，可按比例调整；需要连接的柱子主筋和圈梁钢筋"处"数按规定设计计算。

3. 工程量清单计算规则

防雷及接地装置工程量清单项目设置、项目特征描述的内容、计量单位及工程量计算规则应按表7-21的规定执行。

表7-21　防雷及接地装置（编码：030409）

项目编码	项目名称	项目特征	计量单位	工程量计算规则	工作内容
030409001	接地极	1. 名称； 2. 材质； 3. 规格； 4. 土质； 5. 基础接地形式	根（块）	按设计图示数量计算	1. 接地极（板、桩）制作、安装； 2. 基础接地网安装； 3. 补刷（喷）油漆
030409002	接地母线	1. 名称； 2. 材质； 3. 规格； 4. 安装部位； 5. 安装形式	m	按设计图示尺寸以长度计算（含附加长度）	1. 接地母线制作、安装； 2. 补刷（喷）油漆

续表 7 – 21

项目编码	项目名称	项目特征	计量单位	工程量计算规则	工作内容
030409003	避雷引下线	1. 名称； 2. 材质； 3. 规格； 4. 安装部位； 5. 安装形式； 6. 断接卡子、箱材质、规格	m	按设计图示尺寸以长度计算（含附加长度）	1. 避雷引下线制作、安装； 2. 断接卡子、箱制作、安装； 3. 利用主钢筋焊接； 4. 补刷（喷）油漆
030409004	均压环	1. 名称； 2. 材质； 3. 规格； 4. 安装形式			1. 均压环敷设； 2. 钢铝窗接地； 3. 柱主筋与圈梁焊接； 4. 利用圈梁钢筋焊接； 5. 补刷（喷）油漆
030409005	避雷网	1. 名称； 2. 材质； 3. 规格； 4. 安装形式； 5. 混凝土块标号			1. 避雷网制作、安装； 2. 跨接； 3. 混凝土块制作； 4. 补刷（喷）油漆
030409006	避雷针	1. 名称； 2. 材质； 3. 规格； 4. 安装形式、高度	根	按设计图示数量计算	1. 避雷针制作、安装； 2. 跨接； 3. 补刷（喷）油漆
030409007	半导体少长针消雷装置	1. 型号； 2. 高度	套		本体安装
030409008	等电位端子箱、测试板		台（块）		
030409009	绝缘垫	1. 名称； 2. 材质； 3. 规格	m²	按设计图示尺寸以展开面积计算	1. 制作； 2. 安装

续表 7 – 21

项目编码	项目名称	项目特征	计量单位	工程量计算规则	工作内容
030409010	浪涌保护器	1. 名称； 2. 规格； 3. 安装形式； 4. 防雷等级	个	按设计图示数量计算	1. 本体安装； 2. 接线； 3. 接地
030409011	降阻剂	1. 名称； 2. 类型	kg	按设计图示以质量计算	1. 挖土； 2. 施放降阻剂； 3. 回填土； 4. 运输

注：1. 利用桩基础作接地极，应描述桩台下桩的根数，每桩台下需焊接柱筋根数，其工程量按柱引下线计算。利用基础钢筋作接地极均按均压环项目编码列项。

2. 利用柱筋作引下线的，需描述柱筋焊接根数。

3. 利用圈梁筋作均压环的，需描述圈梁筋焊接根数。

4. 使用电缆、电线作接地线，应按表 7 – 19、表 7 – 39 相关项目编码列项。

5. 接地母线、引下线、避雷网附加长度见表 7 – 22。

表 7 – 22　接地母线、引下线、避雷网附加长度（m）

项　　　目	附加长度	说　　　明
接地母线、引下线、避雷网附加长度	3.9%	按接地母线、引下线、避雷网全长计算

【例 7 – 7】　某建筑防雷及接地装置如图 7 – 2 ~ 图 7 – 5 所示，试计算其工程量，并列出工程量清单。

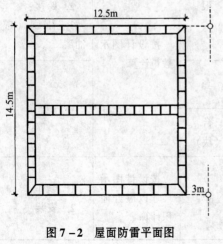

图 7 – 2　屋面防雷平面图

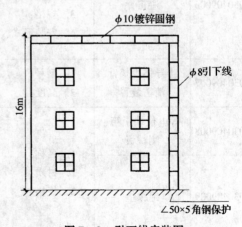

图 7 – 3　引下线安装图

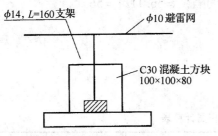

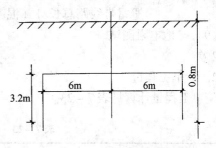

图7-4 避雷带（网）安装图   图7-5 接地极安装图

【解】

1. 基本工程量

（1）避雷网

$$工程量 = （14.5×2+12.5×2）×（1+3.9\%）$$
$$= 56.11（m）$$

注：避雷网除了沿着屋顶周围装设外，在屋顶上还用圆钢或扁钢纵横连接成网。在房屋的沉降处应多留100～200mm。

（2）避雷引下线

$$工程量 = ［（16+1）×2-2×2］×（1+3.9\%）$$
$$= 31.17（m）$$

（16m为建筑物高度，1m为从屋顶向下引应预留的长度，有2根引下线，引下线从屋顶往下引时，不一定是从建筑物最高处向下引，应减去2m的长度）

（3）接地极挖土方

$$工程量 = （3.2×2+6×4）×0.36$$
$$= 10.944（m^3）$$

（每米的土方量为0.36m³）

（4）接地极制作安装

$$工程量 = 2 根$$

（5）接地母线埋设

$$工程量 = （3.2×2+6×4+0.8×2+4×0.5）×（1+3.9\%）$$
$$= 35.33（m）$$

（0.8m是引下线与接地母线相接时接地母线应预留的长度。根据接地干线的末端必须高出地面0.5m的规定，所以接地母线加上0.5m）

（6）断接卡子制作安装

$$2×1 = 2 个$$

（7）断接卡子引线

$$2×1.5 = 3m$$

注：根据《全国统一安装工程预算定额》中规定，距地1.5m处设断接卡子，则断接卡子引下线为1.5m，有2根。

（8）混凝土块制作

　　　　避雷带线路总长/1（混凝土块间隔）＝56.11/1＝56 个

（9）接地电阻测试

2 次

2．清单工程量

清单工程量计算见表 7 – 23。

表 7 – 23　清单工程量计算表

序号	项目编码	项目名称	项目特征描述	计量单位	工程量
1	030409001001	接地极	接地极制作安装	根	2
2	030409002001	接地母线	接地母线埋设	m	35.33
3	030409003001	避雷引下线	避雷引下线安装	m	31.17
4	030409005001	避雷网	避雷网安装	m	56.11

3．定额工程量

（1）接地极制作安装

$$工程量 = 2 \text{ 根}$$

套用《全国统一安装工程预算定额（第二册)》GYD—202—2000：2 – 688

1）人工费

$$14.40 \times 2 = 28.80 \text{ 元}$$

2）材料费

$$3.23 \times 2 = 6.46 \text{ 元}$$

3）机械费

$$9.63 \times 2 = 19.26 \text{ 元}$$

（2）接地母线敷设

$$工程量 = 3.53 \text{ (10m)}$$

套用《全国统一安装工程预算定额（第二册)》GYD—202—2000：2 – 697

1）人工费

$$70.82 \times 3.53 = 249.99 \text{ 元}$$

2）材料费

$$1.77 \times 3.53 = 6.25 \text{ 元}$$

3）机械费

$$1.43 \times 3.53 = 5.05 \text{ 元}$$

（3）避雷引下线

$$工程量 = 3.12 \text{ (10m)}$$

套用《全国统一安装工程预算定额（第二册)》GYD—202—2000：2 – 747

1）人工费

$$83.59 \times 3.12 = 260.8 \text{ 元}$$

2）材料费

$$36.14 \times 3.12 = 112.76 \text{ 元}$$

3）机械费

$$0.15 \times 3.12 = 0.47 \text{ 元}$$

（4）避雷网安装

工程量 = 5.61（10m）

套用《全国统一安装工程预算定额（第二册)》GYD—202—2000：2 – 748

1）人工费

$$21.36 \times 5.61 = 119.83 \text{ 元}$$

2）材料费

$$11.41 \times 5.61 = 64.01 \text{ 元}$$

3）机械费

$$4.64 \times 5.61 = 26.03 \text{ 元}$$

7.1.10　10kV 以下架空配电线路

1. 定额工程量计算说明

（1）10kV 以下架空配电线路工程定额按平地施工条件考虑，如在其他地形条件下施工时，其人工和机械按表 7 – 24 地形系数予以调整。

表 7 – 24　地形系数

地形类别	丘陵（市区）	一般山地、泥沼地带
调整系数	1.20	1.60

（2）地形划分的特征。

1）平地：地形比较平坦、地面比较干燥的地带。

2）丘陵：地形有起伏的矮岗、土丘等地带。

3）一般山地：一般山岭或沟谷地带、高原台地等。

4）泥沼地带：经常积水的田地或泥水淤积的地带。

（3）预算编制中，全线地形分几种类型时，可按各种类型长度所占百分比求出综合系数进行计算。

（4）土质分类。

1）普通土：种植土、黏砂土、黄土和盐碱土等，主要利用锹、铲即可挖掘的土质。

2）坚土：土质坚硬难挖的红土、板状黏土、重块土、高岭土，必须用铁镐、条锄挖松，再用锹、铲挖掘的土质。

3）松砂石：碎石、卵石和土的混合体，各种不坚实的砾岩、页岩、风化岩及节理和裂缝较多的岩石等（不需用爆破方法开采的），需要镐、撬棍、大锤、楔子等工具配合才能挖掘者。

4）岩石：一般为坚实的粗花岗岩、白云岩、片麻岩、玢岩、石英岩、大理岩、石灰

岩、石灰质胶结的密实砂岩的石质，不能用一般挖掘工具进行开挖，必须采用打眼、爆破或打凿才能开挖的石质。

5）泥水：坑的周围经常积水，坑的土质松散，如淤泥和沼泽地等挖掘时因水渗入和浸润而成泥浆，容易坍塌，需用挡土板和适量排水才能施工。

6）流砂：坑的土质为砂质或分层砂质，挖掘过程中砂层有上涌现象，容易坍塌，挖掘时需排水和采用挡土板才能施工。

（5）主要材料运输质量的计算按表7-25规定执行。

表7-25　主要材料运输质量计算

材料名称		单 位	运输质量（kg）	备注
混凝土制品	人工浇制	—	2600	包括钢筋
	离心浇制	—	2860	包括钢筋
线材	导线	kg	$W \times 1.15$	有线盘
	钢绞线	kg	$W \times 1.07$	无线盘
木杆材料		—	450	包括木横担
金具、绝缘子		kg	$W \times 1.07$	—
螺栓		kg	$W \times 1.01$	—

注：1. W 为理论质量。
　　2. 未列入者均按净重计算。

（6）线路一次施工工程量按5根以上电杆考虑；如5根以内者，其全部人工、机械乘以系数1.3。

（7）若出现钢管杆的组立，按同高度混凝土杆组立的人工、机械乘以系数1.4，材料不调整。

（8）导线跨越架设。

1）每个跨越间距均按50m以内考虑，大于50m而小于100m时，按2处计算，依此类推。

2）在同跨越档内，有多种（或多次）跨越物时，应根据跨越物种类分别执行定额。

3）跨越定额仅考虑因跨越而多耗的人工、机械台班和材料，在计算架线工程量时，不扣除跨越档的长度。

（9）杆上变压器安装不包括变压器调试、抽心、干燥工作。

2. 定额工程量计算规则

（1）工地运输是指定额内未计价材料从集中材料堆放点或工地仓库运至杆位上的工程运输，分人力运输和汽车运输，以"吨·千米"（t·km）为计量单位。

运输量计算公式如下：

$$工程运输量 = 施工图用量 \times （1 + 损耗率） \tag{7-1}$$

$$预算运输质量 = 工程运输量 + 包装物质量（不需要包装的可不计算包装物质量）\tag{7-2}$$

（2）无底盘、卡盘的电杆坑，其挖方体积为：

$$V = 0.8 \times 0.8 \times h \tag{7-3}$$

式中：h——坑深（m）。

（3）电杆坑的马道土、石方量按每坑 0.2m³ 计算。

（4）施工操作裕度按底拉盘底宽每边增加 0.1m。

（5）各类土质的放坡系数按表 7-26 计算。

表 7-26 各类土质的放坡系数

土质	普通土、水坑	坚土	松砂石	泥水、流砂、岩石
放坡系数	1:0.3	1:0.25	1:0.2	不放坡

（6）冻土厚度大于 300mm 时，冻土层的挖方量按挖坚土定额乘以系数 2.5。其他土层仍按土质性质执行定额。

（7）土方量计算公式：

$$V = \frac{h}{6 \times \left[ab + (a+a_1)(b+b_1) + a_1 + b_1 \right]} \tag{7-4}$$

式中：V——土（石）方体积（m³）；

　　　h——坑深（m）；

　a（b）——坑底宽（m），a（b）= 底拉盘底宽 + 2 × 每边操作裕度；

a_1（b_1）——坑底宽（m），a_1（b_1）= a（b）+ 2h × 放坡系数。

（8）杆坑土质按一个坑的主要土质而定。如一个坑大部分为普通土，少量为坚土，则该坑应全部按普通土计算。

（9）带卡盘的电杆坑，如原计算的尺寸不能满足卡盘安装时，因卡盘超长而增加的土（石）方量另计。

（10）底盘、卡盘、拉线盘按设计用量以"块"为计量单位。

（11）杆塔组立，分别杆塔形式和高度，按设计数量以"根"为计量单位。

（12）拉线制作安装按施工图设计规定，分别不同形式，以"组"为计量单位。

（13）横担安装按施工图设计规定，分不同形式和截面，以"根"为计量单位，定额按单根拉线考虑。若安装 V 形、Y 形或双拼形拉线时，按 2 根计算。拉线长度按设计全根长度计算，设计无规定时可按表 7-27 计算。

表 7-27 拉线长度（m/根）

项　目		普通拉线	V（Y）形拉线	弓形拉线
杆/m	8	11.47	22.94	9.33
	9	12.61	25.22	10.10
	10	13.74	27.48	10.29

续表 7 – 27

项　　目		普通拉线	V（Y）形拉线	弓形拉线
杆/m	11	15.10	30.20	11.82
	12	16.14	32.28	12.62
	13	18.69	37.38	13.42
	14	19.68	39.36	15.12
水平拉线		26.47	—	—

（14）导线架设，分别导线类型和不同截面以"km/单线"为计量单位计算。导线预留长度按表 7 – 28 计算。

表 7 – 28　架空导线预留长度（m/根）

项　　目		预留长度
高压	转角	2.5
	分支、终端	2.0
低压	分支、终端	0.5
	交叉跳线转角	1.5
与设备连线		0.5
进户线		2.5

导线长度按线路总长度和预留长度之和计算。计算主材费时应另增加规定的损耗率。

（15）导线跨越架设，包括越线架的搭拆和运输以及因跨越（障碍）施工难度增加而增加的工作量，以"处"为计量单位。每个跨越间距按 50m 以内考虑，大于 50m 而小于 100m 时按 2 处计算，依此类推。在计算架线工程量时，不扣除跨越档的长度。

（16）杆上变配电设备安装以"台"或"组"为计量单位，定额内包括杆和钢支架及设备的安装工作。但钢支架主材、连引线、线夹、金具等应按设计规定另行计算，设备的接地安装和调试应按《全国统一安装工程预算定额》GYD—202—2000"电气设备安装工程"相应定额另行计算。

3．工程量清单计算规则

10kV 以下架空配电线路工程量清单项目设置、项目特征描述的内容、计量单位及工程量计算规则应按表 7 – 29 的规定执行。

表 7-29　10kV 以下架空配电线路（编码：030410）

项目编码	项目名称	项目特征	计量单位	工程量计算规则	工作内容
030410001	电杆组立	1. 名称； 2. 材质； 3. 规格； 4. 类型； 5. 地形； 6. 土质； 7. 底盘、拉盘、卡盘规格； 8. 拉线材质、规格、类型； 9. 现浇基础类型、钢筋类型、规格，基础垫层要求； 10. 电杆防腐要求	根（基）	按设计图示数量计算	1. 施工定位； 2. 电杆组立； 3. 土（石）方挖填； 4. 底盘、拉盘、卡盘安装； 5. 电杆防腐； 6. 拉线制作、安装； 7. 现浇基础、基础垫层； 8. 工地运输
030410002	横担组装	1. 名称； 2. 材质； 3. 规格； 4. 类型； 5. 电压等级（kV）； 6. 瓷瓶型号、规格； 7. 金具品种规格	组		1. 横担安装； 2. 瓷瓶、金具安装
030410003	导线架设	1. 名称； 2. 材质； 3. 规格； 4. 地形； 5. 跨越类型	km	按设计图示尺寸以单位长度计算（含预留长度）	1. 导线架设； 2. 导线跨越及进户线架设； 3. 工地运输
030410004	杆上设备	1. 名称； 2. 型号； 3. 规格； 4. 电压等级（kV）； 5. 支撑架种类、规格； 6. 接线端子材质、规格； 7. 接地要求	台（组）	按设计图示数量计算	1. 支撑架安装； 2. 本体安装； 3. 焊压接线端子、接线； 4. 补刷（喷）油漆； 5. 接地

注：1. 杆上设备调试，应按表 7-44 相关项目编码列项。

　　2. 架空导线预留长度见表 7-28。

7.1.11　配管、配线

1．定额工程量计算说明

（1）配管工程均未包括接线箱、盒及支架的制作、安装。钢索架设及拉紧装置的制作、安装，插接式母线槽支架制作、槽架制作及配管支架应执行铁构件制作定额。

（2）连接设备导线预留长度见表7-30。

表7-30　配线进入箱、柜、板的预留长度（每一根）

序号	项　目	预留长度	说明
1	各种开关箱、柜、板	高+宽	盘面尺寸
2	单独安装（无箱、盘）的铁壳开关、闸刀开关、启动器、线槽进出线盒	0.3m	从安装对象中心起算
3	由地面管子出口引至动力接线箱	1.0m	从管口计算
4	电源与管内导线连接（管内穿线与软、硬母线接点）	1.5m	从管口计算
5	出户线	1.5m	从管口计算

2．定额工程量计算规则

（1）各种配管应区别不同敷设方式、敷设位置、管材材质、规格，以"延长米"为计量单位，不扣除管路中间的接线箱（盒）、灯头盒、开关盒所占长度。

（2）定额中未包括钢索架设及拉紧装置、接线箱（盒）、支架的制作安装，其工程量应另行计算。

（3）管内穿线的工程量，应区别线路性质、导线材质、导线截面，以单线"延长米"为计量单位计算。线路分支接头线的长度已综合考虑在定额中，不得另行计算。

照明线路中的导线截面大于或等于$6mm^2$以上时，应执行动力线路穿线相应项目。

（4）线夹配线工程量，应区别线夹材质（塑料、瓷质）、线式（两线、三线）、敷设位置（在木、砖、混凝土）以及导线规格，以线路"延长米"为计量单位计算。

（5）绝缘子配线工程量，应区别绝缘子形式（针式、鼓形、蝶式）、绝缘子配线位置（沿屋架、梁、柱、墙，跨屋架、梁、柱、木结构、顶棚内、砖、混凝土结构，沿钢支架及钢索）、导线截面积，以线路"延长米"为计量单位计算。

绝缘子暗配，引下线按线路支持点至顶棚下缘距离的长度计算。

（6）槽板配线工程量，应区别槽板材质（木质、塑料）、配线位置（在木结构、砖、混凝土）、导线截面、线式（二线、三线），以线路"延长米"为计量单位计算。

（7）塑料护套线明敷工程量，应区别导线截面、导线芯数（二芯、三芯）、敷设位置（在木结构、砖混凝土结构，沿钢索），以单根线路"延长米"为计量单位计算。

（8）线槽配线工程量，应区别导线截面，以单根线路"延长米"为计量单位计算。

（9）钢索架设工程量，应区别圆钢、钢索直径（$\phi6$，$\phi9$），按图示墙（柱）内缘距离，以"延长米"为计量单位计算，不扣除拉紧装置所占长度。

（10）母线拉紧装置及钢索拉紧装置制作安装工程量，应区别母线截面、花篮螺栓直径（12mm，16mm，18mm），以"套"为计量单位计算。

（11）车间带形母线安装工程量，应区别母线材质（铝、铜）、母线截面、安装位置（沿屋架、梁、柱、墙，跨屋架、梁、柱），以"延长米"为计量单位计算。

（12）动力配管混凝土地面刨沟工程量，应区别管子直径，以"延长米"为计量单位计算。

（13）接线箱安装工程量，应区别安装形式（明装、暗装）、接线箱半周长，以"个"为计量单位计算。

（14）接线盒安装工程量，应区别安装形式（明装、暗装、钢索上）以及接线盒类型，以"个"为计量单位计算。

（15）灯具，明、暗开关，插座、按钮等的预留线，已分别综合在相应定额内，不另行计算。配线进入开关箱、柜、板的预留线，按表3-50规定的长度，分别计入相应的工程量。

3．工程量清单计算规则

配管、配线工程量清单项目设置、项目特征描述的内容、计量单位及工程量计算规则应按表7-31的规定执行。

表7-31 配管、配线（编码：030411）

项目编码	项目名称	项目特征	计量单位	工程量计算规则	工作内容
030411001	配管	1. 名称；2. 材质；3. 规格；4. 配置形式；5. 接地要求；6. 钢索材质、规格	m	按设计图示尺寸以长度计算	1. 电线管路敷设；2. 钢索架设（拉紧装置安装）；3. 预留沟槽；4. 接地
030411002	线槽	1. 名称；2. 材质；3. 规格			1. 本体安装；2. 补刷（喷）油漆
030411003	桥架	1. 名称；2. 型号；3. 规格；4. 材质；5. 类型；6. 接地方式			1. 本体安装；2. 接地

续表 7－31

项目编码	项目名称	项目特征	计量单位	工程量计算规则	工作内容
030411004	配线	1. 名称； 2. 配线形式； 3. 型号； 4. 规格； 5. 材质； 6. 配线部位； 7. 配线线制； 8. 钢索材质、规格	m	按设计图示尺寸以单线长度计算（含预留长度）	1. 配线； 2. 钢索架设（拉紧装置安装）； 3. 支持体（夹板、绝缘子、槽板等）安装
030411005	接线箱	1. 名称； 2. 材质； 3. 规格； 4. 安装形式	个	按设计图示数量计算	本体安装
030411006	接线盒				

注：1. 配管、线槽安装不扣除管路中间的接线箱（盒）、灯头盒、开关盒所占长度。
　　2. 配管名称指电线管、钢管、防爆管、塑料管、软管、波纹管等。
　　3. 配管配置形式指明配、暗配、吊顶内、钢结构支架、钢索配管、埋地敷设、水下敷设、砌筑沟内敷设等。
　　4. 配线名称指管内穿线、瓷夹板配线、塑料夹板配线、绝缘子配线、槽板配线、塑料护套配线、线槽配线、车间带形母线等。
　　5. 配线形式指照明线路，动力线路，木结构，顶棚内，砖、混凝土结构，沿支架、钢索、屋架、梁、柱、墙，以及跨屋架、梁、柱。
　　6. 配线保护管遇到下列情况之一时，应增设管路接线盒和拉线盒：
　　　（1）管长度每超过 30m，无弯曲；
　　　（2）管长度每超过 20m，有 1 个弯曲；
　　　（3）管长度每超过 15m，有 2 个弯曲；
　　　（4）管长度每超过 8m，有 3 个弯曲。垂直敷设的电线保护管遇到下列情况之一时，应增设固定导线用的拉线盒：
　　　　1）管内导线截面为 50mm² 及以下，长度每超过 30m 时；
　　　　2）管内导线截面为 70mm² ~ 95mm²，长度每超过 20m 时；
　　　　3）管内导线截面为 120mm² ~ 240mm²，长度每超过 18m 时。在配管清单项目计量及设计无要求时，上述规定可以作为计量接线盒、拉线盒的依据。
　　7. 配管安装中不包括凿槽、刨沟，应按"附属工程"相关项目编码列项。
　　8. 配线进入箱、柜、板的预留长度见表 7－30。

7.1.12　照明器具安装

1. 定额工程量计算说明

（1）各型灯具的引导线，除注明者外，均已综合考虑在定额内，执行时不得换算。

（2）路灯、投光灯、碘钨灯、氙气灯；烟囱或水塔指示灯，均已考虑了一般工程的高空作业因素，其他器具安装高度如超过5m，则应按定额说明中规定的超高系数另行计算。

（3）定额中装饰灯具项目均已考虑了一般工程的超高作业因素，并包括脚手架搭拆费用。

（4）装饰灯具定额项目与示意图号配套使用。

（5）定额内已包括用摇表测量绝缘及一般灯具的试亮工作，但不包括调试工作。

2. 定额工程量计算规则

（1）普通灯具安装的工程量，应区别灯具的种类、型号、规格，以"套"为计量单位计算。普通灯具安装定额适用范围见表7-32。

表7-32　普通灯具安装定额适用范围

定额名称	灯具种类
圆球吸顶灯	材质为玻璃的螺口、卡口圆球独立吸顶灯
半圆球吸顶灯	材质为玻璃的独立的半圆球吸顶灯、扁圆罩吸顶灯、平圆形吸顶灯
方形吸顶灯	材质为玻璃的独立的矩形罩吸顶灯、方形罩吸顶灯、大口方罩吸顶灯
软线吊灯	利用软线为垂吊材料，独立的，材质为玻璃、塑料、搪瓷，形状如碗、伞、平盘灯罩组成的各式软线吊灯
吊链灯	利用吊链作辅助悬吊材料，独立的，材质为玻璃、塑料罩的各式吊链灯
防水吊灯	一般防水吊灯
一般弯脖灯	圆球弯脖灯，风雨壁灯
一般墙壁灯	各种材质的一般壁灯、镜前灯
软线吊灯头	一般吊灯头
声光控座灯头	一般声控、光控座灯头
座灯头	一般塑胶、瓷质座灯头

（2）吊式艺术装饰灯具的工程量，应根据装饰灯具示意图集所示，区别不同装饰物以及灯体直径和灯体垂吊长度，以"套"为计量单位计算。灯体直径为装饰物的最大外缘直径，灯体垂吊长度为灯座底部到灯梢之间的总长度。

（3）吸顶式艺术装饰灯具安装的工程量，应根据装饰灯具示意图集所示，区别不同装饰物、吸盘的几何形状、灯体直径、灯体周长和灯体垂吊长度，以"套"为计量单位计算。灯体直径为吸盘最大外缘直径，灯体半周长为矩形吸盘的半周长，吸顶式艺术装饰灯具的灯体垂吊长度为吸盘到灯梢之间的总长度。

（4）荧光艺术装饰灯具安装的工程量，应根据装饰灯具示意图集所示，区别不同安装形式和计量单位计算。

1）组合荧光灯光带安装的工程量，应根据装饰灯具示意图集所示，区别安装形式、灯管数量，以"延长米"为计量单位计算。灯具的设计数量与定额不符时，可以按设计量加损耗量调整主材。

2）内藏组合式灯安装的工程量，应根据装饰灯具示意图集所示，区别灯具组合形式，以"延长米"为计量单位。灯具的设计数量与定额不符时，可根据设计数量加损耗量调整主材。

3）发光棚安装的工程量，应根据装饰灯具示意图集所示，以"m²"为计量单位。发光棚灯具按设计用量加损耗量计算。

4）立体广告灯箱、荧光灯光沿的工程量，应根据装饰灯具示意图集所示，以"延长米"为计量单位。灯具设计用量与定额不符时，可根据设计数量加损耗量调整主材。

（5）几何形状组合艺术灯具安装的工程量，应根据装饰灯具示意图集所示，区别不同安装形式及灯具的不同形式，以"套"为计量单位计算。

（6）标志、诱导装饰灯具安装的工程量，应根据装饰灯具示意图集所示，区别不同安装形式，以"套"为计量单位计算。

（7）水下艺术装饰灯具安装的工程量，应根据装饰灯具示意图集所示，区别不同安装形式，以"套"为计量单位计算。

（8）点光源艺术装饰灯具安装的工程量，应根据装饰灯具示意图集所示，区别不同安装形式、不同灯具直径，以"套"为计量单位计算。

（9）草坪灯具安装的工程量，应根据装饰灯具示意图集所示，区别不同安装形式，以"套"为计量单位计算。

（10）歌舞厅灯具安装的工程量，应根据装饰灯具示意图所示，区别不同灯具形式，分别以"套"、"延长米"、"台"为计量单位计算。

装饰灯具安装定额适用范围见表 7-33。

表 7-33　装饰灯具安装定额适用范围

定额名称	灯 具 种 类
吊式艺术装饰灯具	不同材质、不同灯体垂吊长度、不同灯体直径的蜡烛灯、挂片灯、串珠（穗）灯、串棒灯、吊杆式组合灯、玻璃罩（带装饰）灯
吸顶式艺术装饰灯具	不同材质、不同灯体垂吊长度、不同灯体几何形状的串珠（穗）灯、串棒灯、挂片、挂碗、挂吊碟灯、玻璃（带装饰）灯
荧光艺术装饰灯具	不同安装形式、不同灯管数量的组合荧光灯光带，不同几何组合形式的内藏组合式灯，不同几何尺寸、不同灯具形式的发光棚，不同形式的立体广告灯箱、荧光灯光沿
几何形状组合艺术灯具	不同固定形式、不同灯具形式的繁星灯、钻石星灯、扎花灯、玻璃罩钢架组合灯、凸片灯、挂灯、筒形钢架灯、U型组合灯、弧形管组合灯
标志、诱导装饰灯具	不同安装形式的标志灯、诱导灯
水下艺术装饰灯具	简易型彩灯、密封型彩灯、喷水池灯、幻光型灯
点光源艺术装饰灯具	不同安装形势、不同灯体直径的筒灯、牛眼灯、射灯、轨道射灯
草坪灯具	各种立柱灯、墙壁式的草坪灯

续表 7 – 33

定额名称	灯 具 种 类
歌舞厅灯具	各种安装形式的变色转盘灯、雷达射灯、幻影转彩灯、维纳斯旋转彩灯、卫星旋转效果灯、飞碟旋转效果灯、多头转灯、滚筒、频闪灯、太阳灯、雨灯、歌星灯、边界灯、射灯、泡泡发生器、迷你满天星彩灯、迷你单立（盘彩灯）、多头宇宙灯、镜面球灯、蛇光管

（11）荧光灯具安装的工程量，应区别灯具的安装形式、灯具种类、灯管数量，以"套"为计量单位计算。荧光灯具安装定额适用范围见表 7 – 34。

表 7 – 34   荧光灯具安装定额适用范围

定额名称	灯 具 种 类
组装型荧光灯	单管、双管、三管吊链式、吸顶式，现场组装独立荧光灯
成套型荧光灯	单管、双管、三管、吊链式、吊管式、吸顶式、成套独立荧光灯

（12）工厂灯及防水防尘灯安装的工程量，应区别不同安装形式，以"套"为计量单位计算。工厂灯及防水防尘灯安装定额适用范围见表 7 – 35。

表 7 – 35   工厂灯及防水防尘灯安装定额适用范围

定额名称	灯 具 种 类
直杆工厂吊灯	配照（$GC_1 - A$），广照（$GC_3 - A$），深照（$GC_5 - A$），斜照（$GC_7 - A$），圆球（$GC_{17} - A$），双罩（$GC_{19} - A$）
吊链式工厂灯	配照（$GC_1 - B$），深照（$GC_3 - B$），斜照（$GC_5 - C$），圆球（$GC_7 - C$），双罩（$GC_{19} - C$）
吸顶式工厂灯	配照（$GC_1 - C$），广照（$GC_3 - C$），深照（$GC_5 - C$），斜照（$GC_7 - C$），双罩（$GC_{19} - C$），局部深罩（$GC_{26} - F/H$）
弯杆式工厂灯	配照（$GC_1 - D/E$），广照（$GC_3 - D/E$），深照（$GC_5 - D/E$），斜照（$GC_7 - D/E$），圆球（$GC_{17} - A$），双罩（$GC_{19} - A$）
悬挂式工厂灯	配照（$GC_{21} - 2$），深照（$GC_{23} - 2$）
防水防尘灯	广照（$GC_9 - A，B，C$），广照保护网（$GC_{11} - A，B，C$），散照（$GC_{15} - A，B，C，D，E，F，G$）

（13）工厂其他灯具安装的工程量，应区别不同灯具类型、安装形式、安装高度，以"套"、"个"、"延长米"为计量单位计算。

工厂其他灯具安装定额适用范围见表 7 – 36。

表 7 - 36　工厂其他灯具安装定额适用范围

定额名称	灯　具　种　类
防潮灯	扇形防潮灯（GC - 31），防潮灯（GC - 33）
腰形舱顶灯	腰形舱顶灯（CCD - 1）
碘钨灯	DW 型，220V，300 ~ 1000W
管形氙气灯	自然冷却式，200V/380V，20kW 内
投光灯	TG 型室外投光灯
高压水银灯镇流器	外附式镇流器具 125 ~ 450W
安全灯	AOB - 1，2，3 型和 AOC - 1，2 型安全灯
防爆灯	CBC - 200 型防爆灯
高压水银防爆灯	CBC - 125/250 型高压水银防爆灯
防爆荧光灯	CBC - 1/2 单/双管防爆型荧光灯

（14）医院灯具安装的工程量，应区别灯具种类，以"套"为计量单位计算。

医院灯具安装定额适用范围见表 7 - 37。

表 7 - 37　医院灯具安装定额适用范围

定额名称	灯　具　种　类
病房指示灯	病房指示灯
病房暗角灯	病房暗角灯
无影灯	3 ~ 12 孔管式无影灯

（15）路灯安装工程，应区别不同臂长、不同灯数，以"套"为计量单位计算。

工厂厂区内、住宅小区内路灯安装执行照明器具安装工程定额。城市道路的路灯安装执行《全国统一市政工程预算定额》GYD—308—1999"路灯工程"。

路灯安装定额范围见表 7 - 38。

表 7 - 38　路灯安装定额范围

定额名称	灯　具　种　类
大马路弯灯	臂长 1200mm 以下，臂长 1200mm 以上
庭院路灯	三火以下，七火以下

（16）开关、按钮安装的工程量，应区别开关、按钮安装形式，开关、按钮种类，开关极数以及单控与双控，以"套"为计量单位计算。

（17）插座安装的工程量，应区别电源相数、额定电流、插座安装形式、插座插孔个数，以"套"为计量单位计算。

（18）安全变压器安装的工程量，应区别安全变压器容量，以"台"为计量单位计算。

（19）电铃、电铃号码牌箱安装的工程量，应区别电铃直径、电铃号牌箱规格（号），以"套"为计量单位计算。

（20）门铃安装工程量计算，应区别门铃安装形式，以"个"为计量单位计算。

（21）风扇安装的工程量，应区别风扇种类，以"台"为计量单位计算。

（22）盘管风机三速开关、请勿打扰灯。须刮插座安装的工程量，以"套"为计量单位计算。

3．工程量清单计算规则

照明器具安装工程量清单项目设置、项目特征描述的内容、计量单位及工程量计算规则应按表 7 - 39 的规定执行。

表 7 - 39　照明器具安装（编码：030412）

项目编码	项目名称	项目特征	计量单位	工程量计算规则	工作内容
030412001	普通灯具	1. 名称； 2. 型号； 3. 规格； 4. 类型	套	按设计图示数量计算	本体安装
030412002	工厂灯	1. 名称； 2. 型号； 3. 规格； 4. 安装形式			
030412003	高度标识（障碍）灯	1. 名称； 2. 型号； 3. 规格； 4. 安装形式； 5. 安装高度			
030412004	装饰灯	1. 名称； 2. 型号； 3. 规格； 4. 安装形式			
030412005	荧光灯				
030412006	医疗专用灯	1. 名称； 2. 型号； 3. 规格			

续表 7 – 39

项目编码	项目名称	项目特征	计量单位	工程量计算规则	工作内容
30412007	一般路灯	1. 名称； 2. 型号； 3. 规格； 4. 灯杆材质、规格； 5. 灯架形式及臂长； 6. 附件配置要求； 7. 灯杆形式（单、双）； 8. 基础形式、砂浆配合比； 9. 杆座材质、规格； 10. 接线端子材质、规格； 11. 编号； 12. 接地要求			1. 基础制作、安装； 2. 立灯杆； 3. 杆座安装； 4. 灯架及灯具附件安装； 5. 焊、压接线端子； 6. 补刷（喷）油漆； 7. 灯杆编号； 8. 接地
030412008	中杆灯	1. 名称； 2. 灯杆的材质和高度； 3. 灯架型号、规格； 4. 附件配置； 5. 光源数量； 6. 基础形式、浇筑材质； 7. 杆座材质、规格； 8. 接线端子材质、规格； 9. 铁构件规格； 10. 编号； 11. 灌浆配合比； 12. 接地要求	套	按设计图示数量计算	1. 基础浇筑； 2. 立灯杆； 3. 杆座安装； 4. 灯架及灯具附件安装； 5. 焊、压接线端子； 6. 铁构件安装； 7. 补刷（喷）油漆； 8. 灯杆编号； 9. 接地
030412009	高杆灯	1. 名称； 2. 灯杆高度； 3. 灯架形式（成套或组装、固定或升降）； 4. 附件配置； 5. 光源数量； 6. 基础形式、浇筑材质； 7. 杆座材质、规格； 8. 接线端子材质、规格； 9. 铁构件规格； 10. 编号； 11. 灌浆配合比； 12. 接地要求			1. 基础浇筑； 2. 立灯杆； 3. 杆座安装； 4. 灯架及灯具附件安装； 5. 焊、压接线端子； 6. 铁构件安装； 7. 补刷（喷）油漆； 8. 灯杆编号； 9. 升降机构接线调试； 10. 接地

续表 7 - 39

项目编码	项目名称	项目特征	计量单位	工程量计算规则	工作内容
030412010	桥栏杆灯	1. 名称； 2. 型号； 3. 规格； 4. 安装形式	套	按设计图示数量计算	1. 灯具安装； 2. 补刷（喷）油漆
030412011	地道涵洞灯				

注：1. 普通灯具包括圆球吸顶灯、半圆球吸顶灯、方形吸顶灯、软线吊灯、座灯头、吊链灯、防水吊灯、壁灯等。

2. 工厂灯包括工厂罩灯、防水灯、防尘灯、碘钨灯、投光灯、泛光灯、混光灯、密闭灯等。

3. 高度标志（障碍）灯包括烟囱标志灯、高塔标志灯、高层建筑屋顶障碍指示灯等。

4. 装饰灯包括吊式艺术装饰灯、吸顶式艺术装饰灯、荧光艺术装饰灯、几何型组合艺术装饰灯、标志灯、诱导装饰灯、水下（上）艺术装饰灯、点光源艺术灯、歌舞厅灯具、草坪灯具等。

5. 医疗专用灯包括病房指示灯、病房暗脚灯、紫外线杀菌灯、无影灯等。

6. 中杆灯是指安装在高度小于或等于 19m 的灯杆上的照明器具。

7. 高杆灯是指安装在高度大于 19m 的灯杆上的照明器具。

【例 7 - 8】 某吸顶式荧光灯具，组装型，单管，32 套。试计算工程量，并编制分部分项工程和单价措施项目清单与计价表和综合单价分析表。

【解】

1. 清单工程量

吸顶式荧光灯具安装工程量 = 32 套

清单工程量计算表见表 7 - 40。

表 7 - 40 清单工程量计算表

项目编码	项目名称	项目特征描述	计量单位	工程量
030412005001	荧光灯	吸顶式荧光灯具，组装型，单管	套	32

2. 定额工程量

$$工程量 = 32/10 = 3.2（10 套）$$

套用《全国统一安装工程预算定额（第二册）》GYD - 202 - 2000：2 - 1585

（1）吸顶式荧光灯具安装

1）人工费

$$55.73 \times 3.2 = 178.34 元$$

2）材料费

$$42.69 \times 3.2 = 136.61 元$$

3）机械费：无

（2）主材

吸顶式荧光灯：

$$35 \times 10.1 \times 3.2 = 1131.2 元$$

（3）综合

1）直接费合计

$$178.34 + 136.61 + 1131.2 = 1446.15 \text{ 元}$$

2）管理费

$$1446.15 \times 34\% = 491.69 \text{ 元}$$

3）利润

$$1446.15 \times 8\% = 115.69 \text{ 元}$$

4）总计

$$1446.15 + 491.69 + 115.69 = 2053.53 \text{ 元}$$

5）综合单价

$$2053.53 \div 32 = 64.17 \text{ 元}$$

3．编制分部分项工程和单价措施项目清单与计价表和综合单价分析表

分部分项工程和单价措施项目清单与计价表和综合单价分析表见表 7 - 41 和表 7 - 42。

表 7 - 41　分部分项工程和单价措施项目清单与计价表

工程名称：××工程　　　　　　　　　　　　　　　　　　　　　　　　　第　页　共　页

项目编号	项目名称	项目特征描述	计量单位	工程数量	金额（元）		
					综合单价	合价	其中
							暂估价
030412005001	荧光灯	吸顶式荧光灯具，组装型，单管	套	32	64.17	2053.53	1445.15

表 7 - 42　综合单价分析表

工程名称：××工程　　　　　　　　　　　　　　　　　　　　　　　　　第　页　共　页

项目编号	030412005001			项目名称	荧光灯		计量单位	套	工程量	32

清单综合单价组成明细

定额编号	定额内容	定额单位	数量	单价（元）				合价（元）			
				人工费	材料费	机械费	管理费和利润	人工费	材料费	机械费	管理费和利润
2 - 1585	吸顶式荧光灯灯具（组装型）单管	10 套	3.2	55.73	42.69	—	607.38	178.34	136.61	—	607.38
								178.34	136.61	—	607.38
人工单价		小　计									
25 元/工日		未计价材料费						—			

续表 7 – 42

项目编号	030412005001	项目名称	荧光灯	计量单位	套	工程量	32

				清单综合单价组成明细				

定额编号	定额内容	定额单位	数量	单价（元）				合价（元）			
				人工费	材料费	机械费	管理费和利润	人工费	材料费	机械费	管理费和利润
清单项目综合单价/元								64.17			

材料费明细	主要材料名称、规格、型号	单位	数量	单价（元）	合价（元）	暂估单价（元）	暂估合价（元）
	吸顶式荧光灯	套	32	35	1131.2		
	其他材料费				—		
	材料费小计				—	1131.2	—

7.1.13　电气调整试验

1．定额工程量计算说明

（1）电气调整试验工程定额内容包括电气设备的本体试验和主要设备的分系统调试。成套设备的整套启动调试按专业定额另行计算。主要设备的分系统内所含的电气设备组件的本体试验已包括在该分系统调试定额之内。如变压器的系统调试中已包括该系统中的变压器、互感器、开关、仪表和继电器等一、二次设备的本体调试和回路试验。绝缘子和电缆等单体试验，只在单独试验时使用，不得重复计算。

（2）电气调整试验工程定额的调试仪表使用费系按"台班"形式表示的，与《全国统一安装工程施工仪器仪表台班费用定额》GFD－201—1999 配套使用。

（3）送配电设备调试中的 1kV 以下定额适用于所有低压供电回路，如从低压配电装置至分配电箱的供电回路；但从配电箱直接至电动机的供电回路已包括在电动机的系统调试定额内。送配电设备系统调试包括系统内的电缆试验、瓷瓶耐压等全套调试工作。供电桥回路中的断路器、母线分段断路器皆作为独立的供电系统计算，定额皆按一个系统一侧配一台断路器考虑的。若两侧皆有断路器时，则按两个系统计算。如果分配电箱内只有刀开关、熔断器等不含调试组件的供电回路，则不再作为调试系统计算。

（4）由于电气控制技术的飞跃发展，原定额的成套电气装置（如桥式起重机电气装置等）的控制系统已发生了根本的变化，至今尚无统一的标准，故定额取消了原定额中的成套电气设备的安装与调试。起重机电气装置、空调电气装置、各种机械设备的电气装置，如堆取料机、装料车、推煤车等成套设备的电气调试，应分别按相应的分项调试定额执行。

（5）定额不包括设备的烘干处理和设备本身缺陷造成的组件更换修理和修改，亦未考虑因设备组件质量低劣对调试工作造成的影响。定额系按新的合格设备考虑的，如遇以上情况时，应另行计算。经修配改动或拆迁的旧设备调试，定额乘以系数1.1。

（6）电气调整试验工程定额只限电气设备自身系统的调整试验，未包括电气设备带动机械设备的试运工作，发生时应按专业定额另行计算。

（7）调试定额不包括试验设备、仪器仪表的场外转移费用。

（8）电气调整试验工程定额系按现行施工技术验收规范编制的，凡现行规范（指定额编制时的规范）未包括的新调试项目和调试内容均应另行计算。

（9）电气调试试验工程定额已包括熟悉资料、核对设备、填写试验记录、保护整定值的整定和调试报告的整理工作。

（10）电力变压器如有"带负荷调压装置"，调试定额乘以系数1.12。三卷变压器、整流变压器、电炉变压器调试按同容量的电力变压器调试定额乘以系数1.2。3～10kV母线系统调试含一组电压互感器，1kV以下母线系统调试定额不含电压互感器，适用于低压配电装置的各种母线（包括软母线）的调试。

2．定额工程量计算规则

（1）电气调试系统的划分以电气原理系统图为依据。电气设备组件的本体试验均包括在相应定额的系统调试之内，不得重复计算。绝缘子和电缆等单体试验，只在单独试验时使用。在系统调试定额中，各工序的调试费用如需单独计算时，可按表7-43所列调试费用比率计算。

表7-43　电气调试系统各工序的调试费用比率

工　序	发电机调相机系统	变压器系统	送配电设备系统	电动机系统
	比率（%）			
一次设备本体试验	30	30	40	30
附属高压二次设备试验	20	30	20	30
一次电流及二次回路检查	20	20	20	20
继电器及仪表试验	30	20	20	20

（2）电气调试所需的电力消耗已包括在定额内，一般不另计算。但10kW以上电动机及发电机的启动调试用的蒸汽、电力和其他动力能源消耗及变压器空载试运转的电力消耗，另行计算。

（3）供电桥回路的断路器、母线分段断路器，均按独立的送配电设备系统计算调试费。

（4）送配电设备系统调试，系按一侧有一台断路器考虑的，若两侧均有断路器时，则应按两个系统计算。

（5）送配电设备系统调试，适用于各种供电回路（包括照明供电回路）的系统调试。凡供电回路中带有仪表、继电器、电磁开关等调试组件的（不包括闸刀开关、保险器），均按调试系统计算。移动式电器和以插座连接的家电设备，业经厂家调试合格、不需要用户自调的设备，均不应计算调试费用。

（6）变压器系统调试，以每个电压侧有一台断路器为准。多于一个断路器的，按相应电压等级送配电设备系统调试的相应定额另行计算。

（7）干式变压器、油浸电抗器调试，执行相应容量变压器调试定额，乘以系数0.8。

（8）特殊保护装置，均以构成一个保护回路为一套，其工程量计算规定如下（特殊保护装置未包括在各系统调试定额之内，应另行计算）：

1）发电机转子接地保护，按全厂发电机共享一套考虑。

2）距离保护，按设计规定所保护的送电线路断路器台数计算。

3）高频保护，按设计规定所保护的送电线路断路器台数计算。

4）零序保护，按发电机、变压器、电动机的台数或送电线路断路器的台数计算。

5）故障录波器的调试，以一块屏为一套系统计算。

6）失灵保护，按设置该保护的断路器台数计算。

7）失磁保护，按所保护的电机台数计算。

8）变流器的断线保护，按变流器台数计算。

9）小电流接地保护，按装设该保护的供电回路断路器台数计算。

10）保护检查及打印机调试，按构成该系统的完整回路为一套计算。

（9）自动装置及信号系统调试，均包括继电器、仪表等组件本身和二次回路的调整试验。具体规定如下：

1）备用电源自动投入装置，按连锁机构的个数确定备用电源自投装置系统数。一个备用厂用变压器，作为三段厂用工作母线备用的厂用电源，计算备用电源自动投入装置调试时，应为三个系统。装设自动投入装置的两条互为备用的线路或两台变压器，计算备用电源自动投入装置调试时，应为两个系统。备用电动机自动投入装置亦按此计算。

2）线路自动重合闸调试系统，按采用自动重合闸装置的线路自动断路器的台数计算系统数。

3）自动调频装置的调试，以一台发电机为一个系统。

4）同期装置调试，按设计构成一套能完成同期并车行为的装置为一个系统计算。

5）蓄电池及直流监视系统调试，一组蓄电池按一个系统计算。

6）事故照明切换装置调试，按设计能完成交直流切换的一套装置为一个调试系统计算。

7）周波减负荷装置调试，凡有一个周率继电器，不论带几个回路，均按一个调试系统计算。

8）变送器屏以屏的个数计算。

9）中央信号装置调试，按每一个变电所或配电室为一个调试系统计算工程量。

（10）接地网的调试规定如下：

1）接地网接地电阻的测定。一般的发电厂或变电站连为一体的母网，按一个系统计算；自成母网不与厂区母网相连的独立接地网，另按一个系统计算。大型建筑群各有自己的接地网（接地电阻值设计有要求），虽然在最后也将各接地网联在一起，但应按各自的接地网计算，不能作为一个网，具体应按接地网的试验情况而定。

2）避雷针接地电阻的测定。每一避雷针均有单独接地网（包括独立的避雷针、烟囱避雷针等）时，均按一组计算。

3）独立的接地装置按组计算。如一台柱上变压器有一个独立的接地装置，即按一组计算。

（11）避雷器、电容器的调试，按每三相为一组计算，单个装设的亦按一组计算。上述设备如设置在发电机、变压器，输、配电线路的系统或回路内，仍应按相应定额另外计算调试费用。

（12）高压电气除尘系统调试，按一台升压变压器、一台机械整流器及附属设备为一个系统计算，分别按除尘器范围（m^2）执行定额。

（13）硅整流装置调试，按一套硅整流装置为一个系统计算。

（14）普通电动机的调试，分别按电动机的控制方式、功率、电压等级，以"台"为计量单位。

（15）可控硅调速直流电动机调试以"系统"为计量单位。其调试内容包括可控硅整流装置系统和直流电动机控制回路系统两个部分的调试。

（16）交流变频调速电动机调试以"系统"为计量单位。其调试内容包括变频装置系统和交流电动机控制回路系统两个部分的调试。

（17）微型电机系指功率在 0.75kW 以下的电机，不分类别，一律执行微电机综合调试定额，以"台"为计量单位。电机功率在 0.75kW 以上的电机调试，应按电机类别和功率分别执行相应的调试定额。

（18）一般的住宅、学校、办公楼、旅馆、商店等民用电气工程的供电调试应按下列规定：

1）配电室内带有调试组件的盘、箱、柜和带有调试组件的照明主配电箱，应按供电方式执行相应的"配电设备系统调试"定额。

2）每个用户房间的配电箱（板）上虽装有电磁开关等调试组件，但如果生产厂家已按固定的常规参数调整好，不需要安装单位进行调试就可直接投入使用的，不得计取调试费用。

3）民用电度表的调整校验属于供电部门的专业管理，一般皆由用户向供电局订购调试完毕的电度表，不得另外计算调试费用。

（19）高标准的高层建筑、高级宾馆、大会堂、体育馆等具有较高控制技术的电气工程（包括照明工程），应按控制方式执行相应的电气调试定额。

3．工程量清单计算规则

电气调整试验工程量清单项目设置、项目特征描述的内容、计量单位及工程量计算规则应按表 7-44 的规定执行。

表 7 – 44　电气调整试验（编码：030414）

项目编码	项目名称	项目特征	计量单位	工程量计算规则	工作内容
030414001	电力变压器系统	1. 名称； 2. 型号； 3. 容量（kV·A）	系统	按设计图示系统计算	系统调试
030414002	送配电装置系统	1. 名称； 2. 型号； 3. 电压等级（kV）； 4. 类型			
030414003	特殊保护装置	1. 名称； 2. 类型	台（套）	按设计图示数量计算	调试
030414004	自动投入装置		系统(台、套)		
030414005	中央信号装置	1. 名称； 2. 类型	系统（台）		
030414006	事故照明切换装置	1. 名称； 2. 类型	系统	按设计图示系统计算	
030414007	不间断电源	1. 名称； 2. 类型； 3. 容量			
030414008	母线	1. 名称； 2. 电压等级（kV）	段	按设计图示数量计算	
030414009	避雷器		组		
030414010	电容器				
030414011	接地装置	1. 名称； 2. 类别	1. 系统； 2. 组	1. 以系统计量，按设计图示系统计算； 2. 以组计量，按设计图示数量计算	接地电阻测试
030414012	电抗器、消弧线圈		台	按设计图示数量计算	调试
030414013	电除尘器	1. 名称； 2. 型号； 3. 规格	组		
030414014	硅整流设备、可控硅整流装置	1. 名称； 2. 类别； 3. 电压（V）； 4. 电流（A）	系统	按设计图示系统计算	
030414015	电缆试验	1. 名称； 2. 电压等级(kV)	次（根、点）	按设计图示数量计算	试验

注：1. 功率大于 10kW 电动机及发电机的启动调试用的蒸汽、电力和其他动力能源消耗及变压器空载试运转的电力消耗及设备需烘干处理应说明。

2. 配合机械设备及其他工艺的单体试车，应按《通用安装工程工程量计算规范》GB 50856—2013 附录 N 措施项目相关项目编码列项。

3. 计算机系统调试应按《通用安装工程工程量计算规范》GB 50856—2013 附录 F 自动化控制仪表安装工程相关项目编码列项。

7.2 给水排水、采暖、燃气工程

7.2.1 给水排水、采暖、燃气管道

1. 工程量清单项目说明

（1）镀锌钢管。镀锌钢管是一般钢管的冷镀管，采用电镀工艺制成，只在钢管外壁镀锌、钢管的内壁没有镀锌。镀锌钢管安装要全部采用镀锌配件变径和变向，无法用加热的方法制成管件。铸铁管承口与镀锌钢管在连接时，镀锌钢管插入的一端要翻边防止水压试验或运行时脱出，另一端要将螺纹套好。管道接口法兰应当安装于检查井内，不得埋在土壤中；如必须将法兰埋在土壤中，应采取防腐蚀措施。

（2）钢管。钢管按照不同的分类方式可以分为不同类别。

1）按照生产方法分类，钢管可以分为无缝钢管和焊接钢管两大类。

2）按照断面形状，钢管可以分为简单断面钢管和复杂断面钢管两大类。

3）按照壁厚钢管可以分为薄壁钢管和厚壁钢管。

4）按照用途钢管可以分为管道用钢管、热工设备用钢管、机械工业用钢管、石油地质勘探用钢管、容器钢管、化学工业用钢管、特殊用途钢管等几种。

（3）不锈钢管。不锈钢钢管是一种中空的长条圆形钢材，近年来得到了越来越广泛的应用。不锈钢钢管在安装前应当进行清洗，并应当吹干或擦干，除去油渍及其他污物。当管子表面有机械损伤时，必须加以修正，使其光滑，并应进行酸洗或钝化处理。

（4）铜管。铜管重量较轻，导热性好，低温强度高，常用于制造换热设备（如冷凝器等），也用于制氧设备中装配低温管路。直径小的铜管常用于输送有压力的液体（例如润滑系统、油压系统等）和用作仪表的测压管等。

（5）铸铁管。铸铁管是用铸铁浇铸成型的管子。它包括铸铁直管及管件。

1）按照铸造方法的不同，分为连续铸铁管和离心铸铁管。

2）按照材质的不同分为灰口铸铁管和球墨铸铁管。

3）按照接口形式的不同分为柔性接口、法兰接口、自锚式接口、刚性接口等。

（6）塑料管。塑料管通常是以塑料树脂为原料，加入稳定剂、润滑剂等，以"塑"的方法在制管机内经挤压加工而成。因其具有质轻、耐腐蚀、外形美观、无不良气味、加工容易、施工方便等特点，在建筑工程中获得了广泛的应用。缺点是塑料管易老化、承压能力弱、阻燃差等。

（7）复合管。复合管是以金属管材为基础，内外焊接聚乙烯、交联聚乙烯等非金属材料成型的管材，具备金属管材和非金属管材的优点。目前，工程中使用较普遍的有铜铝塑复合管、铜塑复合管、钢塑复合管、涂料复合管、钢骨架 PE 管等。

（8）直埋式预制保温管。预制直埋保温管是由输送介质的钢管（工作管）、聚氨酯硬质泡沫塑料（保温层）、高密度聚乙烯外套管（保护层）紧密结合而成，其作用为保护聚氨酯保温层免遭机械硬物破坏和防腐防水。

（9）承插陶瓷缸瓦管。承插陶瓷缸瓦管由塑性耐火黏土烧制而成。缸瓦管比铸铁下水

管的耐腐蚀能力更强，且价格便宜。但缸瓦管不够结实，在装运时，需要特别小心，不要碰坏，即使装好后也要加强维护。承插缸瓦管的直径通常不超过 500～600mm，有效长度为 400～800mm。它能满足污水管道在技术方面的一般要求，被广泛应用于排除酸碱废水系统中。

（10）承插水泥管。常用水泥管包括混凝土管和钢筋混凝土管。

（11）室外管道碰头。一条新建的管道焊接完成时与原来的管道对接称为碰头。

2．工程量清单计算规则

给水排水、采暖、燃气管道工程量清单项目设置、项目特征描述的内容、计量单位及工程量计算规则应按表 7-45 的规定执行。

表 7-45　给水排水、采暖、燃气管道（编码：031001）

项目编码	项目名称	项目特征	计量单位	工程量计算规则	工作内容
031001001	镀锌钢管	1. 安装部位； 2. 介质； 3. 规格、压力等级； 4. 连接形式； 5. 压力试验及吹、洗设计要求； 6. 警示带形式	m	按设计图示管道中心线以长度计算	1. 管道安装； 2. 管件制作、安装； 3. 压力试验； 4. 吹扫、冲洗； 5. 警示带铺设
031001002	钢管				
031001003	不锈钢管				
031001004	铜管				
031001005	铸铁管	1. 安装部位； 2. 介质； 3. 材质、规格； 4. 连接形式； 5. 接口材料； 6. 压力试验机吹、洗设计要求； 7. 警示带形式			1. 管道安装； 2. 管件安装； 3. 压力试验； 4. 吹扫、冲洗； 5. 警示带铺设
031001006	塑料管	1. 安装部位； 2. 介质； 3. 材质、规格； 4. 连接形式； 5. 阻火圈设计要求； 6. 压力试验机吹、洗设计要求； 7. 警示带形式			1. 管道安装； 2. 管件安装； 3. 塑料卡固定； 4. 阻火圈安装； 5. 压力试验； 6. 吹扫、冲洗； 7. 警示带铺设
031001007	复合管	1. 安装部位； 2. 介质； 3. 规格、规格； 4. 连接形式； 5. 压力试验及吹、洗设计要求； 6. 警示带形式			1. 管道安装； 2. 管件安装； 3. 塑料卡固定； 4. 压力试验； 5. 吹扫、冲洗； 6. 警示带铺设

续表 7-45

项目编码	项目名称	项目特征	计量单位	工程量计算规则	工作内容
031001008	直埋式预制保温管	1. 埋设深度； 2. 介质； 3. 管道材质、规格； 4. 连接形式； 5. 接口保温材料； 6. 压力试验机吹、洗设计要求； 7. 警示带形式	m	按设计图示管道中心线以长度计算	1. 管道安装； 2. 管件安装； 3. 接口保温； 4. 压力试验； 5. 吹扫、冲洗； 6. 警示带铺设
031001009	承插陶瓷缸瓦管	1. 埋设深度； 2. 规格； 3. 接口方式及材料； 4. 压力试验机吹、洗设计要求； 5. 警示带形式			
031001010	承插水泥管	1. 埋设深度； 2. 规格； 3. 接口方式及材料； 4. 压力试验机吹、洗设计要求； 5. 警示带形式			1. 管道安装； 2. 管件安装； 3. 压力试验； 4. 吹扫、冲洗； 5. 警示带铺设
031001011	室外管道碰头	1. 介质； 2. 碰头形式； 3. 材质、规格； 4. 连接形式； 5. 防腐、绝热设计要求	处	按设计图示以处计算	1. 挖填工作坑或暖气沟拆除及修复； 2. 碰头； 3. 接口处防腐； 4. 接口处绝热及保护层

注：1. 安装部位，指管道安装在室内、室外。
　　2. 输送介质包括给水、排水、中水、雨水、热媒体、燃气、空调水等。
　　3. 方形补偿器制作安装应含在管道安装综合单价中。
　　4. 铸铁管安装适用于承插铸铁管、球墨铸铁管、柔性抗震铸铁管等。
　　5. 塑料管安装适用于 UPVC、PVC、PP-C、PP-R、PE、PB 等塑料管材。
　　6. 复合管安装适用于钢塑复合管、铝塑复合管、钢骨架复合管等复合型管道安装。
　　7. 直埋保温管包括直埋保温管件安装及接口保温。
　　8. 排水管道安装包括立管检查口、透气帽。
　　9. 室外管道碰头：
　　（1）适用于新建或扩建工程热源、水源、气源管道与原（旧）有管道碰头。
　　（2）室外管道碰头包括挖工作坑、土方回填或暖气沟局部拆除及修复。
　　（3）带介质管道碰头包括开关闸、临时放水管线铺设等费用。
　　（4）热源管道碰头每处包括供、回水两个接口。
　　（5）碰头形式指带介质碰头、不带介质碰头。
　　10. 管道工程量计算不扣除阀门、管件（包括减压器、疏水器、水表、伸缩器等组成安装）及附属构筑物所占长度，方形补偿器以其所占长度列入管道安装工程量。
　　11. 压力试验按设计要求描述试验方法，如水压试验、气压试验、泄漏性试验、闭水试验、通球试验、真空试验等。
　　12. 吹、洗按设计要求描述吹扫、冲洗方法，如水冲洗、消毒冲洗、空气吹扫等。

【例 7 - 9】 如图 7 - 6 所示，某室外供热管道中有 *DN*75 镀锌钢管一段，其起止总长度为 106m，管道中设置方形伸缩器一个，臂长为 900mm，该管道刷沥青漆两遍，膨胀蛭石保温，保温层厚度为 55mm，试计算该段管道安装的清单工程量。

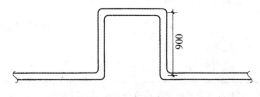

图 7 - 6　方形伸缩器示意图

【解】　镀锌钢管工程量按设计图示管道中心线以长度计算。

供热管道的长度为 106m，伸缩器两臂的增加长度 $L = 0.9 + 0.9 = 1.8m$，所以：

该室外供热管道安装的工程量 $= 106 + 1.8 = 107.8m$

清单工程量计算见表 7 - 46。

表 7 - 46　清单工程量计算表

项目编码	项目名称	项目特征描述	计量单位	工程量
031001001001	镀锌钢管	焊接，室外供热管道	m	107.8

7.2.2　支架及其他工程

1．工程量清单项目说明

（1）管道支架。管道支架又称管架，其作用是支承管道重量，限制管道变形和位移，承受从管道传来的内压力、外载荷及温度变形的弹性力，通过它将这些力传递到支承结构上或地上。

（2）设备支架。设备支架是设备与附着结构连接的桥梁。

（3）套管。套管是给水管道穿过楼板或墙体时为保护给水管道和便于防水所设置的管件。

2．工程量清单计算规则

支架及其他工程量清单项目设置、项目特征描述的内容、计量单位及工程量计算规则应按表 7 - 47 的规定执行。

表 7 - 47　支架及其他（编码：031002）

项目编码	项目名称	项目特征	计量单位	工程量计算规则	工作内容
031002001	管道支架	1．材质； 2．管架形式	1．kg； 2．套	1．以千克计量，按设计图示质量计算； 2．以套计量，按设计图示数量计算	1．制作 2．安装
031002002	设备支架	1．材质； 2．形式			

续表 7 – 47

项目编码	项目名称	项目特征	计量单位	工程量计算规则	工作内容
031002003	套管	1. 名 称、类型； 2. 材质； 3. 规格； 4. 填料材质	个	按设计图示数量计算	1. 制作； 2. 安装； 3. 除锈、刷油

注：1. 单件支架质量100kg以上的管道支吊架执行设备支吊架制作安装。

　　2. 成品支架安装执行相应管道支架或设备支架项目，不再计取制作费，支架本身价值含在综合单价中。

　　3. 套管制作安装，适用于穿基础、墙、楼板等部位的防水套管、填料套管、无填料套管及防火套管等，应分别列项。

【例7 – 10】　某住宅采暖系统供水总立管如图7 – 7所示，每层距地面1.8m处均安装立管卡，立管支架 DN100 单支架质量为1.41kg，试计算立管管卡的工程量。

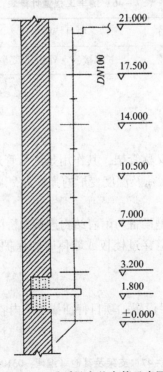

图 7 – 7　采暖供水总立管示意图

【解】

1. 清单工程量

$$工程量 = 6（支架个数） \times 1.41（单支架重量）$$

$$= 8.46kg$$

清单工程量计算见表7 – 48。

表 7 - 48 清单工程量计算表

项目编码	项目名称	项目特征描述	计量单位	工程量
031002001001	管道支架制作安装	立管支架 DN100	kg	8.46

2．定额工程量

项目：DN100 管道支架制作安装

计量单位：100kg

$$工程量 = \frac{6（支架个数）\times 1.41（单个支架重量）}{100（计量单位）} = 0.0846$$

套用《全国统一安装工程预算定额（第八册）》GYD—208—2000：8 - 178

基价：654.69 元；其中人工费 235.45 元，材料费 194.98 元，机械费 224.26 元

注：立管管卡安装，层高≤5m，每层安装一个，位置距地面 1.8m，层高 >5m，每层安装两个，位置匀称安装。

7.2.3 管道附件

1．工程量清单项目说明

（1）螺纹阀门。螺纹阀门指阀体带有内螺纹或外螺纹，与管道螺纹连接的阀门。管径小于或等于 32mm 宜采用螺纹连接。

（2）螺纹法兰阀门。螺纹法兰即螺纹方式连接的法兰。这种法兰与管道不直接焊接在一起，而是以管口翻边为密封接触面，套法兰起到紧固作用，多用于铜、铅等有色金属及不锈耐酸管道上。其最大优点是法兰穿螺栓时非常方便，缺点是无法承受较大的压力。也有的是用螺纹与管端连接起来，有高压及低压两种。

（3）焊接法兰阀门。焊接法兰阀门的阀体带有焊接坡口，与管道焊接连接。焊接法兰阀门安装应当符合下列要求：

1）螺栓：在拧紧过程中，螺母朝一个方向（通常为顺时针）转动，直到无法再转动为止，有时还需要在螺母与钢材间垫上一垫片，有利于拧紧，防止螺母与钢材磨损及滑丝。

2）阀门安装：阀门是控制水流、调节管道内的水重和水压的重要设备。阀门一般放在分支管处、穿越障碍物和过长的管线上。

（4）带短管甲乙阀门。带短管甲乙阀门中的"短管甲"是带承插口管段，用于阀门进水管侧，"短管乙"是直管段，用于阀门出口侧。带短管甲乙阀门通常用于承插接口的管道工程中。

（5）塑料阀门。塑料阀门具有质量轻、耐腐蚀、不吸附水垢、可与塑料管路一体化连接和使用寿命长等优点，在给水排水塑料管路系统中，其应用方面的优势是其他阀门无法相比的。国际上塑料阀门的类型主要包括球阀、蝶阀、止回阀、隔膜阀、闸阀和截止阀等，结构形式主要包括两通、三通和多通阀门，原料主要包括 ABS、PVC - U、PVC - C、PB、PE、PP 和 PVDF 等。

（6）减压器。减压器的结构形式包括常见的活塞式、波纹管式，此外，还有膜片式、外弹簧薄膜式等。

在供热管网中，减压器靠启闭阀孔对蒸汽进行节流达到减压的目的。减压器应能自动地将阀后压力维持在一定的范围内，工作时无振动，完全关闭后不漏气。

（7）疏水器。蒸汽疏水器的作用是自动而且迅速地排出用热设备及管道中的凝水，并能够阻止蒸汽逸漏。在排出凝水的同时，排除系统中积留的空气和其他非凝性气体。疏水器的工作状况对蒸汽供热系统运行的可靠性与经济性有很大影响。

根据疏水器作用原理的不同，将疏水器分为机械型、热动力型和热静力型三大类。

（8）除污器（过滤器）。除污器安装于用户入口供水总管上，以及热源（冷源）、用热（冷）设备、水泵、调节阀入口处。其结构形式有 Y 形除污器、锥形除污器、直角式除污器和高压除污器，其主要材质包括碳钢、不锈耐酸钢、锰钒钢、铸铁和可锻铸铁等。内部的过滤网包括铜网和不锈耐酸钢丝网。

（9）补偿器。补偿器习惯上也叫膨胀节或伸缩节。由构成其工作主体的波纹管（一种弹性元件）和端管、支架、法兰、导管等附件组成，属于一种胀缩补偿元件。利用其工作主体波纹管的有效伸缩变形，以吸收管线、导管、容器等由热胀冷缩等原因而产生的尺寸变化，或补偿管线、导管、容器等的轴向、横向和角向位移，也可以用于降噪减振。

（10）软接头（软管）。软接头是连接两个产品或设备之前使用。

（11）法兰。用钢、铸铁、热塑性或热固性增强塑料制成的空心环状圆盘，盘上开一定数量的螺栓孔。法兰可安装或浇铸在管端上，两法兰间用螺栓连接。法兰一般包括固定法兰、接合法兰、带帽法兰、对接法兰、栓接法兰、突面法兰等类型。

（12）倒流防止器。倒流防止器是供水管网中、尤其是生活饮用水管道中为了防止回流污染而设置的一种严格限定管道中水只能单向流动的水力控制组合装置。其功能是在任何工况下防止管道中的介质倒流，以达到避免倒流污染的目的。倒流防止器也称为防污隔断阀。目前倒流防止器主要分为低阻力倒流防止器和减压型倒流防止器两类，按照国家标准低阻力倒流防止器的水头损失小于 3m，减压型倒流防止器的水头损失小于 7m。

（13）水表。用以计量液体流量的仪表称为流量计，一般将室内给水系统中用的流量计叫作水表，它是一种计量用水量的工具。室内给水系统广泛采用流速式水表，它主要由表壳、翼轮测量机构、减速指示机构等部分组成。

常用水表有旋翼式水表（$DN15 \sim DN150$）（图 7-8）、水平螺翼式水表（$DN10 \sim DN400$）（图 7-9）及翼轮复式水表（主表 $DN50 \sim DN400$，副表 $DN15 \sim DN40$）（图 7-10）三种。

（14）热量表。热量表是计算热量的仪表。热量表的工作原理：将一对温度传感器分别安装于通过载热流体的上行管和下行管上，流量计安装在流体入口或回流管上（流量计安装的位置不同，最终的测量结果也有所不同），流量计发出与流量成正比的脉冲信号，一对温度传感器给出表示温度高低的模拟信号，而积算仪采集来自流量和温度传感器的信号，利用积算公式算出热交换系统获得的热量。

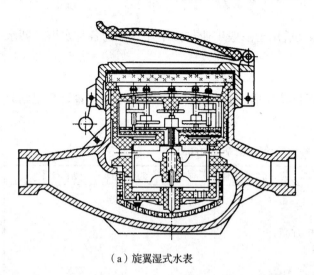

（a）旋翼湿式水表

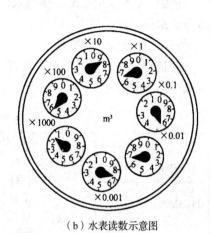

（b）水表读数示意图

图 7 - 8 旋翼式水表

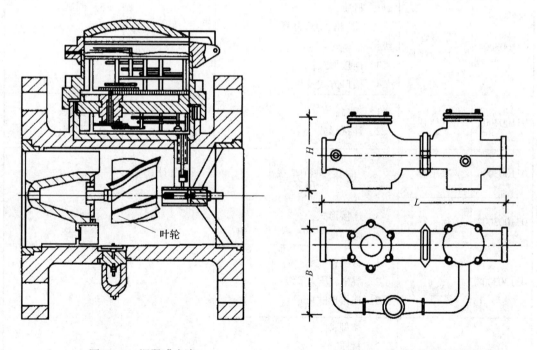

图 7 - 9 螺翼式水表

图 7 - 10 复式水表外形

　　热能表按照热量表流计结构和原理不同，可以分为机械式（其中包括：涡轮式、孔板式、涡街式）、电磁式、超声波式等种类。

　　（15）塑料排水管消声器。塑料排水管消声器指设置在塑料排水管道上用于减轻或消除噪声的小型设备。

　　（16）浮标液面计。液面计又称液位计，是用以测量容器内液面变化情况的一种计量仪表。常用的 UFZ 型浮标液面计是一种简易的直读式液位测量仪表，其结构简单，读数直观，测量范围大，能耐腐蚀。

（17）浮漂水位标尺。浮漂水位标尺适用于一般工业与民用建筑中的各种水塔、蓄水池指示水位之用。

2. 工程量清单计算规则

管道附体工程量清单项目设置、项目特征描述的内容、计量单位及工程量计算规则应按表 7 – 49 的规定执行。

表 7 – 49   管道附件（编码：031003）

项目编码	项目名称	项目特征	计量单位	工程量计算规则	工作内容
031003001	螺纹阀门	1. 类型； 2. 材质； 3. 规格、压力等级； 4. 连接形式； 5. 焊接方法	个	按设计图示数量计算	1. 安装； 2. 电气接线； 3. 调试
031003002	螺纹法兰阀门				
031003003	焊接法兰阀门				
031003004	带短管甲乙阀门	1. 材质； 2. 规格、压力等级； 3. 连接形式； 4. 接口方式及材质			
031003005	塑料阀门	1. 规格； 2. 连接形式			1. 安装； 2. 调试
031003006	减压器	1. 材质； 2. 规格、压力等级； 3. 连接形式； 4. 附件配置	组		组装
031003007	疏水器				
031003008	除污器（过滤器）	1. 材质； 2. 规格、压力等级； 3. 连接形式			
031003009	补偿器	1. 类型； 2. 材质； 3. 规格、压力等级； 4. 连接形式	个		安装
031003010	软接头（软管）	1. 材质； 2. 规格； 3. 连接形式	个（组）		

续表 7 - 49

项目编码	项目名称	项目特征	计量单位	工程量计算规则	工作内容
031003011	法兰	1. 材质； 2. 规格、压力等级； 3. 连接形式	副（片）	按设计图示数量计算	安装
031003012	倒流防止器	1. 材质； 2. 型号、规格； 3. 连接形式	套		
031003013	水表	1. 安装部位（室内外）； 2. 型号、规格； 3. 连接形式； 4. 附件配置	组（个）		组装
031003014	热量表	1. 类型； 2. 型号、规格； 3. 连接形式	块		安装
031003015	塑料排水管消声器	1. 规格； 2. 连接形式	个		
031003016	浮标液面计		组		
031003017	浮漂水位标尺	1. 用途； 2. 规格	套		

注：1. 法兰阀门安装包括法兰连接，不得另计。阀门安装如仅为一侧法兰连接时，应在项目特征中描述。

2. 塑料阀门连接形式需注明热熔连接、粘接、热风焊接等方式。

3. 减压器规格按高压侧管道规格描述。

4. 减压器、疏水器、倒流防止器等项目包括组成与安装工作内容，项目特征应根据设计要求描述附件配置情况，或根据××图集或××施工图做法描述。

7.2.4 卫生器具

1. 工程量清单项目说明

（1）浴缸。浴缸是一种水管装置，供沐浴或淋浴之用，一般装置于家居浴室内。

（2）净身盆。妇女卫生盆也称坐浴盆、净身盆，是一种坐在上面专供洗涤妇女下身用的洁具。

（3）洗脸盆。洗脸盆（又称"洗面器"）形式较多，包括挂式、立柱式、台式三类。挂式洗面器，是指一边靠墙悬挂安装的洗面器，一般适用于家庭。立柱式洗面器，是指下部为立柱支撑安装的洗面器，适用于较高标准的公共卫生间。台式洗面器，是指脸盆镶于大理石台板上或附设在化妆台的台面上的洗面器，在国内宾馆的卫生间使用最为普遍。洗面器的材质以陶瓷为主，也有人造大理石、玻璃钢等。洗面器大多用上釉陶瓷制成，形状有长方形、半圆形及三角形等。

（4）洗涤盆。洗涤盆主要装于住宅或食堂的厨房内，用于洗涤各种餐具等。洗涤盆的上方接有各式水嘴。洗涤盆多为陶瓷制品。

（5）化验盆。化验盆一般安装在工厂、科学研究机关、学校化验室或实验室中，通常都是陶瓷制品，盆内已有水封，排水管上不需装存水弯，也无需盆架，用木螺钉固定于实验台上。盆的出口配有橡皮塞头。根据使用要求，化验盆可装置单联、双联、三联的鹅颈龙头。

（6）大便器。大便器主要分为坐式、蹲式和大便槽三种形式。

1）坐式大便器。坐式大便器本身带有存水弯，多用于住宅、宾馆、医院。

2）蹲式大便器。蹲式大便器常用于住宅、公共建筑卫生间及公共厕所内。

3）大便槽。大便槽是一个狭长开口的槽，通常用于建筑标准不高的公共建筑或公共厕所。

（7）小便器。小便器有挂式、立式及小便槽三种形式，冲洗方式包括角型阀、直型阀及自动水箱冲洗，用于单身宿舍、办公楼、旅馆等处的厕所中。

1）挂式小便器。挂式小便器又称小便斗，白色陶瓷制成，挂于墙上，边缘有小孔，进水后经小孔均匀分布淋洗斗内壁。小便斗现常配塑料制存水弯。

2）立式小便器。立式小便器安装在卫生设备标准较高的公共建筑男厕所中，用白色陶瓷制成，上有冲洗进水口，进水口设扁形布水口，下有排水口，靠墙竖立在地面上，多为成组装置。

3）小便槽。小便槽为瓷砖沿墙砌筑的浅槽，建造简单，占地小，成本低，可供多人使用，广泛用于工业企业、公共建筑、集体宿舍的男厕所当中。

（8）其他成品卫生器具。其他卫生器具应当在室内装修基本完成后再进行稳装。

（9）烘手器。烘手器是一种卫浴间用烘干双手或者吹干双手的洁具电器，包括感应式自动干手器和手动干手器。它主要适用于宾馆、餐馆、医院、科研机构、公共娱乐场所和家庭的卫生间等。

（10）淋浴器。淋浴较之浴缸的盆浴更为省水省空间。在公共浴场、更衣室等不便安设浴缸的地方，淋浴更是首选。淋浴器按照控制方式分为机械式淋浴器、非接触式淋浴器，按照对水质的影响分为普通淋浴器、功能淋浴器。

（11）淋浴间。淋浴间主要包括单面式和围合式两种。单面式指只有开启门的方向才有屏风，其他三面是建筑墙体；围合式通常两面或两面以上有屏风，包括四面围合的。

（12）桑拿浴房。桑拿浴房适于医院、饭店、宾馆、娱乐场所、家庭之用，根据其功能、用途可分为多种类型，如远红外线桑拿浴房、芬兰桑拿浴房、光波桑拿浴房等，可根据实际具体选用。

（13）大、小便槽自动冲洗水箱。自动冲洗水箱具有方便实用的优点。

（14）给水、排水附（配）件。如淋浴器、水龙头等。

（15）小便槽冲洗管。小便槽可以用普通阀门控制多孔冲洗管进行冲洗，应当尽可能采用自动冲洗水箱冲洗。多孔冲洗管安装于距地面 1.1m 高度处。多孔冲洗管管径≥15mm，管壁上开有 2mm 小孔，孔间距为 10~12mm，在安装时应当注意使每排小孔与墙面成45°。

（16）蒸汽－加热器。蒸汽－加热器是蒸汽喷射器与汽水混合加热器的有机结合体，是以蒸汽来加热及加压，不需要循环水泵与汽水换热器就可以实现热水供暖的联合设置。蒸汽－加热器应当具备如下功能：

1）快速加热被加热水。

2）浮动盘管自动除垢。

3）热水出水温度不得大于设定温度 ±3℃。

4）凝结水自动过冷却。

（17）冷热水混合器。冷热水混合器又称合式水加热器，是冷、热流体直接接触互相混合而进行换热的设备。在热水箱内设多孔管和汽－喷射器，用蒸汽直接加热水，就是常用的混合式水加热器。

（18）饮水器。饮水器是居住区街道及公共场所为满足人的生理卫生要求经常设置的供水设施，同时也是街道上的重要装点之一。

饮水器包括悬挂式饮水设备、独立式饮水设备和雕塑式水龙头等。

饮水器的高度宜在 800mm 左右，供儿童使用的饮水器高度宜在 650mm 左右，并应安装于 100 ~ 200mm 的踏台上。

（19）隔油器。隔油器，就是将含油废水中的杂质、油、水分离的一种专用设备。

1）隔油器按照质量可以分为不锈钢隔油器、碳钢防腐隔油器、碳钢喷塑隔油器。

2）隔油器按照安装方式可以分为地上式隔油器、地埋式隔油器、吊装式隔油器。

3）隔油器按照进水方式可以分为明沟式隔油器、管道式隔油器。

4）隔油器按照有无动力可以分为普通隔油器、自动隔油器。

5）隔油器按照排油方式可以分为刮油隔油器、液压隔油器。

2．工程量清单计算规则

卫生器具工程量清单项目设置、项目特征描述的内容、计量单位及工程量计算规则应按表 7－50 的规定执行。

表 7－50　卫生器具（编码：031004）

项目编码	项目名称	项目特征	计量单位	工程量计算规则	工作内容
031004001	浴缸	1．材质； 2．规格、类型； 3．组装形式； 4．附件名称、数量	组	按设计图示数量计算	1．器具安装； 2．附件安装
031004002	净身盆				
031004003	洗脸盆				
031004004	洗涤盆				
031004005	化验盆				
031004006	大便器				
031004007	小便器				
031004008	其他成品卫生器具				
031004009	烘手器	1．材质； 2．型号、规格	个		安装

续表 7－50

项目编码	项目名称	项目特征	计量单位	工程量计算规则	工作内容
031004010	淋浴器	1．材质、规格； 2．组装形式； 3．附件名称、数量	套	按设计图示数量计算	1．器具安装； 2．附件安装
031004011	淋浴间				
031004012	桑拿浴房				
031004013	大、小便槽自动冲洗水箱	1．材质、类型； 2．规格； 3．水箱配件； 4．支架形式及做法； 5．器具及支架除锈、刷油设计要求	套		1．制作； 2．安装； 3．支架制作、安装； 4．除锈、刷油
031004014	给水、排水附（配）件	1．材质； 2．型号、规格； 3．安装方式	个（组）		安装
031004015	小便槽冲洗管	1．材质； 2．规格	m		1．制作； 2．安装
031004016	蒸汽－水加热器	1．类型； 2．型号、规格； 3．安装方式	套		
031004017	冷热水混合器				
031004018	饮水器				
031004019	隔油器	1．类型； 2．型号、规格； 3．安装部位			安装

注：1．成品卫生器具项目中的附件安装，主要指给水附件包括水嘴、阀门、喷头等，排水配件包括存水弯、排水栓、下水口等以及配备的连接管。

2．浴缸支座和浴缸周边的砌砖、瓷砖粘贴，应按现行国家标准《房屋建筑与装饰工程工程量计算规范》GB 50854—2013相关项目编码列项；功能性浴缸不含电机接线和调试，应按7.1电气设备安装工程相关项目编码列项。

3．洗脸盆适用于洗脸盆、洗发盆、洗手盆安装。

4．器具安装中若采用混凝土或砖基础，应按现行国家标准《房屋建筑与装饰工程工程量计算规范》GB 50854—2013相关项目编码列项。

5．给水、排水附（配）件是指独立安装的水嘴、地漏、地面扫出口等。

7.2.5　供暖器具

1．工程量清单项目说明

（1）铸铁散热器。铸铁散热器是用灰铸铁铸造的，品种较多，常用的包括 M132 型、

长翼型、四柱型三种。铸铁散热器的主要优点是结构较简单，制造容易，耐腐蚀，使用寿命长，价格较低。缺点是耗金属量大，承压能力低，翼型易积灰，不美观。目前已有一种掺有稀土材料的高压铸铁散热器，工作压力可达 8×10^5 Pa。

（2）钢制散热器。钢制闭式散热器是由钢管、联箱、钢片、放气阀及管接头组成。其散热量随热媒参数、流量及其构造特征（如串片竖放、平放、长度、片距等参数）的改变而改变。

（3）其他成品散热器。如高频焊接钢制散热器、U 形翅片管钢制散热器。

1）高频焊接钢制散热器。其为钢制翅片与焊接钢管间高频焊接，工作压力为 1.0MPa，可以用于高层建筑的热水或蒸汽采暖，可以同侧连接、异侧上进下出、异侧下进下出连接，也可以两组串联；散热器挂在预埋在墙内的托钩上，底距地不小于 120mm；S 形散热器靠墙安装，L 形散热器背部距墙 30~40mm，如图 7-11 所示。

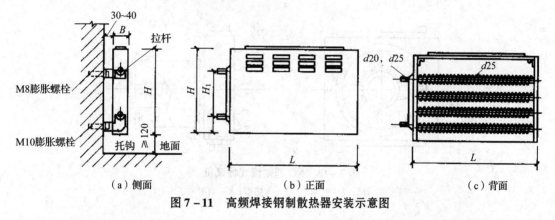

图 7-11　高频焊接钢制散热器安装示意图

2）U 形翅片管钢制散热器。U 形翅片管钢制散热器与高频焊接钢制散热器基本相似，但内部结构有所不同。

（4）光排管散热器。光排管散热器通常分为两种，即 A 型（用于蒸汽）与 B 型（用于热水），图 7-12 所示为光排管散热器构造。

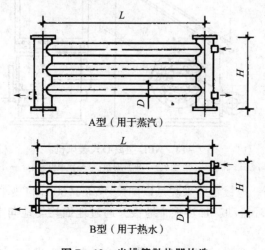

图 7-12　光排管散热器构造

（5）暖风机。暖风机的特点是凭借强行对流式暖风，迅速提高室温。此外，同电暖器相比，暖风机普遍具备体积小、重量轻的优点，尤适宜面积较小的居室取暖。

一般暖风机的功率在1kW左右，通常家庭所使用的暖风机电表宜在5A以上，而功率更大（如2000W）的暖风机，需要考虑电路负荷限制的因素。

暖风机除了可以提供暖风、热风之外，有些还添加了许多新功能，如有的为壁挂式浴室暖风机，设计有旋转式毛巾架，可以随时烘干毛巾等轻便物品；新型浴室暖风机，能够对室内温度进行预设，而后机器会进行自动恒温控制；加湿暖风机，具有活性炭灭菌滤网，能够清烟、除尘、灭菌，同时备有加湿功能，使室内空气干湿宜人。

根据风机形式不同，暖风机分为轴流式暖风机（图7-13）与离心式暖风机（图7-14）。

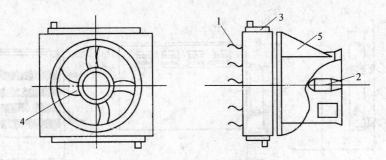

图7-13　NC型轴流式暖风机

1—轴流式风机；2—电动机；3—加热器；4—百叶片；5—支架

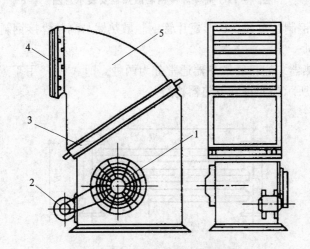

图7-14　NBL型离心式暖风机

1—离心式风机；2—电动机；3—加热器；4—导流叶片；5—外壳

（6）地板辐射采暖。地板辐射采暖是以温度不高于60℃的热水作为热源，在埋置于地板下的盘管系统内循环流动，加热整个地板，通过地面均匀地向室内辐射散热的一种供暖方式。

（7）热媒集配装置。由分水器和集水器构成，有一个进口（或出口）和多个进口

（或出口）的筒形承压装置，使装置内横断面的水流速限制于一定范围内，可有效调节控制局部系统水力，并配有排气装置和各通水环路的独立阀门，以控制系统流量及均衡分配各通水环路的水力和流量。

（8）集气罐。集气罐主要用于热力供暖管道的最高点，与排气阀相连，起到汇气稳定效果。

集气罐按位置可以分为立式、卧式两种。

2．工程量清单计算规则

供暖器具工程量清单项目设置、项目特征描述的内容、计量单位及工程量计算规则应按表7-51的规定执行。

表7-51　供暖器具（编码：031005）

项目编码	项目名称	项目特征	计量单位	工程量计算规则	工作内容
031005001	铸铁散热器	1. 型号、规格； 2. 安装方式； 3. 托架形式； 4. 器具、托架除锈、刷油设计要求	片（组）	按设计图示数量计算	1. 组对、安装； 2. 水压试验； 3. 托架制作、安装； 4. 除锈、刷油
031005002	钢制散热器	1. 结构形式； 2. 型号、规格； 3. 安装方式； 4. 托架刷油设计要求	组（片）		1. 安装； 2. 托架安装； 3. 托架刷油
031005003	其他成品散热器	1. 材质、类型； 2. 型号、规格； 3. 托架刷油设计要求			
031005004	光排管散热器	1. 材质、类型； 2. 型号、规格； 3. 托架形式及做法； 4. 器具、托架除锈、刷油设计要求	m	按设计图示排管长度计算	1. 制作、安装； 2. 水压试验； 3. 除锈、刷油
031005005	暖风机	1. 质量； 2. 型号、规格； 3. 安装方式	台	按设计图示数量计算	安装

续表 7－51

项目编码	项目名称	项目特征	计量单位	工程量计算规则	工作内容
031005006	地板辐射采暖	1. 保温层材质、厚度； 2. 钢丝网设计要求； 3. 管道材质、规格； 4. 压力试验及吹扫设计要求	1. m²； 2. m	1. 以平方米计量，按设计图示采暖房间净面积计算； 2. 以米计量，按设计图示管道长度计算	1. 保温层及钢丝网铺设； 2. 管道排布、绑扎、固定； 3. 与分集水器连接； 4. 水压试验、冲洗； 5. 配合地面浇注
031005007	热媒集配装置	1. 材质； 2. 规格； 3. 附件名称、规格、数量	台	按设计图示数量计算	1. 制作； 2. 安装； 3. 附件安装
031005008	集气罐	1. 材质； 2. 规格	个		1. 制作； 2. 安装

注：1. 铸铁散热器，包括拉条制作安装。

2. 钢制散热器结构形式，包括钢制闭式、板式、壁板式、扁管式及柱式散热器等，应分别列项计算。

3. 光排管散热器，包括联管制作安装。

4. 地板辐射采暖，包括与分集水器连接和配合地面浇注用工。

7.2.6 采暖、给水排水设备

1. 工程量清单项目说明

（1）变频给水设备。变频给水设备通过微机控制变频调速以实现恒压供水。先设定用水点工作压力，并监测市政管网压力，压力低时自动调节水泵转速提高压力，并控制水泵以一恒定转速运行进行恒压供水。当用水量增加时，转速提高，当用水量减少时，转速降低，时刻保证用户的用水压力恒定。

（2）稳压给水设备。稳压给水设备变频泵进水口与无负压装置和无负压进水装置连接。当压力充足时，无负压装置自动开启，直接由市政管网供水，经过加压泵实现叠加增压给用户供水。当无负压装置探测到市政管网压力下降时，无负压进水装置立即启动，无负压装置关闭。

（3）无负压给水设备。无负压给水设备是直接利用自来水管网压力的一种叠压式供水方式，卫生、节能、综合投资小。在安装调试后，自来水管网的水首先进入稳流补偿器，并通过真空抑制器将罐内的空气自动排除。当安装在设备出口的压力传感器检测到自来水管网压力满足供水要求时，系统不经过加压泵直接供给；当自来水管网压力不能满足供水要求时，检测压力差额，由加压泵差多少补多少；当自来水管网水量不足时，空气由真空抑制器进入稳流补偿器破坏罐内真空，即可自动抽取稳流补偿器内的水供给，并且管网内不产生负压。

无负压给水设备，既能够利用自来水管道的原有压力，又能够利用足够的储存水量缓解高峰用水，且不会对自来水管道产生吸力。

（4）气压罐。气压罐是根据在一定温度下气体压力 P 与容积 V 乘积等于常数的原理，利用水压缩性极小的性质，用外力将水储存在罐内，气体受到压缩压力升高，当外力消失，压缩气体膨胀可将水排出。气压罐主要由气门盖、充气口、气囊、碳钢罐体、法兰盘组成，当其连接至水系统上时，主要起一个蓄能器的作用，当系统水压力大于膨胀罐碳钢罐体与气囊之间的氮气压力时，系统水会在系统压力的作用下挤入膨胀罐气囊内，进而压缩罐体与气囊之间的氮气，使其体积减小，压力增大。

（5）太阳能集热装置。在太阳能的热利用中，关键是将太阳的辐射能转换为热能。因太阳能比较分散，必须设法将其集中起来，所以集热器是各种利用太阳能装置的关键部分。因用途不同，集热器及其匹配的系统类型也不同、如用于产生热水的太阳能热水器、用于干燥物品的太阳能干燥器，用于熔炼金属的太阳能熔炉，以及太阳房、太阳能热电站、太阳能海水淡化器等。

（6）地源（水源、气源）热泵机组。地源热泵是一种利用浅层地热能源（又称地能，包括地下水、土壤或地表水等的能量）的既可供热又可制冷的高效节能系统。地源热泵供暖空调系统主要分室外地能换热系统、地源热泵机组和室内采暖空调末端系统。其中地源热泵机组主要有水–水式和水–空气式两种形式。三个系统之间靠水或空气换热介质进行热量的传递，地源热泵与地能之间换热介质为水，与建筑物采暖空调末端换热介质可以是水或空气。

（7）除砂器。除砂器是从气、水或废水水流中分离出杂粒的装置。杂粒包括砂粒、石子、炉渣或其他一些重的固体构成的渣滓，其沉降速度和密度远大于水中易于腐烂的有机物。

设置除砂器还可以保护机械设备免遭磨损，减少重物在管线、沟槽内沉积，并减少因杂粒大量积累在消化池内所需的清理次数。

通用的除砂装置包括两种形式，即平流式沉砂池和曝气沉砂池。

（8）水处理器。

1）不改变水的化学性质，对人体无任何副作用。

2）除垢效果明显。该设备安装在水循环系统，对原有垢厚在 2mm 以下的，一般情况下 30 天左右可以逐渐使其松动脱落，处理后的水垢呈颗粒状，可以随排污管路排出，不会堵塞管路系统。旧垢脱落后，在一定范围内不再产生新垢。

3）设备体积小，安装简单方便，可以长期无人值守使用。

4）水流经该设备后，可以使水变成磁化水，而且对于水中细菌有一定的抑制和杀灭作用。

5）不腐蚀设备。

（9）超声波灭藻设备。超声波灭藻设备工作原理是利用特定频率的超声波所产生的震荡波，作用于水藻的外壁并使之破裂、死亡，以达到消灭水藻平衡水环境生态的目的。

（10）水质净化器。水质净化器简称净水器，是集混合、反应、沉淀、过滤于一体的一元化设备，具备结构紧凑、体积小、操作管理简便和性能稳定等优点，是一种成功的净水设备。

（11）紫外线杀菌设备。紫外线是一种肉眼看不见的光波，存在于光谱紫射线端的外侧，因此称紫外线。紫外线系来自太阳辐射电磁波之一，通常按照波长将紫外线分为UVA、UVB、UVC和UVD四个波段。

紫外线杀菌设备杀菌原理是利用紫外线灯管辐照强度，即紫外线杀菌灯所发出的辐照强度，与被照消毒物的距离成反比。当辐照强度一定时，被照消毒物停留时间越久，离杀菌灯管越近，其杀菌效果越好，反之越差。

（12）热水器、开水炉。热水器是指通过各种物理原理，在一定时间内使冷水温度升高变成热水的一种装置。按照原理不同，热水器可以分为电热水器、太阳能热水器、燃气热水器、空气能热水器、速磁生活热水器五种。

开水炉是为了适应各类人群饮水需求而设计开发的开水炉。其容量根据不同群体的需求，可按照用户要求定做，产品适用于企业单位、酒店、车站、部队、机场、医院、工厂、学校等公共场合。

（13）消毒器、消毒锅。消毒器外观应符合以下要求：

1）设备表面应喷涂均匀，颜色一致，表面应无流痕、漏漆、起沟、剥落现象。

2）设备外表整齐美观，无明显的锤痕和不平，盘面仪表、开关、指示灯、标牌应当安装牢固端正。

3）设备外壳及骨架的焊接应牢固，无明显变形或烧穿缺陷。

消毒锅属净化、消毒设备。

（14）直饮水设备。直饮水是指通过设备对源水进行深度净化，达到人体能够直接饮用的水。直饮水主要是指通过反渗透系统过滤后的水。

1）方便。使用直饮水机饮水，无需人工看护，饮水方便，具有清洁卫生、操作容易、饮水时尚等优点。

2）实用。具有噪声低、安全可靠、耐用省电、经济实惠、价廉物美的特点。

3）美观。

（15）水箱。室内给水系统中，在需要增压、稳压、减压或需要储存一定的水量时，均可以设置水箱。水箱通常配有 HYFI 远传液位电动阀、HYJK 型水位监控系统和 HYQX – II 水箱自动清洗系统以及 HYZZ – 2 – A 型水箱自洁消毒器。水箱的溢流管与水箱的排水管阀后连接并设防虫网，水箱应当有高低不同的两个通气管（设防虫网），水箱设内外爬梯。水箱通常有进水管、出水管（生活出水管、消防出水管）、溢流管、排水管。

1）水箱按照材质分为 SMC 玻璃钢水箱、蓝博不锈钢水箱、不锈钢内胆玻璃钢水箱、海水玻璃钢水箱、搪瓷水箱五种。

2）水箱按照外形可以分为圆形、方形和球形等。

3）水箱按照制作材料可以分为混凝土类、非金属类和金属类等。

4）水箱按照其拼接方式可以分为拼接式、焊接式等。

5）水箱按照功能不同分为生活水箱、消防水箱、生产水箱、人防水箱、家用水塔五种。

2. 工程量清单计算规则

采暖、给水排水设备工程量清单项目设置、项目特征描述的内容、计量单位及工程量计算规则应按表 7 – 52 的规定执行。

表 7 – 52　采暖、给水排水设备（编码：031006）

项目编码	项目名称	项目特征	计量单位	工程量计算规则	工作内容
031006001	变频给水设备	1. 设备名称； 2. 型号、规格； 3. 水泵主要技术参数； 4. 附件名称、规格、数量； 5. 减震装置形式	套	按设计图示数量计算	1. 设备安装； 2. 附件安装； 3. 调试； 4. 减震装置制作、安装
031006002	稳压给水设备				
031006003	无负压给水设备				
031006004	气压罐	1. 型号、规格； 2. 安装方式	台		1. 安装； 2. 调试
031006005	太阳能集热装置	1. 型号、规格； 2. 安装方式； 3. 附件名称、规格、数量	套		1. 安装； 2. 附件安装
031006006	地源（水源、气源）热泵机组	1. 型号、规格； 2. 安装方式； 3. 减震装置形式	组		1. 安装； 2. 减振装置制作、安装
031006007	除砂器	1. 型号、规格； 2. 安装方式	台		安装
031006008	水处理器	1. 类型； 2. 型号、规格			
031006009	超声波灭藻设备				
031006010	水质净化器				
031006011	紫外线杀菌设备	1. 名称； 2. 规格			
031006012	热水器、开水炉	1. 能源种类； 2. 型号、容积； 3. 安装方式			1. 安装； 2. 附件安装
031006013	消毒器、消毒锅	1. 类型； 2. 型号、规格			安装
031006014	直饮水设备	1. 名称； 2. 规格	套		
031006015	水箱	1. 材质、类型； 2. 型号、规格	台		1. 制作； 2. 安装

注：1. 变频给水设备、稳压给水设备、无负压给水设备安装说明：
(1) 压力容器包括气压罐、稳压罐、无负压罐。
(2) 水泵包括主泵及备用泵，应注明数量。
(3) 附件包括给水装置中配备的阀门、仪表、软接头，应注明数量，含设备、附件之间管路连接。
(4) 泵组底座安装，不包括基础砌（浇）筑，应按现行国家标准《房屋建筑与装饰工程工程量计算规范》GB 50854—2013 相关项目编码列项。
(5) 控制柜安装及电气接线、调试应按 7.1 电气设备安装工程相关项目编码列项。
2. 地源热泵机组，接管以及接管上的阀门、软接头、减震装置和基础另行计算，应按相关项目编码列项。

7.2.7　燃气器具及其他

1. 工程量清单项目说明

（1）燃气开水炉。燃气开水炉，又称燃气饮水锅炉、燃气茶水锅炉、燃气茶炉等，是生活锅炉的一种，属于常压民用锅炉的范畴。

燃气开水炉的主要部件包括燃气燃烧器、锅炉控制器、电磁阀及配电箱等。燃气开水锅炉按适用的燃气种类分为液化气开水锅炉、城市煤气开水锅炉、天然气开水锅炉、沼气开水锅炉和焦炉煤气开水锅炉等；按照结构形式分为常压燃气开水锅炉和承压燃气开水锅炉，我们平常所说的燃气开水锅炉指的是常压燃气开水锅炉。

（2）燃气采暖炉。燃气采暖炉是指通过消耗燃气使其转化为热能而用来采暖的一种设备。它通过燃气管、水管、排气管等连接向用户供暖，用户可以随时根据自己的需要选择供暖时间、温度。

（3）燃气沸水器、消毒器。沸水器是一种利用煤气、液化气为热源，能够连续不断提供热水或沸水的设备。它由壳体和壳体内的预热器、贮水管、燃烧器、点火器等构成。冷水经预热器预热进入螺旋形的贮水管得到燃烧器直接而又充分的燃烧，水温逐步上升到沸点。其具有加热速度快、热效率高、节能、可调温等特点，广泛应用于家庭、茶馆、饮食店等行业。

（4）燃气热水器。燃气热水器，又称燃气热水炉，它是指以燃气作为燃料，通过燃烧加热方式将热量传递到流经热交换器的冷水中以达到制备热水的目的的一种燃气用具。其主要是由阀体总成、主燃烧器、热交换器、小火燃烧器、安全装置等组成。阀体总成控制着整个热水器的工作程序，它包括气阀、水阀、微动开关和点火器等。热水器在安装时，进水管、出水管、燃气管上都应该安装阀门。

（5）燃气表。燃气表靠燃气的压力对外做功，推动滚轮计数器计数。

（6）燃气灶具。燃气灶具包装和标识应当齐全，具有适当的热流量和良好的气密性。

（7）气嘴。在燃气管道中，气嘴是用于连接金属管与胶管，并与旋塞阀作用的附件。

1）气嘴与金属管连接，有内螺纹、外螺纹之分。

2）气嘴与胶管连接，有单嘴、双嘴之分。单双气嘴可控制气体输送的大小，为燃烧做好供应。气嘴型号包括 XW15 和 XN15 两种，而 XW15 型又可以分为单嘴外螺纹和双嘴外螺纹；XN15 型又可以分为单嘴内螺纹和双嘴内螺纹两种。单双气嘴广泛用于燃气管道中。

（8）调压器。调压器俗称减压阀，是通过自动改变经调节阀的燃气流量而使出口燃气保持规定压力的设备，其是液化石油气安全燃烧的一个重要部件，连通在钢瓶与炉具之间。调压器通常分为直接作用式和间接作用式两种。调压器既能将上游压力减低到一个稳定的下游压力，又要求当调压器发生故障时应能够限制下游压力在安全范围内。直接作用式调压器由测量元件（薄膜）、传动部件（阀杆）和调节机构（阀门）组成；间接作用式调压器由主调压器、指挥器和排气阀组成。

（9）燃气抽水缸。燃气抽水缸是为了排除燃气管道中的冷凝水和天然气管道中的轻质油而设置的燃气管道附属设备。以制造集水器的材料来区分铸铁抽水缸或碳钢抽水缸。

（10）燃气管道调长器。燃气管道调长器是利用其工作主体有效伸缩变形，以吸收管线、导管、容器等由热胀冷缩等原因而产生的尺寸变化，或补偿管线、导管、容器等的轴向、横向和角向位移，也可用于降噪减振。

（11）调压箱、调压装置。调压箱（柜）是指将调压装置放置于专用箱体，设于建筑物的附近，承担用气压力的调节。包括调压装置和箱体。悬挂式和地下式箱称为调压箱，落地式箱称为调压柜。

（12）引入口砌筑。引入口有无地下室地下引入口、有地下室地下引入口、地上引入口等方式，砌筑做法可以参见暖通国家标准图集。

2．工程量清单计算规则

燃气器具及其他工程量清单项目设置、项目特征描述的内容、计量单位及工程量计算规则应按表 7－53 的规定执行。

表 7－53　燃气器具及其他（编码：031007）

项目编码	项目名称	项目特征	计量单位	工程量计算规则	工作内容
031007001	燃气开水炉	1. 型号、容量； 2. 安装方式； 3. 附件型号、规格	台	按设计图示数量计算	
031007002	燃气采暖炉				
031007003	燃气沸水器、消毒器	1. 类型； 2. 型号、容量； 3. 安装方式； 4. 附件型号、规格			1. 安装； 2. 附件安装
031007004	燃气热水器				
031007005	燃气表	1. 类型； 2. 型号、规格； 3. 连接方式； 4. 托架设计要求	块（台）		1. 安装； 2. 托架制作、安装
031007006	燃气灶具	1. 用途； 2. 类型； 3. 型号、规格； 4. 安装方式； 5. 附件型号、规格	台		1. 安装； 2. 附件安装

326

续表 7-53

项目编码	项目名称	项目特征	计量单位	工程量计算规则	工作内容
031007007	气嘴	1. 单嘴、双嘴； 2. 材质； 3. 型号、规格； 4. 连接形式	个	按设计图示数量计算	安装
031007008	调压器	1. 类型； 2. 型号、规格； 3. 安装方式	台		
031007009	燃气抽水缸	1. 材质； 2. 规格； 3. 连接形式	个		
031007010	燃气管道调长器	1. 规格； 2. 压力等级； 3. 连接形式			
031007011	调压箱、调压装置	1. 类型； 2. 型号、规格； 3. 安装部位	台		
031007012	引入口砌筑	1. 砌筑形式、材质； 2. 保温、保护材料设计要求	处		1. 保温（保护）台砌筑； 2. 填充保温（保护）材料

注：1. 沸水器、消毒器适用于容积式沸水器、自动沸水器、燃气消毒器等。

　　2. 燃气灶具适用于人工煤气灶具、液化石油气灶具、天然气燃气灶具等，用途应描述民用或公用，类型应描述所采用气源。

　　3. 调压箱、调压装置安装部位应区分室内、室外。

　　4. 引入口砌筑形式，应注明地上、地下。

7.2.8　采暖、空调水工程系统调试

1. 工程量清单项目说明

（1）采暖工程系统调试。在采暖工程安装全部施工完毕之后，待系统投入正式运行前的试运行期间，工程人员要对安装好的系统进行调试。

（2）空调水工程系统调试。空调工程水系统应当冲洗干净、不含杂物，并排除管道系统中的空气。

系统连续运行应当达到正常、平稳。

水泵的压力和水泵电动机的电流不应出现大幅波动。

系统平衡调整后，各空调机组的水流量应当符合设计要求，允许偏差为 20%。

2．工程量清单计算规则

采暖、空调水工程系统调试工程量清单项目设置、项目特征描述的内容、计量单位及工程量计算规则应按表 7-54 的规定执行。

表 7-54　采暖、空调水工程系统调试（编码：031009）

项目编码	项目名称	项目特征	计量单位	工程量计算规则	工程内容
031009001	采暖工程系统调试	1．系统形式； 2．采暖（空调水）管道工程量	系统	按采暖工程系统计算	系统调试
031009002	空调水工程系统调试			按空调水工程系统计算	

注：1．由采暖管道、管件、阀门、法兰、供暖器具组成采暖工程系统。

2．由空调水管道、管件、阀门、法兰、冷水机组成空调水工程系统。

3．当采暖工程系统、空调水工程系统中管道工程量发生变化时，系统调试费用应作相应调整。

8 工程施工图预算的编制与审查

8.1 施工图预算的概念与作用

施工图预算是在设计的施工图完成以后，以施工图为依据，根据预算定额、费用标准以及工程所在地区的人工、材料、施工机械设备台班的预算价格编制的，是确定建筑工程、安装工程预算造价的文件。

8.1.1 施工图预算的内容

施工图预算有单位工程预算、单项工程预算和建设项目总预算。

单位工程预算是根据施工图设计文件、现行预算定额、单位估价表、费用定额以及人工、材料、设备、机械台班等预算价格资料，以一定方法，编制单位工程的施工图预算；然后汇总所有各单位工程施工图预算，成为单项工程施工图预算；再汇总所有单项工程施工图预算，形成最终的建设项目建筑安装工程的总预算。

单位工程预算包括建筑工程预算和设备安装工程预算。建筑工程预算按其工程性质可分为一般土建工程预算、给水排水工程预算、采暖通风工程预算、煤气工程预算、电气照明工程预算、弱电工程预算、特殊构筑物如炉窑等工程预算和工业管道工程预算等。设备安装工程预算可分为机械设备安装工程预算、电气设备安装工程预算和热力设备安装工程预算等。

8.1.2 施工图预算的作用

施工图预算作为建设工程建设程序中一个重要的技术经济文件，在工程建设实施过程中具有非常重要的作用，可以归纳为以下几个方面：

1. 施工图预算对投资方的作用

（1）施工图预算是控制造价及资金合理使用的依据。施工图预算确定的预算造价是工程的计划成本，投资方按施工图预算造价筹集建设资金，并控制资金的合理使用。

（2）施工图预算是确定工程招标控制价的依据。在设置招标控制价的情况下，建筑安装工程的招标控制价可按照施工图预算来确定。招标控制价通常是在施工图预算的基础上考虑工程的特殊施工措施、工程质量要求、目标工期、招标工程范围以及自然条件等因素进行编制的。

（3）施工图预算是拨付工程款及办理工程结算的依据。

2. 施工图预算对施工企业的作用

（1）施工图预算是建筑施工企业投标时"报价"的参考依据。在激烈的建筑市场竞争中，建筑施工企业需要根据施工图预算造价，结合企业的投标策略，确定投标报价。

（2）施工图预算是建筑工程预算包干的依据和签订施工合同的主要内容。在采用总价合同的情况下，施工单位通过与建设单位的协商，可在施工图预算的基础上，考虑设计或施工变更后可能发生的费用与其他风险因素，增加一定系数作为工程造价一次性包干。同样，施工单位与建设单位签订施工合同时，其中的工程价款的相关条款也必须以施工图预算为依据。

（3）施工图预算是施工企业安排调配施工力量、组织材料供应的依据。施工单位各职能部门可根据施工图预算编制劳动力供应计划和材料供应计划，并由此做好施工前的准备工作。

（4）施工图预算是施工企业控制工程成本的依据。根据施工图预算确定的中标价格是施工企业收取工程款的依据。企业只有合理利用各项资源，采取先进的技术和管理方法，将成本控制在施工图预算价格以内，企业才会获得良好的经济效益。

（5）施工图预算是进行"两算"对比的依据。施工企业可以通过施工图预算和施工预算的对比分析，找出差距，采取必要的措施。

3. 施工图预算对其他方面的作用

（1）对于工程咨询单位来说，可以客观、准确地为委托方作出施工图预算，以强化投资方对工程造价的控制，有助于节省投资，提高建设项目的投资效益。

（2）对于工程造价管理部门来说，施工图预算是其监督检查执行定额标准、合理确定工程造价、测算造价指数及审定工程招标控制价的重要依据。

8.2 施工图预算的编制依据

施工图预算的编制依据主要有：

（1）国家、行业和地方政府有关工程建设和造价管理的法律、法规和规定。

（2）工程地质勘察资料。

（3）经过批准和会审的施工图设计文件和有关标准图集。

（4）企业定额、现行建筑工程和安装工程预算定额和费用定额、单位估价表、有关费用规定等文件。

（5）材料与构配件市场价格、价格指数。

（6）施工组织设计或施工方案。

（7）建设场地中的自然条件和施工条件。

（8）经批准的拟建项目的概算文件。

（9）现行的有关设备原价及运杂费率。

（10）工程承包合同、招标文件。

8.3 施工图预算审查的作用与内容

审查施工图预算的重点应当放在工程量计算、预算单价套用、设备材料预算价格取定是否正确，各项费用标准是否符合现行规定等方面。

1. 审查工程量

（1）土方工程需审查的工程量包括：

1）平整场地、挖地坑、挖地槽、挖土方工程量的计算是否符合现行的定额计算规定及施工图纸标注尺寸，土壤类别是否与勘察资料相同，地坑与地槽放坡、带挡土板是否符合设计要求，有无重算和漏算。

2）回填土工程量应该注意地槽、地坑回填土的体积是否扣除了基础所占体积，地面和室内填土的厚度是否符合设计要求。

3）运土方的审查除了注意运土距离外，还应注意运土数量是否扣除了就地回填的土方。

（2）打桩工程需审查的工程量包括：

1）注意审查各种不同桩料，必须分别计算，施工方法必须符合设计要求。

2）桩料长度必须符合设计要求，当桩料长度如果超过一般桩料长度需要接桩时，注意审查接头数是否正确。

（3）砖石工程需审查的工程量包括：

1）基础和墙身的划分是否符合规定。

2）不同厚度的内、外墙是否分别计算，应扣除的门窗洞口及埋入墙体的各种钢筋混凝土梁、柱等是否已扣除。

3）不同砂浆强度等级的墙和按定额规定立方米或平方米计算的墙，有无混淆、错算或漏算。

（4）混凝土及钢筋混凝土工程需审查的工程量包括：

1）现浇柱与梁，主梁与次梁及各种构件计算是否符合规定，有无重算或漏算。

2）现浇与预制构件是否分别计算，有无混淆。

3）有筋与无筋构件是否按设计规定分别计算，有无混淆情况。

4）当钢筋混凝土的含钢量与预算定额的含钢量发生差异时，是否按规定予以增减调整。

（5）木结构工程需审查的工程量包括：

1）门窗是否分类，按门、窗洞口面积计算。

2）木装修的工程量是否按规定分别以延长米或平方米计算。

（6）楼地面工程需审查的工程量包括：

1）楼梯抹面是否按踏步和休息平台部分的水平投影面积计算。

2）当细石混凝土地面找平层的设计厚度与定额厚度不同时，是否按其厚度进行换算。

（7）屋面工程需审查的工程量包括：

1）屋面保温层的工程量是否按屋面层的建筑面积乘以保温层平均厚度计算，不做保温层的挑檐部分是否按规定不作计算。

2）卷材屋面工程是否与屋面找平层工程量相等。

（8）构筑物工程需审查的工程量包括：当烟囱和水塔定额是以"座"编制时，地下部分已包括在定额内，按规定不能再另行计算，应审查是否符合要求，有无重算。

（9）装饰工程需审查的工程量包括：内墙抹灰的工程量是否按墙面的净高和净宽计算，有无重算或漏算。

（10）金属构件制作工程需审查的工程量包括：金属构件制作工程量多数以"吨"为

单位。在计算时，型钢按图示尺寸求出长度，再乘以每米的质量；钢板要求算出面积，再乘以每平方米的质量。审查是否符合规定。

（11）水暖工程需审查的工程量包括：

1）室内外排水管道、暖气管道的划分是否符合规定。

2）室内给水管道不应扣除阀门、接头零件所占的长度，但应扣除卫生设备本身所附带的管道长度，审查是否符合要求，有无重算。

3）室内排水工程采用承插铸铁管，不应扣除异形管及检查口所占长度，应审查是否符合要求，有无漏算。

4）室外排水管道是否已经扣除了检查井与连接井所占的长度。

5）各种管道的长度、管径是否按设计规定计算。

6）暖气片的数量是否与设计一致。

（12）电气照明工程需审查的工程量包括：

1）灯具的型号、种类、数量是否与设计图一致。

2）线路的敷设方法、线材品种等是否达到设计标准，工程量计算是否正确。

（13）设备及其安装工程需审查的工程量包括：

1）设备的规格、种类、数量是否与设计相符，工程量计算是否正确。

2）需要安装的设备和不需要安装的设备是否分清，有无把不需安装的设备作为安装的设备计算在安装工程费用内。

2．审查设备、材料的预算价格

设备、材料预算价格是施工图预算造价所占比重最大、变化最大的内容，应当重点审查。

（1）审查设备、材料的预算价格是否符合工程所在地的真实价格及价格水平。如果是采用市场价，要核实其真实性、可靠性；如果是采用有关部门公布的信息价，要注意信息价的时间、地点是否符合要求，是否要按规定调整。

（2）设备的运杂费率及其运杂费的计算是否正确，材料预算价格的各项费用的计算是否符合规定、有无差错。

（3）设备、材料的原价确定方法是否正确。非标准设备的原价的计价依据、方法是否正确、合理。

3．审查预算单价的套用

审查预算单价套用是否正确是审查预算工作的主要内容之一。审查时应注意以下几个方面：

（1）预算中所列各分项工程预算单价是否与现行预算定额的预算单价相符，其名称、规格、计量单位及所包括的工程内容是否与单位估价表相同。

（2）审查补充定额及单位估价表的编制是否符合编制原则，单位估价表计算是否正确。

（3）审查换算的单价，首先要审查换算的分项工程是否是定额中允许换算的，其次审查换算是否正确。

4．审查有关费用项目及其计取

有关费用项目计取的审查，要注意以下几个方面：

（1）措施费的计算是否符合有关的规定标准，间接费和利润的计取基础是否符合现行规定，有无不得作为计费基础的费用列入计费的基础。

（2）预算外调增的材料差价是否计取了间接费。直接工程费或人工费增减后，有关费用是否相应也做了调整。

（3）有无乱计费、乱摊费用现象。

8.4　施工图预算的审查方法

1．全面审查法

全面审查法（即逐项审查法），是按预算定额顺序或施工的先后顺序，逐一进行全部审查的方法。其具体计算方法和审查过程与编制施工图预算基本一致。

（1）全面审查法的优点是全面、细致，经审查的工程预算差错比较少，质量比较高。

（2）缺点是工作量比较大。所以在一些工程量比较小、工艺比较简单的工程，编制工程预算的技术力量又比较薄弱的，采用全面审查法的相对较多。

2．标准预算审查法

对于利用标准图纸或通用图纸施工的工程，应当先集中力量编制标准预算，以此为标准审查预算的方法。按标准图纸设计或通用图纸施工的且上部结构和做法相同的工程，可集中力量细审一份预算或编制一份预算，作为这种标准图纸的标准预算，或者用这种标准图纸的工程量为标准，对照审查，而对局部不同部分作单独审查即可。标准预算审查法的优点是时间短、效果好、好定案；缺点是只适用于按标准图纸设计的工程，适用范围小。

3．分组计算审查法

分组计算审查法是一种加快审查工程量速度的方法，将预算中的项目划分为若干个组，并将相邻且有一定内在联系的项目编为一组，审查或计算同一组中某个分项工程量，利用工程量间具有相同或相似计算基础的关系，判断同组中其他几个分项工程量计算的准确程度的方法。

4．对比审查法

对比审查法是用已建成工程的预算或虽未建成但已审查修正的工程预算对比审查拟建的类似工程预算的一种方法。对比审查法，通常存在下述几种情况，应根据工程的不同条件区别对待：

（1）两个工程采用同一个施工图，但基础部分和现场条件不同。其新建工程基础以上部分可采用对比审查法；不同部分可分别采用相应的审查方法进行审查。

（2）两个工程的面积相同，但设计图纸不完全相同时，可把相同的部分，进行工程量的对比审查，不能对比的分部分项工程按图纸计算。

（3）两个工程设计相同，但建筑面积不同。依据两个工程建筑面积之比与两个工程分部分项工程量之比例基本一致的特点，可审查新建工程各分部分项工程的工程量。或者用两个工程每平方米建筑面积造价以及每平方米建筑面积的各分部分项工程量，进行对比审查，当基本一致时，说明新建工程预算是正确的，反之，说明新建工程预算有问题，找出差错原因，加以更正。

5. 筛选审查法

筛选法是统筹法的一种，也是一种对比方法。建筑工程虽然有建筑面积及高度的不同，但是它们的各个分部分项工程的造价、工程量、用工量在每个单位面积上的数值变化不大，把这些数据加以汇集、优选，归纳为工程量、造价（价值）、用工三个单方基本值表，并注明其适用的建筑标准。这些基本值就像"筛子孔"，用来筛选各分部分项工程。当所审查的预算的建筑面积标准与"基本值"所适用标准不同时，就要对其进行调整。

筛选法的优点是简单易懂，便于掌握，审查速度和发现问题快。但要解决差错、分析其原因时需继续审查。因此，此法适用于住宅工程或不具备全面审查条件的工程。

6. 重点抽查法

是抓住工程预算中的重点进行审查的方法。审查的重点一般是：造价较高或工程量大、工程结构复杂的工程，补充单位估价表，计取的各项费用（计费基础、取费标准等）。

重点抽查法的优点是重点突出、审查时间短、效果好。

7. 利用手册审查法

利用手册审查法是将工程中常用的构件、配件，事先整理成预算手册，按手册对照审查的方法。例如，可以将工程常用的预制构件配件按标准图集计算出工程量，套上单价，编制成预算手册使用，可大大简化预结算的编审工作。

8. 分解对比审查法

一个单位工程，按直接费与间接费进行分解，然后再把直接费按工种和分部工程进行分解，分别与审定的标准预算进行对比分析的方法，叫分解对比审查法。

分解对比审查法一般有三个步骤：第一步，全面审查某种建筑的定型标准施工图或重复使用的施工图的工程预算。经审定后作为审查其他类似工程预算的对比基础。而且将审定预算按直接费与应取费用分解成两部分，再把直接费分解为各工种工程和分部工程预算，分别计算出每平方米预算价格。第二步，把拟审的工程预算与同类型预算单方造价进行对比，若出入为1%~3%（根据本地区要求），再按分部分项工程进行分解，边分解边对比，对出入较大者，进一步审查。第三步，对比审查。其方法是：

（1）经过分解对比，若发现土建工程预算价格出入较大，首先审查其土方和基础工程，因为±0.00以下的工程一般相差较大。再对比其余各个分部工程，发现某一分部工程预算价格相差较大时，再进一步对比各分项工程或工程细目。在对比时，先检查所列工程细目是否正确，预算价格是否相同。发现相差较大者，再进一步审查所套预算单价，最后审查该项工程细目的工程量。

（2）经分析对比，若发现应取费用相差较大，应考虑建设项目的投资来源和工程类别及其取费项目和取费标准是否符合现行规定；材料调价相差较大，则应进一步审查《材料调价统计表》，将各种调价材料的用量、单位差价及其调增数量等进行对比。

8.5　施工图预算审查步骤

（1）做好审查前的准备工作：

1）熟悉施工图纸。施工图纸是编制预算分项工程数量的重要依据，必须全面熟悉了解。核对所有的图纸，清点无误后，依次识读；参加技术交底，解决图纸中的疑难问题，直至完全掌握图纸。

2）了解预算包括的范围。根据预算编制说明，了解预算包括的工程内容。例如，配套设施，室外管线，道路以及会审图纸后的设计变更等。

3）弄清编制预算采用的单位工程估价表。任何单位预算定额或估价表都有一定的适用范围。根据工程性质，搜集熟悉相应的单价、定额资料。特别是市场材料单价和取费标准等。

（2）选择合适的审查方法，按照相应内容审查。由于工程规模、繁简程度的不同，施工企业情况也有所不同，所编工程预算繁简和质量也不同，因此需针对情况选择相应的审查方法进行审核。

（3）综合整理审查资料，编制调整预算。经过审查，如果发现有差错，需要进行增加或核减的，经与编制单位逐项核实，统一意见后，修正原施工图预算，汇总核减量。

9 ┃ 工程竣工结算与竣工决算

9.1 工程竣工验收

9.1.1 工程竣工验收的概念与内容

1. 工程竣工验收的概念

工程竣工验收是指由建设单位、施工单位与项目验收委员会，以项目批准的设计任务书和设计文件，以及国家或部门颁发的施工验收规范和质量检验标准为依据，按照一定的程序和手续，在项目建成并且试生产合格后（工业生产性项目），对工程项目的总体进行检验和认证、综合评价和鉴定的活动。工程竣工验收是建设工程的最后阶段。一个单位工程或一个建设项目在全部竣工后进行检查验收及交工，是建设、施工、生产准备工作进行检查评定的重要环节，也是对建设成果和投资效果的总检验。

2. 工程竣工验收的内容

工程项目竣工验收的内容根据工程项目的不同而不同，一般包括工程资料验收与工程内容验收。工程资料验收包括工程技术资料、工程综合资料与工程财务资料。

（1）工程技术资料验收内容：

1）工程地质、水文、气象、地形、地貌、建筑物、构筑物以及重要设备安装位置勘察报告、记录。

2）初步设计、技术设计或扩大初步设计、关键的技术试验、总体规划设计。

3）建筑工程施工记录、单位工程质量检验记录、管线强度、密封性试验报告、设备及管线安装施工记录以及质量检查、仪表安装施工记录。

4）土质试验报告和基础处理。

5）设备试车、验收运转和维修记录。

6）设备的图纸和说明书。

7）产品的技术参数、性能、图纸、工艺说明、工艺规程、技术总结、产品检验、包装及工艺图。

8）涉外合同、谈判协议和意向书。

9）各单项工程以及全部管网竣工图等的资料。

（2）工程综合资料验收内容：项目建议书及批件、可行性研究报告及批件、项目评估报告、环境影响评估报告书和设计任务书。土地征用申报及批准的文件、承包合同、招标投标文件、施工执照、项目竣工验收报告和验收鉴定书。

（3）工程财务资料验收内容：

1）历年建设资金供应（拨、贷）情况和应用情况。

2）历年年度投资计划和财务收支计划。

3）历年批准的年度财务决算。

4）建设成本资料。

5）设计概算和预算资料。

6）支付使用的财务资料。

7）施工决算资料。

（4）工程内容验收。工程内容验收包括建筑工程验收和安装工程验收。对于设备安装工程（指民用建筑物中的给水排水管道、煤气、暖气、通风和电气照明等安装工程），主要验收内容包括检查设备的型号、规格、数量和质量是否符合设计要求，检查安装时的材料、材种、材质，检查试压、闭水试验和照明工程等。

9.1.2　工程竣工验收的条件与依据

1. 竣工验收的条件

（1）完成建设工程设计和合同约定的各项内容。

（2）有完整的技术档案和施工管理资料。

（3）有勘察、设计、施工和工程监理等单位分别签署的质量合格文件。

（4）有工程使用的主要建筑材料、建筑构配件和设备的进场试验报告。

（5）有施工单位签署的工程保修书。

2. 竣工验收的标准

根据国家的有关规定，工程项目竣工验收、交付生产使用必须满足以下要求：

（1）生产性项目和辅助性公用设施，已按设计要求完成，并且能满足生产使用。

（2）主要工艺设备配套经联动负荷试车合格，形成生产能力，能够生产出设计文件所规定的产品。

（3）必要的生产设施，已按设计要求建成。

（4）环境保护设施、劳动安全卫生设施、消防设施已按设计要求与主体工程同时建成使用。

（5）生产准备工作能适应投产的需要。

（6）生产性投资项目，例如工业项目的土建工程、安装工程、人防工程、管道工程和通信工程等的施工和竣工验收，必须按照国家和行业施工及验收规范执行。

3. 竣工验收的范围

（1）国家颁布的建设法规规定，凡新建、扩建、改建的基本工程项目和技术改造项目，已按国家批准的设计文件所规定的内容建成，符合验收标准，即工业投资项目经负荷试车考核，试生产期间能够正常地生产出合格产品，形成生产能力的；非工业投资项目符合设计要求，能够正常使用的，无论属于哪种建设性质，均应及时组织验收，办理固定资产移交手续。有的工期较长、建设设备装置较多的大型工程，为及时发挥其经济效益，对其能够独立生产的单项工程，也可根据建成时间的先后顺序，分期、分批地组织竣工验收；对能生产中间产品的一些单项工程，不能提前投料试车，可以按照生产要求与生产最终产品的工程同步建成竣工后，再进行全部验收。另外，对于一些特殊情况，工程施工虽未全部按设计要求完成，也应进行验收。这些特殊情况主要是由于少数非主要设备或某些特殊材料短期内不能解决，虽然工程内容尚未全部完成，但是已可以投产或使用的工程项目。

（2）有些工程项目或单项工程，已形成部分生产能力，但是近期内不能按照原设计规模续建，应该从实际情况出发，经主管部门批准后，可以缩小规模对已完成的工程和设备组织竣工验收，移交固定资产。

（3）规定要求的内容已完成，但是由于外部条件的制约，例如流动资金不足、生产所需原材料不能满足等，而使已建工程不能投入使用的项目。

4．竣工验收的依据

竣工验收的依据主要有：

（1）国家颁布的各种标准和现行的施工验收规范。

（2）上级主管部门对该项目批准的各种文件。

（3）施工图设计文件以及设计变更洽商记录。

（4）可行性研究报告。

（5）工程承包合同文件。

（6）技术设备说明书。

（7）建筑安装工程统一规定以及主管部门关于工程竣工的规定。

（8）利用世界银行等国际金融机构贷款的工程项目，应按照世界银行规定，按时编制《项目完成报告》。

（9）从国外引进的新技术和成套设备的项目，以及中外合资工程项目，要按照签订的合同和进口国提供的设计文件等进行验收。

9.1.3 工程竣工验收的形式与程序

1．工程项目竣工验收的形式

根据工程的性质和规模，工程项目竣工验收可以分为以下三种形式：

（1）委托验收形式，对一般工程项目，委托某个有资格的机构为建设单位验收。

（2）事后报告验收形式，对一些小型项目或单纯的设备安装项目适用。

（3）成立竣工验收委员会验收。

2．工程项目竣工验收的程序

工程项目全部建成，经过各单项工程的验收符合设计的要求，并且具备竣工图表、竣工决算和工程总结等必要文件资料，由工程项目主管部门或建设单位向负责验收的单位提出竣工验收申请报告，按程序验收。竣工验收的一般程序如下：

（1）承包商申请竣工验收。承包商在完成了合同工程或按照合同约定可分步移交工程的，可申请竣工验收。竣工验收一般为单项工程，但是在某些特殊情况下也可以是单位工程的施工内容，例如特殊基础处理工程、发电站单机机组完成后的移交等。承包商施工的工程达到竣工条件以后，应先进行预检验，对于不符合要求的部位和项目，确定修补措施和标准，修补有缺陷的工程部位；对于设备安装工程，应当与甲方和监理工程师共同进行无负荷的单机和联动试车。承包商在完成上述工作和准备好竣工资料后，即可向甲方提交竣工验收申请报告。一般由基层施工单位先进行自验、项目经理自验、公司级预验三个层次进行竣工验收预验收，也称竣工预验，为正式验收做好准备。

（2）监理工程师现场初验。施工单位通过竣工预验收，对发现的问题进行处理后，决定正式提请验收，应该向监理工程师提交验收申请报告，监理工程师审查验收申请报告，如果认为可以验收，则由监理工程师组成验收组，对竣工的工程项目进行初验。在初验中发现的质量问题，要及时地书面通知施工单位，令其修理甚至返工。

3．正式验收

正式验收是指由业主或监理工程师组织，由业主、设计单位、监理单位、施工单位和工程质量监督站等参加的验收。工作程序如下：

（1）参加工程项目竣工验收的各方对已竣工的工程进行目测检查、逐一地核对工程资料所列内容是否齐备和完整。

（2）举行各方参加的现场验收会议，由项目经理对工程的施工情况、自验情况和竣工情况进行介绍，并出示竣工资料，包括竣工图和各种原始资料及记录。首先由项目总监理工程师通报工程监理中的主要内容，发表竣工验收的监理意见。业主根据在竣工项目目测中发现的问题，按合同规定对施工单位提出限期处理的意见。然后暂时休会，由质检部门会同业主及监理工程师讨论正式验收是否合格。最后复会，由业主或总监理工程师宣布验收结果，质检站人员宣布工程质量等级。

（3）办理竣工验收签证书，三方签字盖章。

4．单项工程验收

单项工程验收，即验收合格后业主方可投入使用。由业主组织的单项工程验收，主要依据国家颁布的有关技术规范与施工承包合同，对以下几个方面进行检查或检验：

（1）检查、核实竣工项目，准备移交给业主的所有技术资料的完整性和准确性。

（2）按照设计文件和合同，检查已完工程是否有漏项。

（3）检查试车记录以及试车中所发现的问题是否得到改正。

（4）检查工程质量、隐蔽工程验收资料，关键部位的施工记录等，考察施工质量是否达到合同的要求。

（5）在单项工程验收中发现需要返工和修补的工程，明确规定完成期限。

（6）其他涉及的有关问题。

经过验收合格后，业主和承包商共同签署单项工程验收证书。然后由业主将有关技术资料、试车记录及报告和单项工程验收报告一并上报主管部门，经批准后该部分工程便可投入使用。验收合格的单项工程，在全部工程验收时，原则上不再办理验收手续。

5．全部工程的竣工验收

全部工程的竣工验收，又称动用验收。是全部施工完成后由国家主管部门组织的竣工验收称为全部工程的竣工验收。全部工程竣工验收分为验收准备、预验收和正式验收三个阶段。正式验收在自验的基础上，确认工程全部符合验收标准，具备了交付使用的条件后，即可开始正式竣工验收工作。

（1）发出《竣工验收通知书》。施工单位应于正式竣工验收之日前10天，向建设单位发送《竣工验收通知书》。

（2）组织验收工作。工程竣工验收工作由建设单位邀请设计单位及其有关方面参加，同施工单位一起进行检查验收。国家重点工程的大型工程项目，由国家相关部门邀请有关方面参加，组成工程验收委员会，进行验收。

（3）签发《竣工验收证明书》并且办理移交。在建设单位验收完毕并且确认工程符合竣工标准和合同条款规定要求以后，向施工单位签发《竣工验收证明书》。

（4）进行工程质量评定。建筑工程按设计要求和建筑安装工程施工的验收规范和质量标准进行质量评定验收。验收委员会或验收组，在确认工程符合竣工标准和合同条款规定后，签发竣工验收合格证书。

（5）整理各种技术文件材料，办理工程档案资料移交。工程项目在竣工验收前，各有关单位应将所有技术文件进行系统的整理，由建设单位分类立卷；在竣工验收时，交付生产单位统一保管，同时将与所在地区有关的文件交当地档案管理部门，以适应生产和维修的需要。

（6）办理固定资产移交手续。对工程检查验收完毕后，施工单位应向建设单位逐项办理工程移交和其他固定资产移交手续，加强固定资产的管理，并应签认交接验收证书，办理工程结算手续。工程结算由施工单位提出，送建设单位审查无误后，由双方共同办理结算签认手续。工程结算手续办理完毕，除施工单位承担保修工作（通常保修期为1年）以外，甲乙双方的经济关系和法律责任予以解除。

（7）办理工程决算。整个项目完工验收后，并且办理了工程结算手续，由建设单位编制工程决算，上报有关部门。

（8）签署竣工验收鉴定书。竣工验收鉴定书是表示工程项目已经竣工，并且已交付使用的重要文件，是全部固定资产交付使用和工程项目正式动用的依据，也是承包商对工程项目消除法律责任的证明文件。

竣工验收鉴定书通常包括：工程名称、地点、工程总说明、验收委员会成员、工程据以修建的设计文件、全部工程质量鉴定、竣工工程是否与设计相符合、总的预算造价和实际造价、结论，验收委员会对工程动用时的意见和要求等主要内容。

整个工程项目在进行竣工验收后，业主应及时地办理固定资产交付使用手续。在进行竣工验收时，已验收过的单项工程可以不再办理验收手续，但应将单项工程验收证书作为最终验收的附件加以说明。

9.2　工程竣工结算

9.2.1　工程竣工结算的概念与内容

1. 工程竣工结算的概念

竣工结算是指由施工企业按照合同规定的内容全部完成所承包的工程，经建设单位以及相关单位验收质量合格，并且符合合同要求之后，在交付生产或使用前，由施工单位根据合同价格和实际发生的费用增减变化（变更、签证或洽商等）情况进行编制，并且经发包方或委托方签字确认，正确地反映该项工程最终实际造价，并作为向发包单位进行最终结算工程款的经济文件。

2．工程竣工结算的内容

工程竣工结算的内容主要有：

（1）封面与编制说明。

1）工程结算封面。工程结算封面反映建设单位建设工程概要，表明编审单位资质与责任。

2）工程结算编制说明。对包干性质的工程结算，工程结算编制说明包括：编制依据，结算范围，甲、乙双方应着重说明包干范围以外的问题，协商处理的有关事项以及其他必须说明的问题。

（2）工程原施工图预算。工程原施工图预算不仅是工程竣工结算主要的编制依据，更是工程结算的重要组成部分，不可遗漏。

（3）工程结算表。结算编制方法中，最突出的特点就是无论你采用何种方法，原预算未包括的内容均可调整，因此，结算编制主要是指施工中变更内容进行预算调整。

（4）结算工料分析表及材料价差计算表。分析方法同预算编制方法，需对调整工程量进行工、料分析，并对工程项目材料进行汇总，按照现行市场价格计算工、料价差。

（5）工程竣工结算费用计算表。根据各项费用调整额，按照结算期计费文件的有关规定进行工程计费。

（6）工程竣工结算资料汇总。汇总全部结算资料，并且按照要求分类分施工期和施工阶段进行整理，以审计时待查。

9.2.2　工程竣工结算的编制

1．竣工结算的编制依据

竣工结算的编制依据主要有：

（1）工程竣工报告、图纸会审记录、工程竣工验收证明、设计变更通知单以及竣工图。

（2）本地区现行预算定额、费用定额、材料预算价格及各种收费标准和双方有关工程计价协定。

（3）经审批的施工图预算、购料凭证、材料代用价差和施工合同。

（4）各种技术资料（例如技术核定单、隐蔽工程记录和停复工报告等）及现场签证记录。

（5）不可抗力、不可预见费用的记录以及其他有关文件的规定。

2．竣工结算的编制方法

（1）合同价格包干法。在考虑工程造价动态变化的因素后，合同价格一次包死，项目的合同价即为竣工结算造价。结算工程造价的计算公式如下：

结算工程造价＝经发包方审定后确定的施工图预算造价×（1＋包干系数）　(9-1)

（2）合同价增减法。在签订合同时商定合同价格，但是没有包死，结算时以合同价为基础，按实际情况进行增减结算。

（3）预算签证法。按双方审定的施工图预算签订合同，所有在施工过程中经双方签字同意的凭证都作为结算的依据，结算时以预算价为基础按所签凭证内容进行调整。

（4）竣工图计算法。在结算时根据竣工图、竣工技术资料和预算定额，依据施工图预算编制方法，全部重新计算，最终得出结算工程造价。

（5）平方米造价包干法。双方根据一定的工程资料，事先协商好每平方米造价指标，结算时以平方米造价指标乘以建筑面积确定应付的工程价款，即：

$$结算工程造价 = 建筑面积 \times 每平方米造价指标 \tag{9-2}$$

（6）工程量清单计价法。以业主和承包方之间的工程量清单报价为依据，进行工程结算。办理工程价款竣工结算的一般计算公式为：

$$竣工结算工程价款 = 预算（或概算）或合同价款 + 施工过程中预算或合同价款调整数额$$
$$- 预付及已结算的工程价款 - 未扣的保修金 \tag{9-3}$$

3．竣工结算的编制程序

（1）承包方进行竣工结算的程序和方法。

1）收集和分析影响工程量差、价差和费用变化的原始凭证。

2）根据工程实际对施工图预算的主要内容进行检查和核对。

3）根据查对结果和各种结算依据，分别归类汇总，填写竣工工程结算单，编制单位工程结算。

4）根据收集的资料和预算对结算进行分类汇总，计算量差和价差，进行费用调整。

5）编写竣工结算说明书。

6）编制单项工程结算。目前国家并没有统一规定工程竣工结算书的格式，各地区可结合当地的情况和需要自行设计计算表格，以供结算使用。

单位工程结算费用计算程序见表9-1和表9-2，竣工工程结算单见表9-3。

表 9-1　土建工程结算费用计算程序表

序号	费用项目	计　算　公　式	金额
1	原概（预）算直接费	—	
2	历次增减变更直接费	—	
3	调价金额	［（1）＋（2）］×调价系数	
4	直接费	（1）＋（2）＋（3）	
5	间接费	（4）×相应工程类别费率	
6	利润	［（4）＋（5）］×相应工程类别利润率	
7	税金	［（4）＋（5）＋（6）＋（7）］×相应税率	
8	工程造价	（4）＋（5）＋（6）＋（7）	

表9-2　水、暖、电工程结算费用计算程序表

序号	费用项目	计 算 公 式	金额
1	原概（预）算直接费	—	
2	历次增减变更直接费	—	
3	其中：定额人工费	（1）、（2）两项所含	
4	其中：设备费	（1）、（2）两项所含	
5	措施费	（3）×费率	
6	调价金额	［（1）+（2）+（5）］×调价系数	
7	直接费	（1）+（2）+（5）+（6）	
8	间接费	（3）×相应工程类别费率	
9	利润	（3）×相应工程类别利润率	
10	税金	［（7）+（8）+（9）+（10）］×相应税率	
11	设备费价差（±）	（实际供应价-原设备费）×（1+税率）	
12	工程造价	（7）+（8）+（9）+（10）+（11）	

表9-3　竣工工程结算单

建设单位：　　　　　　　　　　　　　　　　　　　　　　　　　单位：元

1. 原预算造价				
2. 调整预算	增加部分	（1）补充预算		
		（2）		
		（3）		
		…		
		合计		
	减少部分	（1）		
		（2）		
		（3）		
		…		
		合计		
3. 竣工结算总造价				
4. 财务结算	已收工程款			
	报产值的甲供材料设备价值			
	实际结算工程款			
说明				
建设单位： 经办人： 　　　　　　年　月　日		施工单位： 经办人： 　　　　　　年　月　日		

（2）业主进行竣工结算的管理程序。

1）业主接到承包商提交的竣工结算书后，应以单位工程为基础，对承包合同内规定

的施工内容，包括工程项目、工程量、单价取费以及计算结果等进行检查核对。

2）核查合同工程的竣工结算，竣工结算应包括以下几方面内容：

①开工前准备工作的费用是否准确。

②钢筋混凝土工程中的钢筋含量是否按照规定进行了调整。

③土石方工程与基础处理有无漏算或多算。

④加工订货的项目、规格、数量和单价等与实际安装的规格、数量和单价是否相符。

⑤特殊工程中使用的特殊材料的单价有无变化。

⑥工程施工变更记录与合同价格的调整是否相符。

⑦实际施工过程中有无与施工图要求不符的项目。

⑧单项工程综合结算书与单位工程结算书是否相符。

3）对核查过程中发现的不符合合同规定的情况，例如多算、漏算或计算错误等，均应予以调整。

4）将批准的工程竣工结算书送交有关部门审查。

5）工程竣工结算书经过审查确认之后，办理工程价款的最终结算拨款手续。

9.2.3 工程竣工结算的审查

1．自审

竣工结算初稿编定后，施工单位内部先组织审查与校核。

2．建设单位审查

施工单位自审后编印成正式的结算书送交建设单位进行审查，建设单位也可委托有关部门批准的工程造价咨询单位进行审查。

3．造价管理部门审查

如果甲乙双方有争议而且协商无效时，可提请造价管理部门裁决。各方对竣工结算进行审查的具体内容包括：

（1）核对合同条款。

（2）检查隐蔽工程验收记录。

（3）落实设计变更签证。

（4）按图核实工程数量。

（5）严格按照合同约定计价。

（6）注意各项费用计取。

（7）防止各种计算误差。

9.3 工程竣工决算

9.3.1 工程竣工决算的概念与内容

1．工程竣工决算的概念

竣工决算是以实物数量和货币指标为计量单位，综合反映竣工项目从筹建开始到项目竣工交付使用为止的全部建设费用、投资效果和财务情况的总结性文件，是竣工验收报告的重要组成部分。

2．工程竣工决算的内容

（1）竣工财务决算说明书。竣工财务决算说明书主要反映竣工工程建设成果和经验，它是对竣工决算报表进行分析和补充说明的文件，是全面考核分析工程投资与造价的书面总结，其内容包括：

1）建设项目概况。一般从进度、质量、安全和造价方面进行分析说明。

2）资金来源及运用等财务分析。主要包括工程价款结算、会计账务的处理、财产物资情况以及债权债务的清偿情况。

3）基本建设收入、投资包干结余、竣工结余资金的上交分配情况。

4）各项经济技术指标的分析，概算执行情况的分析，根据实际投资完成额与概算进行对比分析；新增生产能力的效益分析，说明支付使用财产占总投资额的比例和占支付使用财产的比例，不增加固定资产的造价占投资总额的比例，分析有机构成与成果。

5）工程建设的经验及项目管理和财务管理工作以及竣工财务决算中有待解决的问题。

6）需要说明的其他事项。

（2）竣工财务决算报表。建设项目竣工财务决算报表根据大、中型建设项目和小型建设项目分别制订。大、中型建设项目竣工决算报表包括：

1）建设项目竣工财务决算审批表。建设项目竣工财务决算审批表作为竣工决算上报有关部门审批时使用，其格式是按照中央级小型项目审批要求设计的，地方级项目可按照审批要求作适当修整。

2）大、中型建设项目概况表。它综合反映大、中型项目的基本概况，其内容包括：该项目总投资、建设起止时间、新增生产能力、建设成本、主要材料消耗、完成主要工程量和主要技术经济指标，为全面考核和分析投资的效果提供依据。

3）大、中型建设项目竣工财务决算表。大、中型建设项目竣工财务决算表反映竣工的大、中型建设项目从开工到竣工为止全部资金来源和资金运用的情况，是考核和分析投资效果，落实结余资金，并作为报告上级核销基本建设支出和基本建设拨款的依据。在编制该表前，应先编制出项目竣工年度财务决算，根据编制出的竣工年度财务决算和历年财务决算编制项目的竣工财务决算。该表采用平衡表形式，即资金来源合计等于资金支出合计。

4）大、中型建设项目交付使用资产总表。作为财产交接、检查投资计划完成情况和分析投资效果的依据，反映建设项目建成后新增固定资产、流动资产、无形资产和其他资产价值的情况和价值。小型项目不编制交付使用资产总表，直接编制交付使用资产明细表，大、中型项目在编制交付使用资产总表的同时，还需要编制交付使用资产明细表。

5）建设项目交付使用资产明细表。反映交付使用的固定资产、流动资产、无形资产和其他资产及其价值的明细情况，是办理资产交接和接收单位登记资产账目的依据，也是使用单位建立资产明细账和登记新增资产价值的依据。大、中型和小型建设项目都需编制该表。

6）小型建设项目竣工财务决算总表。因小型建设项目内容比较简单，所以可将工程概况与财务情况合并编制一张竣工财务决算总表，该表主要反映小型建设项目的全部工程和财务情况。编制时可参照大、中型建设项目概况表指标和大、中型建设项目竣工财务决算表相应指标内容填写。

（3）建设工程竣工图。建设工程竣工图是指真实地记录各种地上、地下建筑物、构筑物等情况的技术文件，是工程进行交工验收、维护、改建和扩建的依据，也是国家的重要技术档案。

全国各建设、设计、施工单位和各主管部门都要认真地做好竣工图的编制工作。国家规定：各项新建、扩建和改建的基本建设工程，特别是基础、地下建筑、结构、管线、桥梁、井巷、隧道、港口、水坝以及设备安装等隐蔽部位，都要编制竣工图。为了确保竣工图质量，必须在施工过程中及时地做好隐蔽工程检查记录，整理好设计变更文件。编制竣工图的形式和深度，应该根据不同情况区别对待，其具体要求如下：

1）凡按图竣工没有变动的，由承包人（包括总包和分包承包人，下同）在原施工图上加盖"竣工图"标志后，作为竣工图。

2）凡在施工过程中，虽有一般性设计变更，但能将原施工图加以修改补充作为竣工图的，可不重新绘制，由承包人负责在原施工图（必须是新蓝图）上注明修改的部分，并且附以设计变更通知单和施工说明，加盖"竣工图"标志后，作为竣工图。

3）凡结构形式、施工工艺、平面布置和项目改变以及有其他重大改变，不宜再在原施工图上进行修改和补充时，应重新绘制改变后的竣工图。由施工原因造成的，由承包人负责重新绘图；由原设计原因造成的，由设计单位负责重新绘制；由其他原因造成的，由建设单位自行绘制或委托设计单位绘制。承包人负责在新图上加盖"竣工图"标志，并且附以有关记录和说明，作为竣工图。

4）为满足竣工验收和竣工决算需要，还应该绘制反映竣工工程全部内容的工程设计平面示意图。

5）当重大的改建和扩建工程项目涉及原有工程项目变更时，应将相关项目的竣工图资料统一整理归档，并且在原图案卷内增补必要的说明。

（4）工程造价对比分析。对控制工程造价所采取的措施、效果及其动态的变化需要进行认真地对比，总结经验教训。批准的概算是考核建设工程造价的依据。分析时，可先对比整个项目的总概算，然后将建筑安装工程费、设备工器具费和其他工程费用逐一地与竣工决算表中所提供的实际数据和相关资料及批准的预算指标、概算、实际的工程造价进行对比分析，以确定竣工项目总造价是节约或超支，并且在对比的基础上，总结先进经验，找出节约和超支的内容和原因，提出改进措施。在实际工作中，主要应分析以下内容：

1）主要实物工程量。对于实物工程量出入较大的情况，务必查明原因。

2）主要材料消耗量，考核主要材料消耗量，应按照竣工决算表中所列明的三大材料实际超概算的消耗量，查明是在工程的哪个环节超出量最大，进而查明超耗的原因。

3）考核建设单位管理费、措施费和间接费的取费标准。建设单位管理费、措施费和间接费的取费标准应按照国家和各地的有关规定，根据竣工决算报表中所列的建设单位管理费与概预算所列的建设单位管理费数额进行比较，根据规定查明多列或少列的费用项目，确定其节约超支的数额，并且查明原因。

9.3.2　工程竣工决算的编制

1. 竣工决算的编制依据

（1）经批准的施工图设计及其施工图预算书。

（2）经批准的可行性研究报告、投资估算书，初步设计或扩大初步设计，修正总概算及其批复文件。

（3）设计变更记录、施工记录或施工签证单及其他施工发生的费用记录。

（4）设计交底或图纸会审会议纪要。

（5）招标控制价，承包合同和工程结算等有关资料。

（6）历年基建计划、历年财务决算以及批复文件。

（7）设备、材料调价文件和调价记录。

（8）有关财务核算制度、办法和其他有关资料。

2. 竣工决算的编制要求

为严格地执行建设项目竣工验收制度，正确核定新增固定资产价值，考核分析投资效果，建立健全经济责任制，所有新建、扩建和改建等建设项目竣工后，都应及时、完整、正确地编制好竣工决算。建设单位要做好以下工作：

（1）按照规定组织竣工验收，保证竣工决算的及时性。竣工结算是对建设工程的全面考核。所有的建设项目（或单项工程）按照批准的设计文件所规定的内容建成后，具备投产和使用条件的，均应及时地组织验收。对竣工验收中发现的问题，应及时地查明原因，采取措施加以解决，以确保建设项目按时交付使用和及时编制竣工决算。

（2）积累和整理竣工项目资料，保证竣工决算的完整性。因此，在建设过程中，建设单位必须随时地收集项目建设的各种资料，并在竣工验收前，对各资料进行系统地整理，分类立卷，为编制竣工决算提供完整的数据资料，为投产后加强固定资产管理提供依据。工程竣工时，建设单位应该将各种基础资料与竣工决算一并移交给生产单位或使用单位。

（3）清理和核对各项账目，保证竣工决算的正确性。工程竣工后，建设单位要认真地核实各项交付使用资产的建设成本；做好各项账务、物资以及债权的清理结余工作，对各种结余的材料、设备和施工机械工具等，要逐项清点核实，妥善保管，按国家有关规定进行处理，不得任意侵占；对竣工后的结余资金，要按照规定上交财政部门或上级主管部门。在完成上述工作，核实各项数字的基础上，正确地编制从年初起到竣工月份止的竣工年度财务决算，以便根据历年的财务决算和竣工年度财务决算进行整理汇总，编制建设项目决算。按照规定竣工决算应在竣工项目办理验收交付手续后一个月内编好，并上报主管部门。有关财务成本部分，还应该送经办行审查签证。主管部门和财政部门对报送的竣工决算审批后，建设单位即可办理决算调整和结束有关工作。

3. 竣工决算的编制步骤

（1）收集、整理和分析有关依据资料。在编制竣工决算文件前，应系统地整理所有的技术资料、工料结算的经济文件、施工图纸和各种变更与签证资料，并分析它们的准确性。完整、齐全的资料，是准确而迅速地编制竣工决算的必要条件。

（2）清理各项财务、债务和结余物资。在收集、整理和分析有关资料中，应特别注意建设工程从筹建到竣工投产或使用的全部费用的各项账务，债权和债务的清理，做到工程完毕账目清晰，既要核对账目，还要查点库存实物的数量，做到账与物相等，账与账相符；对结余的材料、工器具和设备，要逐项地清点核实，妥善管理，并且按规定及时处理，收回资金。对各种往来款项要及时进行全面清理，为编制竣工决算提供准确的数据和结果。

（3）核实工程变动情况。重新核实各单位工程和单项工程造价，将竣工资料与原设计图纸进行查对和核实。必要时可实地测量，确认实际变更情况；根据经审定的承包人竣工结算等原始资料，按相关规定对原概、预算进行增减调整，重新核定工程造价。

（4）编制建设工程竣工决算说明。按照建设工程竣工决算说明的内容要求，根据编制依据材料填写在报表中的结果，编写文字说明。

（5）填写竣工决算报表。按照建设工程决算表格中的内容，根据编制依据中的有关资料进行统计、计算各个项目和数量，并将其结果填写到相应表格的栏目内，完成所有报表的填写。

（6）做好工程造价对比分析。

（7）清理和装订好竣工图。

（8）上报主管部门审查、存档。

将上述编写的文字说明和填写的表格经核对无误后装订成册，即建设工程竣工决算文件。将其上报主管部门审查，并将其中财务成本部分送交开户银行签证。竣工决算在上报主管部门的同时，抄送有关设计单位。大、中型建设项目的竣工决算还应抄送财政部、建设银行总行和省、自治区、直辖市的财政局和建设银行分行各一份。建设工程竣工决算的文件，由建设单位负责组织人员编写，在竣工建设项目办理验收使用的1个月之内完成。

参 考 文 献

[1] 中华人民共和国住房和城乡建设部. GB/T 50001—2010　房屋建筑制图统一标准 [S]. 北京：中国建筑工业出版社，2011.

[2] 中华人民共和国住房和城乡建设部. GB/T 50105—2010　建筑结构制图标准 [S]. 北京：中国建筑工业出版社，2011.

[3] 中华人民共和国住房和城乡建设部. GB/T 50353—2013　建筑工程建筑面积计算规范 [S]. 北京：中国计划出版社，2014.

[4] 中华人民共和国住房和城乡建设部. GB 50500—2013　建设工程工程量清单计价规范 [S]. 北京：中国计划出版社，2013.

[5] 中华人民共和国住房和城乡建设部. GB 50854—2013　房屋建筑与装饰工程工程量计算规范 [S]. 北京：中国计划出版社，2013.

[6] 中华人民共和国住房和城乡建设部. GB 50856—2013　通用安装工程工程量计算规范 [S]. 北京：中国计划出版社，2013.

[7] 中华人民共和国建设部标准定额司. GJD—101–1995　全国统一建筑工程基础定额 [S]. 北京：中国计划出版社，2003.

[8] 建设部标准定额研究所等. GYD—901—2002　全国统一建筑装饰装修工程消耗量定额 [S]. 北京：中国计划出版社，2005.

[9] 中华人民共和国住房和城乡建设部. JGJ/T 250—2011　建筑与市政工程施工现场专业人员职业标准 [S]. 北京：中国建筑工业出版社，2012.

[10] 王朝霞. 建筑工程定额与计价（第三版） [M]. 北京：中国电力出版社，2009.

[11] 于榕庆. 建筑工程计量与计价 [M]. 北京：中国建材工业出版社，2010.

建筑施工现场专业人员技能与实操丛书

土建施工员
安装施工员
土建质量员
安全员
标准员
材料员
试验员
机械员
测量员
劳务员
资料员
造价员

《造价员》内容提要

本书根据《建筑与市政工程施工现场专业人员职业标准》JGJ/T 250—2011、《建设工程工程量清单计价规范》GB 50500—2013、《房屋建筑与装饰工程工程量计算规范》GB 50854—2013、《通用安装工程工程量计算规范》GB 50856—2013、《建筑工程建筑面积计算规范》GB/T 50353—2013、《房屋建筑制图统一标准》GB/T 50001—2010、《建筑结构制图标准》GB/T 50105—2010等标准编写，主要包括工程造价基础、施工图的识读、建筑工程定额计价理论、建筑工程清单计价理论、建筑工程工程量计算、装饰装修工程工程量计算、安装工程工程量计算、工程施工图预算的编制与审查、工程竣工结算与竣工决算。本书内容丰富、通俗易懂；针对性、实用性强；既可供造价人员及相关工程技术和管理人员参考使用，也可作为建筑施工企业造价员岗位培训教材。

责任编辑／沈 建
责任校对／杨奇志
封面设计／韩可斌

扫下方二维码

进官方微信，获增值服务

精彩多多
关注官方微信

ISBN 978-7-5182-0377-2

9 787518 203772 >

定价：58.00 元